21世纪全国本科院校土木建筑类创新型应用人才培养规划教材

建 筑 结 构

主　编　苏明会　赵　亮

副主编　汪　芳　李　珊　杨　易

主　审　熊丹安

北京大学出版社

PEKING UNIVERSITY PRESS

内 容 简 介

本书以最新的国家标准及相应的设计规范为依据，以房屋建筑结构中的混凝土结构、砌体结构、钢结构等为基本内容并统一概念。通过学习本书，读者可以对建筑结构的原理和设计方法有比较全面的理解，并能进行一般常用结构和构件的设计，为进一步深造打下基础。本书开创新意、突出重点，内容深入浅出、简明实用，解题方法新颖，不拘泥于公式的死记硬背，章末还有小结和习题。

本书适合用作高等教育和职业教育的相关教材，也适合用作土木与建筑工程相关专业人员的学习和培训教材。

图书在版编目(CIP)数据

建筑结构/苏明会，赵亮主编. —北京：北京大学出版社，2015.1
（21世纪全国本科院校土木建筑类创新型应用人才培养规划教材）
ISBN 978-7-301-25307-6

Ⅰ. ①建… Ⅱ. ①苏… ②赵… Ⅲ. ①建筑结构—高等学校—教材 Ⅳ. ①TU3

中国版本图书馆 CIP 数据核字(2015)第 001289 号

书　　　名	建筑结构
著作责任者	苏明会　赵　亮　主编
策 划 编 辑	吴　迪　卢　东
责 任 编 辑	伍大维
标 准 书 号	ISBN 978-7-301-25307-6
出 版 发 行	北京大学出版社
地　　　址	北京市海淀区成府路 205 号　100871
网　　　址	http://www.pup.cn　新浪微博：@北京大学出版社
电 子 信 箱	pup_6@163.com
电　　　话	邮购部 62752015　发行部 62750672　编辑部 62750667
印 刷 者	三河市博文印刷有限公司
经 销 者	新华书店
	787 毫米×1092 毫米　16 开本　25.75 印张　600 千字
	2015 年 1 月第 1 版　2015 年 1 月第 1 次印刷
定　　　价	50.00 元

前　　言

　　工程管理专业的任务是培养适应社会主义现代化建设需要，具备管理学、经济学和土木工程技术的基本知识与应用能力，掌握现代管理科学理论、方法和手段，能在国内外工程建设领域从事项目决策和全过程管理，有健康的心理素质和创新精神的高级管理人才。因此，该专业的学生既要学习工程管理方面的基本理论，又要掌握土木工程技术的基本知识，从而受到工程项目管理方面和土木工程技术的基本训练，具有从事工程项目管理的基本能力。而要达到上述目标，则离不开对建筑工程结构基本知识(该专业课程称为工程结构和建筑结构)的学习。

　　编写本书的目的在于使工程管理专业的学生获得以下几方面的知识。

　　(1)建筑结构材料的力学性能。

　　(2)建筑结构构件的设计方法。

　　(3)主要钢筋混凝土结构构件的设计计算。

　　(4)砌体结构和钢结构的一般介绍。

　　(5)建筑抗震设计的一般知识。

　　本书采用的基本术语和符号与新颁布的各种规范中的相应术语和符号相同，均采用以牛顿·毫米制(N·mm)为基本计量单位的法定计量单位。

　　限于编者水平，书中不当之处，敬请读者批评指正。

编　者

2014 年 9 月

目　　录

第1章 绪 论

教学目标

本章主要讲建筑结构的基本概念、建筑结构课程的学习要点。通过本章学习，应达到以下目标。

(1) 掌握建筑结构的基本特点

(2) 了解建筑结构的基本分类

(3) 理解本课程的学习方法。

基本概念

平衡、稳定、承载能力、混凝土结构、砌体结构、钢结构、排架结构、框架结构、剪力墙结构

1.1 建筑结构的基本要求

一般建筑物，都包含有基础、墙体、柱、梁、板、楼梯等构件。它们组成房屋的骨架，支撑着整个建筑，承受着各种外部作用(如荷载、温度变化、地基不均匀沉降等)、支撑着室内外的各类装修物，形成结构整体，这就是建筑结构。对建筑结构的基本要求有如下几项。

(1) 平衡。建筑物总应该是静止的。平衡的基本要求，就是保证结构和结构的任何一部分都不发生运动；力的平衡条件总能得到满足。建筑结构的整体或结构的任何部分都应当是几何不变的。

(2) 稳定。整体结构或结构的一部分，作为刚体不允许发生危险的运动。这种危险可能来自结构自身，例如雨篷的倾覆；也可能来自地基的不均匀沉陷或地基土的滑移(滑坡)。

(3) 承载能力。结构或结构的任何一部分在预计的作用下必须安全可靠，具备足够的承受能力。结构工程师对结构的承载能力负有不容推卸的责任。

(4) 适用。结构应当满足建筑物的使用目的，不应出现影响正常使用的过大变形、过宽的裂缝、局部损坏和振动等。

1.2　建筑结构的分类

1.2.1　按材料分类

1. 混凝土结构

混凝土结构(concrete structure)包括素混凝土结构、钢筋混凝土结构和预应力混凝土结构。钢筋混凝土和预应力混凝土结构，都由混凝土和钢筋两种材料组成，是应用最广泛的结构。除一般工业与民用建筑外，许多特种结构(如水塔、水池、高烟囱等)也用钢筋混凝土建造。混凝土结构具有节省钢材、就地取材(指占比例很大的砂、石料)、耐火耐久、可模性好(可按需要浇筑成任何形状)、整体性好的优点。其缺点是自重较大、抗裂性较差等。

2. 砌体结构

砌体结构(masonry structure)是由块体(如砖、石和混凝土砌块)及砂浆经砌筑而成的结构，目前大量用于居住建筑和多层民用房屋中(如办公楼、教学楼、商店、旅馆等)，其中以砖砌体的应用最为广泛。砖、石、砂等材料具有就地取材、成本低等优点，结构的耐久性和耐腐蚀性也很好。其缺点是材料强度较低、结构自重大、施工砌筑速度慢、现场作业量大等，且烧砖要占用大量土地。

3. 钢结构

钢结构(steel structure)是以钢材为主制作的结构，主要用于大跨度的建筑屋盖(如体育馆、剧院等)、吊车吨位很大或跨度很大的工业厂房骨架和吊车梁，以及超高层建筑的房屋骨架等。钢结构材料的质量均匀、强度高、可焊性好，构件截面小、重量轻，制造工艺比较简单，便于工业化施工。其缺点是钢材易锈蚀，耐火性较差，价格较贵。

4. 木结构

木结构(wood structure)是以木材为主制作的结构。由于受自然条件的限制，我国木材相当缺乏，目前仅在山区、林区和农村房屋建筑及古建筑有一定的采用。木结构制作简单、自重轻、容易加工。其缺点是木材易燃、易腐、易受虫蛀。

1.2.2　按受力和构造特点分类

根据结构的受力和构造特点，建筑结构可分为混合结构、排架结构、框架结构、剪力墙结构、框架-剪力墙结构等。

1. 混合结构

混合结构的楼盖和屋盖一般采用钢筋混凝土结构构件，而墙体及基础等采用砌体结构，"混合"之名即由此而得。

2. 排架结构

排架结构的承重体系是屋面横梁(屋架或屋面大梁)、柱及基础，主要用于单层工业厂房。其中屋面横梁与柱的顶端铰接，而柱的下端与基础顶面刚接。

3. 框架结构

框架结构是由横梁和柱及基础组成的主要承重体系。框架横梁与框架柱为刚性连接，形成整体刚架；底层柱脚也与基础顶面刚接。现浇钢筋混凝土框架结构广泛用于6~15层的多层和高层房屋，如教学楼、实验楼，办公楼、医院、商业大楼、高层住宅等，其经济层数为10层左右，房屋的高宽比以5~7为宜。在水平荷载作用下，框架结构的整体变形为剪切型。

4. 剪力墙结构

纵横布置的成片钢筋混凝土墙体称为剪力墙。剪力墙的高度往往从基础到屋顶、为房屋的全高，宽度可以是房屋的全宽，而厚度最薄可到140mm。剪力墙与钢筋混凝土楼、屋盖整体连接，形成剪力墙结构。在水平荷载作用下，剪力墙结构的整体变形为弯曲型。剪力墙结构适用于40层以下的高层旅馆、住宅等房屋，其适用高度如表1-1所示。

表 1-1 剪力墙结构房屋总高度限值

设防烈度	≤6度	7度	8度	9度
适用最大高度(m)	140	120	100	60

注：1. 房屋总高度指室外地面到檐口高度。
2. 房屋高度在烈度为8度时超过80m的情况下，不宜采用框支剪力墙结构；烈度为9度时不应采用框支剪力墙。

5. 框架-剪力墙结构

在框架的适当部位(如山墙、楼梯间、电梯间等处)设置剪力墙，即组成框架-剪力墙结构。这种结构综合了框架结构和剪力墙结构的优点，一般用作办公楼、旅馆、公寓、住宅等民用建筑。在考虑结构选型和结构布置时，对建筑装修有较高要求的房屋和高层建筑，应优先来用框架-剪力墙结构或剪力墙结构。在水平荷载作用下，框架-剪力墙结构的整体变形受框架和剪力墙的共同影响，呈弯剪型。框架-剪力墙结构房屋的适用高度见表1-2。

表 1-2 框架-剪力墙结构房屋总高度限值

设防烈度	≤6度	7度	8度	9度
适用最大高度(m)	130	120	100	50

6. 其他形式的结构

除上述形式的受力结构外，在高层和超高层房屋结构体系中，还有框架-筒体结构、筒中筒结构等；单层房屋结构除排架结构外，还有刚架结构；在单层大跨度的房屋屋盖中，有壳体结构、网架结构、悬索结构等。

1) 薄壳结构

薄壳结构是一种以受压为主的空间受力曲面结构。其曲面厚度很薄（壁厚往往小于曲面主曲率的 1/20），不致产生明显的弯曲应力，但可以承受曲面内的轴力和剪力。

2) 网架结构

网架是由平面桁架发展起来的一种空间受力结构（图 1-1）。在节点荷载作用下，网架杆件主要承受轴力。网架结构的杆件多用钢管或角钢制作，其节点为空心球节点或钢板焊接节点，材料为 Q235 或 16Mn 钢。

图 1-1 某厂区屋面网架结构

3) 悬索结构

悬索结构广泛用于桥梁结构，用于房屋建筑则适用于大跨度建筑物，如体育建筑（体育馆、游泳馆、大运动场等）、工业车间、文化生活建筑（陈列馆、杂技厅、市场等）及特殊构筑物等。

1.3 本课程的任务和学习要点

本课程将介绍建筑结构中常用材料的力学性能和结构设计方法，并较全面地介绍钢筋混凝土结构构件的设计计算、砌体结构的基本设计计算和钢结构构件及其连接的设计计算；通过对本课程的学习，将使工程管理专业的学生具有结构方面的总体知识，对结构体系的受力有一定了解，能对较简单的结构和常用结构构件进行设计。

在学习本课程时，应注意它的下述特点。

（1）材料的特殊性。钢材在屈服前，是一种较理想的匀质弹性材料，而砌体及混凝土等，则是一种非匀质、非连续、非弹性的材料；这种特殊性，会使结构构件性能不同于力学中讲述的构件性能。

（2）公式的实验性。正是由于材料的特殊性，使得混凝土结构构件及砌体结构构件的计算公式不可能完全通过理论的推导得出，而是通过大量试验研究和统计分析完成的，相关公式具有实验性。

（3）公式的适用性。正是由于公式的实验性，因此有关公式就有一定的适用范围，超出了有关适用条件的范围，该公式就不能应用。

（4）设计的规范性。混凝土结构、砌体结构、钢结构以及相应结构构件的设计计算，是以相应设计规范为依据进行的。本书的有关内容，也是相应规范的具体应用。

（5）解答的多样性。无论是进行结构构件的设计时，往往有多种解答，这就需要综合多方面的因素，选择其中较为合理的解答。

小　结

建筑结构是房屋的骨架，需要保证其对适用性、耐久性的要求，满足抵抗各种外部作用的承载力要求。

建筑结构一般包括基础、墙柱、楼盖、屋盖等部分，分别由受压构件、受弯构件等结构构件组成。建筑结构按材料分类时，可分为混凝土结构、砌体结构和钢结构等；按受力和构造特点可分为混合结构、排架结构、框架结构、剪力墙结构及其他形式的结构。在学习本课程时，应注意材料的特殊性、公式的实验性、公式的适用性、设计的规范性、解答的多样性等特点。

习　题

思考题

（1）对建筑结构有哪些基本要求？

（2）建筑结构有哪些类型？

（3）排架结构的屋面横梁、柱、基础如何连接？

（4）框架结构的组成构件有哪些？各个构件之间如何连接？

（5）什么是钢筋混凝土剪力墙？

（6）在水平荷载作用下，框架结构和剪力墙结构的整体变形如何？

第2章
作用效应和抗力

教学目标

本章主要讲述建筑结构的设计方法。通过本章学习，应达到以下目标。

（1）掌握作用和作用效应的关系。

（2）熟悉各类荷载的取值规定。

（3）理解结构构件的设计方法。

教学要求

知识要点	能力要求	相关知识
作用、作用效应	（1）理解作用和作用效应的关系 （2）熟悉恒荷载、活荷载的取值 （3）掌握内力的计算方法	（1）集中荷载、均布荷载 （2）标准值 （3）弯矩、剪力、轴力、扭矩
规范的设计方法	（1）理解安全等级、结构功能要求、结构可靠度、失效概率、可靠指标、结构的耐久性等概念 （2）熟悉承载能力极限状态表达式	（1）荷载效应 （2）抗力 （3）概率极限状态

基本概念

作用、作用效应、抗力、极限状态、概率极限状态设计法

引言

建筑结构在它的整个使用期间，需要承受各种作用产生的内力和变形。作用（action）是指施加在结构上的集中力或分布力，以及引起结构外加变形或约束变形的原因。集中力或分布力称为直接作用，也即通常所说的荷载（其中：集中力称为集中荷载，分布力一般简化为均布荷载）。内力和变形是作用的结果，称为作用效应。建筑结构承受作用效应的能力，称为结构的抗力。如何进行作用和作用效应的计算，如何使结构设计符合"技术先进、安全适用、经济合理、确保质量"的基本原则，是本章需要解决的问题。

2.1 作用和作用效应

2.1.1 作用

作用(action)是指施加在结构上的集中力或分布力(集中力或分布力称为直接作用,即通常所说的荷载),以及引起结构外加变形或约束变形的原因(称为间接作用)。本书在讲述结构构件设计原理时,主要涉及直接作用即荷载;而在抗震设计时,则涉及间接作用。

结构上的各种作用,可按下列性质分类。

1. 按时间的变异分类

根据作用时间的变异,可分为永久作用、可变作用和偶然作用。

(1) 永久作用:永久作用是指在设计基准期内量值不随时间变化,或其变化与平均值相比可以忽略不计的作用,如结构及建筑装修的自重、土壤压力、基础沉降及焊接变形等。

(2) 可变作用:可变作用是指在设计基准期内其量值随时间而变化,且其变化与平均值相比不可忽略的作用,如楼面活荷载、雪荷载、风荷载等。

(3) 偶然作用:偶然作用是指在设计基准期内不一定出现,而一旦出现其量值很大且持续时间很短的作用,如地震、爆炸、撞击等。

2. 按随空间位置的变异分类

根据作用空间位置的变异,可以分为固定作用(在结构上具有固定分布,如自重等)和自由作用(在结构上一定范围内可以任意分布,如楼面上的人群荷载、吊车荷载等)。

3. 按结构的反应特点分类

根据作用对结构的反应特点,可以分为静态作用(它使结构产生的加速度可以忽略不计)和动态作用(它使结构产生的加速度不可忽略)。

一般的结构荷载,如自重、楼面人群荷载、屋面雪荷载等,都可视为静态作用,而地震作用、吊车荷载、设备振动等,则是动态作用。

2.1.2 作用的随机性质

一个事件可能有多种结果,但事先不能肯定哪一种结果一定发生(不确定性),而事后(即事件发生后)有唯一结果,这种性质称为事件的随机性质。

显然,结构上的作用具有随机性质。像人群荷载、风荷载、雪荷载以及吊车荷载等,都不是固定不变的,其数值可能较大,也可能较小;它们可能出现,也可能不出现;而一旦出现,则可测定其数值、大小和位置;风荷载还具有方向性。即使是结构构件的自重,由于制作过程中不可避免的误差、所用材料种类的差别,也不可能与设计值完全相同。这些都是作用的随机性。

2.1.3 荷载取值

如前所述，荷载具有随机性，在设计计算中选择什么样的荷载比较合适，这就需要对荷载进行统计分析。统计分析的时间参数，就是设计基准期(design reference period)。我国规定的设计基准期为 50 年。

在设计基准期内具有 95％保证率的荷载值称为荷载标准值(通俗地讲，荷载标准值是设计基准期内可能出现的荷载最大值，仅有 5％的值可能超过它)。

1. 恒荷载

恒荷载标准值是恒荷载的代表值，可直接按照构件的设计尺寸乘以相应材料的自重(重力密度)求得。常用材料和构件的自重见表 2－1。

例如，某钢筋混凝土梁的截面尺寸 $b \times h$(宽×高)＝250mm×600mm，则梁的自重标准值为：$0.25 \times 0.6 \times 25 = 3.75 (kN/m^3)$；又如，某钢筋混凝土现浇板厚为 100mm，板面为水磨石面层，板底为铝合金龙骨吊顶，则该楼板的恒荷载标准值 g_k 为：

$$g_k = 0.65 + 0.1 \times 25 + 0.12 = 3.27 (kN/m^2)$$

表 2－1　常用材料和构件自重

名　称	自　重	备　注
普通砖、浆砌机砖	19kN/m³	机器制，240mm×115mm×53mm，684 块/m³
灰砂砖	18kN/m³	
石灰砂浆、混合砂浆	17kN/m³	
水泥砂浆	20kN/m³	
素混凝土	22～24kN/m³	振捣或不振捣
钢筋混凝土	25kN/m³	
泡沫混凝土	4～6kN/m³	
沥青混凝土	20kN/m³	
黏土砖空斗砌体	17kN/m³	中填碎瓦砾，一眠一斗
黏土砖空斗砌体	13kN/m³	全斗
黏土砖空斗砌体	15kN/m³	能承重
石灰三合土、石灰土	17.5kN/m³	
浆砌粗料石	22.0～25.0kN/m³	
浆砌块石	21.0～23.0kN/m³	
贴瓷砖墙面、水刷石墙面	0.5kN/m²	厚 25mm，包括打底
水泥粉刷墙面	0.36kN/m²	厚 20mm，水泥粗砂
石灰粗砂粉刷	0.34kN/m²	厚 20mm
木门	0.1～0.2kN/m²	
钢铁门	0.4～0.45kN/m²	
木框玻璃窗	0.2～0.3kN/m²	
钢框玻璃窗	0.4～0.45kN/m²	
玻璃幕墙	1.0～1.5kN/m²	一般可按单位面积玻璃自重增大 20％～30％采用
油毡防水层	0.35～0.4kN/m²	八层做法(三毡四油上铺小石子)
铝合金龙骨吊顶	0.1～0.12kN/m²	一层矿棉吸音板 15mm 厚，无保温层
三夹板顶棚	0.18kN/m²	含吊木
小瓷砖地面	0.55kN/m²	包括水泥粗砂打底
水磨石地面	0.65kN/m²	10mm 面层，20mm 厚水泥砂浆打底

2. 活荷载

可变作用中的直接作用,就是通常所指的活荷载。活荷载的代表值有标准值、准永久值、频遇值和组合值。

同样,活荷载标准值是指结构在设计基准期内可能出现的该荷载最大值,具有95%保证率。活荷载的准永久值则是考虑荷载长期作用时采用的荷载代表值,它是指作用时间超过设计基准期一半(25年)的荷载值,可用标准值乘以准永值系数得到。频遇值则是指设计基准期内荷载达到和超过该值的总持续时间与设计基准期的比值小于0.1的荷载代表值,可用标准值乘以频遇值系数得到。当有多于一个以上的活荷载同时作用于结构时,不可能同时都以最大值(标准值)作用,故可乘以小于1的组合系数得到组合值。常用民用建筑楼面均布活荷载标准值及其组合值、频遇值、准永久值系数见表2-2,屋面均布活荷载值见表2-3。

此外,各类栏杆的顶部水平荷载标准值取1.0kN/m。人员可能集中时,应增加栏杆竖向荷载标准值1.2kN/m,并与水平荷载分别考虑。

表2-2 民用建筑楼面均布活荷载标准值及其组合值、频遇值、准永久值系数

项次	类 别	标准值 (kN/m²)	组合值 系数 ψ_c	频遇值 系数 ψ_f	准永久值 系数 ψ_q
1	住宅、宿舍、旅馆、办公楼、医院病房、托儿所、幼儿园	2.0	0.7	0.5	0.4
2	实验室、阅览室、会议室、医院门诊室	2.0	0.7	0.6	0.5
3	教室、浴室、卫生间、食堂、餐厅、一般资料档案室	2.5	0.7	0.6	0.5
4	礼堂、剧场、影院、有固定座位的看台	3.0	0.7	0.5	0.3
5	商店、展览厅、车站、港口、机场大厅及其旅客等候室	3.5	0.7	0.6	0.5
6	健身房、演出舞台(舞厅)	4.0	0.7	0.6	0.5(0.3)
7	书库、档案库、储藏室(密集柜书库)	5.0(12.0)	0.9	0.9	0.8
8	通风机房、电梯机房	7.0	0.9	0.9	0.8
9	除多层住宅以外的楼梯、消防疏散楼梯	3.5	0.7	0.5	0.3
10	阳台一般情况(当人群有可能密集时)	2.5(3.5)	0.7	0.6	0.5

表2-3 屋面均布活荷载标准值及其组合值、准永久值系数

项次	类 别	标准值 (kN/m²)	组合值 系数 ψ_c	频遇值 系数 ψ_f	准永久值 系数 ψ_q
1	不上人屋面	0.5	0.7	0.5	0
2	上人屋面(设有通向屋面的楼梯)	2.0	0.7	0.5	0.4
3	屋顶花园(不包括花园土石等材料自重)	3.0	0.7	0.6	0.5

项次	类　别	标准值 （kN/m²）	组合值 系数 ψ_c	频遇值 系数 ψ_f	准永久值 系数 ψ_q
4	屋顶运动场	4.0	0.7	0.6	0.4
5	直升机停机坪	5.0	0.7	0.6	0

注：上人屋面当用作其他用途时，应按相应楼面活荷载取用；屋面活荷载不与雪荷载同时取用（仅取其中较大值）。

3. 风荷载

风是空气相对于地面的运动。由于太阳对地球各处辐射程度和大气升温的不均衡性，在地球上的不同地区产生大气压力差，空气从气压大的地方向气压小的地方流动就形成了风。风荷载是建筑物主要荷载之一，对高层建筑和一些大跨度建筑的影响尤为严重。根据风对地面物体的影响程度，将风划为 13 个风级，风速越大，风级越大。当风以一定的速度向前运动遇到建筑物、构筑物、桥梁等阻碍物时，将对这些阻碍物产生压力，即风压。

1）基本风压

风的流动速度随离地面高度不同而变化，还与地貌环境等多种因素有关。为了设计上的方便，可按规定的量测高度、地貌环境等标准条件确定风速。在规定条件下确定的风速称为基本风速。

风速随高度而变化：离地表越近，由于地表摩擦耗能越大，因而平均风速越小。标准高度取为 10m。同一高度处的风速与地貌粗糙程度有关。地面粗糙程度高，风能消耗多，风速则低，基本风压的标准地面条件是空旷平坦的地面。

工程设计时，一般应考虑结构在使用过程中几十年时间范围内，可能遭遇到的最大风速。该最大风速不是经常出现，而是间隔一段时间后再出现，这个间隔时间称为重现期。规范规定的基本风速的重现期为 50 年。

2）风荷载标准值

当已知拟建工程所在地的地貌环境和工程结构的基本条件后，可逐一确定工程结构的基本风压 W_0、风压高度变化系数 μ_z、风荷载体型系数 μ_s、风振系数 β，即可计算垂直于建筑物表面上的顺风向荷载标准值。

风荷载标准值 W_k 按式（2-1）计算：

$$W_k = \beta_z \mu_s \mu_z W_0 \tag{2-1}$$

式中　β_z——高度 Z 处的风振系数，对于高度不大于 30m 且高宽比不大于 1.5 的一般房屋结构，可取 $\beta_z = 1.0$；对高耸结构和高层建筑可按有关公式计算（略）。

　　　　μ_s——风荷载体型系数，对一般规则建筑，迎风面取 +0.8，背风面取 -0.5，详见附录附表 27。

　　　　μ_z——风压高度变化系数，见附录附表 28。

　　　　W_0——基本风压，按《建筑结构荷载规范》取值。例如，武汉市 $W_0 = 0.35 \text{kN/m}^2$。

3）风荷载计算模型

对单层厂房，柱顶以下简化为均布荷载，μ_z 按柱顶高度处取用；柱顶以上简化为至柱顶的集中荷载，μ_z 取檐口高度(无天窗时)或天窗檐口处高度取用[图 2-1(a)]。对多层与高层房屋，简化为楼、屋面标高处的水平集中荷载[图 2-1(b)]。

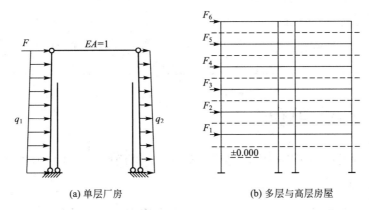

(a) 单层厂房   (b) 多层与高层房屋

图 2-1　风荷载计算模型

4. 水平地震作用

后述(参见第 14 章)。

2.1.4　作用效应

作用引起的结构或结构构件的反应，例如内力、变形和裂缝等，称为作用效应(effect of an action)。荷载引起的结构或结构构件的反应称为荷载效应。

根据结构构件的连接方式(支承情形)、跨度、截面几何特性及结构上的作用位置和大小，可以用材料力学或结构力学方法计算出作用效应。例如，当简支梁的计算跨度为 l_0、截面刚度为 B、荷载为均布荷载 q 时，则可知该简支梁的跨中弯矩 M 为 $ql_0{}^2/8$，支座边的剪力 V 为 $0.5ql_n$(l_n 为支座内侧间净跨长)，跨中挠度为 $5ql_0{}^4/(384B)$ 等。

作用和作用效应是一种因果关系，作用效应也具有随机性。

2.2 结构的功能要求

2.2.1　设计使用年限

房屋建筑作为产品或商品，应当有一个正常使用的时间。

设计使用年限(design working life)是设计规定的一个时期。在这一规定时期内，房屋建筑在正常设计、正常施工、正常使用和正常维护的情况下，不需要进行大修就能按其预定目的使用。结构的设计使用年限应按表 2-4 确定。可见，设计使用年限与设计基准期是两个不同的概念。但对于普通房屋和构筑物，设计使用年限和设计基准期都是 50 年。

表 2-4　设计使用年限分类

类　别	1	2	3	4
设计使用年限(年)	5	25	50	100
示　例	临时性结构	易于替换的结构构件	普通房屋和构筑物	纪念性建筑和特别重要的建筑结构

2.2.2　结构的功能要求概述

结构在规定的设计使用年限内，应满足安全性、适用性、耐久性等各项功能要求。

1. 安全性要求

结构的安全性要求是指：①在正常施工和正常使用时，能承受可能出现的各种作用；②在设计规定的偶然事件发生时及发生后，仍能保持必需的整体稳定性(所谓整体稳定性，是指在偶然事件发生时和发生后，建筑结构仅产生局部的损坏而不致发生连续倒塌)。

2. 适用性要求

结构在正常使用时具有良好的工作性能。如受弯构件在正常使用时不出现过宽的裂缝和过大的挠度等。

3. 耐久性要求

结构在正常维护下具有足够的耐久性能。从工程概念上讲，就是指在正常维护条件下，结构能够正常使用到规定的设计使用年限。

对于混凝土结构，应根据不同的环境类别和设计使用年限，对结构混凝土的最低强度等级、最大水灰比、最小水泥用量、最大氯离子含量、最大碱含量等进行限制，以满足其耐久性要求(附录附表1)。

混凝土结构的环境类别分为五类，详见表 2-5。

表 2-5　混凝土结构的环境类别

环境类别		条　　件
一		室内正常环境
二	a	室内潮湿环境、非严寒和非寒冷地区的露天环境、与无侵蚀性的水或土壤直接接触的环境
	b	严寒和寒冷地区的露天环境、与无侵蚀性的水或土壤直接接触的环境
三		滨海室外环境；严寒和寒冷地区冬季水位变动的环境；使用除冰盐的环境
四		海水环境
五		受人为或自然的侵蚀性物质影响的环境

注：严寒和寒冷地区的定义，《民用建筑热工设计规程》(GB 50176—1993)规定如下：严寒地区是指累年最冷月平均温度低于或等于—10℃的地区；寒冷地区是指累年最冷月平均温度高于—10℃、低于或等于0℃的地区。累年是指近期30年，不足30年的取实际年数，但不得少于10年。

对设计使用年限为 50 年，处于一类、二类和三类环境中的结构混凝土，其耐久性的基本要求详见附录附表 1。其中，限制氯离子含量是为了避免钢筋电化学腐蚀，限制最大碱含量是为了减轻碱-骨料反应的影响(当骨料中含有结晶度差的石英质或某种结构的镁质碳酸钙时，将与混凝土中被水泥、外加剂、水和骨料带进来的碱反应，逐渐生成膨胀性产物，严重者造成建筑物破坏甚至崩塌)。

2.2.3 结构抗力

结构或结构构件承受作用效应的能力称为抗力(resistance)。

影响结构抗力的主要因素是结构的几何参数和所用材料的性能。由于结构构件的制作误差和安装误差会引起结构几何参数的变异，结构材料由于材质和生产工艺等的影响，其强度和变形性能也会有差别(即使是同一工地按同一配合比制作的某一强度等级的混凝土，或是同一钢厂生产的同一种钢材，其强度和变形性能也不会完全相同)，因此结构抗力也具有随机性。

2.2.4 材料强度取值

材料强度是确定抗力的重要参数，材料强度标准值 f_k 是材料强度的代表值，一般取概率分布的 0.05 分位值，即具有 95％ 的保证率。而在进行承载能力计算时，采用材料强度设计值，它是在标准值的基础上，除以大于 1 的材料分项系数得出的(如混凝土材料分项系数 $\gamma_c = 1.4$，钢筋材料分项系数 $\gamma_s = 1.1$，预应力用钢丝、钢绞线、热处理钢筋为 1.2)，从而有更高的保证率。有关材料的强度标准值、设计值见书末相关附录附表。

2.3 结构可靠度理论和极限状态设计法

2.3.1 结构的可靠性和可靠度

如前所述，结构在规定的设计年限内，应满足安全性、适用性和耐久性等功能要求。结构的可靠性(reliability)就是指结构在规定的设计年限内，在规定的条件下完成预定功能的能力。这种能力既取决于结构的作用和作用效应，也取决于结构的抗力。

结构的可靠度(degree of reliability)则是对结构可靠性的定量描述，是指结构在规定的时间内(结构的设计使用年限)、在规定的条件下(正常设计、正常施工、正常使用等条件，不考虑人为过失的影响)，完成预定功能的概率。这是从统计学观点出发的比较科学的定义，因为在各种随机因素的影响下，结构完成预定功能的能力只能用概率来度量。

2.3.2 结构可靠度理论简介

1. 随机变量的分析和处理

前述的作用、作用效应和抗力都是具有变异性的随机变量或随机过程(如可变作用就与时间有关），都具有不确定性，但又都有一定的内在规律。对随机变量的分析和处理的科学方法是基于数理统计和概率论的方法。

1）随机变量的统计参数

最常用的统计参数有平均值、标准差和变异系数。平均值 μ 反映随机变量的平均水平：

$$\mu = \frac{\sum\limits_{i=1}^{n} x_i}{n} \tag{2-2}$$

式中　x_i——第 i 个随机变量的值；

　　n——随机变量的个数。

标准差也称均方差。当统计数据少于 30 个时，标准差 σ 由下式计算；当统计数据较多时，则将式中分母的 $n-1$ 改为 n：

$$\sigma = \sqrt{\frac{\sum\limits_{i=1}^{n} (\mu - x_i)^2}{n-1}} \tag{2-3}$$

变异系数 δ 为

$$\delta = \frac{\sigma}{\mu} \tag{2-4}$$

2）正态分布曲线

结构的作用、作用效应和抗力的实际分布情况是很复杂的。但统计分析表明，它们有的服从正态分布，有的通过数学变换可以化为当量正态分布。正态分布曲线是数理统计中最常用的曲线（图 2-2）。

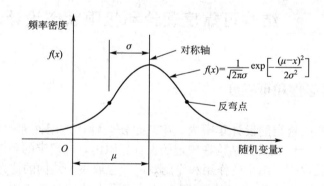

图 2-2　正态分布曲线

正态分布曲线的方程为

$$f(x) = \frac{1}{\sqrt{2\pi}\sigma} \exp\left[-\frac{(\mu - x)^2}{2\sigma^2}\right] \tag{2-5}$$

式中　x——随机变量；

　　$f(x)$——随机变量的频率密度，即随机变量 x 在横坐标某一区段上出现的百分率（或称频率）与该区段长度的比值。

正态分布曲线的特征值是平均值 μ 和标准差 σ，曲线有如下几个特点：①曲线对称于 $x = \mu$，曲线只有一个峰值点 $f(\mu)$；②μ 值越大，则曲线离原点越远，σ 越大，则数据越分散、曲线扁而平，σ 越小，则数据越集中、曲线窄而高；③当 x 趋于 $+\infty$ 或 $-\infty$ 时，$f(x)$ 趋于零；④对称轴左右两边各有一个反弯点，反弯点距峰值点的水平距离为 σ，它也对称于对称轴。

由概率理论可知，频率密度的积分称为概率。且有

$$P = \int_{-\infty}^{+\infty} f(x)\,\mathrm{d}x = 1 \tag{2-6}$$

当 $x = \mu - \sigma$、$\mu - 1.645\sigma$、$\mu - 2\sigma$ 时，随机变量 x 大于上述各值的概率分别为 84.13%、95%、97.72%。例如，如果随机变量代表材料的强度，则当强度取值为 $\mu - 1.645\sigma$ 时（此值就是规范规定的材料强度标准值），实际强度高于这个强度值的概率（也称为保证率）为 95%，系数 1.645 称为保证率系数。再如荷载这一随机变量，当荷载取值为 $\mu + 1.645\sigma$ 时（此即荷载标准值），则实际荷载低于该值的保证率也为 95%。

2. 结构的可靠概率和失效概率

1）结构的功能函数和极限状态方程

设 R 为结构抗力，S 为作用效应，则可以用功能函数 $Z = R - S$ 来描述结构的工作状态：当 $Z > 0$ 时，即 $R > S$，表示结构可靠；当 $Z < 0$ 时，即 $R < S$，表示结构失效；当 $Z = 0$ 时，即 $R = S$，表示结构处于极限状态，$R - S = 0$ 称为极限状态方程。显然，结构可靠的基本条件是 $Z \geqslant 0$。

由于结构抗力 R 和作用效应 S 是随机变量，故结构的功能函数 Z 也是随机变量。当假定 R 与 S 相互独立并且都服从正态分布时，则 Z 也服从正态分布，其特征值为 μ_Z、σ_Z、δ_Z，且有

$$\mu_Z = \mu_R - \mu_s \tag{2-7}$$

$$\sigma_Z = \sqrt{\sigma_R^2 + \sigma_s^2} \tag{2-8}$$

$$\delta_Z = \frac{\sigma_Z}{\mu_Z} \tag{2-9}$$

2）可靠概率和失效概率

画出结构功能函数 $Z = g(R，S)$ 的正态分布曲线（图 2-3）。

则纵坐标轴以左的分布曲线围成的面积（阴影部分）表示结构的失效概率（probability of failure），记为 P_f，而纵坐标轴以右的分布曲线所围成的面积就表示结构的可靠概率 P_s，即

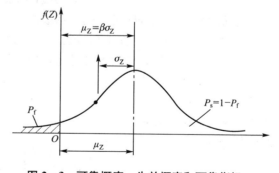

图 2-3　可靠概率、失效概率和可靠指标

$$P_f = \int_{-\infty}^{0} f(Z)\,\mathrm{d}Z \tag{2-10}$$

$$P_s = \int_{0}^{+\infty} f(Z)\,\mathrm{d}Z \tag{2-11}$$

并且 $$P_f + P_s = 1 \tag{2-12}$$

因此，既可以用结构的可靠概率来衡量结构的可靠度，也可以用结构的失效概率来衡量结构的可靠度。我国的《建筑结构可靠度设计统一标准》(GB 50068—2001)对各类结构的允许失效概率 $[P_f]$ 作了规定。例如，对大量一般性的工业与民用建筑(安全等级为二级)，其失效概率不得超过下列限值：

破坏类型属延性破坏时 $[P_f] = 6.9 \times 10^{-4}$；

破坏类型属脆性破坏时 $[P_f] = 1.1 \times 10^{-4}$。

3. 按可靠指标的设计准则

1) 可靠指标

对影响结构可靠度的各随机变量进行统计分析和数学处理、并用失效概率 P_f 来衡量结构的可靠度，能够较好地反映问题的实质，具有明确的物理意义。但因计算失效概率仍很复杂，因此引入可靠指标 β 来代替失效概率 P_f，用可靠指标来具体度量结构的可靠度。

可靠指标(reliability index)是结构功能函数 Z 的平均值 μ_Z 与其标准差 σ_Z 之比，即

$$\beta = \frac{\mu_Z}{\sigma_Z} = \frac{\mu_R - \mu_s}{\sqrt{\sigma_R^2 + \sigma_s^2}} \tag{2-13}$$

可靠指标 β 与失效概率 P_f 具有一一对应的关系(表2-6)。β 值越大，P_f 值越小；反之，β 值越小，P_f 值越大。

表 2-6 可靠指标 β 与失效概率 P_f 的对应关系

β	2.7	3.2	3.7	4.2
P_f	3.5×10^{-3}	6.9×10^{-4}	1.1×10^{-4}	1.3×10^{-5}

2) 按可靠指标的设计准则

在建筑结构设计时，根据建筑物的安全等级，按规定的可靠指标(也称目标可靠指标)进行设计的准则，称为按可靠指标的设计准则。

建筑结构的安全等级是根据结构破坏可能产生的后果(危及人的生命、造成经济损失、产生社会影响等)的严重性来划分的，共分为三级(表2-7)。同一建筑物内的各种结构构件宜与整个结构采用相同的安全等级，但允许根据部分结构构件的重要程度和综合经济效果对其安全等级作适当调整(如提高某一结构构件的安全等级所需额外费用很少，又能减轻整个结构的破坏，从而大大减少人员伤亡和财物损失，则可将该构件的安全等级提高一级；相反，如某一构件的破坏并不影响整个结构或其他结构构件，则可将该构件的安全等级降低一级，但不得低于三级)。

表 2-7 建筑结构的安全等级

安全等级	破坏后果	建筑物类型
一级	很严重	重要的房屋
二级	严重	一般的房屋
三级	不严重	次要的房屋

结构构件设计时采用的可靠指标，是根据对现有结构构件可靠度进行分析，并考虑使用经验和经济因素等确定的。对于承载能力极限状态的可靠指标，不应小于表2-8的规定。

表2-8 结构构件承载能力极限状态的可靠指标

破坏类型	安全等级		
	一级	二级	三级
延性破坏	3.7	3.2	2.7
脆性破坏	4.2	3.7	3.2

上述按可靠指标的设计准则虽然直接运用了概率论的原则，但是在确定可靠指标时，作了若干假定和简化(如假定 R 和 S 均服从正态分布，且互相独立等)，因此这个准则只能称为近似概率准则。

2.3.3 极限状态设计法

按上述可靠指标的设计准则(也即近似概率设计准则)并不直接用于具体设计，因为这样做仍很麻烦，目前采用具体的设计方法是极限状态设计法。

1. 极限状态的定义和分类

★以概率理论为基础的极限状态设计法，是我国现行结构规范采用的设计方法。

1)极限状态

整个结构或结构的一部分超过某一特定状态就不能满足设计规定的某一功能要求，此特定状态称为该功能的极限状态(limit state)。

结构的各种极限状态，都规定有明确的标志及限值。

2)极限状态的分类

根据结构的功能要求，极限状态分为承载能力极限状态和正常使用极限状态两类。

(1)承载能力极限状态。

结构或结构构件达到最大承载力、疲劳破坏或者达到不适于继续承载的变形时，称该结构或结构构件达到承载能力极限状态。

当结构或结构构件出现下列状态之一时，即认为超过了承载能力极限状态：①整个结构或结构的一部分作为刚体失去平衡。例如，雨篷的倾覆、烟囱在风力作用下发生整体倾覆、挡土墙在土压力作用下发生整体滑移。②结构构件或其连接因超过材料强度而破坏(包括疲劳破坏)，或因过度的变形而不适于继续承载。例如，轴心受压钢筋混凝土柱中混凝土达到轴心抗压强度而压碎；钢结构轴心受拉构件当钢材达到屈服点时，其变形导致不适于继续承载；钢结构或钢筋混凝土结构吊车梁在吊车荷载数十万次或数百万次的反复作用下，钢材、混凝土或钢筋可能发生疲劳破坏而导致整个吊车梁破坏。③结构转变为机动体系。如图2-4所示，用普通钢筋配筋的两跨连续混凝土梁在荷载作用下最终在跨中形成"铰"时，则成为机动体系而破坏。④结构或构

图2-4 两跨连续梁形成机动体系

件丧失稳定(如压屈等)。⑤地基丧失承载能力而破坏(如失稳等)。

(2) 正常使用极限状态。

这种极限状态对应于结构或结构构件达到正常使用或耐久性能的某项规定限值。当结构或结构构件出现下列状态之一时，应认为超过了正常使用极限状态：①影响正常使用或外观的变形；②影响正常使用或耐久性能的局部损坏(包括裂缝)；③影响正常使用的振动；④影响正常使用的其他特定状态。

2. 承载能力极限状态设计

承载能力极限状态采用下列设计表达式进行设计：

$$\gamma_0 S \leqslant R \qquad (2-14)$$

式中　γ_0——结构重要性系数。对安全等级为一级或设计使用年限为 100 年及以上的结构构件，其值不小于 1.1；对安全等级为二级或设计使用年限为 50 年的结构构件，不小于 1.0；对安全等级为三级或设计使用年限为 5 年的结构构件，不小于 0.9。

　　S——荷载效应组合的设计值，一般采用基本组合。

　　R——结构构件抗力的设计值，按各有关建筑结构设计规范的规定确定，也是本教材讲述的基本内容。

1) 基本组合的荷载效应组合设计值

基本组合(fundamental combination)在一般情况下由可变荷载效应控制，但当永久荷载较大时，也可能由永久荷载效应控制。

(1) 由可变荷载效应控制的组合。

$$S = \gamma_G S_{Gk} + \gamma_{Q1} \gamma_{L1} S_{Q1k} + \sum_{i=2}^{n} \gamma_{Qi} \gamma_{Li} \psi_{ci} S_{Qik} \qquad (2-15a)$$

式中　γ_G——永久荷载的分项系数，当其效应对结构不利时，应取 1.2；有利时，一般情况下取 1.0；在对结构进行倾覆、滑移或漂浮验算时，应取 0.9。

　　γ_{Q1}、γ_{Qi}——第 1 个和第 i 个可变荷载分项系数：一般情况下应取 1.4(当其效应对结构构件承载能力有利时取为 0)；对标准值大于 $4kN/m^2$ 的工业房屋楼面结构的活荷载应取 1.3。

　　γ_{L1}、γ_{Li}——第 1 个和第 i 个可变荷载考虑设计使用年限的调整系数：设计使用年限为 50 年时取 1.0；设计使用年限为 100 年时取 1.1；对临时性建筑取 0.9。

　　S_{Gk}——永久荷载标准值的效应。

　　S_{Q1k}——在基本组合中起控制作用的一个可变荷载标准值的效应。

　　S_{Qik}——第 i 个可变荷载标准值的效应。

　　ψ_{ci}——可变荷载 Q_i 的组合值系数：对民用建筑楼、屋面均布活荷载，见表 2-2；对软钩吊车荷载取 0.7(硬钩吊车及 A8 级软钩吊车取 0.95)；其余情况下不应大于 1.0。

(2) 由永久荷载效应控制的组合。

$$S = \gamma_G S_{Gk} + \sum_{i=1}^{n} \gamma_{Qi} \gamma_{Li} \psi_{ci} S_{Qik} \qquad (2-15b)$$

式中　γ_G——意义同前，但取值为 1.35；当永久荷载为竖向荷载时(一般情形)，参与组合的也仅限于竖向荷载。

其余符号意义同式(2-15a)。

2) 基本组合的简化规则

对于一般排架、框架结构，基本组合可采用简化规则，并按下列组合值中取最不利值确定。

(1) 由可变荷载效应控制的组合。

$$S = \gamma_G S_{Gk} + \gamma_{Q1} S_{Q1k} \qquad (2-16a)$$

$$S = \gamma_G S_{Gk} + 0.9 \sum_{i=1}^{n} \gamma_{Qi} \gamma_{Li} S_{Qik} \qquad (2-16b)$$

(2) 由永久荷载效应控制的组合。

仍按式(2-15b)确定。

3. 正常使用极限状态设计

根据不同的设计要求，采用荷载的标准组合、频遇组合或准永久组合，并按下列设计式进行设计。

$$S \leqslant C \qquad (2-17)$$

式中 C——结构或结构构件达到正常使用要求的规定限值，如变形、裂缝、振幅等限值。

1) 荷载组合(load combination)

(1) 标准组合(characteristic/nominal combination)。

主要用于当一个极限状态被超越时将产生严重的永久性损害的情况，其荷载效应组合的设计值 S 按式(2-18)采用：

$$S = S_{Gk} + S_{Q1k} + \sum_{i=2}^{n} \psi_{ci} S_{Qik} \qquad (2-18)$$

对照式(2-18)和式(2-15a)可知：式(2-15a)的荷载分项系数均取为 1 时，就是式(2-18)。

(2) 频遇组合(frequent combinations)。

荷载频遇值是针对可变荷载而言的，频遇值是指设计基准期内荷载达到和超过该值的总持续时间与设计基准期的比值小于 0.1 的荷载代表值。频遇组合的荷载效应组合设计值按下式采用：

$$S = S_{Gk} + \psi_{f1} S_{Q1k} + \sum_{i=2}^{n} \psi_{Qi} S_{Qik} \qquad (2-19)$$

式中 ψ_{f1}——可变荷载 Q_1 的频遇值系数；

ψ_{Qi}——可变荷载 Q_i 的准永久值系数。

(3) 准永久组合(quasi-permanent combinations)。

荷载准永久值也是针对可变荷载而言的，主要用于长期效应起决定性因素时的一些情况。准永久值反映可变荷载的一种状态，按照在设计基准期内荷载达到和超过该值的总持续时间与设计基准期的比值为 0.5 来确定。准永久组合的荷载效应组合的设计值 S 按式(2-20)采用：

$$S = S_{Gk} + \sum_{i=1}^{n} \psi_{Qi} S_{Qik} \qquad (2-20)$$

2）具体设计内容

混凝土结构构件在按承载能力极限状态进行设计后，尚应按规范规定进行裂缝控制验算以及受弯构件的挠度验算。

（1）裂缝控制验算。

根据所处环境类别和结构类别，首先应选用相应的裂缝控制等级以及最大裂缝宽度限值 W_{lim}。裂缝控制等级共分为三级（表 2-9）：①裂缝控制等级为一级的构件，即严格要求不出现裂缝，按荷载效应标准组合计算时，构件的受拉边缘混凝土不应产生拉应力；②裂缝控制等级为二级的构件，即一般要求不出现裂缝，按荷载效应标准组合时，构件的受拉边缘混凝土拉应力不应大于 f_{tk}，按荷载效应准永久组合计算时，构件受拉边缘混凝土不宜产生拉应力；③裂缝控制等级为三级的构件，即允许出现裂缝，但按荷载效应标准组合并考虑长期作用影响计算时，构件最大裂缝宽度不应超过表 2-9 的限值。

表 2-9 结构构件的裂缝控制等级及最大裂缝宽度限值

环境类别	钢筋混凝土结构		预应力混凝土结构	
	裂缝控制等级	W_{lim}（mm）	裂缝控制等级	W_{lim}（mm）
一	三	0.3(0.4)	三	0.2
二	三	0.2	二	—
三	三	0.2	一	—

注：1. 括号内数字用于年平均相对湿度小于 60% 的受弯构件。
2. 对处于四、五类环境下的结构构件，另见专门标准规定。
3. 表中最大裂缝宽度限值用于验算荷载作用引起的最大裂缝宽度。
4. 一类环境下的屋架、托架、需做疲劳验算的吊车梁，取 $W_{lim}=0.2$mm，一类环境下的预应力屋面梁、托架、屋架、屋面板和楼板，按二级裂缝控制等级进行验算。

（2）受弯构件的挠度验算。

计算受弯构件的最大挠度时，应按荷载效应的标准组合并考虑荷载长期作用的影响。其计算值不应超过表 2-10 规定的挠度限值。

表 2-10 受弯构件的挠度限值

构件类型	楼盖、屋盖及楼梯构件			吊车梁	
	$L_0<7$m	7m$\leqslant L_0\leqslant 9$m	$L_0>9$m	手动吊车	电动吊车
挠度限值	1/200(1/250)	1/250(1/300)	1/300(1/400)	1/500	1/600

注：1. L_0 为构件的计算跨度，对悬臂构件，L_0 按实际悬臂长的 2 倍取用；表内挠度限值是指与 L_0 的比值。
2. 括号内数值适用于使用上对挠度有较高要求的构件。
3. 若构件预先起拱且使用上允许，则在计算挠度时可将计算值减去起拱值，预应力构件尚可减去预加力产生的反拱值。

小　结

结构在规定的设计使用年限内，应当满足安全性、适用性、耐久性等各项功能要求。

根据结构的功能要求，极限状态分为承载能力极限状态和正常使用极限状态。结构或结构构件达到最大承载力、疲劳破坏或者达到不适于继续承载的变形时，称该结构或结构构件达到承载能力极限状态，任何结构构件都必须进行该项计算。对于正常使用极限状态，通过构造规定去满足并进行必要的验算。

在进行承载能力极限状态设计时，作用效应采且组合设计值[即由式(2-14)或式(2-15)进行计算]，而计算抗力时则采用材料强度设计值(等于强度标准值除以大于1的材料分项系数)。

习　题

思考题

(1) 什么叫作用？什么叫直接作用、间接作用？

(2) 永久作用和可变作用各有何特点？

(3) 什么是荷载标准值？什么是活荷载的准永久值？

(4) 何谓作用效应？作用效应有何特点？

(5) 结构的功能要求有哪些？

(6) 什么是结构的可靠度？在衡量可靠度时，有哪些规定？

(7) 如何划分结构的安全等级？

(8) 什么是极限状态？如何分类？

(9) 结构或构件超过承载能力极限状态的标志有哪些？

(10) 结构或构件超过正常使用极限状态的标志有哪些？

第**3**章
结构材料的力学性能

教学目标

本章主要讲述钢材和混凝土材料的强度、变形等力学性能。通过本章学习，应达到以下目标。

(1) 掌握钢材和混凝土的力学性能。

(2) 熟悉钢材和混凝土材料的选用原则。

(3) 理解黏结的本质和作用。

教学要求

知识要点	能力要求	相关知识
钢筋品种、强度和变形性能	(1) 理解两类钢筋的应力-应变曲线 (2) 熟悉钢筋的品种和分类 (3) 掌握钢筋的选用	(1) 钢筋的应力-应变曲线 (2) 钢筋的弹性模量 (3) 钢筋的冷拉和冷拔
混凝土的强度等级、强度和变形性能	(1) 理解混凝土的收缩和徐变 (2) 熟悉影响混凝土强度的因素 (3) 掌握混凝土强度等级的确定方法	(1) 混凝土的应力-应变曲线 (2) 混凝土的变形模量 (3) 重复荷载作用下的混凝土变形
钢筋和混凝土的黏结力	(1) 产生黏结的原因 (2) 黏结力的测定 (3) 保证黏结力的措施	(1) 钢筋的连接 (2) 钢筋的锚固

基本概念

软钢和硬钢、屈服强度、极限强度、混凝土的立方体抗压强度、轴心抗压强度、混凝土的三向受压、钢筋的锚固长度

引言

结构材料的力学性能，主要是指材料的强度和变形性能，以及材料的应力-应变关系。

用于钢筋混凝土结构和预应力混凝土结构的材料是混凝土和钢筋，用于钢结构的材料是建筑钢材，用于砌体结构的材料是块体和砂浆(或混凝土)。了解结构构件所用材料的力学性能，是掌握结构构件的受力性能的基础。本章主要介绍钢材和混凝土。

3.1 建筑钢材

钢是含碳量低于 2% 的铁碳合金(含碳量高于 2% 时称为生铁),钢经轧制或加工成的钢筋、钢丝、钢板及各种型钢,统称为钢材。在建筑钢材中,大量使用碳素结构钢和普通低合金钢,其化学成分主要是铁元素。除铁元素外,还含有少量的碳、硅、锰、硫、磷等元素。

按照含碳量的多少,碳素结构钢可分为低碳钢、中碳钢和高碳钢(一般低碳钢的含碳量不大于 0.22%,高碳钢的含碳量大于 0.6%,中碳钢的含碳量介于上述两者之间)。随着含碳量的增加,钢筋的强度提高,塑性降低。

硅、锰等元素可以提高钢材的强度并保持一定的塑性。磷、硫则是钢材中的有害元素,使钢筋易于脆断。在低碳钢中加入少量锰、硅、铌、钡、钛、铬等合金元素后,便成为普通低合金钢,如 20 锰硅、25 锰硅、40 硅 2 锰钒、45 硅锰钒等。

3.1.1 钢材的力学性能

钢筋混凝土结构、预应力混凝土结构以及钢结构中所用的钢材可分为两类,即有明显屈服点的钢材和无明显屈服点的钢材。

1. 钢材的应力-应变曲线

1) 钢材的受拉性能

有明显屈服点钢材的标准试件在拉伸时的应力-应变曲线如图 3-1 所示。在 a 点以前,应力与应变按比例增加,其关系符合虎克定律,a 点对应的应力称为比例极限;过了 a 点后,应变较应力增长为快;到达 b 点后,应变急剧增加,而应力基本不变,应力-应变曲线呈现水平段 cd,钢材产生相当大的塑性变形,此阶段称为屈服阶段。对于一般有明显屈服点的钢材,b、c 两点分别称为屈服上限和屈服下限。屈服上限为开始进入屈服阶段时的应力,呈不稳定状态;到达屈服下限时,应变增长,应力基本不变,比较稳定。相应于屈服下限 c 点的应力称为"屈服强度"。当钢材屈服发生塑性流动达到一定程度,即到达图中 d 点后,应力又开始增加,应力-应变曲线又呈上升曲线,其最高点为 e。de 段称为钢材的"强化阶段",相应于 e 点的应力称为钢材的极限抗拉强度。过了 e 点后,钢材的薄弱断面显著缩小,将产生"颈缩"现象(图 3-2),其变形迅速增加,应力随之下降,到达 f 点时钢材被拉断。

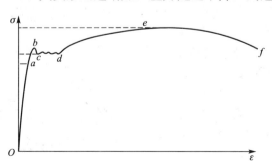

图 3-1 有明显屈服点钢材的拉伸应力-应变曲线

图 3-2 钢材的颈缩现象

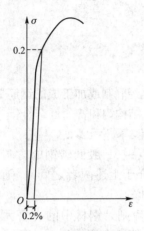

图 3-3 无明显屈服
点钢材的应力-应变曲线

无明显屈服点钢材的典型拉伸应力-应变曲线如图 3-3 所示。这类钢材的抗拉强度一般很高，但变形很小，也没有明显的屈服点。通常取相应于残余应变为 0.2% 时的应力 $\sigma_{0.2}$ 作为名义屈服点，称为条件屈服强度。

2）钢材的受压性能

在到达屈服强度之前，钢材受压时的应力-应变曲线与受拉时的规律相同，其屈服强度也与受拉时的屈服强度基本一致。在到达屈服强度之后，由于试件发生明显的塑性压缩，截面面积增大，因而难以给出明确的极限抗压强度。

2. 钢材的强度和变形指标

1）强度指标

对于有明显屈服点的钢材，当应力达到屈服强度后，它将在荷载基本不增加的情况下产生较大的、持续的塑性变形，构件可能在钢材尚未进入强化段之前就已破坏或产生过大的变形。因此，钢材的屈服强度是钢材关键性的强度指标。

此外，钢材的屈强比（屈服强度与极限抗拉强度的比值）代表结构可靠性的潜力。在抗震设计中，考虑到受拉钢材可能进入强化段，对于抗震等级较高的结构构件，要求钢材屈强比不大于某一数值，因而钢材的极限抗拉强度是检验钢材质量的另一强度指标。

对于无明显屈服点的钢材，由于其条件屈服点不容易测定，因此这类钢材的质量检验以极限抗拉强度作为主要强度指标。《混凝土结构设计规范》（GB 50010—2010）（以下简称《规范》）规定取条件屈服强度 $\sigma_{0.2}$ 为极限抗拉强度 σ_b 的 0.85 倍，即 $\sigma_{0.2}=0.85\sigma_b$。

2）变形指标

反映钢材变形性能的基本指标是"伸长率"和"冷弯性能"。伸长率是钢材试件拉断后的伸长与原长的比率：

$$\delta=\frac{l_2-l_1}{l_1}\times 100\% \tag{3-1}$$

式中　δ——伸长率（%）；

　　　　l_1——试件受力前的标距长度（一般取 $10d$ 或 $5d$，d 为试件直径）；

　　　　l_2——试件拉断后的标距长度。

伸长率大的钢材塑性性能好，拉断前有明显的预兆；伸长率小的钢材塑性性能差，其破坏突然发生，呈脆性特征。具有明显屈服点的钢材有较大的伸长率，而无明显屈服点的钢材伸长率很小。随着钢筋屈服强度的提高，钢筋的塑性（伸长率）有所降低。

钢材还应满足冷弯性能要求。冷弯是将钢材绕某一规定直径的辊轴在常温下进行弯曲（图 3-4）。冷弯的两个参数是弯心直径 D（即辊轴直径）和冷弯角度 α。在达到规定的冷弯角度时钢材应不发生裂纹或断裂。冷弯性能可以间接地反映钢材的塑性性能和内在质量，钢材冷弯性能必须合格。几种钢筋

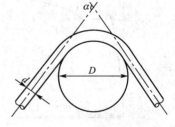

图 3-4　钢材冷弯

的伸长率及冷弯试验要求见表 3-1。

表 3-1 钢筋的伸长率及冷弯试验要求

钢筋种类		HPB235 级	HRB335 级	HRB400 级
伸长率	δ_5	25	16	14
	δ_{10}	21	—	—
冷弯要求	α	180°	180°	90°
	D	d	$3d$	$3d$

注：δ_5 的量测标距为 $5d$，δ_{10} 的量测标距为 $10d$，d 为钢筋直径。

3）钢材的检验指标

屈服强度、极限强度、伸长率和冷弯性能是对有明显屈服点钢材进行质量检验的四项主要指标，对无明显屈服点的钢材则只测定后三项。

对于需要验算疲劳的焊接结构的钢材，还应有常温冲击韧性的合格保证。

3. 钢材的弹性模量

钢材在屈服前（严格地讲是在比例极限之前），应力-应变为直线关系，其比值为常量，即弹性模量。钢材的弹性模量 E_s 可表达为：

$$E_s = \frac{\sigma_s}{\varepsilon_s} \tag{3-2}$$

式中 σ_s——屈服前的钢材应力（N/mm²）；

ε_s——相应的钢材应变。

各种钢筋的弹性模量是根据钢筋的受拉试验确定，同一种钢筋的受拉弹性模量与受压弹性模量相同，钢筋弹性模量 E_s 的具体数值见附录附表 7。钢结构钢材采用弹性模量为 $E = 206 \times 10^6 \, \text{N/mm}^2$。

3.1.2 钢材的冷加工

钢材在常温下经拉、拔、辊压、冷弯、剪切等加工过程，将使强度提高，塑性降低，性能发生显著改变：钢材变硬变脆，这将增加钢结构脆性破坏的危险。而在混凝土结构中，利用其冷拉或冷拉后强度的提高，则可节省钢筋。

1. 冷拉

冷拉是将钢筋在常温下拉伸至超过其屈服强度的某一应力，然后卸荷以提高其强度的方法。如图 3-5（a）所示，曲线 OAd 是钢筋冷拉前的应力-应变曲线，A 为钢筋屈服点；当钢筋拉伸至点 a 后卸荷，其卸荷曲线为 aO'（aO' 平行于弹性阶段的应力-应变曲线 OA），卸荷后的残余变形为 OO'；此时如立即重新加荷，新的应力-应变曲线将是 $O'acd$，屈服点提高至 a 处，这种现象称"冷拉强化"；若钢筋经冷拉后卸荷至零并停留一段时间后再进行加荷，则再加荷的应力-应变曲线将是 $O'a'c'd'$，屈服点进一步提高到了点 a'，aa' 的变化反映的是一种时间效应，这一现象称为"时效硬化"或"冷拉时效"。

钢筋经冷拉和时效硬化后，屈服强度有所提高，但塑性(伸长率)相应降低。合理地选择控制点 a 可使钢筋保持一定的塑性而又能提高强度。这时 a 点的应力称为冷拉控制应力，对应的应变称为冷拉控制应变或冷拉率。

★必须注意的是：焊接时产生的高温会使钢筋软化(强度降低，塑性增加)，因此需要焊接的钢筋应先焊好再进行冷拉；同时，冷拉只能提高钢筋的抗拉强度而不能提高钢筋的抗压强度。

2. 冷拔

冷拔是将 $\phi 6\sim 8$ 的钢筋用强力通过比其直径略小的合金拔丝模，钢筋受到纵向拉力和横向挤压力的作用，截面变小、长度增加，内部结构产生变化。经过连续拉拔后的钢筋称为冷拔低碳钢丝，其强度可提高 40% 以上，最大可达 90%；但其塑性显著降低且没有明显的屈服点 [图 3-5(b)]。

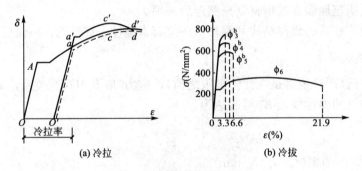

(a) 冷拉　　　　　　(b) 冷拔

图 3-5　钢筋的冷拉和冷拔

通过冷拔，可以同时提高钢筋的抗拉强度和抗压强度。

近年来，我国强度高、性能好的预应力钢筋已可充分供应，应优先采用。冷加工钢筋(冷拉钢筋、冷拔低碳钢丝、冷轧带肋钢筋、冷轧扭钢筋等)因有专门设计规程，这些钢材没有列入《混凝土结构设计规范》(GB 50010—2010)中。

3.1.3　建筑钢材的品种

1. 钢筋

按照生产加工工艺和力学性能的不同，用于建筑工程中的钢筋有热轧钢筋、冷拉钢筋、热处理钢筋以及钢丝、钢绞线等。其中热轧钢筋和冷拉钢筋属于有明显屈服点的钢筋，钢丝、钢绞线等属于无明显屈服点的钢筋。

热轧钢筋又分为 HPB235 及 HPB300(符号Φ)、HRB335(符号Φ)、HRB400(符号Φ)及 RRB500(符号Φ)等四个级别，相应数值为该钢筋强度标准值。除 HPB300 级钢筋是低碳钢外，其余钢筋都是低合金钢。在热轧钢筋中，随着钢筋强度的提高，其塑性有所降低，但都能满足设计要求。上述钢筋品种均用于钢筋混凝土结构。

用于预应力钢筋的有钢绞线、刻痕钢丝、消除应力钢丝、螺旋肋钢丝及预应力螺纹钢筋。

钢筋按其外形特征，可分为光面钢筋和带肋钢筋两类。HPB235 和 HPB300 级钢筋是光面钢筋，其余热轧钢筋都是带肋钢筋。目前广泛使用的带肋钢筋是纵肋与横肋不相交的月牙纹钢筋［图 3-6(a)］以及螺纹钢筋［图 3-6(b)］。

(a) 月牙纹钢筋

(b) 螺纹钢筋

图 3-6　带肋钢筋

2. 型钢和钢板

钢结构构件一般直接选用型钢，当构件尺寸很大或型钢不合适时则用钢板制作。

型钢有角钢(包括等边角钢和不等边角钢)、槽钢、工字钢等；钢板有厚板(厚度 4.5～60mm)和薄板(厚度 0.35～4mm)之分(图 3-7)。

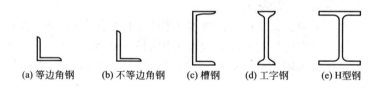

(a) 等边角钢　　(b) 不等边角钢　　(c) 槽钢　　(d) 工字钢　　(e) H型钢

图 3-7　型钢

根据规范规定，用于钢结构的钢材牌号为碳素结构钢中的 Q235 钢和低合金结构钢中的 Q345 钢(16Mn)、Q390 钢(15MnV)、Q420 钢(15MnV)和 Q460 钢，其屈服点在钢材厚度小于或等于 16mm 时分别为 235N/mm²、345N/mm²、390N/mm² 和 420N/mm²(当厚度大于 16mm 时，屈服点随厚度的增加而降低)。

Q235 钢还分为 A、B、C、D 四个质量等级，它们均保证规定的屈服点、抗拉强度和伸长率。B、C、D 级还保证 180°冷弯(A 级在需方有要求时才进行)和规定的冲击韧性。另外，Q235 钢根据脱氧方法还分为沸腾钢、半镇静钢和镇静钢等，分别用字母 F、b 和 Z 表示，但 Z 在牌号中可省略，如 Q235-A·F 表示屈服点为 235N/mm²、质量等级为 A 级的沸腾钢，而 Q235-B 则表示屈服点为 235N/mm²、质量等级为 B 级的镇静钢。

3.1.4　钢材的选用

1. 混凝土结构对钢筋的要求

混凝土结构对钢筋的要求主要有强度要求、变形要求、黏结性能要求及可焊性要求等。

1) 强度要求

如前所述，钢筋的屈服强度是混凝土结构构件计算的主要依据之一，不同种类的钢筋对其屈服强度和极限强度都有相应的要求。采用较高强度的钢筋可以使钢筋节省，获得较好的经济效益。

2) 变形要求

指钢筋在拉断前有足够的塑性即变形能力，能给人以破坏前的预兆。各类合格钢筋都有伸长率的要求，并且冷弯性能必须合格。

3) 可焊性要求

在很多情况下，钢筋的接长和钢筋之前的连接需要通过焊接实现，因此要求在一定的工艺条件下钢筋焊接后不产生裂纹及过大的变形，保证焊接后的接头性能良好。

4) 黏结性能

为了保证钢筋与混凝土共同工作，两者之间应有足够的黏结力(详见 3.3 节)。

此外在寒冷地区，对钢筋的低温性能也有一定的要求。

2. 钢筋的选用

钢筋混凝土结构和预应力混凝土结构中的钢筋，应按如下规定采用。

1) 普通钢筋

普通钢筋是指用于钢筋混凝土结构中的钢筋和预应力混凝土结构中的非预应力钢筋，宜采用 HRB400 级(或 RRB400 级)和 HRB500 级钢筋，也可采用 HPB300 级钢筋。普通钢筋的强度值见附录附表 5、附表 6。

具体而言，对钢筋混凝土梁、柱等主要受力构件的主要受力钢筋，提倡采用 HRB400 级(也称新Ⅲ级)钢筋作为主要受力钢筋，也可采用 HRB500 级钢筋；对受力较小的板及构造用钢筋、箍筋等，则可采用 HPB300 级钢筋(目前存留的 HPB235 级钢筋仍可使用)。

2) 预应力钢筋

预应力钢筋(prestressing tendon)宜采用预应力钢绞线、钢丝，也可采用预应力螺纹钢筋。预应力钢筋强度值见附录附表 8、附表 9。

3) 普通钢筋的直径

普通钢筋的常用直径有(单位：mm)：6、8、10、12、14、16、18、20、22、25、28等，在柱中还有更大直径的钢筋。在选择钢筋时，应选取上述的常用直径，但 HPB235 级钢筋，只选至 20mm 为止。

3. 钢结构中的钢材

在选用钢结构中的钢材时，应根据结构的重要性、荷载特征、连接方法、工作温度等不同情况选择钢号和材质，具体选用时参见第 12 章钢结构部分。

3.2 混 凝 土

混凝土(concrete)是用水泥、水和骨料(细骨料如砂，粗骨料如卵石、碎石等)这些原材料经搅拌后入模浇筑，并经养护硬化后做成的人工石材。简写字"砼"形象地表达了混凝土的特点。

混凝土各组成成分的数量比例，尤其是水和水泥的比例(水灰比)对混凝土的强度和变形有着重要影响。在很大程度上，混凝土的性能还取决于搅拌程度、浇筑的密实性和对它的养护。

混凝土在凝结硬化过程中，水泥和水形成的水泥胶块，把骨料黏结在一起。水泥胶块包括水泥结晶体和水泥胶凝体。其中，水泥结晶体是水泥已完成水化反应的物质，它和砂、石骨料组成混凝土弹性骨架，起着承受外力的主要作用，并使混凝土产生一定的弹性变形。而水泥胶凝体则是尚未完成水化反应的物质，起着调整和扩散混凝土应力的作用，并导致混凝土具有相当的塑性变形。

在混凝土凝结初期，由于水泥胶块的收缩以及泌水、骨料下沉等原因，在骨料与水泥胶块的接触面上以及水泥胶块内部将形成微裂缝。骨料与水泥胶块接触面上的微裂缝，又称为黏结裂缝，它是混凝土内部最薄弱的环节。混凝土在承受荷载前存在的微裂缝，在荷载作用下将继续开展，对混凝土的强度和变形都有重要影响。

3.2.1 混凝土的强度

混凝土的强度是指混凝土所能承受的某种极限应力。混凝土的强度随时间而增长。初期强度增长速度快，随后增长速度慢并趋于稳定。对使用普通水泥的混凝土，若以龄期 3 天的受压强度为 25%，则 1 周将达到 50%，4 周为 100%，3 个月为 120%，1 年为 130% 左右。龄期为 4 周的强度大致稳定，可作为混凝土早期强度的界限。混凝土强度在长时期内能随时间而增长，这主要是因为水泥胶凝体向结晶体的转化是一个长期过程。

1. 混凝土的抗压强度

混凝土在结构中主要承受压力，因此其抗压强度指标是最重要的强度指标。混凝土抗压强度与组成材料、施工方法等许多因素有关，同时还受试件尺寸、加荷方式、加荷速度等因素的影响，因此必须有一个标准的强度测定方法和相应的强度评定标准。

1) 立方体抗压强度

★我国国家标准《普通混凝土力学性能试验方法》规定以边长为 150mm 的立方体作为标准试件，在(20±3)℃的温度和相对湿度 90% 以上的潮湿空气中养护 28d，按照标准试验方法[试件表面不涂润滑剂，按规定的加荷速度 0.15～0.25N/(mm² · s)施加压力]测得的抗压强度作为立方体抗压强度，记为 f_{cu}，单位为 N/mm²。

立方体抗压强度的测定方法反映了影响立方体抗压强度的主要因素。影响立方体抗压强度的因素主要如下。

(1) 试件尺寸。试件的尺寸越小，其抗压强度越高，反之越低，因此当采用 200mm 的立方体试件或 100mm 的立方体试件时，须将其抗压强度实测值乘以换算系数转换成标准试件(150mm 边长的立方体)的立方体抗压强度值。根据对比试验结果，对于边长为 200mm 的试件，换算系数为 1.05，对于边长为 100mm 的试件，换算系数为 0.95。

(2) 养护温度。养护温度越高，混凝土的早期强度越高，这也是预制混凝土构件采用加热养护的原因。

(3) 环境。混凝土在潮湿环境下的强度增长可延续若干年；而在干燥环境下，混凝土的强度增长则要受到影响，因此早期混凝土应加强养护。

（4）试验方法。试验方法对混凝土立方体抗压强度也有很大影响。试件在试验机上单向受压时，其竖向压缩、横向扩张，但由于压力机垫板与试块接触处的摩擦力约束了混凝土的横向扩张变形，形成"套箍"作用，使测得的混凝土强度高于表面涂有润滑剂时的强度，我国规定的试验方法是混凝土表面不涂润滑剂的；此外，加荷速度越高，测得的混凝土强度也越大。

2）立方体抗压强度标准值

★对立方体抗压强度的试验资料进行统计分析，用混凝土强度的总体分布（符合正态分布）的平均值减去 1.645 倍标准差，即为立方体抗压强度标准值，记为 f_{cuk}，其保证率为 95%；立方体抗压强度标准值是混凝土各种力学指标的基本代表值。混凝土强度等级用立方体抗压强度标准值确定，受力混凝土的强度等级共分 13 级，具体是：C20、C25、C30、C35、C40、C45、C50、C55、C60、C65、C70、C75、C80。

C 后面的数字即为该强度等级下的立方体抗压强度标准值，如 C25 即表示该强度等级的 $f_{cu,k}=25N/mm^2$。

3）轴心抗压强度

在实际结构中，受压构件是棱柱体而不是立方体。试验表明，用高宽比为 3～4 的棱柱体测得的抗压强度与以受压为主的混凝土构件中的混凝土抗压强度基本一致，因此棱柱体的抗压强度可作为以受压为主的混凝土结构构件的混凝土抗压强度，称为轴心抗压强度或棱柱强度。

轴心抗压强度是结构混凝土最基本的强度指标，但在工程中很少直接测定它，而是通过测定立方体的抗压强度进行换算。其原因是立方体试块具有节省材料、制作简单、便于试验加荷对中、试验数据离散性小等优点。由对比试验得到：轴心抗压强度与立方体抗压强度比值 α_{c1}，对 C50 及以下取 0.76，对 C80 取 0.82，中间按直线规律变化。

混凝土强度越高越显示脆性。《规范》对 C40 以上混凝土考虑脆性折减系数 α_{c2}，对 C40 及以下混凝土取 $\alpha_{c2}=1.0$，对 C80 取 $\alpha_{c2}=0.87$，中间按直线规律变化。

轴心抗压强度标准值 f_{ck} 可表示为：

$$f_{ck}=0.88\alpha_{c1}\alpha_{c2}f_{cuk} \tag{3-3}$$

2. 混凝土的抗拉强度

混凝土的抗拉性能很差，抗拉强度标准值 f_{tk} 大体是轴心抗压强度标准值的 $\frac{1}{8}\sim\frac{1}{16}$，强度越高，其差别越大。$f_{tk}$ 可用下式表示：

$$f_{tk}=0.88\times0.395\alpha_{c2}f_{cuk}^{0.55}(1-1.645\delta)^{0.45} \tag{3-4}$$

式中　δ——变异系数，由统计调查结果得出（略）。

按式（3-3）、式（3-4）计算后的结果见附录附表 2。

3.2.2　混凝土的变形

变形性能也是混凝土的重要力学性能。混凝土的变形包括受力变形（如在一次短期加荷、荷载长期作用以及重复荷载作用下的变形等）和体积变形（如混凝土在硬化过程中收缩以及温度、湿度变化产生的变形等）。

1. 混凝土在短期加荷时的变形

1）应力-应变曲线

混凝土棱柱体在一次短期加荷下（即从加荷至破坏的短期连续过程）的应力-应变曲线如图 3-8 所示，曲线由受拉段 OC' 和受压段 $OABCDE$ 组成。

受压段曲线分为上升段和下降段。在上升段中，$\sigma \leqslant 0.3f_c$ 时的曲线 OA 近似为直线，主要反映混凝土的弹性性质；随着荷载增加，曲线 AB 段（$0.3f_c < \sigma < 0.8f_c$）的应变增长速度高于应力增长速度，越来越反映混凝土的塑性性能；在高应力的 BC 段（$0.8f_c \leqslant \sigma < f_c$），混凝土塑性变形大大增加，试件出现明显的纵向裂缝（图 3-9），C 点时的混凝土压应力最大值即为 f_c，该点的混凝土压应变 ε_{co} 约为 0.002。在下降段，应力逐渐变小，应变持续增长，到达曲线上的拐点 D（反弯点）时，试件在宏观上已完全破碎，此时的压应变为 $0.003 \sim 0.006$，称为混凝土的极限压应变；D 点后的曲线表示的低受荷能力，是由试件破碎后各块体间残存的咬合力和摩擦力提供的。

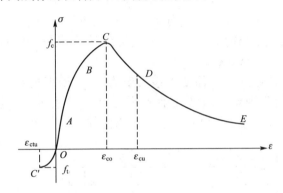

图 3-8　混凝土一次加荷下的应力-应变曲线

图 3-9　棱柱体试件宏观裂缝

混凝土受拉时的应力-应变曲线 OC' 与受压时相似，但只有上升段。其极限拉应变 ε_{ctu} 为 $1/10000 \sim 1.5/10000$，为受压极限应变的 $1/20$ 左右，因而混凝土受拉时往往开裂。

2）混凝土的变形模量

从混凝土的应力-应变典型曲线可见，混凝土棱柱体受荷后，应力和应变之间并不存在完全的线性关系（只在应力较小且 $\sigma \leqslant 0.3f_c$ 时，应力-应变关系才接近于直线），因此虎克定律对混凝土并不适用。而在计算钢筋混凝土构件变形、预应力混凝土截面预压应力以及超静定结构内力时，都需引入混凝土的弹性模量。下面仿照弹性材料力学的方法，用"变形模量"来表示混凝土的应力-应变关系。

如图 3-10 所示，混凝土应力-应变曲线上任一点 A 的应力 σ_c 和应变 ε_c 之比称为该点的变形模量 E'_c：

$$E'_c = \frac{\sigma_c}{\varepsilon_c} = \tan\alpha_1 \qquad (3-5)$$

E'_c 也是过该点与原点连线的正切，故也称为割线模量，它反映混凝土应力与相应的总应变的关系。通过混

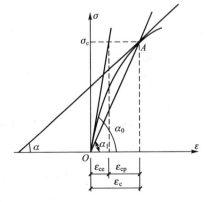

图 3-10　混凝土的变形模量

凝土应力-应变曲线的原点 O 作切线，该切线的正切称为混凝土的原点弹性模量，也称为混凝土的弹性模量，记为 E_c。

$$E_c = \frac{\sigma_c}{\varepsilon_{ce}} = \tan\alpha_0 \tag{3-6}$$

混凝土的弹性模量反映的是混凝土的应力 σ_c 与混凝土弹性应变 ε_{ce} 的关系，对一定强度等级的混凝土，E_c 是一定值。

混凝土的弹性模量可由下列公式计算：

$$E_c = \frac{10^5}{2.2 + \frac{34.7}{f_{cuk}}} \tag{3-7}$$

式中 f_{cuk}——混凝土的立方体抗压强度标准值，即混凝土强度等级值（按 N/mm² 计）。

E_c 可直接由附录附表 4 查得。

注：在应力应变曲线任一点 A 作切线，该切线与横坐标夹角 α 的正切称为切线模量。

2. 混凝土在荷载长期作用下的变形——徐变

混凝土试件受压后，除产生瞬时应变外，在维持其外力不变的条件下，经过若干时间，其应变还将继续增长。★这种在荷载长期作用、即应力不变的情形下，随时间而增长的混凝土应变称为混凝土的徐变(creep of concrete)。

如图 3-11 所示，加荷瞬间产生的应变为 ε_{ce}，徐变的最大值为 ε_{cr}。徐变开始发展较快，后来逐渐减慢，经过较长时间而趋于稳定。通常在前 6 个月可完成最终徐变量的 $70\%\sim80\%$，在第一年内可完成 90% 左右，其余部分在后续几年中完成。

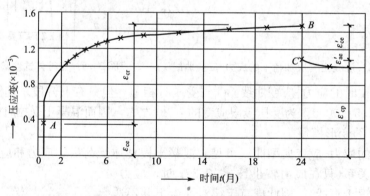

图 3-11 混凝土徐变与时间的关系

若荷载在经历长时间后的 B 点卸荷，则其瞬时恢复应变为 ε_{ce}'；另一部分应变 ε_{ae}' 需经过一段时间（约 20d）恢复，称为弹性后效；最后还将留下相当一部分不能恢复的残余应变 ε_{cp}'。

混凝土徐变 ε_{cr} 与其加荷瞬间应变 ε_{ce} 的比值称为徐变系数 φ_{cr}，即

$$\varphi_{cr} = \frac{\varepsilon_{cr}}{\varepsilon_{ce}} \tag{3-8}$$

试验表明，当施加的初应力 $\sigma_c \leqslant 0.5f_c$ 时，混凝土徐变与施加荷载时产生的初应力 σ_c 成正比，这种情形称为线性徐变。发生线性徐变时，其徐变系数 φ_{cr} 将为常数。线性徐变在 2 年后趋于稳定，其最终徐变系数一般为 $2\sim4$。

当初应力 $\sigma_c > 0.5 f_c$ 时，混凝土徐变 ε_{cr} 与初应力 σ_c 不成正比，它比应力的增长要快。故此时的徐变系数不是常数，这种情形称为非线性徐变。当 $\sigma_c > 0.8 f_c$ 时，徐变的发展最终将导致混凝土破坏，故可将 $0.8 f_c$ 作为混凝土的长期抗压强度。

产生徐变的原因主要有两个：其一是由于尚未转化为结晶体的水泥胶凝体黏性流动的结果；其二是混凝土内部的微裂缝在荷载长期作用下持续延伸和扩展的结果。线性徐变以第一个原因为主，因为黏性流动的增长比较稳定；非线性徐变以第二个原因为主，因为应力集中引起的微裂缝开展随应力的增加而急剧发展。

混凝土的徐变对混凝土构件的受力性能有重要影响：①它将使构件的变形增加（如长期荷载下受弯构件的挠度由于受压区混凝土的徐变可增加一倍）；②在截面中引起应力重分布（如使轴心受压构件中的钢筋应力增加，混凝土应力减少）；③在预应力混凝土结构中，混凝土的徐变将引起相当大的预应力损失。

影响混凝土徐变的因素除前述的应力条件外，还有混凝土的组成成分和配合比，以及养护和使用条件下的温度和湿度。总的说来，水泥用量越多，水灰比越高，徐变越大；骨料级配越好，骨料的刚度越大，徐变越小；混凝土养护条件越好（包括采用蒸汽养护）和混凝土受荷时的龄期越长，徐变越小；混凝土在高温、低湿度条件下发生的徐变要比低温、高湿度条件下发生的徐变大。此外，构件表面积较大时其徐变也较大。

3. 混凝土的收缩

混凝土在空气中硬化时体积缩小的现象称为混凝土的收缩（shrinkage of concrete）。混凝土的收缩值随时间而增长。蒸汽养护的收缩值要低于常温养护下的收缩值。

混凝土从开始凝结时起就产生收缩，整个收缩过程可延续 2 年以上。初期收缩变形发展较快，2 周时可完成全部收缩量的 25%，1 个月约完成 50%，3 个月后增长缓慢。最终收缩值为 $(2\sim5)\times10^{-4}$。

引起混凝土收缩的主要原因有两个：一是由于干燥失水而引起；二是由于碳化作用而引起[水泥胶体中的 $Ca(OH)_2$ 向 $CaCO_3$ 转化]。总之，收缩现象是混凝土内水泥浆在凝固硬化过程中的物理和化学作用的结果。★混凝土的自由收缩只会引起构件体积的缩小而不会产生应力和裂缝。但当收缩受到外部（如支承条件）或内部（钢筋）的约束时，混凝土将因其收缩受到限制而产生拉应力，甚至开裂。

除养护条件外，混凝土的收缩还与下列因素有关：①高标号水泥制成的混凝土，其收缩较大；②水泥用量越多，收缩越大；③水灰比越大，收缩越大；④骨料的弹性模量越小，收缩越大；⑤构件的体表比越小，收缩越大。可见，影响混凝土收缩的因素与影响混凝土徐变的因素基本是相同的。

注意：混凝土若长期浸泡在水中，则不会收缩。

3.2.3 混凝土强度等级的选用原则

根据混凝土结构工程的不同情况，应选择不同强度等级的混凝土。混凝土强度标准值见附录附表 2，混凝土强度设计值见附录附表 3。

设计者应在设计图纸上注明混凝土的强度等级，施工单位应按要求的强度等级选择合适的配合比，并进行试配。在浇筑结构构件的同时，还必须用相同的混凝土制作一定数量的立方体试块，以检验混凝土强度是否满足图纸要求的强度等级。

1. 钢筋混凝土结构

用于钢筋混凝土结构的混凝土强度等级不宜低于 C20；当采用 HRB335 级钢筋时，混凝土强度等级不应低于 C20；当采用 HRB400 和 RRB400 级钢筋以及承受重复荷载的构件，混凝土强度等级不得低于 C20。

从结构混凝土耐久性的基本要求考虑，对设计使用年限为 50 年的结构混凝土，其最低混凝土强度等级分别为 C20（一类环境）、C25（二类 a 环境）、C30（二类 b 环境和三类环境）。而一类环境中设计使用年限为 100 年的钢筋混凝土结构的最低混凝土强度等级为 C30。

2. 预应力混凝土结构

预应力混凝土结构的混凝土强度等级不应低于 C30。当采用钢绞线、钢丝、预应力螺纹钢筋作预应力钢筋时，混凝土强度等级不宜低于 C40。一类环境中，设计使用年限为 100 年的预应力混凝土结构的最低混凝土强度等级为 C40。

3. 基础垫层等

基础垫层、房屋底层地面混凝土的强度等级可选择 C10。

3.3 钢筋与混凝土的相互作用——黏结力

3.3.1 黏结力的概念

黏结（bond）的概念其实并不陌生。譬如，把两片纸条接长时，可采用涂抹浆糊的方法（图 3 - 12）。浆糊干燥后，两片纸就被浆糊连接成整体，可以像一片纸一样共同受力。现分别对纸张和浆糊取隔离体，则可以看到：给连接成整体的纸片施加拉力时，在纸片和浆糊界面上存在剪应力，这个剪应力就是黏结应力；黏结应力的合力就是黏结力，存在于纸片与浆糊的界面上。

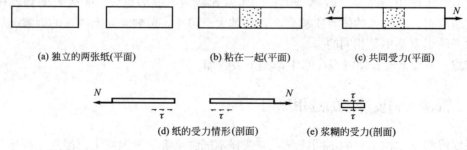

(a) 独立的两张纸(平面)   (b) 粘在一起(平面)   (c) 共同受力(平面)

(d) 纸的受力情形(剖面)   (e) 浆糊的受力(剖面)

图 3 - 12　黏结的感性表示

★钢筋与混凝土共同工作的基础是它们之间具有黏结力，黏结力是存在于钢筋与混凝土接触面上的作用力。

试验表明，黏结作用力的来源主要有如下三个方面：一是因为混凝土的收缩将钢筋紧紧握固而产生的摩擦力；二是因为混凝土颗粒的化学作用产生的混凝土与钢筋之间的胶合力；三是由于钢筋表面凹凸不平与混凝土之间产生的机械咬合力。其中机械咬合力最大，约占总黏结力的一半以上。带肋钢筋与混凝土之间的机械咬合作用要比光面钢筋的大。此外，钢筋表面的轻微锈蚀也可增加它与混凝土的黏力。

黏结强度的测定通常采用拔出试验方法(图3-13)：将钢筋一端埋在混凝土中，在另一端施力将钢筋拔出。由拔出试验可以得知。

(1) 最大黏结应力在离开端部的某一位置出现，且随拔出力的大小而变化，黏结应力沿钢筋长度是曲线分布的。

(2) 钢筋埋入长度越长，拔出力越大，但埋入长度过大时，则其尾部的黏结应力很小，基本不起作用。

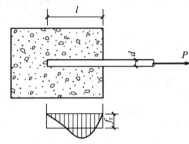

图3-13 拔出试验测定黏结力

(3) 黏结强度随混凝土强度等级的提高而提高。

(4) 带肋钢筋的黏结强度高于光面钢筋，而在光面钢筋末端做弯钩可以大大提高拔出力。

3.3.2 保证钢筋和混凝土间可靠黏结的措施

1. 足够的锚固长度

受拉钢筋必须在支座内有足够的锚固长度，以便通过该长度上黏结应力的积累，使钢筋在靠近支座处能够充分发挥作用(图3-14)。

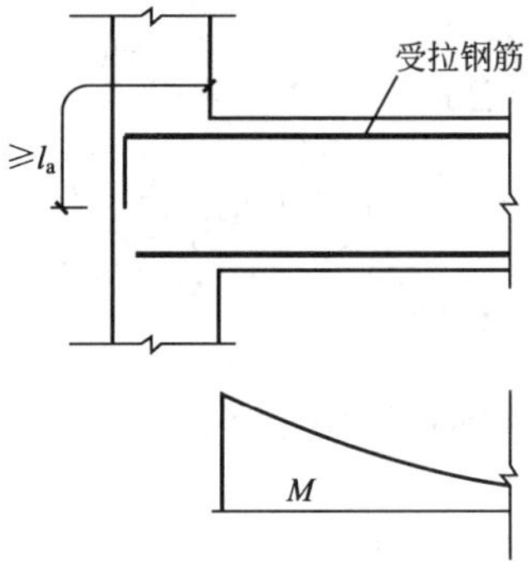

《规范》规定，当计算中充分利用纵向受拉钢筋强度时，其锚固长度不应小于受拉钢筋的锚固长度 l_a (图3-14)，由基本锚固长度 l_{ab} 乘以修正系数 ξ_a 组成。

受拉钢筋的基本锚固长度 l_{ab} 可由如下公式计算：

$$l_{ab} = \alpha \frac{f_y}{f_t} d \qquad (3-9a)$$

式中　f_y——锚固钢筋的抗拉强度设计值；

f_t'——锚固区混凝土的抗拉强度设计值；

d——锚固钢筋的直径或锚固并筋的等效直径；

α——锚固钢筋的外形系数，见表3-2。

图3-14 受拉钢筋的锚固

则　　　　　　　　　　　$l_a = \xi_a l_{ab} \qquad (3-9b)$

当带肋钢筋直径大于25mm时，修正系数 ξ_a 为1.1；环氧树脂涂层钢筋修正系数为1.25。其余略。

表3-2　锚固钢筋的外形系数 α

钢筋类型	光面钢筋	带肋钢筋	三面刻痕钢丝	螺旋肋钢丝	三股钢绞线	七股钢绞线
α	0.16	0.14	0.19	0.13	0.16	0.17

所谓并筋，是指两根或三根直径 d 相同的钢筋紧挨在一起，此时的等效直径可取 1.414d（两根）或 1.732d（三根时）。

对于带肋钢筋，当锚固区混凝土保护层厚度大于钢筋直径的 2 倍或钢筋中心到中心的间距大于钢筋直径的 4 倍时，锚固长度可乘以小于 1 的厚度修正系数（表 3－3），但位于构件顶部混凝土中的水平钢筋不应进行修正。

表 3－3　厚度修正系数

保护层厚度	>2d	>3d	>4d	>5d
钢筋中心到中心间距	>3d	>6d	>8d	>10d
修正系数	0.9	0.8	0.75	0.7

带肋钢筋 HRB335、HRB400 和 RRB400 级的末端可采用机械锚固措施（图 3－15），此时包括附加锚固端头在内的锚固长度可乘以修正系数 0.7。

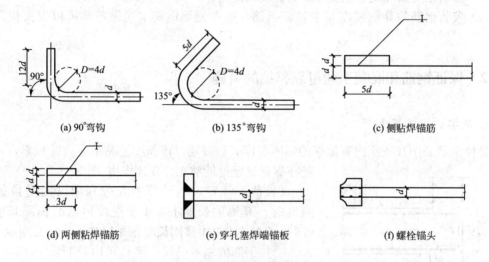

(a) 90°弯钩　　　(b) 135°弯钩　　　(c) 侧贴焊锚筋

(d) 两侧粘焊锚筋　　　(e) 穿孔塞焊端锚板　　　(f) 螺栓锚头

图 3－15　钢筋机械锚固的形式及构造要求

当计算中充分利用纵向钢筋的抗压强度时，受压钢筋的锚固长度不小于上述规定的受拉钢筋锚固长度的 0.7 倍。

除构造需要的锚固长度外，当受力钢筋的实际配筋面积大于其设计计算值时，除承受动力荷载的结构和按抗震设计的结构外，锚固长度可乘以配筋余量的修正系数，其数值为设计计算面积与实际配筋面积之比。

在任何情况下，受拉钢筋的锚固长度不应小于表 3－4 规定的数值，且不小于按式（3－9）计算值的 0.7 倍及 250mm。

表 3－4　受拉钢筋的最小锚固长度　（mm）

钢筋类型	光面钢筋	带肋钢筋	螺旋肋钢丝	三股钢绞线	七股钢绞线及三面刻痕钢丝
最小锚固长度	20d	25d	80d	90d	100d

2. 一定的搭接长度

受力钢筋搭接时(图3-16),通过钢筋与混凝土之的黏结应力传递钢筋与钢筋之间的内力,因此必须有一定的搭接长度,才能保证内力的传递和钢筋强度的充分利用。

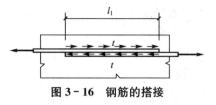

图3-16 钢筋的搭接

《规范》规定,轴心受拉及小偏心受拉构件、双面配置受力钢筋的焊接骨架、需要进行疲劳验算的构件等不得采用搭接接头;其他情形下,当受拉钢筋直径大于25mm及受压钢筋直径大于32mm时不宜采用搭接接头外,对于其余情形下的受力钢筋可采用搭接接头。

同一构件各根钢筋的搭接接头宜相互错开:位于同一连接范围内的受拉钢筋接头百分率不超过25%,受压钢筋则不宜超过50%。钢筋绑扎搭接接头连接区段的长度为1.3倍搭接长度,所谓同一连接范围,是指搭接接头中点位于该连接区段长度内。

纵向受拉钢筋绑扎搭接长度 l_l,与搭接接头面积百分率有关:当同一连接区段内的搭接接头面积≤25%、为50%或100%时,l_l 分别为 $1.2l_a$、$1.4l_a$ 和 $1.6l_a$,但均不小于300mm。

受压钢筋与混凝土的黏结优于受拉钢筋。位于同一连接范围的受压钢筋搭接接头百分率不宜超过50%,其搭接长度 l_l 取 $0.85l_a$;当接头面积大于50%时,搭接长度 l_l 应取 $1.05l_a$;在任何情况下均不小于200mm。

3. 混凝土应有足够的厚度

钢筋周围的混凝土应有足够厚度(包括混凝土保护层厚度和钢筋间的净距),以保证黏结力的传递;同时为了减小使用时的裂缝宽度,在同样钢筋截面面积的前提下,应选择直径较小的钢筋以及带肋钢筋。

当结构中受力钢筋在搭接区域内的间距大于较粗钢筋直径的10倍或当混凝土保护层厚度大于较粗钢筋的5倍时,搭接长度可比上述规定减小,取为相应锚固长度。

4. 钢筋末端应做弯钩

光面钢筋的黏结性能较差,故除轴心受压构件中的光面钢筋及焊接网或焊接骨架中的光面钢筋外,其余光面钢筋的末端均应做成180°的标准弯钩,其基本尺寸详见图3-17。

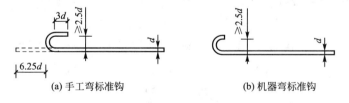

(a) 手工弯标准钩 (b) 机器弯标准钩

图3-17 光圆钢筋弯钩

5. 锚固和搭接长度范围内的箍筋

在锚固区或受力钢筋搭接长度范围内,应配置箍筋以改善钢筋与混凝土的黏结性能。

在锚固长度范围内,箍筋直径不宜小于锚固钢筋直径的1/4,间距不应大于单根锚固钢筋直径的 10 倍(采用机械锚固措施时不应大于 5 倍),在整个锚固长度范围内箍筋不应少于 3 个。

在受力钢筋搭接长度范围内,箍筋直径不宜小于搭接钢筋直径的 1/4;箍筋间距在钢筋受拉时不大于 100mm 且不大于搭接钢筋较小直径的 5 倍,在钢筋受压时不大于 200mm 且不大于搭接钢筋较小直径的 10 倍。当受压钢筋直径大于 25mm 时,应在搭接接头两个端面外 50mm 范围内各设两根箍筋。

6. 注意浇筑混凝土时的钢筋位置

黏结强度与浇筑混凝土时的钢筋位置有关。在浇注深度超过 300mm 以上的上部水平钢筋底面,由于混凝土的泌水及骨料下沉和水分气泡的逸出,形成一层强度较低的混凝土层,它将削弱钢筋与混凝土的黏结作用。因此,对高度较大的梁应分层浇注和采用二次振捣。

注:砌体结构材料详见第 11 章。

小　　结

了解结构材料的性能和正确选择材料,是建筑结构设计的基础。本章主要介绍钢材和混凝土。

钢材按有无明显屈服点可分为两类,其强度和变形性能有较大的差别。在混凝土结构中,热轧钢筋 HPB235 级、HPB300 级、HRB335 级、HRB400 级(或 RRB400 级)、HRB500 级都属于有明显屈服点钢筋,用于混凝土结构中的普通钢筋,提倡用 HRB400 级作为主要构件的受力钢筋;而钢丝、钢绞线等则属于无明显屈服点钢筋,一般用于预应力混凝土构件。建筑结构中的钢筋应满足强度、塑性和可焊性等要求,并能与混凝土可靠黏结。保证钢筋和混凝土的黏结是混凝土结构构造设计的重要课题。

混凝土是一种非匀质、非连续、非弹性材料,混凝土结构构件性能的特殊性主要取决于混凝土。根据混凝土立方体抗压强度标准值确定的混凝土强度等级是选择混凝土材料的依据,钢筋混凝土结构构件的混凝土强度等级不低于 C20,预应力混凝土不低于 C30 或 C40。混凝土强度越高(如 C55 以上时),变形能力越小,破坏时愈显脆性。混凝土具有的徐变和收缩性能对混凝土结构构件的受力和变形有重要影响。影响混凝土徐变和收缩的因素大体相同,但产生的原因有本质区别,读者应注意理解。

结构混凝土材料尚应满足耐久性要求(见附录附表 1)。

习　　题

思考题

(1) 试根据有明显屈服点钢筋的拉伸应力-应变曲线指出受力各阶段的特点和各转折点的应力名称。

(2) 无明显屈服点钢筋的应力-应变曲线与有明显屈服点钢筋相比有何区别?

（3）检验钢材质量的指标有哪几项？

（4）何谓钢筋冷拉？冷拉后的钢筋性能有什么改变？

（5）需要焊接的钢筋为什么应先焊接后冷拉？为什么不能利用冷拉钢筋制作预制构件的吊环？

（6）冷拔后的钢筋性能有什么改变？

（7）热轧钢筋分哪几个级别？随着级别的提高，钢筋的性能有何变化？

（8）为什么钢筋和混凝土能够共同工作？

（9）混凝土结构对钢筋性能的主要要求有哪些？

（10）承重钢结构宜用哪些钢材？

（11）如何确定混凝土的立方体抗压强度？其强度值与试块尺寸有何关系？

（12）混凝土轴心抗压强度、轴心抗拉强度与立方体抗压强度有什么关系？

（13）根据混凝土在一次短期加荷下的受压应力-应变曲线指出混凝土的应力-应变关系有什么特点？

（14）什么是混凝土的弹性模量和混凝土的割线模量？

（15）何谓混凝土的徐变？影响混凝土徐变大小的因素主要有哪些？徐变对混凝土构件的受力性能有何影响？

（16）引起混凝土收缩的主要原因是什么？收缩对混凝土有何影响？

（17）如何选择混凝土的强度等级？

（18）混凝土与钢筋之间的黏结力是如何产生的？为什么光面钢筋的末端一般要有弯钩？

（19）为什么钢筋伸入支座内应有一定锚固长度、钢筋搭接时应有一定搭接长度？

第4章
混凝土轴心受力构件

教学目标

本章讲述钢筋混凝土轴心受拉构件和轴心受压构件的受力性能和计算方法。通过本章学习，应达到以下目标。

(1) 掌握轴心受力构件的受力性能。

(2) 熟悉轴心受力构件的承载力计算方法。

(3) 理解螺旋箍筋(间接配筋)柱的受力性能。

教学要求

知识要点	能力要求	相关知识
轴心受拉构件	(1) 理解构件开裂前和开裂后直至破坏的受力特征 (2) 熟悉钢筋在混凝土中的布置方式 (3) 掌握承载力计算公式	(1) 钢筋性能 (2) 混凝土的受拉性能 (3) 钢筋的屈服
轴心受压构件	(1) 理解短柱和长柱的受力特征 (2) 熟悉受压承载力计算公式 (3) 掌握配筋构造	(1) 稳定系数 (2) 最大配筋率和最小配筋率 (3) 失稳的概念
螺旋箍筋柱	(1) 理解螺旋箍筋柱的受力特征 (2) 熟悉螺旋箍筋的作用 (3) 掌握螺旋箍筋柱的应用范围	(1) 混凝土的三向受压 (2) 螺旋箍筋的受力 (3) 核心混凝土

基本概念

钢筋和混凝土的共同工作、短柱、长柱、细长柱、失稳、约束混凝土

引言

根据结构内力分析得到的构件内力，结构构件可以分为轴心受力构件(仅承受轴心力 N，当为拉力时称轴心受拉，当为压力时称轴心受压)、受弯构件(承受弯矩 M 和剪力 V)、偏心受力构件(主要承受偏心力 N 或轴心力 N 与弯矩 M)和受扭构件(承受扭矩 T 或 T 与 V，或 T、V、M)。各类构件的受力性能、破坏特征、承载力计算，是以下各章的主要内容。

我们首先讲述钢筋混凝土轴心受力构件。轴心受力构件在材料力学中是受力最简单的构件，但是由钢筋和混凝土组成的轴心受力构件，其受力性能和破坏特征与材料力学中的描述是不相同的。

在材料力学中，由单一匀质材料组成的构件，若轴向力的作用线与构件截面形心轴线相重合时，即为轴心受力构件(图4-1)。而在钢筋混凝土结构中，由于混凝土的非匀质性、钢筋位置的偏离、轴向力作用位置的差异等原因，理想的轴心受拉构件或轴心受压构件很难找到，构件实际上往往处于偏心受力状态。严格地讲，只有当截面上应力的合力与纵向外力作用在同一直线上才是轴心受力，但为了计算方便，工程上仍按纵向外力作用线与构件的截面形心轴线是否重合来判别是否为轴心受力。

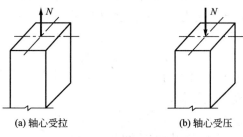

(a) 轴心受拉   (b) 轴心受压

图4-1   轴心受力构件

在实际工程中，近似按轴心受拉计算的构件有：承受节点荷载的屋架或托架的受拉弦杆和腹杆[如图4-2(a)中的屋架下弦以及腹杆 ab 和 be]；拱的拉杆；圆形水池池壁的环向部分[图4.2(b)]等。近似按轴心受压构件计算的有：承受节点荷载的屋架受压腹杆[如图4-2(a)中的腹杆 ad 和 ce]及受压弦杆；以恒荷载作用为主的等跨多层房屋的内柱等。

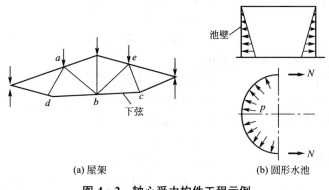

(a) 屋架   (b) 圆形水池

图4-2   轴心受力构件工程示例

4.1 轴心受拉构件

4.1.1   轴心受拉构件的受力特点

试验表明，当采用逐级加载方式对钢筋混凝土轴心受拉构件进行试验时，构件从开始加载到破坏的受力过程可分为以下三个阶段。

1. 混凝土开裂前

构件开始受荷时，轴向拉力很小，由于钢筋与混凝土之间的黏结力，构件各截面上各点的应变值相等(变形协调)，混凝土和钢筋都处在弹性受力状态，应力与应变成正比(虎

克定律），即

$$\sigma_s = E_s \varepsilon_s \tag{4-1}$$

$$\sigma_c = E_c \varepsilon_c \tag{4-2}$$

$$\varepsilon_s = \varepsilon_c \tag{4-3}$$

式中　σ_s、E_s、ε_s——纵向受拉钢筋的应力、应变和弹性模量；

σ_c、E_c、ε_c——混凝土的应力、应变和弹性模量。

依据静力平衡条件，有

$$N = \sigma_s A_s + \sigma_c A_c \tag{4-4}$$

式中　N——施加于构件上的轴向拉力；

A_s——纵向受拉钢筋截面面积；

A_c——混凝土截面面积。

将式(4-1)～式(4-3)代入式(4-4)，可得

$$N = (A_c + \alpha_E A_s)\sigma_c \tag{4-5}$$

式中　α_E——钢筋的弹性模量与混凝土弹性模量之比，$\alpha_E = E_s/E_c$。

式(4-5)表明：当混凝土和钢筋都处于弹性受力状态时，若将构件截面面积看成是混凝土截面面积 A_c 与钢筋折算成的相当混凝土面积 $\alpha_E A_s$ 之和，则轴心受拉构件可视为由单一混凝土材料组成的构件，并用材料力学的方法进行分析：

$$\sigma_c = N/A_0 \tag{4-6}$$

$$A_0 = A_c + \alpha_E A_s \tag{4-7}$$

式中　A_0——构件截面的换算截面面积。

随着荷载的增加，由于混凝土受拉塑性变形的出现和发展，混凝土的应力与应变将不成比例，应力增长的速度要小于应变增长的速度。而钢筋则仍处于弹性受力状态。荷载继续增加，混凝土和钢筋的应力将继续增大。式(4-5)应改为：

$$N = (A_c + \alpha'_E A_s)\sigma_c \tag{4-8}$$

式中　α'_E——钢筋弹性模量与混凝土割线模量 E'_c 之比，$\alpha'_E = E_s/E'_c$。

若将式(4-6)中的 A_0 改为 $A_c + \alpha'_E A_s$，则仍可采用材料力学方法分析构件截面的应力。

当荷载继续增加，混凝土的应力 σ_c 达到抗拉强度 f_{tk} 时，构件将开裂；此时混凝土割线模量 E'_c 约为其弹性模量 E_c 的一半，则构件的开裂荷载 N_{cr} 可由式(4-7)求得，为

$$N_{cr} = (A_c + 2\alpha_E A_s)f_{tk} \tag{4-9}$$

2. 混凝土开裂后

构件混凝土开裂后，裂缝截面与构件轴线垂直；由于同一截面受力是均匀的，故裂缝贯穿于整个截面。在裂缝截面上，混凝土完全退出工作，即不能承担拉力，所有外力全部由钢筋承受。显然，在开裂前和开裂后的瞬间，裂缝截面处的钢筋应力将发生突变。

如果截面的配筋率(指截面上纵向受力钢筋面积与构件截面面积的比值)较高，钢筋应力的突变会较小；如果截面的配筋率较低，钢筋应力的突变则较大。由于钢筋的抗拉强度很高、远远高于混凝土的抗拉强度，故构件开裂一般并不意味着丧失承载力，钢筋可以继续承受开裂截面处拉力，因而荷载还可以继续增加，新的裂缝也将产生。原有的裂缝也将随荷载的增加而不断加宽。裂缝与裂缝之间的间距以及裂缝宽度与截面的配筋率、纵向受

力钢筋的直径及布置等因素有关。一般情况下，当截面配筋率较高，在相同配筋率下钢筋直径细、根数较多、分布较均匀时，裂缝间距较小，裂缝宽度较细；反之则裂缝间距较大，裂缝宽度较宽。

3. 破坏阶段

当轴向拉力使裂缝截面处钢筋的应力达到其抗拉强度时，构件将进入破坏阶段。若构件采用有明显屈服点的钢筋配筋，则构件的变形还可以有较大的发展，但裂缝宽度将大到不适于继续承载的状态。当采用无明显屈服点钢筋配筋时，构件有可能被拉断。

设纵向受力钢筋的截面面积为 A_s，其抗拉强度用其标准值 f_{yk} 表示，则构件破坏时的受力状态如图 4-3 所示。由静力平衡条件，可求得构件破坏时所能承受的拉力为：

$$N_u = f_{yk} A_s \tag{4-10}$$

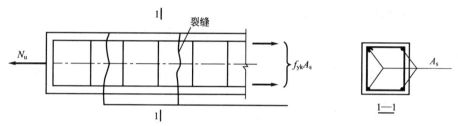

图 4-3 轴心受力构件破坏时的受力状态

4.1.2 轴心受拉构件承载力计算

1. 计算公式

在进行结构构件设计时，为简化设计计算，对于特定的结构构件，荷载、材料力学指标、构件几何尺寸等都是按固定的数值(标准值)取用的。而实际上如前所述，结构构件在整个使用期限内，作用在构件上的各种荷载不可能一成不变、材料的力学指标可能与设计时取用的数值也有出入，构件的几何尺寸也可能与设计时的取值有某些差异。为了确保结构构件的可靠性，就必须按照第 2 章的设计原则，使荷载在构件内产生的内力设计值(可以理解为可能出现的最大内力)不超过构件承载力设计值(可以理解为可能出现的最低承载能力)。对于轴心受拉构件，即要求：

$$N \leqslant f_y A_s \tag{4-11}$$

式中　N——轴向拉力设计值；

　　f_y——钢筋抗拉强度设计值；

　　A_s——纵向受力钢筋截面面积。

2. 构造要求

1) 纵向受力钢筋

轴心受拉构件的受力钢筋不得采用非焊接的搭接接头；搭接而不加焊的受拉钢筋接头仅仅允许用在圆形池壁或管中，其接头位置应错开，搭接长度应不小于 3.3.2 节的相应要求；为避免配筋过少引起的脆性破坏，按构件截面面积计算的全部受力钢筋的最小配筋百分率不应小于 0.4％和($90 f_t / f_y$)％的较大值；受力钢筋应沿截面周边均匀对称布置，并宜优先选择直径较小的钢筋。

2）箍筋

在轴心受拉构件中，与纵向钢筋垂直放置的箍筋主要是与纵向钢筋形成骨架，固定纵向钢筋在截面中的位置，从受力角度而言并无要求。

箍筋直径一般为 4～6mm，间距一般不宜大于 200mm（对屋架的腹杆不宜超过150mm）。

【例 4-1】 某钢筋混凝土托架下弦截面尺寸 $b \times h = 200\text{mm} \times 250\text{mm}$，其端节间承受恒荷载标准值产生的轴心拉力 $N_{gk} = 185\text{kN}$，活荷载标准值产生的轴心拉力 $N_{qk} = 70\text{kN}$，结构重要性系数 $\gamma_0 = 1.1$，混凝土强度等级为 C30，纵向钢筋采用 HRB335 级钢筋，试按承载力计算所需纵向受拉钢筋截面面积，并选择钢筋。

解：（1）计算轴心拉力设计值 N。

$$N = \gamma_0(\gamma_G N_{gk} + \gamma_Q N_{qk}) = 1.1 \times (1.2 \times 185 + 1.4 \times 70) = 352(\text{kN})$$

（2）按承载力计算所需受拉钢筋面积 A_s。

由附录附表 6 查得，HRB335 级钢筋抗拉强度设计值 $f_y = 300\text{N/mm}^2$，由附录附表 3 查得 C30 混凝土的 $f_t = 1.43\text{N/mm}^2$，则由式 $N \leqslant f_y A_s$，有

$$A_s \geqslant \frac{N}{f_y} = \frac{352000}{300} = 1173(\text{mm}^2)$$

（3）选择满足构造要求的配筋。

按最小配筋率所需钢筋面积为：

$$A_{s,\min} = 0.4\% bh = 0.4\% \times 200 \times 250 = 200(\text{mm}^2)$$

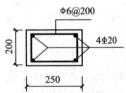

及　　$$\frac{90 f_t}{f_y} = 0.429\%, \quad A_{s,\min} = 0.429\% bh = 215(\text{mm}^2)$$

Φ6@200

200

250

4Φ20

故应按 $A_s = 1173\text{mm}^2$ 选择纵向受力钢筋。由附录附表 32 按常用钢筋直径选 4 根直径 20mm 的 HRB335 级钢筋，记为 4Φ20（$A_s = 1257\text{mm}^2$）。

箍筋选择 HPB235 级钢筋，直径 6mm，间距 200mm，记为 Φ6@200。配筋图如图 4-4 所示。此外，轴心受拉构件尚应进行裂缝宽度验算，才能最后确定配筋。

图 4-4　例 4-1 附图

4.1.3　轴心受拉构件的裂缝宽度验算

由于混凝土的抗拉强度很低，钢筋混凝土轴心受拉构件在正常使用阶段是带裂缝工作的，其裂缝控制等级为三级，要进行裂缝宽度验算。计算的裂缝最大宽度 $w_{\max}$ 应满足

$$w_{\max} \leqslant w_{\lim} \tag{4-12}$$

式中　$w_{\lim}$——最大裂缝宽度限值，见表 2-10。

1. 裂缝宽度的计算公式

根据试验结果的研究分析，考虑裂缝宽度分布不均匀性和长期作用影响的轴心受拉构件最大裂缝宽度（按 mm 计），可按下列公式计算：

$$w_{\max} = 2.7\psi \frac{\sigma_{sq}}{E_s}\left(1.9c_s + 0.08\frac{d_{eq}}{\rho_{te}}\right) \tag{4-13}$$

$$\psi = 1.1 - 0.65\frac{f_{tk}}{\rho_{te}\sigma_{sq}} \tag{4-14}$$

$$d_{ep} = \frac{\sum n_i d_i^2}{\sum n_i v_i d_i} \tag{4-15}$$

式中 ψ——裂缝间纵向受拉钢筋应变不均匀系数，当 $\psi < 0.2$ 时，取 $\psi = 0.2$；当 $\psi > 1.0$ 时，取 $\psi = 1.0$。

σ_{sq}——按荷载效应准永久组合计算的钢筋混凝土构件纵向受拉钢筋的应力，对轴心受拉构件取 $\sigma_{sq} = \dfrac{N_q}{A_s}$。

c_s——最外层纵向受拉钢筋外边缘至受拉边距离(mm)，当 $c < 20$ 时，取 $c = 20$；当 $c > 65$ 时，取 $c = 65$。

ρ_{te}——按有效受拉混凝土截面面积计算的纵向受拉钢筋配筋率，$\rho_{te} = A_s/A$，A 为轴心受拉构件截面面积，当 $\rho_{te} < 0.01$ 时，取 $\rho_{te} = 0.01$。

d_{eq}——纵向受拉钢筋的等效直径(mm)。

d_i——第 i 种纵向受拉钢筋直径(mm)。

n_i——第 i 种纵向受拉钢筋根数。

v_i——第 i 种纵向受拉钢筋的相对黏性特性系数：光面钢筋取 0.7，带肋钢筋取 1.0。

对于轴心受拉构件而言，裂缝最大宽度与裂缝间距有关，裂缝的分布特点是细而密或宽而稀。

2. 裂缝宽度验算

按式(4-13)计算的最大裂缝宽度满足式(4-12)即可。

【例 4-2】 同例 4-1，构件的环境类别为一类，按表 2-9 的规定，$w_{\lim} = 0.2\text{mm}$，试进行裂缝宽度验算。(已知 $\psi_q = 0.7$)

解：(1)荷载效应准永久组合值及 σ_{sq} 的计算。

$$N_q = N_{gk} + \psi_q N_{qk} = 185 + 0.7 \times 70 = 234(\text{kN})$$

$$\sigma_{sq} = \frac{N_q}{A_s} = \frac{234000}{1257} = 186(\text{N/mm}^2)$$

(2)ρ_{te}、ψ 的计算。

对 C30 混凝土，$f_{tk} = 2.01\text{N/mm}^2$，则

$$\rho_{te} = \frac{A_s}{A} = \frac{1257}{200 \times 250} = 0.025 > 0.01$$

$$\psi = 1.1 - 0.65\frac{f_{tk}}{\rho_{te}\sigma_{sq}} = 1.1 - 0.65 \times \frac{2.01}{0.025 \times 186} = 0.819 > 0.2$$

(3)$w_{\max}$ 的计算。

$c = 25\text{mm}$，$E_s = 2.0 \times 10^5\text{N/mm}^2$，$d_{eq} = d = 20\text{mm}$，则

$$w_{\max} = 2.7\psi\frac{\sigma_{sq}}{E_s}\left(1.9c + 0.08\frac{d_{eq}}{\rho_{te}}\right)$$

$$= 2.7 \times 0.819 \times \frac{186}{2 \times 10^5} \times \left(1.9 \times 25 + 0.08 \times \frac{20}{0.025}\right)$$

$$=0.23(\text{mm})>w_{\text{lim}}=0.2\text{mm}$$

不满足正常使用极限状态要求。

（4）调整配筋，重新验算。

采用 HRB335 级钢筋，$8\Phi16(A_s=1609\text{mm}^2)$，则

$$\rho_{\text{te}}=1609/(200\times250)=0.032$$

$$\sigma_{\text{sq}}=234000/1609=145(\text{N/mm}^2)$$

$$\psi=1.1-\frac{0.65\times2.01}{0.032\times158}=0.842$$

$$w_{\text{max}}=2.7\psi\frac{\sigma_{\text{sq}}}{E_s}\left(1.9c-0.08\frac{d_{\text{eq}}}{\rho_{\text{te}}}\right)$$

$$=2.7\times0.842\times\frac{145}{2\times10^5}\left(1.9\times25+0.08\times\frac{16}{0.032}\right)$$

$$=0.144(\text{mm})<0.2\text{mm}$$

满足要求。

可见减小钢筋直径和提高有效配筋率是减小裂缝最大宽度的有效途径。

4.2 轴心受压构件

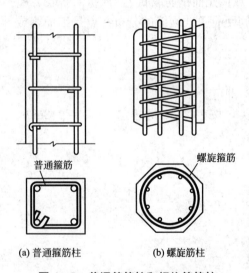

轴心受压构件的横截面多为正方形，根据需要也可做成矩形、圆形、环形和正多边形等多种形状，其配筋有纵向受力钢筋和箍筋，经相互绑扎或焊接形成钢筋骨架。根据箍筋的配置方式不同，轴心受压构件可分为配置普通箍筋和配置螺旋箍筋（或环式焊接箍筋）两大类（图 4-5）。配置的螺旋箍筋或环式焊接箍筋也称为螺旋式或焊接环式间接钢筋。

轴心受压构件的纵向钢筋除了与混凝土共同承担轴向压力外，还能承担由于初始偏心或其他偶然因素引起的附加弯矩在构件中产生的拉力。在配置普通箍筋的轴心受压构件中，箍筋的作用是：固定纵向受力钢筋位置，防止纵向钢筋在混凝土压碎之前压屈，保证纵筋与混凝土共同受力直到构件破坏；箍筋对核心混凝土的约束作用可以在一定程度上改善构件最终可能发生突然破坏的脆性性质。而螺旋形箍筋对混凝土有较强的环向约束作用，因而能够提高构件的承载力和延性。

普通箍筋   螺旋箍筋

(a) 普通箍筋柱   (b) 螺旋筋柱

图 4-5 普通箍筋柱和螺旋箍筋柱

4.2.1 普通箍筋柱

1. 试验研究分析

根据构件的长细比（构件的计算长度 l_0 与构件截面回转半径 i 之比，截面回转半径

$i=\sqrt{\dfrac{I}{A}}$）的不同，轴心受压构件可分为短构件（对一般截面 $l_0/i\leqslant 28$；对矩形截面，$l_0/b\leqslant$ 8，b 为截面宽度）和中长构件。习惯上将前者称为短柱（short columns），后者称为长柱（slender columns）。

1）短柱

钢筋混凝土轴心受压短柱的试验表明：在整个加载过程中，可能的初始偏心对构件承载力无明显影响；由于钢筋与混凝土之间存在着黏结力，两者的受压应变相等。当达到极限荷载时，钢筋混凝土短柱的极限压应变大致与混凝土棱柱体受压破坏时的压应变相同，即 $\varepsilon_{c,max}=\varepsilon_0$；混凝土应力达到棱柱体抗压强度 f_{ck}。

若钢筋的屈服压应变小于混凝土破坏时的压应变（对 HPB300、HRB335、HRB400 等热轧钢筋均如此），则钢筋将首先达到抗压屈服强度 f'_{yk}，随后钢筋承担的压力维持不变，而继续增加的荷载全部由混凝土承担，直至混凝土被压碎。在这类构件中，钢筋和混凝土的抗压强度都能得到充分利用，其承载力为

$$N_u=f'_{yk}A'_s+f_{ck}A \tag{4-16}$$

对于高强度钢筋，在构件破坏时可能达不到屈服强度，此时钢筋应力为 $\sigma'_s=\varepsilon_0 E_s$，可近似取为 $0.002\times 2\times 10^5=400(N/mm^2)$，钢材的强度不能被充分利用。

总之，在轴心受压短柱中，不论受压纵向钢筋是否屈服，构件破坏时的最终承载力都由混凝土压碎所控制。在临近破坏时，短柱出现明显的纵向裂缝，箍筋间的纵向钢筋压屈外鼓呈灯笼状（图4-6），混凝土被压碎而告破坏。

2）长柱

对于轴心受压长柱，轴向压力的可能初始偏心影响不能忽略。构件受荷后，由于初始偏心距将产生附加弯矩，而附加弯矩产生的侧向挠度又加大了原来的初始偏心距，这样相互影响的结果使长柱最终在轴向力和弯矩的共同作用下发生破坏。破坏时受压一侧往往产生较长的纵向裂缝，箍筋之间的纵向钢筋向外压屈，混凝土被压碎；而另一侧的混凝土则被拉裂，在构件高度中部发生横向裂缝（图4-7），这实际是偏心受压构件的破坏特征。

图 4-6 轴心受压短柱的破坏

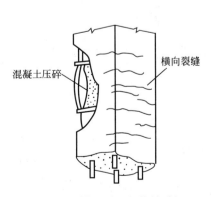

图 4-7 轴心受压长柱的破坏

试验表明：长柱的破坏荷载低于相同条件下短柱的破坏荷载。《规范》采用一个降低

系数 φ 来反映这种承载力随长细比增大而降低的现象，并称之为"稳定系数"。该系数主要和构件的长细比 l_0/i 有关，见表 4-1。

表 4-1 钢筋混凝土轴心受压构件的稳定系数 φ

l_0/b	≤8	10	12	14	16	18	20	22	24	26	28
l_0/d	≤7	8.5	10.5	12	14	15.5	17	19	21	22.5	24
l_0/i	≤28	35	42	48	55	62	69	76	83	90	97
φ	1.0	0.98	0.95	0.92	0.87	0.81	0.75	0.70	0.65	0.60	0.56
l_0/b	30	32	34	36	38	40	42	44	46	48	50
l_0/d	26	28	29.5	31	33	34.5	36.5	38	40	41.5	43
l_0/i	104	111	118	125	132	139	146	153	160	167	174
φ	0.52	0.48	0.44	0.40	0.36	0.32	0.29	0.26	0.23	0.21	0.19

注：表中 l_0 为构件计算长度；b 为矩形截面短边尺寸；d 为圆形截面的直径；i 为截面最小回转半径。

构件的计算长度 l_0 与构件端部的支承情况有关，几种理想支承的柱计算长度见图 4-8。在实际工程中，由于支座情况并非理想的不动铰支承或固定端，《规范》对常见结构的柱计算长度作了规定（参见框架结构部分）。

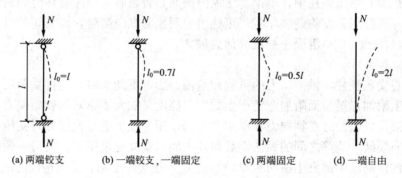

(a) 两端铰支   (b) 一端铰支，一端固定   (c) 两端固定   (d) 一端自由

图 4-8 理想支承柱的计算长度

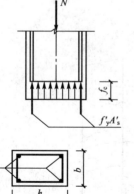

图 4-9 轴心受压柱的
计算图形

应当注意，当轴心受压构件长细比超过一定数值后（如矩形截面当 $l_0/b>35$ 时），构件可能发生"失稳破坏"，即轴向压力增大到一定程度时，在构件截面尚未发生材料破坏之前，构件已不能保持稳定平衡而破坏。设计中应当避免这种情况。这种柱称为细长柱。

2. 轴心受压构件正截面承载力计算公式

轴心受压构件的设计和轴心受拉构件设计时一样，其截面承载力的计算应遵循第 2 章所述的设计原则。

在轴向力设计值 N 作用下，轴心受压构件的承载力可按下式计算（图 4-9）。

$$N \leqslant 0.9\varphi(f'_y A'_s + f_c A) \qquad (4-17)$$

式中　φ——钢筋混凝土构件的稳定系数，按表 4-1 取用；

　　　　N——轴向压力设计值；

　　　　f_y'——钢筋抗压强度设计值，见附录附表 6；

　　　　f_c——混凝土轴心抗压强度设计值，见附录附表 3；

　　　　A_s'——全部纵向受压钢筋截面面积；

　　　　A——构件截面面积，当纵向钢筋配筋率大于 3% 时，A 应改用混凝土截面面积 A_c，$A_c = A - A_s'$；

　　　　0.9——系数，是为保证与偏心受压构件正截面承载力有相近的可靠度而确定的。

当现浇钢筋混凝土轴心受压构件截面长边或直径小于 300mm 时，考虑到施工质量对小截面构件承载力的敏感性，式(4-17)中的混凝土强度设计值应乘以系数 0.8（构件质量确有保证时不受此限）。

3. 公式应用

应用式(4-17)可解决两类问题：截面设计和承载力校核。

在截面设计时，可先确定材料强度等级，并根据建筑设计的要求、轴向压力设计值的大小以及房屋总体刚度确定截面形状和尺寸，然后按式(4-17)求出所需钢筋数量。求得的全部受压钢筋的配筋率 $\rho'(=A_s'/A)$ 不应小于最小配筋率 ρ_{min}'。《规范》要求 $\rho_{min}' = 0.6\%$。

应当注意，实际工程中的轴心受压构件沿截面两个主轴方向的杆端约束条件可能不同，因此计算长度 l_0 和截面回转半径 i 也不同。此时应分别按两个方向确定 φ 值，选其中较小者代入式(4-17)进行计算。

在截面校核时，构件的计算长度、截面尺寸、材料强度、配筋量均已知，故只需将有关数据代入式(4-17)，即可求出构件所能承担的轴向力设计值。

4. 构造要求

轴心受压构件的构造要求包括截面形式、材料选择、纵向钢筋和箍筋的选择等。

1) 截面形式

轴心受压构件截面以方形为主，根据需要也可采用矩形截面、圆形截面或正多边形截面；截面最小边长不宜小于 250mm，构件长细比 l_0/b 一般为 15 左右，不宜大于 30。

2) 材料选择

混凝土强度对受压构件的承载力影响较大，故宜选用强度等级较高的混凝土。

钢筋与混凝土共同受压时，若钢筋屈服强度过高（如高于 $400\text{N}/\text{mm}^2$），则不能充分发挥其作用，故不宜用高强度钢筋作受压钢筋。同时，也不得用冷拉钢筋作受压钢筋。

3) 纵向钢筋

纵向钢筋应满足如下要求：①纵向受力钢筋直径 d 不宜小于 12mm；为便于施工，宜选用较大直径的钢筋，以减小纵向弯曲，并防止在临近破坏时钢筋过早压屈。②全部纵向受压钢筋的配筋率不宜超过 5%。③纵向钢筋应沿截面周边均匀布置，钢筋与钢筋之间的净距不应小于 50mm，钢筋中距也不应大于 300mm，混凝土保护层最小厚度一般为 30mm（指室内正常环境下）。④当钢筋直径 $d \leqslant 32\text{mm}$ 时，可采用非焊接的搭接接头，但接头位置应设在受力较小处；其搭接长度不应小于纵向受拉钢筋搭接长度的 0.7 倍，且不应小于 200mm。

4) 箍筋

箍筋应当满足如下要求：①箍筋应当采用封闭式箍筋，以保证钢筋骨架的整体刚度，并保证构件在破坏阶段箍筋对混凝土和纵向钢筋的侧向约束作用。②箍筋的间距 s 不应大于横截面短边尺寸，且不大于 400mm；同时，不应大于 $15d$（d 为纵向钢筋最小直径）。③箍筋一般采用热轧钢筋，其直径不应小于 6mm，且不应小于 $d/4$（d 为纵向受力钢筋的最大直径）。④当柱每边的纵向受力钢筋不多于 3 根（或当柱短边尺寸 $b \leqslant 400$mm 而纵筋不多于 4 根）时，可采用单个箍筋；否则应设置复合箍筋（图 4-10）。⑤当柱中全部纵向受力钢筋配筋率超过 3% 时，箍筋直径不宜小于 8mm，其间距不应大于 $10d$（d 为纵向受力钢筋的最小直径）且不应大于 200mm。箍筋末端应做成 135° 弯钩，且弯钩末端平直段长度不应小于箍筋直径的 10 倍；箍筋也可焊成封闭环式。⑥在受压纵向钢筋搭接长度范围内的箍筋间距不应大于 $10d$（d 为纵向受力钢筋的最小直径）且不应大于 200mm。当受压钢筋直径 >25mm 时，尚应在搭接接头两个端面外 100mm 范围内各设置两个箍筋。

图 4-10　轴心受压柱的箍筋

【例 4-3】　截面尺寸 $b \times h = 400$mm $\times 400$mm 的钢筋混凝土轴心受压柱，计算长度 $l_0 = 6$m，承受轴向力设计值 $N = 2875$kN，采用 C25 混凝土（$f_c = 11.9$N/mm²）、HRB400 级钢筋作纵向受力钢筋（$f'_y = 360$N/mm²）。试求：（1）纵向受力钢筋面积，并选择钢筋直径、根数；（2）选择箍筋直径、间距。

解：（1）求稳定系数 φ。

$l_0/b = 6/0.4 = 15$。由表 4-1 可知，$l_0/b = 14$ 时，$\varphi = 0.92$，$l_0/b = 16$ 时，$\varphi = 0.87$。则在本题中，$\varphi = (0.92 + 0.87)/2 = 0.895$。

（2）计算受压钢筋面积。

由式（4-17）可得：

$$A'_s = \frac{\dfrac{N}{0.9\varphi} - f_c A}{f'_y} = \frac{\dfrac{2875000}{0.9 \times 0.895} - 11.9 \times 400 \times 400}{360}$$

$$= 4626(\text{mm}^2) < 3\%A = 3\% \times 400 \times 400 = 4800(\text{mm}^2)$$

$$> 0.6\%A = 960(\text{mm}^2)$$

则可选 12 根 $d = 22$（$A'_s = 4561$mm²）的 HRB400 级钢筋，沿截面周边均匀配置，每边 4 根。

（3）选择箍筋。

根据纵向钢筋直径，按照箍筋配置的构造要求，可选 $\phi 8@300$ 箍筋，画出配筋断面图如图 4-11 所示。

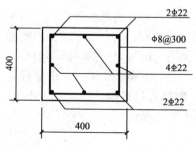

图 4-11　例 4-3 柱截面配筋图

【例 4-4】　某钢筋混凝土柱，承受轴心压力设计值 $N = 9460$kN，若柱的计算长度 $l_0 = 4.5$m，选用 C30 级混凝土（$f_c = 14.3$N/mm²）和 HRB335 级钢筋（$f'_y = 300$N/mm²），试设计该柱截面。

解：本例有两个未知数 A 和 A'_s，故应先确定其中的一个。

（1）选用截面尺寸。

将式（4-17）变换，可得：

$$N \leqslant 0.9\varphi A(f_c + f_y'\rho')$$

先选 $\rho' = 1.5\%$，$\varphi = 0.9$，则有

$$A \geqslant \frac{N}{0.9\varphi(f_c + f_y'\rho')} = \frac{2460000}{0.9 \times 0.9 \times (14.3 + 300 \times 0.015)} = 161545(\text{mm}^2)$$

选用正方形截面 $b = h = 402\text{mm}$，取 $b = h = 400\text{mm}$。

（2）确定稳定系数。

由 $l_0/b = 4500/400 = 11.25$，查表 4-1，$l_0/b = 10$，$\varphi = 0.98$；$l_0/b = 12$，$\varphi = 0.95$。利用线性插值，得：

$$\varphi = 0.98 + (0.95 - 0.98) \times (11.25 - 10)/(12 - 10) = 0.961$$

（3）计算 A_s'。

由式（4-17）得

$$A_s' = \frac{\dfrac{N}{0.9\varphi} - f_c A}{f_y'} = [2460000/(0.9 \times 0.961) - 14.3 \times 400 \times 400]/300$$

$$= 1854(\text{mm}^2) > 0.6\%A = 0.6\% \times 400 \times 400 = 960(\text{mm}^2)$$

$$< 3\%A = 0.03 \times 400 \times 400 = 4800(\text{mm}^2)$$

满足配筋构造要求。

选用 $4\,\Phi\,18 + 4\,\Phi\,16$ 钢筋，$A_s' = 1822\text{mm}^2$，误差为 -1.73%，可以。读者可参考图 4-11 自行画出配筋图。

4.2.2 配有螺旋箍筋的轴心受压构件

螺旋式或焊接环式间接钢筋配筋柱（图 4-12）由于配筋工艺较繁，一般仅用于轴心受压荷载很大而截面尺寸又受限制的柱。下面以配有螺旋式钢筋的柱（spiral reinforcement columns）为例说明这类柱的计算和构造。

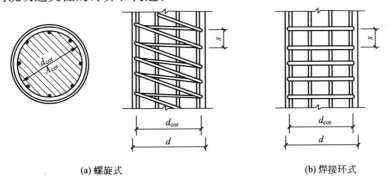

(a) 螺旋式 (b) 焊接环式

图 4-12 螺旋式和焊接环式间接钢筋截面

1. 试验研究分析

混凝土的受压破坏可以认为是由于横向变形过大而发生的拉坏。螺旋箍筋可以约束混

凝土的横向变形。因而可以间接提高混凝土的纵向抗压强度。

试验研究表明,当混凝土所受的压应力较低时,螺旋箍筋的受力并不明显;而当混凝土的压应力相当大后,混凝土中沿受力方向的微裂缝开始迅速扩展,使混凝土的横向变形明显增大但又受到箍筋约束,这时箍筋反作用于混凝土,对混凝土施加被动的径向均匀约束压力。当构件截面混凝土的压应变超过无约束混凝土的极限压应变后,箍筋以外的表层混凝土将逐步脱落,纵向受力钢筋屈服,箍筋以内的混凝土(称为核心混凝土)则在箍筋约束下处于三向受压状态,从而可以进一步承受压力,其抗压极限强度和极限压应变将随箍筋约束力的增大(螺距减小,箍筋直径增大)而增大。当螺旋箍筋屈服时,构件破坏。

2. 受压承载力计算

根据圆柱体在三向受压情形下的试验结果,在径向均匀压力 σ_2 的作用下,约束混凝土的轴心抗压强度 f_{c1},可表述为:

$$f_{c1} = f_c + 4\sigma_2 \tag{4-18}$$

当螺旋箍筋达到屈服时,受到径向约束力 σ_2 的作用(也是反作用于核心混凝土的径向压力),由隔离体的平衡(图4-13),可得:

$$2f_y A_{ss1} = \sigma_2 s d_{cor}$$

或

$$\sigma_2 = 2f_y A_{ss1} / s d_{cor} \tag{4-19}$$

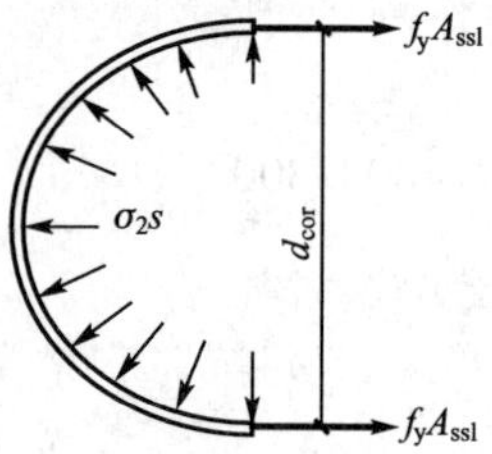

图4-13 螺旋箍筋隔离体的受力

式中 A_{ss1}——螺旋式(或焊接环式)单根间接钢筋的截面面积;

s——沿构件轴线方向间接钢筋的间距;

d_{cor}——构件的核心直径,算至间接钢筋内表面;

f_y——间接钢筋的抗拉强度设计值。

将式(4-18)代入式(4-19)中,则有

$$f_{c1} = f_c + 8f_y A_{ss1} / s d_{cor} \tag{4-20}$$

显然,式(4-20)中的第2项 $8f_y A_{ss1}/s d_{cor}$ 就是由于间接钢筋(螺旋式或焊接环式箍筋)对混凝土的约束作用而使混凝土轴心抗压强度提高的部分。

根据轴向力平衡条件,对采用螺旋式(或焊接环式)间接钢筋的钢筋混凝土轴心受压构件,其正截面受压承载力公式可利用普通箍筋柱的轴心受压承载力表达式(4-10)并只考虑短柱情形(取 $\varphi = 1$),有:

$$N \leqslant 0.9(f'_y A'_s + f_{c1} A_{cor})$$

将式(4-20)的 f_{c1} 代入上式中,并取构件的核心截面面积 $A_{cor} = \pi d_{cor}^2 / 4$,则有

$$N \leqslant 0.9(f_c A_{cor} + f'_y A'_s + 2f_y A_{sso}) \tag{4-21}$$

式中 A_{sso}——螺旋式(或焊接环式)间接钢筋的换算截面面积,$A_{sso} = \pi d_{cor} A_{ss1} / s$。

利用式(4-21)进行螺旋式(或焊接环式)间接钢筋配筋柱的计算时,还应注意如下问题:①为了防止混凝土保护层过早剥落,《规范》规定按式(4-21)算出的构件受压承载力设计值不应超过式(4-17)计算的同样材料和截面的普通箍筋受压构件受压承载力的1.5倍。②当构件的长细比较大时,间接钢筋因受偏心影响难以充分发挥其提高核心混凝土抗压强度的作用,故《规范》规定只在 $l_0/d \leqslant 12$ 的轴心受压构件中采用,即取稳定系数为1.0的情形。③当混凝土强度等级大于C50时,需考虑间接钢筋对混凝土约束的折减,其折减系数为 α:当混凝土强度等级为C50时,$\alpha = 1$;当混凝土强度等级为C80时,

$\alpha=0.85$；其间线性插值确定。此时公式（4－21）中的 $2f_yA_{sso}$ 改为 $2\alpha f_yA_{sso}$。④由于计算公式中只考虑核心混凝土截面面积 A_{cor}，故当外围混凝土较厚时，按上述公式算得的受压承载力有可能小于式（4－17）算得的承载力；或当间接钢筋的换算面积 A_{sso} 小于全部纵向钢筋面积的 25% 时，太少的间接钢筋难以保证对混凝土发挥有效的约束作用，故这两种情况都不考虑间接钢筋的影响而应按式（4－17）进行计算。

3. 构造规定

1）截面与纵向钢筋

螺旋箍筋（或焊接环式箍筋）柱的截面尺寸常做成圆形或正多边形（如正八边形），纵向钢筋可选 6～8 根沿截面周边均匀布置。

2）螺距（或环形箍筋间距）

在计算中考虑间接钢筋的作用时，其螺距（或环形箍筋间距）s 不应大于 80mm 及 $d_{cor}/5$，同时也不应小于 40mm。

【例 4－5】 某大厅的钢筋混凝土圆形截面柱，直径 $d=400$mm，承受轴向压力设计值 $N=2775$kN。混凝土强度等级为 C30（$f_c=14.3$N/mm²），纵向受力钢筋采用 HRB335 级、螺旋箍筋采用 HPB235 级钢筋，柱混凝土保护层厚 30mm。求柱的配筋量（已知 $l_0/d=11.5$）。

解：（1）计算构件核心截面面积。

$$d_{cor}=d-2\times30=400-60=340(\text{mm})$$
$$A_{cor}=\pi d_{cor}^2/4=\pi\times340\times340/4=90792(\text{mm}^2)$$

（2）计算螺旋式间接钢筋的换算截面面积。

选用螺旋钢筋直径 $d=10$mm（$A_{ss1}=78.5$mm²），间距 $s=60$mm，则

$$A_{sso}=\pi d_{cor}A_{ss1}/s=\pi\times340\times78.5/60=1397(\text{mm}^2)$$

（3）计算纵向受压钢筋面积。

由式（4－21），且 $f_y=210$N/mm²，$f_y'=300$N/mm²，则

$$A_s'=(N-0.9f_cA_{cor}-1.8f_yA_{sso})/f_y'$$
$$=(2775000-0.9\times14.3\times90792-1.8\times210\times1397)/300$$
$$=3595(\text{mm}^2)$$

选用 8Φ25（$A_s'=3927$mm²）。

（4）验算。

① $\rho'=A_s'/A=3927\times4/(\pi\times400\times400)=3.12\%$，按普通箍筋柱计算时，有

$$N_u=0.9(f_y'A_s'+f_cA_c)$$
$$=0.9[300\times3927+14.3\times(\pi\times400\times400/4-3927)]$$
$$=2626.2(\text{kN})<2775\text{kN}$$

② $0.25A_s'=0.25\times3927=982$mm²$<A_{ss0}=1397$mm²，且 $1.5N_u=1.5\times2626.2=3939.3(\text{kN})>2775$kN

故上述配筋合理。

（5）配筋断面图（图4－14）。

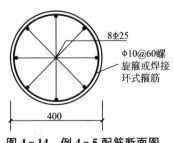

图 4－14 例4－5 配筋断面图

小　结

钢筋混凝土轴心受拉构件开裂前的应力可采用换算截面、利用材料力学公式进行分析；在混凝土进入弹塑性阶段后，由于塑性变形的影响，截面应力会发生重分布现象。在开裂截面处，裂缝贯通整个截面，该处拉力全部由钢筋承担，开裂前后的钢筋应力发生突变。

配有普通箍筋的轴心受压短柱，钢筋和混凝土的共同工作可直到破坏为止，同样可用材料力学的方法分析混凝土和钢筋的应力，但应考虑混凝土塑性变形的影响；构件破坏时，混凝土达到极限压应变 ε_0，应力达到轴心抗压强度，纵向钢筋应力达到抗压屈服强度（低强度钢筋）或达到 $\varepsilon_0 E_s \approx 400\text{N/mm}^2$（高强度钢筋，实际强度高于 $\varepsilon_0 E_s$ 时）。配有螺旋箍筋的柱，由于螺旋箍筋对混凝土的约束而可以提高柱的承载力。

轴心受压构件由于纵向弯曲的影响将降低构件的承载力，因而在计算长柱时引入稳定系数考虑这一影响；对于短柱则不考虑，取 $\varphi = 1.0$。

在进行轴心受力构件的承载力计算时，除满足计算公式要求外，尚需符合有关构造要求，配筋不应小于最小配筋百分率，也不应超过最大配筋百分率的规定。

习　题

一、思考题

（1）在工程中，哪些结构构件可按轴心受拉构件计算？哪些可按轴心受压构件计算？

（2）轴心受拉构件有哪些受力特点（开裂前、开裂瞬间、开裂后和破坏时）？

（3）轴心受压短柱有哪些受力特点？

（4）在轴心受压构件中配置纵向钢筋和箍筋有何意义？为什么轴心受压构件宜采用较高强度等级的混凝土？

（5）轴心受压构件中的受压钢筋在什么情况下会屈服？什么情况下达不到？在设计中应如何考虑？

（6）轴心受压短柱的破坏与长柱有何区别？其原因是什么？影响 φ 的主要因素有哪些？

（7）试推导配有纵筋和普通箍筋的轴心受压柱的承载力公式？

（8）配置螺旋箍筋的轴心受压柱，其承载力提高的原因是什么？

二、计算题

（1）某混凝土圆形筒仓壁厚 $h = 180\text{mm}$，采用 C25 混凝土、HRB335 钢筋为受力钢筋，若在某段 1m 范围高度的垂直截面内承受环向的轴心拉力设计值 $N = 294\text{kN}$，标准值 $N_k = 250\text{kN}$，最大裂缝宽度允许值 $[w_{\max}] = 0.2\text{mm}$，求该截面环向受力钢筋（双排布置）。

（2）已知正方形截面轴心受压构件的计算长度为 10.5m，承受轴向力设计值 $N = 1450\text{kN}$，采用混凝土强度等级为 C30，钢筋为 HRB335 级钢筋，试确定截面尺寸和纵向钢筋截面面积，并绘出配筋图。

（3）已知矩形截面轴心受压构件截面 $b \times h = 400mm \times 500mm$，$l_0 = 8.8m$，混凝土强度等级为 C30，配有 HRB335 级纵向钢筋 $8 \Phi 20$，承受轴向力设计值 $N = 1200kN$，试校核截面承载力是否满足设计要求。

*（4）已知圆形截面轴心受压构件承受轴向力设计值 $N = 3000kN$，计算长度 $l_0 = 4.5m$，混凝土强度等级为 C30，配有 HRB335 级纵向钢筋 $6 \Phi 20$，采用螺旋形箍筋。试求螺旋形箍筋截面面积（采用 HPB235 级钢筋，取螺距 $s = 50mm$）。

第5章
混凝土受弯构件

本章讲述钢筋混凝土受弯构件的受力性能和计算方法。通过本章学习，应达到以下目标。

（1）掌握受弯构件在弯矩或剪力和弯矩共同作用下的受力性能、破坏形态及其影响因素。

（2）熟悉正截面受弯承载力计算和斜截面受剪承载力的计算公式和计算内容。

（3）理解受弯构件的构造要求。

教学要求

知识要点	能力要求	相关知识
受弯构件正截面受弯承载力	（1）理解适筋梁正截面受弯的三个受力阶段，纵向受拉钢筋配筋率对正截面受弯破坏形态和受弯性能的影响，正截面承载力计算的基本假定 （2）熟悉单筋矩形、双筋矩形、T形截面正截面受弯承载力的计算公式和计算内容 （3）掌握梁、板的一般构造	（1）适筋梁在开裂前、开裂后、破坏阶段的正截面应力和应变 （2）适筋破坏、少筋破坏和超筋破坏 （3）矩形应力图、受压区高度、相对受压区高度、截面有效高度 （4）界限破坏、界限破坏时的相对受压区高度 （5）T形截面的翼缘受压区
受弯构件斜截面受剪承载力	（1）理解受弯构件剪弯段的受力特点，斜裂缝的出现和开展；斜截面受剪的三种主要破坏形态；配箍梁的剪力传递机理；影响斜截面受剪承载力的主要因素 （2）熟悉斜截面受剪承载力的计算公式与适用范围，计算方法和步骤 （3）掌握箍筋的构造要求	（1）剪跨比、剪压区 （2）斜拉破坏、剪压破坏、斜压破坏 （3）箍筋配筋率（配箍率）、最小配箍率
受弯构件的构造要求	（1）理解材料图的概念及绘制方法，保证斜截面受弯承载力的构造措施 （2）掌握纵向钢筋的弯起、截断、锚固的构造要求，纵向构造钢筋的配置要求	（1）正截面受弯承载力图 （2）充分利用截面、计算不需要截面 （3）延伸长度、锚固长度

基本概念

　　平截面假定；力的等效原则、等效矩形压应力图；正截面受力三阶段；延性破坏、脆性破坏；配筋率、配箍率；弯剪段、剪跨、剪跨比；桁架机理；斜截面受弯

引言

　　钢筋混凝土受弯构件有板和梁，主要用于房屋的楼盖和屋盖，也用于挡土墙、基础等其他构筑物或结构中，是混凝土结构构件中最基本的构件之一。受弯构件承受荷载产生的弯矩M和剪力V，用力学方法计算。

　　板的截面高度h远小于板的宽度b。现浇混凝土板一般为矩形截面[图5-1(a)]，而预制板的截面形式则多种多样[图5-1(b)、(c)]。

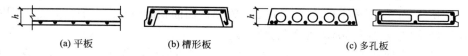

(a) 平板　　　　　　(b) 槽形板　　　　　　(c) 多孔板

图5-1　钢筋混凝土板的截面形式

　　梁的截面高度h一般不小于其宽度b。对于矩形截面梁，h/b常为2～3.5；对于T形截面梁，h/b一般为2.5～4。梁的截面形式也是多种多样的(图5-2)。

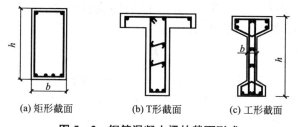

(a) 矩形截面　　　　(b) T形截面　　　　(c) 工形截面

图5-2　钢筋混凝土梁的截面形式

5.1 受弯构件的一般构造规定

5.1.1 板的构造规定

1. 板的最小厚度

　　对一般工业与民用建筑的楼面和屋面，板的最小厚度是：①单向现浇板：屋面板60mm，民用建筑楼板60mm，工业建筑楼板70mm；②双向板及无梁楼板：双向板80mm，无梁楼板150mm。

2. 板的跨厚比

　　板的跨厚比(l_0/h)应不大于表5-1的规定，其中l_0为板的跨度，h为板的厚度。

表 5-1　板的跨厚比 (l_0/h)

支承情形	单向板	双向板	悬臂板
简支	30	40	—
连续	40	50	12

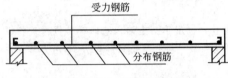

图 5-3　单向板的配筋

3. 板的配筋

对于单向受力的板，板内通常配置受力钢筋和分布钢筋(图 5-3)。

受力钢筋一般为 φ6～10 的 HPB300 级或 HPB235 级钢筋，其间距为 70～200mm(当板厚 $h>150mm$ 时，间距不大于 1.5h 且不大于 250mm)；板中伸入支座的下部钢筋，其间距不应大于 400mm，截面面积不应小于跨中受力钢筋截面面积的 1/3。下部纵向受力钢筋伸入支座的锚固长度不应小于 5d(d 为钢筋直径)。

板的分布钢筋应布置在受力钢筋内侧，与受力钢筋垂直，并在交点处绑扎或焊接。分布钢筋起的作用是：①固定受力钢筋的位置；②可抵抗混凝土因温度变化及收缩产生的拉应力；③将荷载均匀分布给受力钢筋。

单位长度上分布钢筋的截面面积不小于单位宽度上的跨中受力钢筋面积的 15%，且不宜小于该方向板截面面积的 0.15%；分布钢筋的直径一般不小于 φ6，间距不宜大于 250mm(集中荷载较大时，不宜大于 200mm)。

4. 混凝土保护层

从外层钢筋(对于板，即板受力钢筋)外边缘算起的现浇板混凝土保护层最小厚度，在一类环境下为 15mm(混凝土强度等级≥C30 时)或 20mm(混凝土强度等级为 C25 及以下时)；预制板的混凝土保护层可相应减少 5mm。其余环境下的混凝土保护层厚度见附录附表 10。

5.1.2　梁的构造规定

1. 梁的截面尺寸

当梁高 $h≤800mm$ 时，h 为 50mm 的倍数；当 $h>800mm$ 时，h 为 100mm 的倍数。梁宽 b 一般为 50mm 的倍数；当 $b<200mm$ 时，梁宽可为 150mm 或 180mm。

梁的高跨比 h/l_0 可参照表 5-2 的规定选择，其中 l_0 为梁的计算跨度。

表 5-2　梁高跨比下限值

支承情形	简支	一端连续	两端连续	悬臂
独立梁及整体肋形梁的主梁	1/12	1/14	1/15	1/6
整体肋形梁的次梁	1/16	1/18	1/20	1/8

注：当梁的跨度超过 9m 时，表中数值宜乘以 1.2 的系数。

2. 混凝土保护层厚度及钢筋之间的净距

一类环境下，梁外层钢筋的混凝土保护层最小厚度 c 为 25mm(混凝土强度等级≤C25

时为30mm)且不小于受力钢筋直径；其他环境下，梁外层钢筋的混凝土保护层最小厚度 c 见附录附表10。

下部钢筋的净距 d_2 不小于25mm且不小于受力钢筋最小直径；上部钢筋净距 d_1 不小于30mm且不小于受力钢筋最大直径的1.5倍；当梁的下部纵向钢筋布置成两排时，上下排钢筋必须对齐(图5-4)；钢筋超过两层时，两层以上的钢筋中距应比下面两层的中距增加一倍。

3. 纵向受力钢筋

纵向受力钢筋直径一般不小于10mm，宜优先选择直径较小的钢筋；当采用两种不同直径的钢筋时，其直径至少相差2mm，以便施工识别，但也不宜大于6mm。

当梁的宽度 $b \geq 100$mm 时，伸入支座的纵向受力钢筋数量不应少于2根；当梁的宽度 $b < 100$mm 时，可以为1根。伸入支座的光面钢筋末端应做成半圆弯钩。

4. 架立钢筋

架立钢筋设置在梁的受压区，用来固定箍筋并与受力钢筋形成钢筋骨架(图5-5)。架立筋还可以承受温度应力、收缩应力。

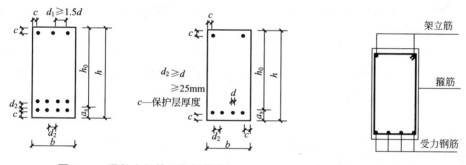

图5-4 混凝土保护层及钢筋净距   图5-5 梁配筋横断面图

架立筋直径 d 与梁的跨度有关。当梁的跨度小于4m时，架立筋直径 $d \geq 8$mm；当梁的跨度为 4～6m 时，架立筋直径 $d \geq 10$mm；当梁的跨度大于6m时，架立筋直径 $d \geq 12$mm。

5. 箍筋和弯起钢筋

梁内箍筋由抗剪计算和构造要求确定。箍筋的直径与梁高有关：对截面高度大于800mm的梁，箍筋直径不宜小于8mm；对截面高度为800mm及以下的梁，箍筋直径不宜小于6mm；对梁中配有计算需要的纵向受压钢筋时，箍筋直径尚不应小于 $d/4$(d 为纵向受压钢筋的最大直径)。

弯起钢筋是利用梁的部分纵向受力钢筋在支座附近斜弯成型的。弯起钢筋在弯起前抵抗梁内正弯矩，在弯起段可抵抗剪力，在连续梁中间支座的弯起钢筋还可抵抗支座负弯矩；弯起钢筋的弯起角度一般为45°，当梁高度 h 超过800mm时，弯起角度可采用60°。

综上所述，梁的配筋包括纵向受力钢筋、架立钢筋、箍筋，这是梁的基本配筋；利用梁的部分纵向受力钢筋在支座附近斜弯成型的弯起钢筋，一般只在非抗震设计中采用。简支梁配筋的一般情形如图5-6所示。

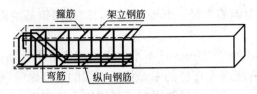

图 5-6　梁的配筋图示意

5.2 受弯构件正截面性能的试验研究

钢筋混凝土受弯构件由于弯矩引起的破坏称为正截面破坏。

试验用试件一般设计成较易制作的矩形截面梁，支座为铰支支座。采用对称加载方式，这种加载方式可实现跨中仅受弯矩的"纯弯段"，从而排除剪力的影响（自重忽略）。在梁的受拉区配置纵向受拉钢筋，伸入支座并可靠锚固。在支座至集中荷载区段，由于存在剪力，故应配有足够的箍筋，以防止该段发生剪切破坏（图 5-7）。

在跨中的纵向钢筋表面及沿截面高度的混凝土表面都贴有应变片，以测定钢筋应变和沿截面高度的混凝土应变。在梁的跨中布置量测挠度的百分表或挠度计，在支座处布置百分表量测沉降以消除支座下沉的影响。

荷载采用分级施加，相应记录各测点的应变、跨中挠度，观察梁的变形和裂缝的出现和开展情形，直至梁破坏为止。记录的跨中挠度值可整理成弯矩-挠度曲线（图 5-8）。

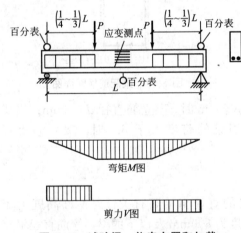

图 5-7　试验梁、仪表布置和加载

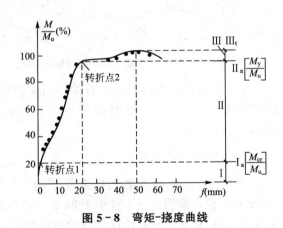

图 5-8　弯矩-挠度曲线

5.2.1 梁受力的三个阶段

上述试验梁，纵向受力钢筋仅配置在梁的受拉区，称之为单筋梁。其受力过程可分为三个阶段。

1. 阶段 I ——弹性工作阶段

当施加的荷载较小，也即梁承受的弯矩较小时，构件基本上处于弹性工作阶段。测试表明：沿截面高度的混凝土应力和应变的分布均为直线，与材料力学的分布规律相同[图5-9(a)]；钢筋应变很小，混凝土受拉区未出现裂缝；跨中挠度很小，并与施加的荷载（或弯矩）成正比。

荷载逐渐增加后，受拉区混凝土塑性变形发展，拉应力图形呈曲线分布。当荷载增加到使受拉混凝土边缘纤维拉应变达到混凝土极限拉应变时，受拉混凝土将开裂，受拉混凝土应力达到混凝土抗拉强度。这种将裂未裂的状态标志着阶段Ⅰ的结束，称为I_a状态[图5-9(b)]。

2. 阶段Ⅱ——带裂缝工作阶段

当荷载继续增加时，受拉混凝土边缘纤维应变超过其极限拉应变，混凝土开裂。在开裂截面，受拉混凝土逐渐退出工作，拉力主要由钢筋承担；随着荷载的增大，裂缝向受压区方向延伸，中和轴上升，裂缝宽度加大，新裂缝逐渐出现；混凝土受压区的塑性变形有所发展，压应力图形呈曲线形分布[图5-9(c)]。

由于裂缝的出现和扩展，梁的刚度下降，跨中挠度增长速度要比第Ⅰ阶段快（图5-8），但与弯矩的关系基本上仍为线性关系。当荷载增加到使钢筋应力达到屈服强度f_y时，标志着第Ⅱ阶段的结束，称为II_a状态[图5-9(d)]。

3. 阶段Ⅲ——破坏阶段

随着受拉钢筋的屈服，裂缝急剧开展，裂缝宽度变大，构件挠度大大增加，出现破坏前的预兆。由于中和轴高度上升，混凝土受压区高度不断缩小。当受压区混凝土边缘纤维达到极限压应变时，受压混凝土压碎，构件完全破坏。作为第Ⅲ阶段的结束，称为III_a状态[图5-9(f)]。

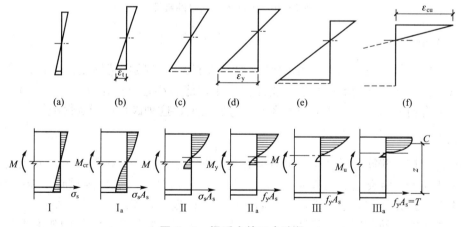

图5-9 梁受力的三个阶段

在梁受力的三个阶段中，阶段Ⅰ承受的荷载很小，阶段Ⅱ是梁的正常使用阶段。也即是说，普通钢筋混凝土梁是带裂缝工作的，而正常使用极限状态就是当裂缝宽度及挠度达到一定限值时的状态。状态III_a则是梁的承载力极限状态。

由试验可知：在三个受力阶段中，沿截面高度的应变（平均应变）基本符合平截面假定。

5.2.2 梁的正截面破坏特征

受弯构件的受拉钢筋配置量可用配筋率 ρ 表示：

$$\rho = \frac{A_s}{bh_0} \tag{5-1a}$$

式中　A_s——受拉钢筋截面面积；

　　b——截面腹板宽度（矩形截面即截面宽度）；

　　h_0——截面的有效高度，即受拉钢筋合力点至截面受压边缘的距离。

试验表明：同样的截面尺寸、跨度和同样材料强度的梁，由于配筋量的不同，会发生不同形态的破坏（图 5-10），它们分别是少筋破坏、适筋破坏和超筋破坏。

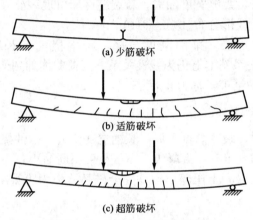

图 5-10　配筋不同的梁的破坏

1. 适筋破坏

前述试验梁是具有正常配筋率的梁，称为适筋梁。其破坏特征是：受拉钢筋首先屈服；随着受拉钢筋塑性变形的发展，受压混凝土边缘纤维达到极限压应变，混凝土压碎；梁在破坏前有明显预兆；破坏前裂缝和变形急剧发展，这种破坏属于延性破坏。

2. 超筋破坏

当构件受拉区配筋量很高时，则破坏时受拉钢筋不会屈服，破坏是因混凝土受压边缘达到极限压应变、混凝土被压碎而引起的。发生这种破坏时，受拉区混凝土裂缝不明显，破坏前无明显预兆，称为超筋破坏。超筋破坏是一种脆性破坏。

★由于超筋梁的破坏属于脆性破坏，破坏前无警告，并且受拉钢筋的强度未被充分利用而不经济，故设计中不应采用。

3. 少筋破坏

当梁的受拉区配筋量很小时，其抗弯能力及破坏特征与不配钢筋的素混凝土梁类似：受拉区混凝土一旦开裂，则裂缝处的钢筋拉应力迅速达到屈服强度并进入强化段，甚至钢筋被拉断；受拉区混凝土裂缝很宽、构件挠度很大，而受压区混凝土边缘并未达到极限压应变。这种破坏是"一裂即坏"型，称为少筋破坏。

★少筋梁的破坏弯矩往往低于构件开裂时的弯矩，承载力低且破坏突然，属于脆性破坏，在设计中不应设计少筋梁。

5.3 受弯构件正截面承载力计算公式

5.3.1 计算基本假定

根据受弯构件的破坏特征，正截面承载力计算公式应以适筋破坏作为计算依据。由试验结果的分析，采用如下基本假定。

1. 平截面假定

试验表明：在纵向受拉钢筋应力达到屈服强度之前及达到的瞬间，截面的平均应变基本符合平截面假定。作为计算手段，即使钢筋已经屈服甚至进入强化段，变形前的平面，变形后仍保持平面(图 5-9)。这个假定与材料力学中所表述的平截面假定相同，即截面应变保持平面，但由于混凝土的塑性变形及受拉区的开裂，所量测的应变是较大标距范围(如 100mm)的平均应变(开裂截面处，标距应跨过裂缝)。

2. 不考虑混凝土的抗拉强度

适筋梁进入破坏阶段后，由于裂缝的发展，开裂截面在中和轴以下的受拉混凝土高度及所承受的拉应力很小，忽略其作用偏于安全。

3. 已知混凝土受压的应力与应变关系曲线和钢筋的应力与应变关系曲线

1) 混凝土受压的应力-应变曲线

在试验的基础上，《规范》采用如下理想化的混凝土受压的应力-应变曲线[图 5-11 (a)]，其表达式如下：

当 $\varepsilon_c \leqslant \varepsilon_0$ 时

$$\sigma_c = f_c\left[1-\left(1-\frac{\varepsilon_c}{\varepsilon_0}\right)^n\right] \tag{5-1b}$$

当 $\varepsilon_0 < \varepsilon_c \leqslant \varepsilon_{cu}$ 时

$$\sigma_c = f_c \tag{5-1c}$$

式中　f_c——混凝土轴心抗压强度设计值。

　　　ε_0——混凝土压应力刚达到 f_c 时的混凝土压应变，$\varepsilon_0 = 0.002 + 0.5(f_{cu,k}-50) \times 10^{-5}$；当计算的 ε_0 值小于 0.002 时，取为 0.002。

　　　ε_{cu}——正截面的混凝土极限压应变，对处于非均匀受压的受弯构件，按 $\varepsilon_{cu} = 0.0033 - (f_{cu,k}-50) \times 10^{-5}$ 计算，计算值大于 0.0033 时，取为 0.0033；当处于轴心受压时，取为 ε_0。

　　$f_{cu,k}$——混凝土立方体抗压强度标准值。

　　　n——系数，$n = 2 - (f_{cu,k}-50)/60$；当计算的 n 值大于 2.0 时，取为 2.0。

由上述公式可知，当混凝土强度等级不超过 C50 时（即 $f_{cu,k} \leqslant 50N/mm^2$），则曲线有统一的形式：

当 $\varepsilon_c \leqslant \varepsilon_0 = 0.002$ 时

$$\sigma_c = f_c [1 - (1 - \varepsilon_c / \varepsilon_0)^2] \tag{5-1d}$$

当 $\varepsilon_0 < \varepsilon_c \leqslant \varepsilon_{cu} = 0.0033$ 时

$$\sigma_c = f_c \tag{5-1e}$$

2）纵向钢筋的应力、应变

纵向钢筋的应力取等于钢筋应变与其弹性模量乘积，但其绝对值不应大于相应的强度设计值；纵向受拉钢筋的极限拉应变取为 0.01[图 5-11(b)]。

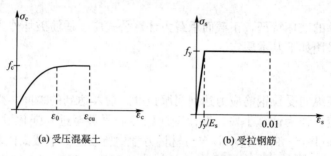

(a) 受压混凝土　　　　　　(b) 受拉钢筋

图 5-11　混凝土和钢筋的应力-应变曲线

5.3.2　基本计算公式

依据上述的基本假定，我们首先研究单筋矩形截面受弯构件的承载力计算公式（单筋已于前述，是指仅在截面受拉区配置纵向受拉钢筋）。计算简图如图 5-12 所示，其中混凝土压应力图形图 5-12(c) 与图 5-11(a) 有一一对应关系。

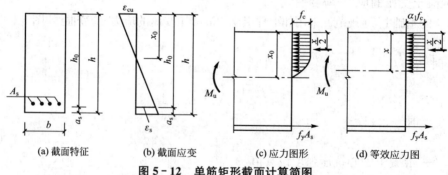

(a) 截面特征　　　(b) 截面应变　　　(c) 应力图形　　　(d) 等效应力图

图 5-12　单筋矩形截面计算简图

利用力的平衡条件（受拉钢筋合力与受压混凝土压应力合力相等）和力矩平衡条件（受压混凝土压应力合力对受拉钢筋合力点取矩）就可建立平衡方程，得出承载力计算公式。但直接利用混凝土压应力图形需要进行积分运算，将比较烦琐。

当混凝土的应力图形采用等效矩形应力图形后（即两个图形的压应力的合力相等，合力作用位置完全相同），则可求得按等效矩形应力图形计算的受压区高度 x 与按平截面假定确定的受压区高度 x_0 的关系为：$x = \beta_1 x_0$，此时矩形应力图的应力取值为 $\alpha_1 f_c$。系数 β_1

的取值见表 5-3，系数 α_1 的取值见表 5-4。

显然，矩形压应力图形并非实际的混凝土的压应力图形，混凝土受压区高度 x 也不是实际的混凝土受压区高度。

表 5-3 系数 β_1 的取值

混凝土强度等级	≤C50	C55	C60	C65	C70	C75	C80
系数 β_1	0.80	0.79	0.78	0.77	0.76	0.75	0.74

表 5-4 矩形应力图应力值系数 α_1

混凝土强度等级	≤C50	C55	C60	C65	C70	C75	C80
系数 α_1	1.0	0.99	0.98	0.97	0.96	0.95	0.94

依据图 5-12(a)、图 5-12(d)，可列出计算受弯构件正截面承载力的平衡方程：

$$\sum X = 0, \quad \alpha_1 f_c b x = f_y A_s \tag{5-2a}$$

$$\sum M = 0, \quad M_u = \alpha_1 f_c b x \left(h_0 - \frac{x}{2} \right) \tag{5-2b}$$

式中 M_u——正截面受弯承载力设计值；

f_c——混凝土轴心抗压强度设计值；

f_y、A_s——受拉钢筋抗拉强度设计值和受拉钢筋截面面积；

b、h_0——矩形截面宽度和截面有效高度。

5.3.3 公式的适用条件

式(5-2)是以适筋梁破坏前瞬间(受力阶段的 $\mathrm{III_a}$ 状态)的静力平衡条件得出的，因此只适用于适筋构件的计算。换言之，在应用公式时，应当防止超筋破坏和少筋破坏的发生。

1. 防止超筋破坏的条件

如前所述，发生适筋破坏的受弯构件，纵向受拉钢筋首先屈服；发生超筋破坏的受弯构件，纵向受拉钢筋不屈服。而共同点是破坏时受压区混凝土边缘纤维都达到极限压应变，混凝土被压碎。因此，存在一种纵向受拉钢筋刚屈服而受压区混凝土破坏同时发生的状态，这种状态就是界限破坏。界限破坏也称为平衡破坏(balanced failure)。显然，界限破坏时的截面应变是已知的：受压区混凝土边缘为 ε_{cu}；纵向受拉钢筋应变 $\varepsilon_s = f_y / E_s$，根据平截面假定，则有(图 5-13)：

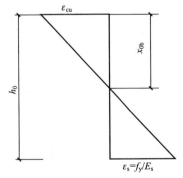

图 5-13 界限破坏时的截面应变

$$\frac{x_{0b}}{h_0} = \frac{\varepsilon_{cu}}{\varepsilon_{cu} + \varepsilon_s} = \frac{\varepsilon_{cu}}{\varepsilon_{cu} + \dfrac{f_y}{E_s}}$$

式中，x_{0b} 为界限破坏时受压混凝土的实际高度，当受压混凝土采用矩形应力图后，矩形

应力图的高度 $x_b = \beta_1 x_{0b}$。因而在界限破坏时，当钢筋混凝土受弯构件采用有明显屈服点钢筋时，有

$$\xi_b = \frac{x_b}{h_0} = \frac{\beta_1}{1 + \frac{f_y}{E_s \varepsilon_{cu}}} \tag{5-3}$$

式中　ξ_b——相对界限受压区高度；

　　　E_s——钢筋弹性模量，见附录附表7；

　　　ε_{cu}——正截面的混凝土极限压应变，对处于非均匀受压的受弯构件，按 $\varepsilon_{cu} = 0.0033 - (f_{cu,k} - 50) \times 10^{-5}$ 计算，计算值大于 0.0033 时，取为 0.0033。

对采用热轧钢筋 HPB235、HRB335、HRB400 和 HRB500 及混凝土强度等级≤C50 时，按式(5-3)计算出的 ξ_b 如下(表5-5)，计算时可直接引用。其余情形，可按相关公式计算。

表 5-5　相对界限受压区高度 ξ_b (混凝土强度等级≤C50 时)

钢筋类型	HPB235	HPB300	HRB335	HRB400、HRBF400	HRB500、HRBF500
ξ_b	0.614	0.576	0.550	0.517	0.482

引入相对受压区高度 $\xi(\xi = x/h_0)$，则在 $\xi > \xi_b$ 时，受拉钢筋不会屈服。故防止超筋破坏的条件是：

$$\xi \leqslant \xi_b \tag{5-4}$$

2. 防止少筋破坏的条件

为了防止构件发生少筋破坏，要求构件的受拉钢筋面积不小于按最小配筋百分率 ρ_{min} 计算出的钢筋面积。

《规范》规定，受弯构件的最小配筋百分率 ρ_{min} 按构件全截面面积 A 扣除位于受压边的翼缘面积 $(b_f' - b)h_f'$ 后的面积计算，即

$$\rho_{min} = \frac{A_{s,min}}{A - (b_f' - b)h_f'} \tag{5-5}$$

式中　A——构件全截面面积；

　$A_{s,min}$——按最小配筋率计算的受拉钢筋截面面积；

　　ρ_{min}——《规范》规定的受弯构件纵向受拉钢筋最小配筋率，最小配筋百分率(%)取 0.2 和 $45f_t/f_y$ 中的较大值。

因此，防止少筋破坏的条件是

$$A_s \geqslant A_{s,min} = \rho_{min}[A - (b_f' - b)h_f'] \tag{5-6a}$$

对于单筋矩形截面(或 T 形截面)有

$$A_s \geqslant \rho_{min}bh \tag{5-6b}$$

式中　b_f'、h_f'——T 形或 I 形截面受压翼缘的宽度、高度。

5.4　按正截面受弯承载力的设计计算

受弯构件按正截面承载力的设计计算包括两方面的内容：一是截面设计，即已知弯矩

设计值 M 确定配筋；二是截面校核，即已知截面配筋核算截面是否满足正截面受弯承载力要求。计算按截面划分，可分为矩形截面和 T 形截面；按配筋情形划分，可分为单筋截面和双筋截面。

5.4.1 单筋矩形截面

已经指出：单筋矩形截面是仅在截面的受拉区配置纵向受力钢筋的矩形截面[图 5-12(a)]。其受力钢筋合力中心至截面受拉边缘距离为 a_s，截面有效高度 $h_0 = h - a_s$。

在进行截面设计时，钢筋规格未知，即 a_s 难以确定，而 h_0 又是基本的计算参数。此时 a_s 可按如下规定取值：在室内正常环境（一类环境）下，板可取 $a_s = 25mm$（≤C25 时）或 20mm（≥C30 时）；梁为单排钢筋时，可取 $a_s = 45mm$（≤C25 时）或 40mm（≥C30 时）；当梁为双排钢筋时，可取 $a_s = 75mm$（≤C25 时）或 65mm（≥C30 时）（图 5-4）。在其余环境下，应根据混凝土保护层厚度相应加大。

在进行截面校核时，钢筋的规格、位置已知，可按钢筋实际布置求出 a_s，也可近似取用上述数值。

1. 设计公式和适用条件

由基本计算公式(5-4)，引入混凝土相对受压区高度 ξ，$\xi = x/h_0$，考虑适用条件后，则有

$$f_y A_s = \xi \alpha_1 f_c b h_0 \tag{5-7}$$

$$M \leqslant M_u = \xi(1 - 0.5\xi)\alpha_1 f_c b h_0^2 \tag{5-8}$$

适用条件是：

$$\xi \leqslant \xi_b \quad （防止超筋破坏） \tag{5-9}$$

$$A_s \geqslant \rho_{min} bh \quad （防止少筋破坏） \tag{5-10}$$

利用式(5-7)～式(5-10)，即可方便地进行单筋矩形截面的设计和校核。

当混凝土强度等级不高于 C50 时，$\alpha_1 = 1.0$，可不在公式中显现。

2. 截面设计

截面设计的一般步骤如下。

(1) 先按构造的有关规定，确定截面尺寸 b、h，选择适当的混凝土强度等级和钢筋级别。

(2) 计算 h_0。

(3) 再根据内力分析给出的弯矩设计值 M，就可由式(5-8)求得 ξ

$$\xi = 1 - \sqrt{1 - \frac{M}{0.5\alpha_1 f_c b h_0^2}} \tag{5-11}$$

(4) 判断 ξ：当满足 $\xi \leqslant \xi_b$ 时，可将算得的 ξ 代入式(5-7)求 A_s；当不满足 $\xi \leqslant \xi_b$ 时，说明 M 大，要增大截面尺寸、适当提高混凝土强度等级或改用双筋梁（后述）。

(5) 利用(5-7)式计算钢筋面积，核算 $A_s \geqslant \rho_{min} bh$，进而选择钢筋。

其流程图如图 5-14 所示。

★在设计中，式(5-11)可直接引用。

【例 5-1】 已知矩形梁截面尺寸 $b \times h = 250mm \times 500mm$，环境类别为一类，弯矩设计值 $M = 150kN \cdot m$，混凝土强度等级为 C30，钢筋采用 HRB335 级，求所需的纵向受拉

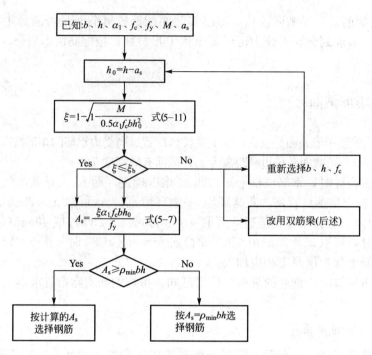

图 5-14　单筋矩形截面配筋设计流程

钢筋面积。

解: 一类环境, C30 混凝土, 取保护层厚度 $c=20$mm, $a_s=40$mm;
C30 混凝土, $f_c=14.3$N/mm², $f_t=1.43$N/mm², $\alpha_1=1.0$;
HRB335 级钢筋, $f_y=300$N/mm², $\xi_b=0$, 55, 则:

(1) $h_0=h-a_s=500-40=460$(mm)

(2) $\xi=1-\sqrt{1-\dfrac{M}{0.5\alpha_1 f_c b h_0^2}}=1-\sqrt{1-\dfrac{150\times10^6}{0.5\times14.3\times250\times460^2}}$

$=0.223<\xi_b=0.55$

(3) $A_s=\dfrac{\xi\alpha_1 f_c b h_0}{f_y}=0.223\times14.33\times250\times460/300=1222$(mm²)$>0.2\%bh=250$(mm²)

$$>\dfrac{45f_t}{f_y}\%bh=268(\text{mm}^2)$$

(4) 可选 4Φ20, $A_s=1257$mm², 配筋见图 5-15, 其中②为架立筋; 箍筋③由抗剪计算确定。

【例 5-2】 某教学楼的内廊为简支在砖墙上的现浇钢筋混凝土平板[图 5-16(a)], 计算跨度 $l_0=2.38$m, 板上作用的均布活荷载标准值为 $q_k=2$kN/m², 组合系数 $\psi_c=0.7$, 水磨石地面及细石混凝土垫层共 30mm 厚(重力密度为 22kN/m³), 板底粉刷白灰砂浆 12mm 厚(重力密度为 17kN/m³), 混凝土强度等级选用 C20, 纵向受拉钢筋采用 HPB235 级钢筋。试确定该内廊走道板厚度和受拉钢筋截面面积。

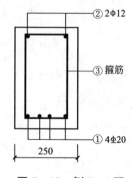

②2Φ12

③箍筋

①4Φ20

250

图 5-15　例 5-1 配筋图

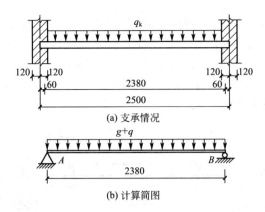

(a) 支承情况

(b) 计算简图

图 5-16　例 5-2 的现浇钢筋混凝土平板

解： 该走道板为简支单向板，由构造规定，$h \geqslant l_0/35 = 68\text{mm}$，构造厚度（民用楼面）$h \geqslant 60\text{mm}$，取 $h = 80\text{mm}$。C20 混凝土，$f_c = 9.6\text{N/mm}^2$，$f_t = 1.1\text{N/mm}^2$，$\alpha_1 = 1.0$；保护层厚度取 $c = 20\text{mm}$，则取 $a_s = 25\text{mm}$。HPB235 级钢筋，$f_y = 210\text{N/mm}^2$，$\xi_b = 0.614$。

（1）荷载和内力设计值计算。

恒荷载标准值	水磨石地面	$0.03 \times 22 = 0.66 (\text{kN/m}^2)$
	现浇板重	$0.08 \times 25 = 2.0 (\text{kN/m}^2)$
	板底粉刷	$0.012 \times 17 = 0.204 (\text{kN/m}^2)$
		$g_k = 2.864 \text{kN/m}^2$

活荷载标准值　　　　　　　$q_k = 2\text{kN/m}^2$

由可变荷载效应控制的组合有　$g + q = 1.2g_k + 1.4q_k$

由永久荷载效应控制的组合有　$g + q = 1.35g_k + 1.4 \times 0.7q_k$

究竟哪一种组合起控制作用，是否可以先判定呢？

★ 由于只有一个活荷载，且恒荷载和活荷载的内力系数是相同的（即都是 $l_0^2/8$），故由两种组合的公式可以求得：当 $q_k \geqslant 5g_k/14$ 时（取活荷载的组合系数 $\psi_c = 0.7$，这也是一般情形，参见表 2-10），也即是 $q_k \geqslant 0.36g_k$ 时，将由可变荷载效应组合控制，这个结论在梁或板的设计中很有用处（只有一个恒荷载和一个活荷载，且它们的内力系数相同）。

在本例中，因为 $q_k/g_k = 0.7$，故

$$M = (1.2 \times 2.864 + 1.4 \times 2) \times 2.38^2/8 = 4.42(\text{kN} \cdot \text{m/m})$$

（2）取 $b = 1000\text{mm}$，$h_0 = h - a_s = 80 - 25 = 55(\text{mm})$，则

$$\xi = 1 - \sqrt{1 - \frac{M}{0.5\alpha_1 f_c b h_0^2}} = 1 - \sqrt{1 - \frac{4.42 \times 10^6}{0.5 \times 9.6 \times 1000 \times 55^2}} = 0.166 < \xi_b = 0.614$$

（3）$A_s = \dfrac{\xi \alpha_1 f_c b h_0}{f_y} = 0.166 \times 9.6 \times 1000 \times 55/210 = 417(\text{mm}^2) > 0.2\%bh$

$$= 160\text{mm}^2 > 45 \frac{f_t}{f_y}\%bh = 189\text{mm}^2$$

（4）选 $\phi 8@120 (A_s = 419\text{mm}^2)$。

（5）配筋图（图 5-17）：①纵向受力钢筋 $\phi 8@120$ 布置在板底（注意保证保护层厚度，因混凝土为 C20，取保护层厚度 $c = 20\text{mm}$），深入支座内长度应 $\geqslant 5d = 40\text{mm}$，实际配筋

时在满足该长度的前提下应将钢筋伸至板端（扣除保护层厚度），以保证钢筋的施工位置；②分布钢筋取φ6@200（此时单位长度上分布钢筋面积为141.5mm²，是单位宽度受力钢筋面积的141.5/417＝33.9%），满足相关构造要求；③由于该板嵌固在墙内，故支座处板面应配构造的负弯矩钢筋φ6@200，从墙边算起伸入跨内长度≥$l_0/7＝2380/7＝340$（mm），取为350mm，在其内侧相应配置分布钢筋。

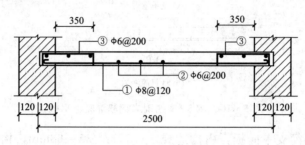

图 5-17　板配筋图

3. 截面校核

这是已知截面配筋求受弯承载力设计值 M_u 的问题。可从两个角度提出：一是在该配筋下，截面可以承受多大的弯矩设计值；二是已知弯矩设计值，该配筋能否满足承载力要求（即是否安全）。所用的仍为式(5-7)～式(5-10)，也要注意适用条件的判别。

在校核顺序上，首先应校核配筋率，再计算 ξ，最后求 M_u。

应当注意的是：在校核时若 $\xi > \xi_b$，截面为超筋情形，其承载力可按 $\xi = \xi_b$ 确定（即不考虑多配钢筋对承载力的提高）。校核流程图如图 5-18 所示。

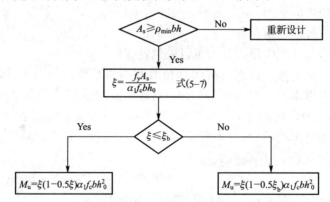

图 5-18　截面校核流程

【例 5-3】　已知矩形截面梁尺寸 $b \times h＝200\text{mm} \times 450\text{mm}$，采用 C20 混凝土，HRB335 级纵向钢筋，试求：(1)若受拉钢筋为 3φ18，该梁承受弯矩设计值 $M＝80$kN·m，此配筋能否满足正截面受弯承载力要求？(2)若受拉钢筋为 5φ20，该梁所能承受的最大弯矩设计值为多少？

解： 已知 C20 混凝土 $f_c＝9.6\text{N/mm}^2$；HRB335 级纵向配筋，$f_y＝300\text{N/mm}^2$，$\xi_b＝0.55$，混凝土保护层厚度取 $c＝25$mm，则 $a_s＝25+6+9＝40$（mm）。

(1) 3φ18，$A_s＝763\text{mm}^2$，$h_0＝h-a_s＝450-40＝410$（mm），$\rho_{min}bh＝0.2\% \times 200 \times 450＝80$（mm²）$< A_s$，满足构造规定，由式(5-7)

$$\xi=\frac{f_y A_s}{f_c b h_0}=300\times763/(9.6\times200\times410)=0.291<\xi_b=0.55$$

由式$(5-8)$得，

$$M_u=\xi(1-0.5\xi)f_c b h_0^2=0.291\times(1-0.5\times0.291)\times9.6\times200\times410^2$$
$$=80.26(\text{kN}\cdot\text{m})>M=80\text{kN}\cdot\text{m}$$

故配筋满足正截面承载力要求。

（2）$5\Phi20$，$A_s=1571\text{mm}^2$。要满足钢筋间的净距要求，钢筋应两排布置，取$a_s=70\text{mm}$，则

$$h_0=h-a_s=450-70=380(\text{mm})$$

$$\xi=\frac{f_y A_s}{f_c b h_0}=1571\times300/(9.6\times200\times380)=0.646>\xi_b=0.55$$

取$\xi=0.55$，则

$$M<M_u=\xi(1-0.5\xi)f_c b h_0^2=0.55\times(1-0.5\times0.55)\times9.6\times200\times380^2$$
$$=110.55\text{kN}\cdot\text{m}$$

故该梁承受的最大弯矩设计值$M=110.55(\text{kN}\cdot\text{m})$。

本例在利用公式时，因混凝土强度等级属于$\leqslant$C50的范围，$\alpha_1=1.0$，故在公式中已将其略去，还有类似的情况（如安全等级为二级时，$\gamma_0=1.0$，也已略去，不在公式中显现）。在后面的表达式或学生做习题时，均可如此处理。

5.4.2 双筋矩形截面

双筋矩形截面（doubly reinforced rectangular sections）是指不仅在截面受拉区配置纵向受力钢筋，而且在截面受压区也配置纵向受力钢筋（受压钢筋）的矩形截面（图5-19）。在截面的受压区配置受压钢筋，可以承受部分压力。

在一般情形下，利用受压钢筋承受压力是不经济的，但在下列情况下则需采用双筋截面：①当截面承受的弯矩设计值较大，即$M>\xi_b(1-0.5\xi_b)\alpha_1 f_c b h_0^2$，且截面尺寸受到限制不能调整时；②同一截面在不同荷载效应组合下受到变号弯矩作用时（即在某些荷载效应组合下截面下部受拉，而在另一些荷载效应组合下截面下部受压）；③在抗震设计中，需要配置受压钢筋以增加构件的截面延性时。

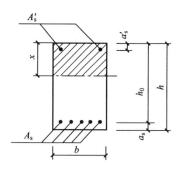

图5-19 双筋矩形截面

1. 基本计算公式与适用条件

在满足$\xi\leqslant\xi_b$的条件下，双筋矩形截面梁具有与单筋适筋梁相同的破坏特征：受拉钢筋首先屈服，然后是受压混凝土边缘纤维达到极限压应变、受压混凝土压碎。根据平截面假定还可以求出：当$\xi\geqslant2a_s'/h_0$时，对 HPB300、HRB335 和 HRB400 级钢筋，破坏时受压钢筋也将受压屈服，且$f_y'=f_y$。

根据双筋矩形截面梁的破坏特征，利用静力平衡条件，即可得出其基本计算式$(5-12)$和式$(5-13)$。它们实际上是在单筋矩形截面计算公式的基础上加上一项受压钢筋所起的作用（图5-20）。

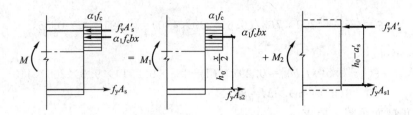

图 5-20　双筋矩形截面的受力情形

$$f_y A_s = \xi \alpha_1 f_c b h_0 + f'_y A'_s \tag{5-12}$$

$$M \leqslant M_u = \xi(1-0.5\xi)\alpha_1 f_c b h_0^2 + f'_y A'_s(h_0 - a'_s) \tag{5-13}$$

式中　f'_y——受压钢筋抗压强度设计值；

$\quad\quad A'_s$——受压钢筋的截面面积；

$\quad\quad a'_s$——受压钢筋合力点至受压边缘距离；

其余符号同单筋矩形截面。

式(5-12)、式(5-13)的适用条件是

$$\xi \leqslant \xi_b \quad (防止超筋破坏)$$

$$\xi \geqslant \frac{2a'_s}{h_0} \quad (保证受压钢筋达到抗压强度设计值)$$

由于双筋矩形截面的受拉钢筋面积一般都较大，其配筋率都能满足最小配筋率的要求。

利用式(5-12)、式(5-13)和适用条件，同样可进行截面设计和校核。

2. 截面设计

双筋矩形截面梁的截面尺寸一般都是已知的，截面设计的内容包括求 A_s 和 A'_s 以及已知 A'_s 求 A_s 的两种情形。

1. 情形 1——求 A_s 和 A'_s

式(5-12)、式(5-13)只列出两个方程，而未知数是 A_s 和 A'_s 及 ξ，故需补充一个条件才能得到唯一解答。

★补充条件是节省钢筋。当取 $\xi=\xi_b$ 时，受拉钢筋的强度刚好被充分利用，而且受压区混凝土的高度较大、混凝土的抗压能力被充分发挥，因而使受压钢筋截面面积较小，从而节省钢材。将 $\xi=\xi_b$ 代入，由式(5-13)得

$$A'_s = \frac{M - \alpha_1 \xi_b(1-0.5\xi_b)f_c b h_0^2}{f'_y(h_0 - a'_s)}$$

将求出的 A'_s 代入式(5-12)，有

$$A_s = \frac{\xi_b \alpha_1 f_c b h_0 + f'_y A'_s}{f_y}$$

适用条件自动满足。

【例 5-4】 已知矩形截面梁尺寸 $b \times h = 200\text{mm} \times 450\text{mm}$，承受弯矩设计值 $M=200\text{kN} \cdot \text{m}$，采用 C25 混凝土（$f_c=11.9\text{N/mm}^2$）、HRB400 级纵向钢筋（$f_y=f'_y=360\text{N/mm}^2$，$\xi_b=0.517$），试求该梁纵向受力钢筋（一类环境）。

解： 取 $a_s=45\text{mm}$，则 $h_0 = h - a_s = 450 - 45 = 405(\text{mm})$

(1) 判断。先按单筋矩形计算

$$\xi = 1 - \sqrt{1 - \frac{M}{0.5\alpha_1 f_c bh_0^2}} = 1 - \sqrt{1 - \frac{200 \times 10^6}{0.5 \times 11.9 \times 200 \times 405^2}}$$
$$= 0.969 > \xi_b = 0.517$$

故弯矩过大，若不修改截面和混凝土强度则应采用双筋矩形截面。

判断也可利用界限破坏时单筋矩形截面可承受的弯矩 M_b（这也是单筋矩形截面可承受的最大弯矩）与弯矩设计值 M 的关系：若 $M_b \geqslant M$，可采用单筋；若 $M_b < M$，应采用双筋。

$$M_b = \xi_b (1 - 0.5\xi_b)\alpha_1 f_c bh_0^2 \tag{5-14}$$

在本例中，

$$M_b = 0.517 \times (1 - 0.5 \times 0.517) \times 11.9 \times 200 \times 405^2 = 149.65 \text{(kN} \cdot \text{m)} < M = 200 \text{kN} \cdot \text{m}$$

故需采用双筋截面，结论相同，但不如利用式（5-11）直接。

(2) 求钢筋面积。

取 $a_s = 70$mm（因弯矩大，需较多受拉钢筋，假定受拉钢筋双排布置），有 $h_0 = 450 - 70 = 380$(mm)，取 $a'_s = 40$mm，则

$$A'_s = \frac{M - \alpha_1 \xi_b (1 - 0.5\xi_b) f_c bh_0^2}{f'_y (h_0 - a'_s)}$$
$$= [200 \times 10^6 - 0.517 \times (1 - 0.5 \times 0.517) \times 11.9 \times 200 \times 380^2]/360 \times (390 - 40)$$
$$= 558 \text{(mm}^2)$$

$$A_s = \frac{\xi_b \alpha_1 f_c bh_0 + f'_y A'_s}{f_y} = (0.517 \times 11.9 \times 200 \times 380 + 360 \times 558)/360$$
$$= 1857 \text{(mm}^2)$$

(3) 选钢筋。

选受压钢筋 2Φ20（$A'_s = 628$mm^2），选受拉钢筋 6Φ22（$A_s = 1885$mm^2）。

配筋图如图 5-21 所示，箍筋由计算确定（后述）。

2. 情形 2——已知 A'_s 求 A_s

此时只有两个未知数：A_s 和 ξ，故可利用基本公式（5-12）、式（5-13）直接求解，并注意利用式（5-11）和式（5-13）的联系。在求解过程中，尚应注意适用条件的校核：当 $\xi > \xi_b$ 时，表明 A'_s 用量太少，需按情形 1 重求 A'_s 再求 A_s；当 $\xi < 2a'_s/h_0$ 时，表明受压钢筋不屈服，受压钢筋应力未达到抗压强度值 f'_y，是未知数。此时可假定 $\xi = 2a'_s/h_0$，则混凝土压应力合力与受压钢筋合力点重合（图 5-22），对该合力点取矩，可得

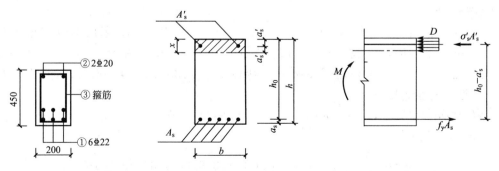

图 5-21 例 5-4 配筋图　　　　图 5-22 双筋矩形截面当 $\xi < 2a'_s/h_0$ 时的计算图

$$M \leqslant f_y A_s(h_0 - a'_s) \tag{5-15}$$

从而求得

$$A_s \geqslant \frac{M}{f_y(h_0 - a'_s)}$$

计算流程图如图 5-23 所示。

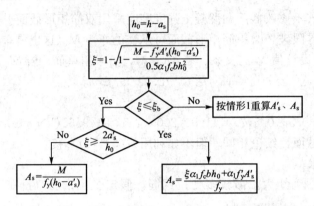

图 5-23 双筋矩形截面已知 A'_s 求 A_s 的计算流程图

【例 5-5】 已知条件同例 5-4，但受压区已配 3 ⏚ 20 钢筋（$A'_s = 942\text{mm}^2$），试求受拉钢筋面积。

解： 取 $a_s = 70\text{mm}$，$a'_s = 40\text{mm}$，$h_0 = h - a_s = 450 - 70 = 380(\text{mm})$，则

(1) 由式 (5-13)

$$\xi = 1 - \sqrt{1 - \frac{M - f'_y A'_s(h_0 - a'_s)}{0.5 f_c b h_0^2}} = 1 - \sqrt{1 - \frac{200 \times 10^6 - 360 \times 942 \times (380 - 40)}{0.5 \times 11.9 \times 220 \times 380^2}}$$

$$= 0.257 < \xi_b = 0.517$$

$$> 2a'_s/h_0 = 2 \times 35/380 = 0.211$$

(2) 由式 (5-12)

$$A_s = \frac{\xi f_c b h_0 + f'_y A'_s}{f_y} = (0.252 \times 11.9 \times 200 \times 380 + 360 \times 942)/360 = 1587(\text{mm}^2)$$

(3) 选受拉钢筋 5 ⏚ 20，$A_s = 1571\text{mm}^2$；箍筋由抗剪计算确定。配筋断面图请读者自行绘出。

3. 截面校核

双筋矩形截面的校核类似于单筋矩形截面。根据双筋梁的计算公式，可得出计算流程如下（图 5-24）。

【例 5-6】 已知矩形截面梁尺寸 $b \times h = 200\text{mm} \times 400\text{mm}$，采用 C30 混凝土（$f_c = 14.3\text{N/mm}^2$）、HRB335 级纵向钢筋（$f_y = f'_y = 300\text{N/mm}^2$，$\xi_b = 0.55$），且已知 $A'_s = 308\text{mm}^2(2 ⏚ 14)$，$A_s = 1526\text{mm}^2(6 ⏚ 18)$，弯矩设计值 $M = 100\text{kN·m}$，试问该设计是否满足正截面承载力要求。

解： 取 $a_s = 60\text{mm}$，$a'_s = 35\text{mm}$，$h_0 = h - a_s = 400 - 60 = 340(\text{mm})$。

(1) 求 ξ，由式 (5-12)

$$\xi = \frac{f_y A_s - f'_y A'_s}{f_c b h_0} = 300 \times (1526 - 308)/(14.3 \times 200 \times 340)$$

$$=0.376<\xi_b=0.55$$
$$>2a'_s/h_0=2\times35/340=0.206$$

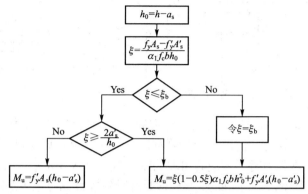

图 5-24 双筋矩形截面梁的校核流程图

(2) 求 M_u，由式(5-13)

$$M_u=\xi(1-0.5\xi)f_cbh_0^2+f'_yA'_s(h_0-a'_s)$$
$$=0.376\times(1-0.5\times0.376)\times14.3\times200\times340^2+300\times308\times(340-35)$$
$$=129.12 \text{ (kN·m)} >M=100\text{kN·m}$$

满足要求。

【例 5-7】 已知双筋矩形截面梁尺寸 $b\times h=200\text{mm}\times450\text{mm}$，采用 C30 混凝土($f_c=14.3\text{N/mm}^2$)、HRB335 级纵向钢筋($f_y=f'_y=300\text{N/mm}^2$，$\xi_b=0.55$)，并已知 $A_s=A'_s=763\text{mm}^2(3\Phi18)$，试求该截面所能承受的最大弯矩设计值。

解: 取 $a_s=a'_s=40\text{mm}$，$h_0=h-a_s=450-40=410(\text{mm})$。

(1) $f_yA_s-f'_yA'_s=0$，则由式(5-12)计算得，$\xi=0 <2a'_s/h_0$

★上述结果并不表示不存在混凝土受压区($\xi=0$)，而是受压钢筋不屈服，A'_s 未达到 f'_y，受压区高度很小。

(2) 由式(5-15)

$$M\leqslant f_yA_s(h_0-a'_s)=300\times763\times(410-40)$$
$$=84.7(\text{kN·m})$$

此即该梁截面所能承受的最大弯矩设计值。

5.4.3 T 形截面

1. 概述

T 形截面具有较窄的腹板和较宽的翼缘。从计算角度而言，T 形截面是指混凝土受压区位于翼缘的截面。在现浇楼盖或屋盖中，板和梁整浇在一起时共同受力，梁的跨中截面承受正弯矩(下部受拉)，该截面就是 T 形截面。对于截面尺寸较大的预制梁和预制板，为了减轻自重、节省材料，也做成 T 形截面或 I 形截面(图 5-25)。

在进行正截面承载力计算时，因为不考虑受拉混凝土的作用，故 T 形截面受弯构件的正截面承载力并不因受拉区形状的差异而受影响，因而 I 形截面[图 5-25(c)]也属于 T 形截面。

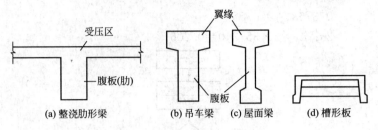

图 5-25 T 形截面受弯构件

在 T 形截面受弯时，承受压应力的翼缘混凝土应力的分布是不均匀的，离肋部越远，压应力越小。因此在计算时，需取翼缘计算宽度 b_f'，并假定在该宽度范围内压应力均匀分布，且在达到正截面承载力时，该应力可取为轴心抗压强度 $\alpha_1 f_c$。

T 形、I 形截面(或倒 L 形截面)受弯构件翼缘计算宽度 b_f' 见表 5-6。

表 5-6　T 形、I 形及倒 L 形截面受弯构件翼缘计算宽度 b_f'

考虑情况		T 形、I 形截面		倒 L 形截面
		肋形梁(板)	独立梁	肋形梁(板)
①按计算跨度 l_0 考虑		$l_0/3$	$l_0/3$	$l_0/6$
②按梁(纵肋)净距考虑		$b+s_n$		$b+0.05s_n$
③按翼缘高度 h_f' 考虑	当 $h_f'/h_0 \geqslant 0.1$	—	$b+12h_f'$	—
	当 $0.1 > h_f'/h_0 \geqslant 0.05$	$b+12h_f'$	$b+6h_f'$	$b+5h_f'$
	当 $h_f'/h_0 < 0.05$	$b+12h_f'$	b	$b+5h_f'$

注：1. 表中 b 为梁的腹板宽度。

2. 当肋形梁在梁跨内设有间距小于纵肋间距的横肋时，可不遵守表列情形③的规定。

T 形截面受弯构件一般采用单筋截面，其破坏特征与单筋矩形截面的破坏特征相同，故 T 形截面正截面承载力计算公式和适用条件与单筋矩形截面的类似。当然，在实际设计中，T 形截面受弯构件也不排除采用双筋截面的情形，此时考虑问题的方法无非是在单筋截面的基础上增加受压钢筋的作用。

2. 基本计算公式

1) 两类 T 形截面的判别

根据受压区的高度不同，T 形截面可分为两类(图 5-26)：①当混凝土受压区高度 $x \leqslant h_f'$ 时(也即 $\xi \leqslant h_f'/h_0$ 时)，称为第一类 T 形截面；②$x > h_f'$ 时(也即 $\xi > h_f'/h_0$ 时)，称为第二类 T 形截面。

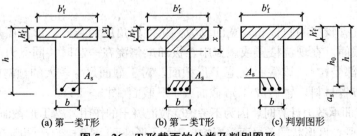

(a) 第一类T形　　(b) 第二类T形　　(c) 判别图形
图 5-26　T 形截面的分类及判别图形

显然，第一类 T 形截面的受压区混凝土高度和面积较小，故与其压应力合力相平衡的受拉钢筋截面面积 A_s 较小，截面可承受的弯矩值也较小。而由第一类 T 形截面向第二类 T 形截面的过渡状态是 $x=h'_f$ 时的情形[图 5-26(c)]。此时，混凝土压应力的合力为 $\alpha_1 f_c b'_f h'_f$，该合力对受拉钢筋合力点的力矩为 $\alpha_1 f_c b'_f h'_f (h_0-0.5h'_f)$，从而可得到第一、二类 T 形截面的判别式如下。

★(1) 当进行截面设计时，若

$$M \leqslant \alpha_1 f_c b'_f h'_f (h_0-0.5h'_f) \tag{5-16a}$$

为第一类 T 形截面，否则为第二类 T 形截面。

★(2) 在进行截面校核时，若

$$f_y A_s \leqslant \alpha_1 f_c b'_f h'_f \tag{5-16b}$$

则为第一类 T 形截面，否则为第二类 T 形截面。式中 b'_f 为 T 形截面受压翼缘宽度，h'_f 为受压翼缘高度。

2) 第一类 T 形截面的计算

显然，第一类 T 形截面的计算就是将宽度 b 取为 b'_f 的单筋矩形截面的计算，可将式(5-7)和式(5-8)中的 b 改为 b'_f，而其余符号不变。由于此时受压区高度小，适用条件 $\xi \leqslant \xi_b$ 将自动满足而不必验算；但这时应注意最小配筋率的校核，即应满足 $A_s \geqslant \rho_{min} bh$ 以防止少筋破坏发生。

3) 第二类 T 形截面的计算

这类 T 形截面的混凝土受压区进入腹板(图 5-27)，因而翼缘挑出部分的混凝土全部在受压区之内，其合力是已知的，且为 $\alpha_1 f_c (b'_f-b) h'_f$。

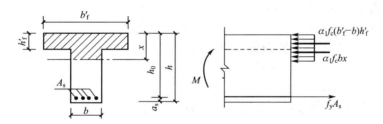

图 5-27 第二类 T 形截面计算图形

因此，第二类 T 形截面的计算就相当于在 $b \times h$ 的矩形截面的基础上，再考虑受压翼缘挑出部分截面的合力即可。利用平衡条件可得到

$$\sum x=0, \text{ 有 } f_y A_s = \xi \alpha_1 f_c bh_0 + \alpha_1 f_c (b'_f-b) h'_f \tag{5-17a}$$

对受拉钢筋的合力点取矩，有

$$M \leqslant \xi(1-0.5\xi) \alpha_1 f_c bh_0^2 + \alpha_1 f_c (b'_f-b) h'_f (h_0-0.5h'_f) \tag{5-17b}$$

式(5-17)的适用条件是：$\xi \leqslant \xi_b$

由于第二类 T 形截面的受拉钢筋面积较大，防止少筋破坏的条件自动满足而不必验算。

3. T 形截面设计

与矩形截面设计类似，T 形截面的设计也是在已知弯矩设计值、截面尺寸、材料强度等基础上进行的。未知数为受拉钢筋面积 A_s 及基本未知数 ξ。根据 T 形截面的判别及计算特点，截面设计的主要步骤是：①确定截面尺寸、材料强度等基本参数；②利用式(5-16a)进行截面类型的判别；③根据判别结果利用式(5-8)或式(5-17)计算 ξ，此时可参照式(5-11)直接列出计算式；④计算钢筋面积、选择钢筋(对第二类 T 形截面应先满足 $\xi \leqslant \xi_b$ 的要求，若不满足应增加截面尺寸或按双筋 T 形截面重新设计；对第一类 T 形截面应在算出 A_s 的基础上验算最小配筋率)。

截面设计流程图如图 5-28 所示。

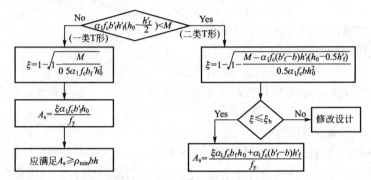

图 5-28 T 形截面配筋流程图

【例 5-8】 已知某整浇肋形梁的计算跨度 $l_0 = 6m$，梁纵肋净距 $s_n = 1.8m$，梁腹板宽 $b = 200mm$，梁高 $h = 450mm$，板厚 $h_f' = 80mm$，跨中截面承受均布荷载设计值产生的弯矩 $M = 140.6kN \cdot m$。采用 C25 混凝土、HRB400 级纵向受力钢筋，试求该梁跨中截面的钢筋($f_c = 11.9N/mm^2$，$f_y = 360N/mm^2$，$\xi_b = 0.55$)。

解：(1)确定翼缘计算宽度 b_f'。

取 $a_s = 45mm$，$h_0 = h - a_s = 450 - 45 = 405(mm)$

由表 5-6 中 T 形截面、肋形梁 1 栏，得

① $l_0/3 = 6000/3 = 2000(mm)$

② $b + s_n = 200 + 1800 = 2000(mm)$

③ $h_f'/h_0 = 80/405 = 0.198 > 0.1$，可不按此项选择

故选 $b_f' = 2000mm$。

(2)类型判断。

由式(5-16a)

$$f_c b_f' h_f'(h_0 - 0.5h_f') = 11.9 \times 2000 \times 80 \times (405 - 0.5 \times 80) = 695(kN \cdot m) > M$$

故为第一类 T 形截面。

(3)计算 ξ。

$$\xi = 1 - \sqrt{1 - \frac{M}{0.5 f_c b_f' h_0^2}} = 1 - (1 - 143.6 \times 10^6/0.5 \times 11.9 \times 2000 \times 405^2)^{0.5}$$
$$= 0.0375$$

(4)求 A_s。

$$A_s = \xi f_c b_f' h_0/f_y = 0.0375 \times 11.9 \times 2000 \times 405/360 = 1004(mm^2) > A_s \geqslant \rho_{min} bh$$

选 3 Φ 22($A_s = 1140mm^2$)。

【例 5-9】 已知某 T 形截面梁尺寸如下：$b \times h = 300mm \times 700mm$，$b_f' = 600mm$，$h_f' = 120mm$，采用 C30 混凝土($f_c = 14.3N/mm^2$)，HRB400 级钢筋($f_y = 360N/mm^2$，$\xi_b = $

0.517），截面承受的弯矩设计值 $M=660\text{kN}\cdot\text{m}$，求纵向受拉钢筋面积并配筋。

解： 取 $a_s=40\text{mm}$，则 $h_0=h-a_s=700-40=660(\text{mm})$，$\alpha_1=1.0$

（1）判断。

$$f_cb_f'h_f'(h_0-0.5h_f')=14.3\times600\times120\times(660-0.5\times120)$$
$$=617.8(\text{kN}\cdot\text{m})<M=660\text{kN}\cdot\text{m}$$

故为第二类 T 形截面。

（2）求 ξ。

在进行第二类 T 形截面的截面设计时，因为 M 较大，故一般可考虑受拉钢筋双排布置，取 $a_s=65\text{mm}$，则 $h_0=h-a_s=700-65=635(\text{mm})$，有

$$\xi=1-\sqrt{1-\frac{M-\alpha_1f_c(b_f'-b)h_f'(h_0-0.5h_f')}{0.5\alpha_1f_cbh_0^2}}$$
$$=1-\frac{660\times10^6-14.3\times(600-300)\times120\times(635-0.5\times120)}{0.5\times14.3\times300\times635^2}$$
$$=0.239<\xi_b=0.517$$

（3）求 A_s。

$$A_s=\frac{\xi\alpha_1f_cbh_0+\alpha_1f_c(b_f'-b)h_f'}{f_y}$$
$$=[0.239\times14.3\times300\times635+14.3\times(600-300)\times120]/360$$
$$=3239(\text{mm}^2)$$

选 $4\phi25+4\phi20$（$A_s=3220\text{mm}^2$），截面配筋如图 5-29 所示。其中，受拉钢筋①$4\phi25$ 放在外侧，②$4\phi20$ 放在内侧；架立钢筋③$2\phi12$ 按构造要求配置；箍筋④按后述的抗剪计算确定；由于梁的腹部高度较大，尚应配置腹部构造钢筋⑤和相应的拉结钢筋⑥；翼缘挑出部分尚应配置钢筋⑦和⑧，其中⑧类同于板面负弯矩钢筋，间距可与梁中箍筋一致，⑦为分布钢筋。

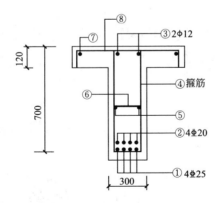

图 5-29 例 5-9 配筋

4．T 形截面校核

T 形截面校核的步骤是：①利用式（5-16b）判别 T 形截面类型；②根据相应类型，用力的平衡公式计算 ξ；③用取矩公式计算受弯承载力，注意在超筋情形下（$\xi>\xi_b$）应取 $\xi=\xi_b$ 进行计算。其校核流程图见图 5-30。

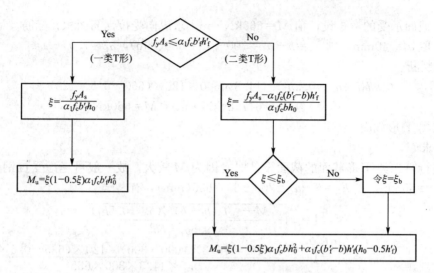

图 5-30 T 形截面受弯承载力校核流程图

【例 5-10】 已知某 T 形梁截面尺寸 $b \times h = 200\text{mm} \times 400\text{mm}$，$b'_f = 2000\text{mm}$，$h'_f = 80\text{mm}$，采用 C25 混凝土（$f_c = 11.9\text{N/mm}^2$），配有 HPB300 级钢筋 $3 \phi 20$（$f_y = 270\text{N/mm}^2$，$A_s = 942\text{mm}^2$，$\xi_b = 0.576$），要求该截面承受弯矩设计值 $M = 70\text{kN} \cdot \text{m}$，试问此设计是否满足要求。

解： 取 $a_s = 45\text{mm}$，$h_0 = h - a_s = 400 - 45 = 355\text{(mm)}$

（1）判别类型。

$$f_y A_s = 270 \times 942 = 254340\text{(N)} < f_c b'_f h'_f = 11.9 \times 2000 \times 80 = 1904000\text{(N)}$$

为第一类 T 形截面。

（2）求 ξ。

$$\xi = f_y A_s / (f_c b'_f h_0) = 254340 / (11.9 \times 2000 \times 355) = 0.0301$$

（3）求 M_u。

$$M_u = \xi(1 - 0.5\xi) f_c b'_f h_0^2 = 0.0301 \times (1 - 0.5 \times 0.0301) \times 11.9 \times 2000 \times 355^2$$
$$= 88.92\text{(kN} \cdot \text{m)} \geqslant 70\text{kN} \cdot \text{m}$$

故满足要求。

5.5 剪弯段的受力特点及斜截面受剪破坏

如前所述，受弯构件在弯矩作用下将出现垂直裂缝，垂直裂缝的发展导致正截面破坏。保证正截面承载力的主要措施是在构件内配置适当的纵向受力钢筋。而在受弯构件的支座附近区段，不仅有弯矩作用，同时还有较大的剪力作用，该区段称为剪弯段或剪跨（the shear span）。在剪力和弯矩的共同作用下，剪弯段内的主拉应力将使构件在支座附近的剪弯段内出现斜裂缝；斜裂缝的发展最终可能导致斜截面破坏（图 5-31）。与正截面破坏相比，斜截面破坏普遍具有脆性性质。

为了防止斜截面破坏的发生，应当使构件具有合理的截面尺寸和合理的配筋构造，并在梁中配置必要的箍筋（★板由于所受剪力很小，一般靠混凝土即足以抵抗，故一般不需

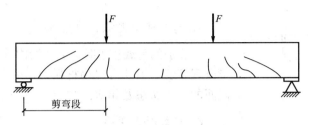

图 5 - 31 梁上剪弯段内的斜裂缝

要在板内配置箍筋）。当梁承受的剪力较大时，在优先采用箍筋的前提下，还可以利用梁内跨中的部分受拉钢筋在支座附近弯起以承担部分剪力，这部分受拉钢筋称之为弯起钢筋或斜筋。箍筋和弯起钢筋统称为腹筋（图 5 - 6）。

5.5.1 剪弯段内梁的受力特点

在实际工程中，钢筋混凝土梁都配有箍筋，称为有腹筋梁。而在试验研究中，为了更清楚地了解剪弯段的受力性能，往往对不配箍筋的梁进行单独研究，这种梁称为无腹筋梁（beams without web reinforcement）。

试验采用矩形截面简支梁，并施加对称的集中荷载。显然，在这种情况下（忽略梁的自重），剪弯段内的剪力均匀分布，而弯矩图为斜直线（图 5 - 32）。

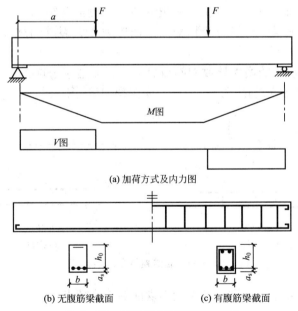

(a) 加荷方式及内力图

(b) 无腹筋梁截面　　　　(c) 有腹筋梁截面

图 5 - 32 试验的矩形截面简支梁

集中荷载的作用位置对剪弯段的受力有很大影响，通常把集中荷载至支座间的距离 a 称为剪跨，它与截面有效高度 h_0 之比称为剪跨比 λ

$$\lambda = a/h_0$$

在矩形截面简支梁的集中荷载 F 的作用位置，弯矩为 $M=Fa$，剪力为 $V=F$，显然，剪跨比 $\lambda = M/Vh_0$，它反映了集中荷载作用位置处的弯矩和剪力的相对值。

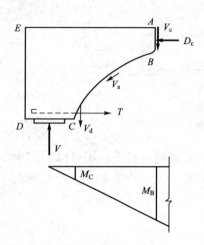

图 5-33 隔离体受力图

1. 斜裂缝出现前

当施加的荷载较小时，剪弯段内处于弹性工作阶段，尚未出现裂缝。因此可以用材料力学的分析方法分析梁内各截面的应力状态及相应的主拉应力和主压应力。

2. 斜裂缝出现后

对于钢筋混凝土梁，由于混凝土的抗拉强度很低，因此随着荷载的增加，当主拉应力值超过混凝土复合受力下的抗拉强度时，将首先在达到该强度的部位产生裂缝，其裂缝走向与梁轴线倾斜，故称为斜裂缝。

由于斜裂缝的出现，梁在剪弯段内的应力状态将发生很大变化，不再维持匀质弹性体的受力状态。现以斜裂缝 CB 为界，取出如图 5-33 所示的隔离体，其中 C 为斜裂缝起点，B 为该裂缝端点，斜裂缝上端截面 AB 称为剪压区。分析该隔离体可知。

（1）斜裂缝的出现使混凝土剪压区 AB（AB 是混凝土剪应力和压应力共同作用区域，故称为剪压区）减小，因而使混凝土压应力和剪应力增加，其分布也不同于材料力学的分布。

（2）与斜裂缝相交的纵向钢筋拉力大大增加（开裂前该拉力 T 取决于 C 处截面弯矩，开裂后由平衡关系可知，该拉力取决于斜裂缝端点 B 处的弯矩）。

（3）对配有箍筋的梁，与斜裂缝相交的箍筋应力在斜裂缝出现前后会发生突变（与轴心受拉构件类似）。

（4）纵向钢筋拉应力的增大导致钢筋与混凝土间黏结应力增大，黏结应力的增大有可能导致沿纵向钢筋的黏结裂缝[图 5-34(a)]或撕裂裂缝[图 5-34(b)]的出现。

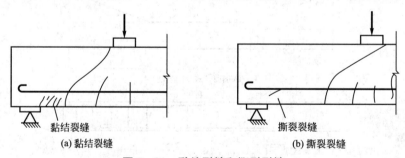

| (a) 黏结裂缝 | (b) 撕裂裂缝 |

图 5-34 黏结裂缝和撕裂裂缝

所有这些受力特点，都不同于斜裂缝出现前的受力特点。

3. 破坏阶段

继续增加荷载后，剪弯段内斜裂缝条数增加，裂缝宽度变大，斜裂缝向集中荷载作用点发展。在接近破坏时，斜裂缝中的一条发展成为临界斜裂缝（破坏斜裂缝）。由于临界斜裂缝向荷载作用点延伸，使剪压区高度减小，最后，剪压区混凝土在剪应力和压应力作用下达到复合应力极限强度，梁被破坏。在破坏时，纵向钢筋的拉应力一般低于屈服强度，而与斜裂缝相交的箍筋则往往受拉屈服（在箍筋配置不太多时）。

5.5.2 斜截面破坏的主要形态

斜截面破坏有斜拉破坏、剪压破坏、斜压破坏等三种主要形态(图5-35)。

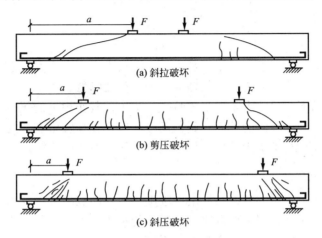

图5-35 斜截面的破坏形态

1. 斜拉破坏

当剪跨比λ较大（一般λ>3）且箍筋配置过少、间距太大时，斜裂缝一旦出现，该裂缝往往成为临界斜裂缝，迅速向集中荷载作用点延伸，将梁沿斜裂缝劈成两部分（箍筋被拉断）而导致梁的破坏。斜拉破坏实际上是混凝土被拉坏。

整个斜拉破坏的过程急速而突然，破坏荷载与出现斜裂缝时的荷载相当接近。破坏前梁的变形很小，且往往只有一条斜裂缝。破坏具有明显的脆性。

2. 剪压破坏

当剪跨比适中（一般1<λ≤3）时，常发生5.5.1节中所描述的斜裂缝发展过程。斜裂缝中的某一条发展成为临界斜裂缝后，荷载的增加使临界斜裂缝向荷载作用点缓慢发展，导致混凝土剪压区高度的不断减小，最后在剪应力和压应力的共同作用下，剪压区混凝土被压碎，梁发生破坏，丧失承载能力。

这种破坏有一定的预兆，破坏荷载较出现斜裂缝时的荷载为高。但与适筋梁的正截面破坏相比，剪压破坏仍属于脆性破坏。破坏时纵向钢筋拉应力往往低于其屈服强度。

3. 斜压破坏

这种破坏发生在剪跨比很小（一般λ≤1）或腹板宽度较窄的T形梁和I形梁上。其破坏过程是：首先在荷载作用点与支座间的梁腹部出现若干条平行的斜裂缝（即腹剪型斜裂缝）；随着荷载的增加，梁腹被这些斜裂缝分割为若干斜向"短柱"，最后因柱体混凝土被压碎而破坏。

斜压破坏的破坏荷载很高，但变形很小，也属于脆性破坏。

除上述主要的斜截面剪切破坏形态外，还有可能发生纵向钢筋在梁端锚固不足而引起的锚固破坏或混凝土局部受压破坏。

5.5.3 影响梁斜截面受剪承载力的主要因素

影响其斜截面受剪承载力的主要因素有剪跨比、混凝土强度等级、纵向受拉钢筋配筋率及截面尺寸效应等。

1. 剪跨比

剪跨比是集中荷载作用下影响梁斜截面受剪承载力的一个主要因素。当剪跨比在一定范围内变化时，随着剪跨比的增加，斜截面受剪承载力降低。

在均匀荷载作用下，剪跨内梁的受力特点与集中荷载作用下的梁有所不同。它不存在剪力和弯矩同时都达到最大值的截面，斜截面破坏位置往往发生在弯矩和剪力值都偏大的某一截面处。破坏荷载高于集中荷载作用下发生剪压破坏时的荷载。

2. 混凝土强度等级

斜截面破坏的几种主要形态都与混凝土强度有关：斜拉破坏主要取决于混凝土的抗拉强度，剪压破坏和斜压破坏则主要取决于混凝土的抗压强度。因此，在剪跨比和其他条件相同时，斜截面受剪承载力随混凝土强度的提高而增大。试验表明，受剪承载力与混凝土抗拉强度的关系大致呈线性关系。

3. 箍筋配筋率（简称配箍率）

箍筋的配筋率（简称为配箍率）用 ρ_{sv} 表示：

$$\rho_{sv}=\frac{A_{sv}}{bs} \tag{5-18}$$

式中　A_{sv}——配置在同一截面内箍筋各肢截面总面积，$A_{sv}=nA_{sv1}$，其中 n 为同一截面内
　　　　　　箍筋肢数，A_{sv1} 为单肢箍筋截面面积；

　　　　b——梁的腹板宽度（矩形截面梁即为梁的宽度）；

　　　　s——沿构件长度方向的箍筋间距。

梁内配置的箍筋在斜裂缝出现前，箍筋中的应力很小，主要由混凝土传递剪力；斜裂缝出现后，与斜裂缝相交的箍筋应力增大，箍筋发挥作用。箍筋与斜裂缝之间的混凝土块体形成"桁架体系"，共同把剪力传递到支座上（图5-36）。此时，箍筋成为桁架的受拉腹杆，斜裂缝之间的混凝土块体形成斜压杆、成为桁架的受压腹杆，纵向受拉钢筋成为桁架

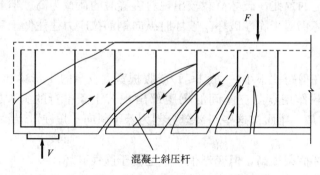

混凝土斜压杆

图 5-36　剪力传递的"桁架机理"

的受拉弦杆，剪压区混凝土则成为桁架的受压弦杆。这种剪力传递的机理称为"桁架机理"（the truss mechanism），可以有效地提高梁的斜截面受剪承载力。此外，箍筋可以抑制斜裂缝的开展，增加裂缝间的摩擦力（也称为骨料咬合力），对斜截面受剪承载力的提高也起一定作用。

试验分析表明，配有适量箍筋的梁，其斜截面受剪承载力随配箍率和箍筋强度的增大而提高。

4. 纵向受拉钢筋配筋率

在其他条件相同时，纵向钢筋配筋率 ρ 越大，斜截面承载力也越大。试验表明，二者也大致呈线性关系。这是因为，纵筋配筋率越大时则破坏时的剪压区高度也大，从而提高了混凝土的抗剪能力；同时，纵筋可以抑制斜裂缝的开展，增大斜裂面间的骨料咬合作用；纵筋本身的横断面也能承受少量剪力（即销栓力）。

根据试验分析，通常在 ρ 大于 1.5% 时，影响才较为明显。

此外，截面尺寸效应和截面形状也对斜截面受剪承载力有一定影响：当截面有效高度 h_0 超过 2000mm 后，其受剪承载力会相对降低；T 形、I 形截面梁的受剪承载力则略高于同样高度的矩形截面梁。

5.6 受弯构件斜截面受剪承载力计算

5.6.1 计算公式及适用条件

根据众多试验数据的分析，考虑到影响斜截面受剪承载力的主要因素，《规范》采用满足目标可靠指标要求的（$[\beta] = 3.7$）试验偏安全线作为斜截面受剪承载力计算公式的依据。

1. 仅配箍筋的矩形、T 形和 I 形截面的一般受弯构件

$$V \leqslant V_{cs} \tag{5-19}$$

$$V_{cs} = 0.7 f_t b h_0 + f_{yv} \frac{A_{sv}}{s} h_0 \tag{5-20}$$

式中　V——构件斜截面上的最大剪力设计值；

　　　V_{cs}——构件斜截面上混凝土和箍筋的受剪承载力设计值；

　　　f_{yv}——箍筋抗拉强度设计值；

　　　f_t——混凝土轴心抗拉强度设计值。

对集中荷载作用下（包括作用有多种荷载、其中集中荷载对支座截面或节点边缘所产生的剪力值占总剪力值的 75% 以上的情况）的独立梁，改用以下公式：

$$V_{cs} = \frac{1.75}{\lambda+1} f_t b h_0 + f_{yv} \frac{A_{sv}}{s} h_0 \tag{5-21}$$

式中　λ——计算截面的剪跨比，取 $\lambda = a/h_0$；当 $\lambda < 1.5$ 时，取 $\lambda = 1.5$，当 $\lambda > 3$ 时，取 $\lambda = 3$；集中荷载作用点至支座之间的箍筋，应均匀配置。

2. 同时配箍筋和弯起钢筋时

1）弯起钢筋的作用

与斜裂缝相交的弯起钢筋起着与箍筋相似的作用，采用弯起钢筋也是提高梁斜截面受剪承载力的一种常用配筋方式。弯起钢筋通常由跨中的部分纵向受拉钢筋在支座附近直接弯起，也可单独配置（称为鸭筋）。

2）弯起钢筋的受剪承载力

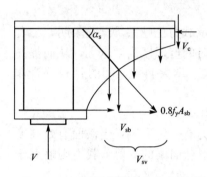

图 5-37　配置箍筋和弯起钢筋的抗剪计算模式

同时配置箍筋和弯起钢筋时，梁的受剪承载力除 V_{cs} 外，还有弯起钢筋的受剪承载力 V_{sb}（图 5-37），则

$$V \leqslant V_{cs} + V_{sb}$$

$$V_{sb} = 0.8 f_y A_{sb} \sin\alpha_s \qquad (5-22)$$

式中　A_{sb}——弯起钢筋的截面面积；

　　　f_y——弯起钢筋的抗拉强度设计值；

　　　α_s——弯起钢筋与梁轴线的夹角（一般取 45°；当梁高 $h > 800\text{mm}$ 时，可取 $\alpha = 60°$）；

　　　0.8——应力不均匀系数，用以考虑靠近剪压区的弯起钢筋在斜截面破坏时可能达不到钢筋抗拉强度设计值。

3. 公式的适用条件

与受弯构件正截面受弯承载力计算公式只适用于适筋破坏类似，受弯构件的斜截面受剪承载力计算式(5-19)～式(5-22)也仅适用于剪压破坏的情况。为了防止斜压破坏和斜拉破坏的发生，也要规定相应的适用条件。《规范》规定了剪力设计值的上限，用以防止斜压破坏发生；规定了箍筋配置的构造要求，用以防止斜拉破坏。

1）上限值——最小截面尺寸

当发生斜压破坏时，梁腹的混凝土被压碎、箍筋不屈服，其受剪承载力主要取决于构件的腹板宽度、梁截面高度及混凝土强度。因此，只要保证构件截面尺寸不是太小，就可防止斜压破坏的发生。《规范》规定，梁的最小截面尺寸应满足下列要求：

对于一般梁$\left(\dfrac{h_w}{b} \leqslant 4 \text{ 时}\right)$，取

$$V \leqslant 0.25\beta_c f_c b h_0 \qquad (5-23)$$

对于薄腹梁等构件$\left(\dfrac{h_w}{b} \geqslant 6 \text{ 时}\right)$，为了控制使用荷载下的斜裂缝宽度，应从严取

$$V \leqslant 0.2\beta_c f_c b h_0 \qquad (5-24)$$

式中　V——构件斜截面上的最大剪力设计值。

　　　β_c——混凝土强度影响系数：当混凝土强度等级不超过 C50 时，取 $\beta_c = 1.0$，当混凝土强度等级为 C80 时，取 $\beta_c = 0.8$；其间按线性内插法取用。

　　　h_w——梁截面的腹板高度，对矩形截面，$h_w = h_0$；对 T 形截面 $h_w = h_0 - h_f'$；对 I 形截面 $h_w = h - h_f' - h_f$。

在设计中，如果不满足式(5-23)或式(5-24)的条件时，应加大构件截面尺寸或提高

混凝土强度等级，直到满足为止。对于 T 形或 I 形截面的简支受弯构件，当有实践经验时，式(5-23)的系数可改用0.3。

2）下限值——最小配箍率和箍筋最大间距

试验表明，若箍筋的配箍率 ρ_{sv} 过小或箍筋间距 s 过大、直径太小，则在剪跨比较大时一旦出现斜裂缝，可能使箍筋迅速屈服甚至拉断，导致斜裂缝急剧开展，发生斜拉破坏。此外，若箍筋直径过小，也不能保证钢筋骨架的刚度。因此，最小配箍率、箍筋最大间距和箍筋最小直径的规定是梁中配箍设计的最基本的构造规定。

《规范》规定：当 $V > V_c$ 时，配箍率应满足最小配箍率要求，即

$$\rho_{sv} = \frac{A_{sv}}{bs} \geqslant \rho_{sv,\min} = 0.24 \frac{f_t}{f_{yv}} \qquad (5-25)$$

而当采用最小配箍率 $\rho_{sv,\min}$ 配置梁中箍筋时，则由式(5-20)和式(5-21)可分别算得：

$$V_{cs} = 0.94 f_t bh_0 \qquad \text{（一般受弯构件）} \qquad (5-26)$$

或

$$V_{cs} = \left(\frac{1.75}{\lambda+1} + 0.24\right) f_t bh_0 \text{（集中荷载下独立梁）} \qquad (5-27)$$

为了防止斜拉破坏，《规范》规定，梁中箍筋的间距不宜超过梁中箍筋的最大间距 $s_{\max}$（表5-7）。且梁中箍筋的直径不宜小于《规范》规定的最小直径（表5-8）。

表 5-7 梁中箍筋的最大间距 （mm）

梁高 h	$V > 0.7 f_t bh_0$	$V \leqslant 0.7 f_t bh_0$
$150 < h \leqslant 300$	150	200
$300 < h \leqslant 500$	200	300
$500 < h \leqslant 800$	250	350
$h > 800$	300	500

表 5-8 梁中箍筋最小直径 （mm）

梁高 h	箍筋最小直径
$h \leqslant 800$	6
$h > 800$	8

注：梁中配有计算需要的受压钢筋时，箍筋直径尚不应小于 $d/4$（d 为纵向受压钢筋的最大直径）。

★因此，在梁斜截面受剪承载力计算中，若剪力设计值 V 介于 V_c[见式(5-20)第一项]至式(5-26)之间，或对集中荷载介于式(5-21)第一项与式(5-27)的计算值之间时，可直接由式(5-25)求出箍筋截面面积，并同时满足箍筋间距要求（表5-7）及箍筋最小直径的要求（表5-8）即可，而不必用式(5-20)或式(5-21)进行计算。反之，若值大于式(5-26)或式(5-27)的计算值，则用式(5-26)或式(5-27)计算出的箍筋面积肯定满足最小配箍率的要求。

5.6.2 计算位置

在计算梁斜截面受剪承载力时，其计算位置有支座边缘处截面、弯起钢筋弯起点处截面、箍筋截面面积或间距改变处截面、腹板宽度改变处截面等处，它们是构件中剪力设计值最大的地方或是抗剪的薄弱环节（图5-38）。

1. 支座边缘处截面

支座截面（图5-38中的1—1截面）承受的剪力值最大。在用力学方法计算支座反力也即支座剪力时，跨度一般是算至支座中心。但由于支座与构件连接在一起，可以共同承

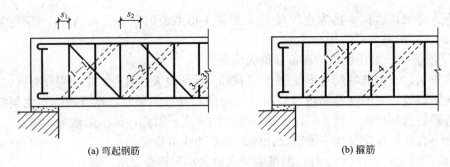

(a) 弯起钢筋　　　　　　　　　　　　　　(b) 箍筋

图 5 - 38　斜截面受剪承载力计算位置

受剪力，因此受剪承载力的控制截面应是支座边缘截面。★故在计算支座截面剪力设计值时，跨度取净跨长度（即算至支座内边缘处）。用支座边缘的剪力设计值确定第一排弯起钢筋和 1—1 截面的箍筋。

2. 弯起钢筋弯起点处截面

图 5 - 38 中 2—2 截面和 3—3 截面是受拉区弯起钢筋弯起点处截面。在 2—2 截面处，由于该处弯起的钢筋只能抵抗 1—1 截面的剪力，故该截面可能成为抗剪的薄弱环节，需要进行判断或计算（3—3 截面类似）。

3. 箍筋截面面积或间距改变处截面

箍筋截面面积或间距改变处截面，如图 5 - 38 中的 4—4 截面，要根据该处剪力进行抗剪承载力计算，以确定该改变的具体数字。

4. 腹板宽度改变处截面

因为抗剪承载力 V_c 的大小与腹板宽度 b 有关，故腹板宽度改变处截面也应进行计算。

在上述截面处，计算时应取其相应区段内的最大剪力值作为剪力设计值。具体做法详见例题。在设计时，弯起钢筋距支座边缘距离 s_1 及弯起钢筋之间的距离 s_2［图 5 - 38(a)］均不应大于箍筋的最大间距，以保证可能出现的斜裂缝与弯起钢筋相交。作为设计习惯，s_1 和 s_2 均可取 50mm（自动满足要求）。

5.6.3　设计计算

在钢筋混凝土梁的设计计算中，一般先由梁的高跨比、高宽比等构造要求确定截面尺寸，选择混凝土强度等级及钢筋级别，进行正截面受弯承载力计算以确定纵向钢筋用量，然后进行斜截面受剪承载力设计计算。

斜截面受剪承载力的设计计算步骤总称为"三部曲"即：①截面尺寸验算；②构造要求检查，可否仅按构造配箍；③按计算和（或）构造选择腹筋。以下用框图形式给出设计步骤（图 5 - 39）。

该框图表示的是矩形、T 形和 I 形截面的一般受弯构件受剪承载力的计算过程。对于集中荷载下（包括作用有多种荷载，其中集中荷载对支座截面或节点边缘所产生的剪力值占总剪力值的 75% 以上的情况）的独立梁的计算，可将 $1.75/(\lambda+1)$ 取代混凝土项系数 0.7，将判断框 $V \leqslant f_t b h_0$ 改为 $[1.75/(\lambda+1)+0.24] f_t b h_0$，即可得出相应的斜截面受剪承载力计算框图。

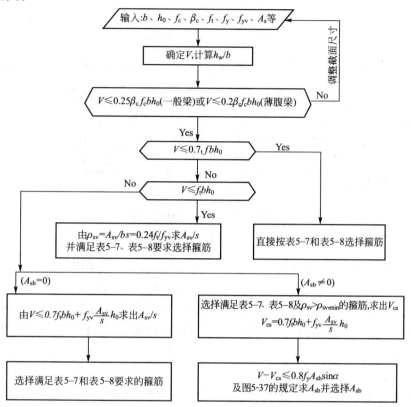

图 5 – 39　有腹筋梁斜截面设计计算框图

【例 5 – 11】　已知矩形截面简支梁截面 $b \times h = 200\text{mm} \times 450\text{mm}$，计算跨度 $l_0 = 5600\text{mm}$，净跨长 $l_n = 5360\text{mm}$，承受均布荷载设计值 $g + q = 27.1\text{kN/m}$，一类环境，采用 C20 混凝土（$f_c = 9.6\text{N/mm}^2$，$f_t = 1.1\text{N/mm}^2$），HRB335 级纵筋（$f_y = 300\text{N/mm}^2$，$\xi_b = 0.55$）、HPB300 级箍筋（$f_{yv} = 270\text{N/mm}^2$），试进行该梁配筋计算。

解：（1）正截面抗弯。

取 $a_s = 45\text{mm}$，$h_0 = h - a_s = 450 - 45 = 405(\text{mm})$

$$M = (g + q)l_0^2/8 = 27.1 \times 5.6^2/8 = 106.23(\text{kN·m})$$

$$\xi = 1 - \sqrt{1 - \frac{M}{0.5 f_c b h_0^2}} = 1 - \sqrt{1 - \frac{106.23 \times 10^6}{0.5 \times 9.6 \times 200 \times 405^2}} = 0.430 < 0.55$$

$$A_s = \frac{\xi \alpha_1 f_c b h_0}{f_y} = \frac{0.43 \times 1.0 \times 9.6 \times 200 \times 405}{300} = 1115(\text{mm}^2)$$

选 $3\Phi22$，$A_s = 1140\text{mm}^2 > 0.2\%bh = 180\text{mm}^2$。

（2）斜截面抗剪。

$$V = 0.5(g + q)l_n = 0.5 \times 27.1 \times 5.36 = 72.63(\text{kN})$$

① 截面尺寸验算。

$$h_w/b = 405/200 = 2.05 < 4$$

$0.25 f_c b h_0 = 0.25 \times 9.6 \times 200 \times 405 = 194.4(\text{kN}) > V = 72.63\text{kN}$，截面尺寸符合要求。

② 可否按构造配箍。

$$0.7f_tbh_0=0.7\times1.1\times200\times405=62370(N)<V$$
$$0.94f_tbh_0=0.94\times1.1\times200\times405=83754(N)>V$$

则由 $\rho_{sv}=\dfrac{A_{sv}}{bs}=\dfrac{0.24f_t}{f_{yv}}$，有 $\dfrac{A_{sv}}{s}=0.24\times1.1\div210=0.251$，选用$\phi6$双肢箍，则 $s=2\times$ 28.3/0.251=225(mm)，而 $s_{max}=200$mm，故选$\phi6@200$，梁的配筋图如图5-40所示。

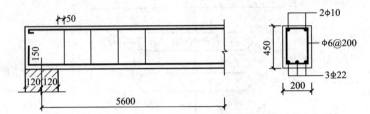

图 5-40 例 5-11 配筋图

【例 5-12】 某钢筋混凝土矩形截面简支梁(图5-41)，跨中承受集中荷载设计值$F=$540kN(梁自重化为集中荷载包含在内)，梁截面尺寸 $b\times h=250$mm$\times700$mm，混凝土强度等级为C30($f_c=14.3$N/mm^2，$f_t=1.43$N/mm^2)，按正截面承载力计算已配有双排受拉钢筋($a_s=60$mm)，箍筋为HPB235级钢筋($f_{yv}=210$N/mm^2)，试求所需箍筋数量。

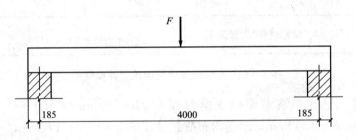

图 5-41 例 5-12 附图

解：本例是矩形截面独立梁受集中荷载的情况，$h_0=h-a_s=700-60=640$(mm)，$\lambda=a/h_0=2000/640=3.13>3$，取 $\lambda=3$。

$$V=0.5F=270\text{kN}$$

(1) 截面尺寸验算。

$$\frac{h_w}{b}=\frac{h_0}{b}=\frac{640}{250}=2.56<4$$

$$0.25f_cbh_0=0.25\times14.3\times250\times640=572(\text{kN})>V=270\text{kN}$$

故截面尺寸满足要求。

(2) 可否按构造配箍。

$$\frac{1.75}{\lambda+1}f_tbh_0=\frac{1.75}{3+1}\times1.43\times250\times640=100.1(\text{kN})<V$$

$$\left(\frac{1.75}{\lambda+1}+0.24\right)f_tbh_0=155000\text{N}<V$$

应按计算公式计算箍筋。

（3）箍筋计算。

由

$$V \leqslant V_{cs} = \frac{1.75}{\lambda+1} f_t b h_0 + f_{yv} \frac{A_{sv}}{s} h_0$$

得

$$\frac{A_{sv}}{s} = \frac{V - \frac{1.75}{\lambda+1} f_t b h_0}{f_{yv} h_0} = \frac{270000 - 100100}{210 \times 640} = 1.264$$

选 $\phi 10$ 双肢箍（$A_{sv1} = 78.5 \text{mm}^2$，$n = 2$），

$$s = \frac{2 \times 78.5}{1.264} = 124 (\text{mm})$$

取 $s = 120\text{m}$，箍筋 $\phi 10@120$ 沿梁长均匀配置。

5.7 梁的斜截面受弯承载力及有关构造要求

在剪力和弯矩共同作用下产生的斜裂缝，还会导致与其相交的纵向钢筋拉力的增加，可能引起沿斜截面的受弯承载力不足及锚固不足的破坏，因此在设计中除了保证梁的正截面受弯承载力和斜截面受剪承载力外，在考虑纵向钢筋弯起、截断及钢筋锚固时，还需要在构造上采取措施，保证梁的斜截面受弯承载力不低于正截面受弯承载力，保证钢筋的可靠锚固。

5.7.1 正截面受弯承载力图的概念

正截面受弯承载力图，是指按实际配置的纵向钢筋绘制的梁上各正截面所能承受的最大弯矩设计值的图形。它反映了沿梁长各正截面上的抗力（受弯承载力），也简称为材料图。图中竖标所表示的正截面受弯承载力设计值 M_u 简称为抵抗弯矩。显然，若沿梁长的纵向受力钢筋没有变化，则各截面的正截面受弯承载力相同，则材料图为一水平直线。下面介绍当部分纵向钢筋弯起或截断时的材料图作法。

1. 部分纵向受拉钢筋弯起

在图 5-42 中，考虑一根纵筋在离支座的 C 点弯起。则在该钢筋弯起后，其内力臂逐渐减小，因而它的抵抗弯矩将变小直至等于零。假定该钢筋弯起后与梁轴线（取 1/2 梁高位置）的交点为 D，过 D 点后不再考虑该钢筋承受弯矩，则 CD 段的材料图为斜直线 cd。

2. 部分纵向受拉钢筋截断

在图 5-43 中，假定纵筋①抵抗控制截面 $A—A$ 的部分弯矩（图中纵坐标 ef），则 $A—A$ 为①筋强度的充分利用截面，而 $B—B$ 和 $C—C$ 为按计算不需要该钢筋的截面，也称理论截断点，在 $B—B$ 和 $C—C$ 处截断①筋的材料图即图中的矩形阴影部分 $abcd$。为了可靠锚固，①筋的实际截断点尚需延伸一段长度。

3. 材料图的作用

在设计中作材料图比较麻烦，但通过作材料图可以起如下作用。

（1）反映材料利用的程度：材料图越贴近弯矩图，表示材料利用程度越高。

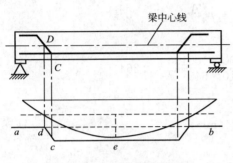

图 5-42　钢筋弯起的材料图

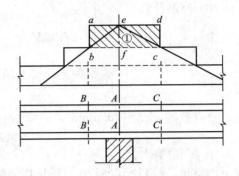

图 5-43　纵筋截断的材料图

（2）确定纵向钢筋的弯起数量和位置：设计中，将跨中部分纵向钢筋弯起的目的有两个：一是用于斜截面抗剪，其数量和位置由受剪承载力计算确定；二是抵抗支座负弯矩。只有当材料图全部覆盖住弯矩图，各正截面受弯承载力才有保证；而要满足斜截面受弯承载力的要求，也必须通过作材料图才能确定弯起钢筋的数量和位置。

（3）确定纵向钢筋的截断位置：通过绘制材料图还可确定纵向钢筋的理论截断位置及其延伸长度，从而确定纵向钢筋的实际截断位置。

5.7.2　满足斜截面受弯承载力的纵向钢筋弯起位置

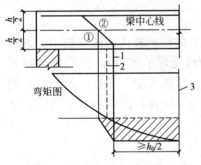

图 5-44　弯起钢筋弯起点位置

图 5-44 表示弯起钢筋弯起点与弯矩图形的关系。钢筋②在受拉区的弯起点为 1，按正截面受弯承载力计算不需要该钢筋的截面为 2，该钢筋强度充分利用的截面为 3，它所承担的弯矩为图中阴影部分。则可以证明（略），当弯起点与按计算充分利用该钢筋的截面之间的距离不小于 $0.5h_0$ 时，可以满足斜截面受弯承载力的要求（即保证斜截面的受弯承载力不低于正截面的受弯承载力）。同时，钢筋弯起后与梁中心线的交点应在该钢筋正截面抗弯的不需要点之外。

总之，若利用弯起钢筋抗剪，则钢筋弯起点的位置应同时满足抗剪位置（由抗剪计算确定）、正截面抗弯（材料图覆盖弯矩图）及斜截面抗弯（$s \geqslant 0.5h_0$）三项要求。

5.7.3　纵向受力钢筋的截断位置

承受正弯矩的梁下部受力钢筋一般不在跨内截断，而是全部伸入支座或部分伸入支座、部分在支座附近弯起。

钢筋混凝土连续梁、框架梁支座截面承受负弯矩的纵向钢筋不宜在受拉区截断。如必须截断时（图 5-45），其延伸长度 l_d 可按表 5-9 中 l_{d1} 和 l_{d2} 中取外伸长度较长者确定。其中 l_{d1} 是从"充分利用该钢筋强度的截面"延伸出的长度；而 l_{d2} 是从"按正截面承载力计算不需要该钢筋的截面"延伸出的长度。

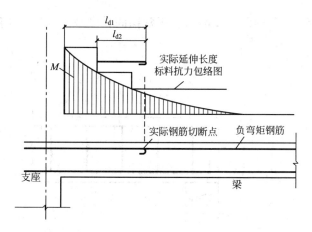

图 5 - 45 钢筋的延伸长度和截断点

表 5 - 9 负弯矩钢筋的延伸长度 l_d（mm）

截 面 条 件	充分利用截面伸出 l_{d1}	计算不需要截面伸出 l_{d2}
$V \leqslant 0.7 f_t b h_0$	$\geqslant 1.2 l_a$	$\geqslant 20d$
$V > 0.7 f_t b h_0$	$\geqslant 1.2 l_a + h_0$	$\geqslant 20d$ 且 $\geqslant h_0$
$V > 0.7 f_t b h_0$ 且断点仍在负弯矩受拉区内	$\geqslant 1.2 l_a + 1.7 h_0$	$\geqslant 20d$ 且 $\geqslant 1.3 h_0$

5.7.4 纵向钢筋在支座处的锚固

支座附近的剪力较大。在出现斜裂缝后，由于与斜裂缝相交的纵向钢筋应力会突然增大，若纵向钢筋伸入支座的锚固长度不够，将会使纵向钢筋滑移，甚至被从支座混凝土中拔出而引起锚固破坏。为了防止这种破坏，纵向钢筋伸入支座的长度和数量应该满足一定的要求。在一般情况下，伸入梁支座的纵向受力钢筋数量不宜少于 2 根（当梁宽度小于 100mm 时，可为 1 根）。

1. 简支梁支座处和连续梁的简支端支座

在简支梁支座处和连续梁的简支端支座处，梁下部纵向钢筋伸入支座的锚固长度 l_{as}（图 5 - 46）应满足表 5 - 10 的要求；在满足该要求的前提下，为保证钢筋的施工位置，宜将钢筋伸至支座外边缘（但应预留混凝土保护层）。

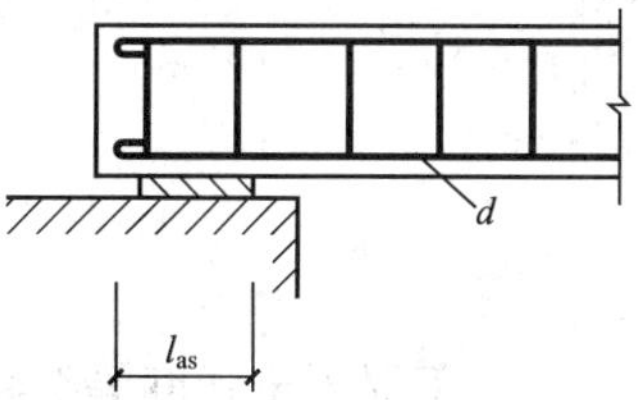

图 5 - 46 简支支座的纵筋锚固长度

表 5 - 10 简支支座纵筋锚固长度 l_{as}

钢筋类型	$V \leqslant 0.7 f_t b h_0$	$V > 0.7 f_t b h_0$
光面钢筋	$\geqslant 5d$	$\geqslant 15d$
带肋钢筋	$\geqslant 5d$	$\geqslant 12d$

当纵向钢筋伸入支座的锚固长度不符合表 5 - 10 的规定时，应采取下述专门锚固措施，且伸入支座的水平长度不应小于 $5d$。①在梁端将纵向受力钢筋上弯，弯折后的长度计入 l_{as} 内且弯折后的直线长度不小于 100mm 和 $6.5d$（图 5 - 47）；②在纵筋端部加焊横向

锚固钢筋或锚固钢板(图 5-48),此时可将正常锚固长度减少 5d;③将钢筋端部焊接在梁端的预埋件上(图 5-49)。

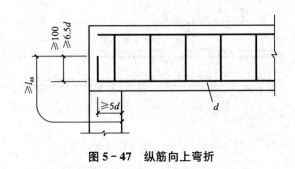

图 5-47　纵筋向上弯折

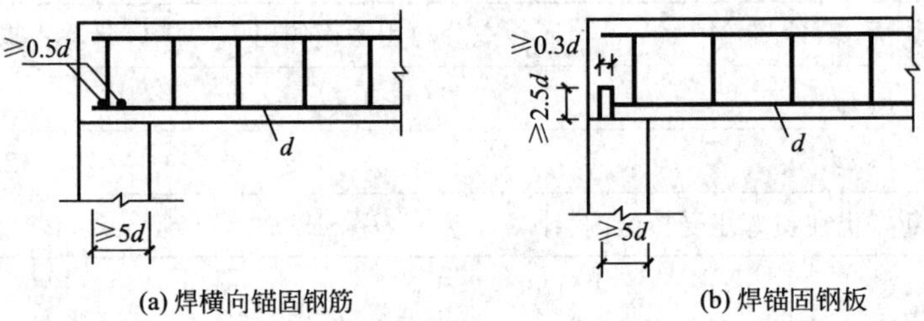

(a) 焊横向锚固钢筋　　　　　　　　(b) 焊锚固钢板

图 5-48　端部加焊钢筋或钢板(d 为受力钢筋直径)

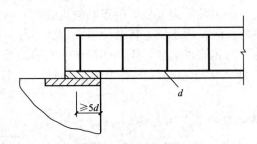

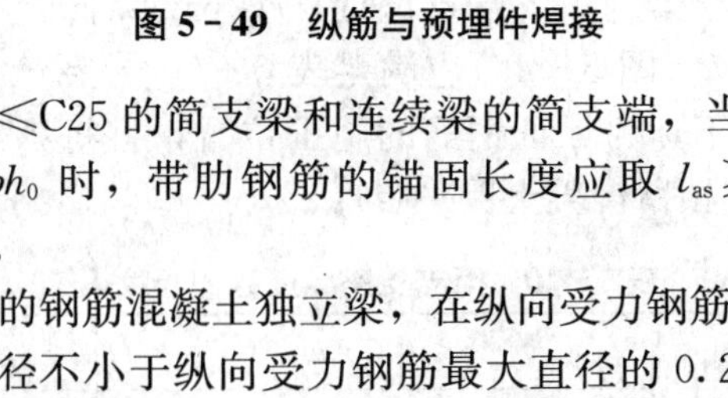

图 5-49　纵筋与预埋件焊接

对于混凝土强度等级≤C25 的简支梁和连续梁的简支端,当距支座 $1.5h$ 范围内作用有集中荷载且 $V > 0.7 f_t bh_0$ 时,带肋钢筋的锚固长度应取 $l_{as} \geq 15d$ 或采取图 5-53~图 5-54 的附加锚固措施。

对支承在砌体结构上的钢筋混凝土独立梁,在纵向受力钢筋的锚固长度 l_{as} 范围内应配置不少于两个箍筋,其直径不小于纵向受力钢筋最大直径的 0.25 倍,间距不大于纵向受力钢筋最小直径的 10 倍;当采用机械锚固措施时,箍筋间距尚不宜大于纵向受力钢筋最小直径的 5 倍。

2. 连续梁及框架梁

在连续梁及框架梁的中间支座或中间节点处,纵向受力钢筋伸入支座范围的长度应当满足如下要求(图 5-50)。

1) 下部纵向钢筋

纵向受力钢筋伸入中间节点或中间支座的锚固要求应根据钢筋的受力情况确定。

当计算中不利用该钢筋的强度时，其锚固长度与 $V>0.7f_tbh_0$ 的简支支座相同（见表5-10），并在满足该要求的前提下伸至支座中心线，以方便施工。

当计算中充分利用钢筋的抗拉强度时，可采用直线锚固形式[图5-50(a)]或带90°弯折的锚固形式[图5-50(b)]，其中 l_a 为受拉钢筋的锚固长度，竖直段应向上弯折；下部钢筋也可伸过节点或支座范围，并在梁中弯矩较小处设置搭接接头[图5-50(c)]，l_l 为纵向受拉钢筋的搭接长度。

当计算中充分利用钢筋的抗压强度时，下部纵向钢筋应按受压钢筋锚固在中间节点或中间支座内，此时其直线锚固长度应不小于 $0.7l_a$，也可参照图5-50(c)的形式采用搭接方式。

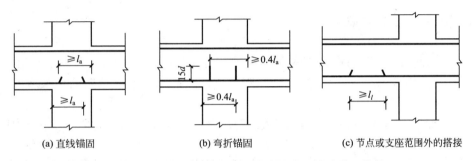

图5-50 梁下部纵向钢筋在中间节点或中间支座范围的锚固

2) 上部纵向钢筋

在中间节点或中间支座处，梁的上部纵向钢筋应贯穿中间节点或中间支座，该钢筋自节点或支座边缘伸向跨中的截断位置按图5-45的规定或设计经验取用（参见第9章）。

3) 框架梁中间层端节点处的钢筋锚固

框架梁上部纵向钢筋伸入中间层端节点的锚固长度，应按受拉钢筋伸入支座的锚固要求。当采用直线锚固形式时，锚固长度不应小于 l_a，且伸过柱中心线不宜小于 $5d$（d 为梁上部纵向钢筋直径）；当柱截面尺寸不足，不能满足直线锚固要求时，应按图5-51的做法，将钢筋伸至节点对边并向下弯折，其包含弯弧段在内的水平投影长度不小于 $0.4l_a$，包含弯弧段在内的竖直投影长度为 $15d$。

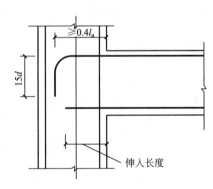

图5-51 中间层端节点处框架梁的钢筋锚固

5.7.5 弯起钢筋的锚固

承受剪力的弯起钢筋，其弯终点外应留有锚固长度，其长度在受拉区不应小于 $20d$，在受压区不应小于 $10d$；对于光面钢筋，在末端尚应设置弯钩（图5-52）。

★位于梁底层两侧的纵向钢筋不应弯起。

弯起钢筋不得采用浮筋[图 5-53(a)]；当支座处剪力很大而又不能利用纵向钢筋弯起抗剪时，可设置仅用于抗剪的鸭筋[图 5-53(b)]，其端部锚固要求与弯起钢筋端部的锚固要求相同（即在受拉区不应小于 $20d$，在受压区不应小于 $10d$）。

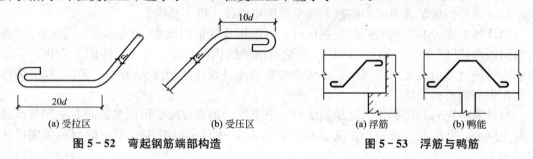

(a) 受拉区　　　　　　　(b) 受压区　　　　　　(a) 浮筋　　　　　(b) 鸭能

图 5-52　弯起钢筋端部构造　　　　　图 5-53　浮筋与鸭筋

5.7.6　箍筋的构造要求

梁中的箍筋对抑制斜裂缝的开展、形成钢筋骨架、传递剪力等都有重要作用。因此，应重视箍筋的构造要求。前述梁的箍筋间距、直径和最小配箍率是箍筋最基本的构造要求，在设计中应予遵守。

箍筋一般采用 HPB300、HPB235 级钢筋；当剪力较大时，也可采用 HRB400 级钢筋。

箍筋的一般形式是封闭式，其末端做成135°弯钩。当 T 形截面梁翼缘顶面另有横向受拉钢筋时，也可采用开口式箍筋（图 5-54）。

梁内箍筋一般采用双肢箍（$n=2$），当梁的宽度大于 400mm，且一层内的纵向受压钢筋多于 3 根时，或当梁的宽度不大于 400mm 但一层内的纵向受压钢筋多于 4 根时，应设置复合箍筋（如四肢箍）；当梁宽度很小时，也可采用单肢箍筋（图 5-55）。

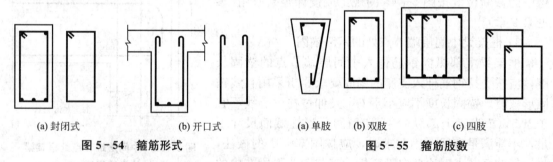

(a) 封闭式　　　　(b) 开口式　　　　(a) 单肢　　(b) 双肢　　(c) 四肢

图 5-54　箍筋形式　　　　　　　图 5-55　箍筋肢数

箍筋末端的弯钩长度可按表 5-11 采用。

表 5-11　箍筋末端的一个弯钩长度（mm）

纵向受力钢筋直径 \ 箍筋直径	6	8	10	12
10~25	50	60	70	90
28~32	60	70	80	100

当梁中配有计算需要的纵向受压钢筋（如双筋梁）时，箍筋应为封闭式，且其间距不应

大于 15d(d 为纵向受压钢筋中的最小直径)；同时在任何情况下均不应大于 400mm。当一层内的纵向受压钢筋多于 5 根且直径大于 18mm 时，箍筋间距不应大于 10d。

在纵向受力钢筋搭接长度范围内应配置加密的箍筋，箍筋直径不应小于搭接钢筋较大直径的 0.25 倍。当钢筋受拉时，箍筋间距不应大于搭接钢筋较小直径的 5 倍，且不应大于 100mm；当钢筋受压时，箍筋间距不应大于搭接钢筋较小直径的 10 倍，且不应大于 200mm。当受压钢筋直径 d>25mm 时，尚应在搭接接头两个端面外 100mm 范围内各设置两个箍筋。

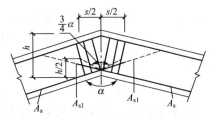

图 5-56　梁内折角处配筋

当梁的内折角处于受拉区时(如楼梯折梁)，纵向受拉钢筋不应连续通过，并应在长度为 s 的范围内 [$s=h\tan(3\alpha/8)$]，增设箍筋(图 5-56)。

5.7.7　梁腹部的构造钢筋

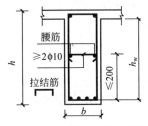

图 5-57　梁腹构造钢筋

对于一般梁，当梁的腹板高度 h_w≥450mm 时，在梁的两个侧面应沿高度配置纵向构造钢筋，每侧的纵向构造钢筋(不包括梁上、下部受力钢筋及架立钢筋)截面面积不应小于腹板截面面积 bh_w 的 0.1%，且其间距不宜大于 200mm(图 5-57)。

对于钢筋混凝土薄腹梁(h_w/b≥6)或需作疲劳验算的钢筋混凝土梁，应在下部二分之一梁高的腹板内沿两侧配置直径 8～14mm、间距为 100～150mm 的纵向构造钢筋，并应按下密上疏的方式布置。在上部 1/2 梁高的腹板内，纵向构造钢筋可按一般梁的规定(间距不宜大于 200mm)配置。

5.8　受弯构件的裂缝宽度和挠度验算

前述的计算是为了保证受弯构件满足承载能力极限状态的要求而进行的。由于钢筋混凝土受弯构件在正常使用时是带裂缝工作的，因此要求其裂缝宽度不能超过某一限值(裂缝控制等级为三级)，而开裂造成构件刚度下降引起变形增大，其挠度也应限制，以便满足正常使用极限状态的要求，保证其适用性和耐久性。

5.8.1　裂缝宽度验算

形成裂缝的原因是多方面的。其中一类是由于温度变化、混凝土收缩、钢筋锈蚀、地基不均匀沉降等非荷载因素；另一类则是荷载作用于构件上产生的主拉应力超过混凝土的抗拉强度所造成。本节所指的裂缝，仅指荷载作用下的正截面裂缝。

试验表明：受弯构件的裂缝间距在荷载达到一定程度后，间距将基本稳定，其平均裂缝间距 l_{cr} 与裂缝平均宽度成正比。

1. 平均裂缝间距

对受弯构件，根据试验结果的统计分析，有

$$l_{cr} = 1.9c_s + 0.08\frac{d_{eq}}{\rho_{te}} \quad (5-28)$$

式中　ρ_{te}——按有效受拉混凝土面积 A_{te} 计算的纵向受拉钢筋配筋率。对受弯构件，$A_{te} = 0.5bh + (b_f - b)h_f$，其中 b_f、h_f 为受拉翼缘的宽度和高度；当 $\rho_{te} < 0.01$ 时取为 0.01。

2. 最大裂缝宽度

根据平均裂缝间距，由理论推导得到平均裂缝宽度，利用试验分析结果并考虑长期作用影响，可得出最大裂缝宽度公式：

$$w_{max} = 1.9\psi\frac{\sigma_{sq}}{E_s}\left(1.9c_s + 0.08\frac{d_{eq}}{\rho_{te}}\right) \quad (5-29)$$

式中　σ_{sq}——按荷载效应准永久组合计算的纵向受拉钢筋应力，$\sigma_{sq} = \dfrac{M_q}{0.87h_0A_s}$；

　　　M_q——按荷载效应准永久组合计算的弯矩值。

ψ 的意义见式(4-14)。

3. 验算方法

利用式(5-29)计算 w_{max}，看是否满足表 2-9 的要求。若不满足，调整配筋和钢筋直径，直到满足为止。

【例 5-13】　已知条件同例 5-11，且已知 $M_q = 49.4\text{kN}\cdot\text{m}$，经计算 $A_s = 1140\text{mm}^2$（3 Φ 22），验算其裂缝宽度是否满足要求？（已知一类环境，$w_{lim} = 0.3\text{mm}$）

采用 C20 混凝土（$f_c = 9.6\text{N/mm}^2$，$f_t = 1.1\text{N/mm}^2$）、HRB335 级纵筋（$f_y = 300\text{N/mm}^2$，$\xi_b = 0.55$）和 HPB300 级箍筋（$f_{yv} = 270\text{N/mm}^2$），试进行该梁配筋计算。

解：C20 混凝土，$f_{tk} = 2.01\text{N/mm}^2$，HRB335 级纵筋 $E_s = 2.0\times10^5\text{N/mm}^2$，$c_s = 25 + 6 = 31(\text{mm})$，$a_s = 43\text{mm}$

$$\sigma_{sq} = \frac{M_q}{0.87h_0A_s} = \frac{49.4\times10^6}{0.87\times407\times1140} = 122.4(\text{N/mm}^2)$$

$$\rho_{te} = \frac{A_s}{0.5bh} = \frac{1140}{0.5\times200\times450} = 0.0253 > 0.01$$

$$\psi = 1.1 - 0.65\frac{f_{tk}}{\rho_{te}\sigma_{sq}} = 1.1 - \frac{2.01}{0.0253\times122.4} = 0.451$$

$$w_{max} = 1.9\psi\frac{\sigma_{eq}}{E_s}\left(1.9c_s + 0.08\frac{d_{eq}}{\rho_{te}}\right) = 1.9\times0.451\times\frac{122.4}{2.0\times10^5}\times\left(1.9\times31 + 0.08\times\frac{22}{0.0253}\right)$$

$$= 0.067(\text{mm}) < 0.3\text{mm}，满足要求。$$

5.8.2　梁的挠度验算

对匀质弹性体而言，梁的挠度可用力学方法计算。例如，承受均布荷载 q 的简支梁，计算跨度为 l_0 时，其跨中挠度为

$$a_f = \frac{5ql_0^4}{384B} = \frac{5Ml_0^2}{48B} \qquad (5-30)$$

其中 $B = EI$，称为梁的刚度，不随荷载和时间而变化，是个常量。

而对于钢筋混凝土梁，由于在正常使用情况下会开裂，裂缝的出现和开展将使梁的刚度降低，刚度的大小与荷载有关；其次，由于混凝土的徐变、收缩等原因，梁的刚度随时间而缓慢降低。因此，钢筋混凝土梁的挠度计算引进下述概念。

1. 短期刚度

在荷载效应的准永久组合下，考虑到混凝土受拉区的开裂和受压区的塑性变形，根据试验分析和理论推导，受弯构件的短期刚度 B_s 可按如下公式计算：

$$B_s = \frac{E_s A_s h_0^2}{1.15\psi + 0.2 + \dfrac{6\alpha_E\rho}{1+3.5\gamma_f}} \qquad (5-31)$$

式中　α_E——钢筋弹性模量与混凝土弹性模量之比，$\alpha_E = E_s/E_c$；

　　　ψ——裂缝间纵向受拉钢筋应变不均匀系数，同前；

　　　ρ——纵向受拉钢筋配筋率，$\rho = A_s/bh_0$；

　　　γ_f'——受压翼缘面积与腹板有效面积的比值：$\gamma_f' = (b_f'-b)h_f'/bh_0$，其中 b_f'、h_f' 为受压区翼缘的宽度、高度，当 $h_f' > 0.2h_0$ 时，取 $h_f' = 0.2h_0$。

2. 构件刚度

考虑荷载长期作用的影响，钢筋混凝土梁的刚度 B 按如下公式计算：

$$B = \frac{B_s}{\theta} \qquad (5-32)$$

式中　B_s——按荷载效应准永久组合计算的受弯构件的短期刚度，见式(5-31)；

　　　θ——影响系数，当无受压钢筋时($\rho'=0$)，取 $\theta=2$；当 $\rho'=\rho$ 时，$\theta=1.6$，其间线性插值。对翼缘位于受拉区的倒 T 形截面，θ 应增加 20%。

3. 最小刚度原则

即使对于等截面钢筋混凝土受弯构件，沿构件长度方向的各个截面的刚度也不相同（由于构件开裂和裂缝宽度和高度受弯矩的影响），故在计算挠度时，假定各同号弯矩区段内的刚度相等，并取用该区段内最大弯矩处的刚度（即最小刚度）。当计算跨度内的支座截面刚度不大于跨中截面刚度的两倍或不小于跨中截面刚度的二分之一时，该跨也可按等刚度构件进行计算，其构件刚度可取跨中最大弯矩截面的刚度。

4. 验算

按刚度计算方法求出梁的刚度，根据最小刚度原则计算梁的挠度，根据正常使用条件满足规定要求即可。如不满足，可调整相关参数（如增加 A_s、提高混凝土强度、增加 A_s'、增大截面尺寸等）。显然，最有效的方法是增加截面高度。

【例 5-14】　试计算例 5-13 的挠度，验算是否满足要求？（已知 $[a_f] = l_0/200$）

解：由例 5-13 有

$$M_q = 49.4\text{kN}\cdot\text{m}, \quad \rho = 1140/(200\times407) = 0.014, \quad \psi = 0.451$$

又 $E_c = 2.55\times10^4\text{N/mm}^2$，$E_s = 2.0\times10^5\text{N/mm}^2$，则 $\alpha_E = 20/2.55 = 7.84$，故短期刚度

$$B_s = \frac{E_s A_s h_0^2}{1.15\psi + 0.2 + 6\alpha_E\rho} = \frac{2.0\times10^5\times1140\times407^2}{1.15\times0.451+0.2+6\times7.84\times0.014} = 2.7424\times10^{13}(\text{N·mm}^2)$$

由 $A_s' = 0$，取 $\theta = 2.0$ 则

$$B = B_s/\theta = 2.7424\times10^{13}/2 = 1.3712\times10^{13}(\text{N·mm}^2)$$

挠度 $a_f = \dfrac{5M_q l_0^2}{48B} = \dfrac{5\times49.4\times10^6\times5600^2}{48\times1.3712\times10^{13}} = 11.8(\text{mm}) < 5600/200 = 28(\text{mm})$，满足要求。

小　结

　　钢筋混凝土受弯构件是最基本的一种结构构件，广泛应用于楼盖、屋盖、楼梯及其他结构中，承受竖向荷载作用下产生的弯矩和剪力。

　　受弯构件承载力极限状态的计算包括正截面受弯承载力计算以及斜截面受剪承载力计算。正截面受弯承载力计算公式是依据适筋梁受力的第Ⅲ阶段末的受力特征（Ⅲₐ）通过力的平衡条件而建立的；在进行正截面受弯承载力计算时，混凝土压应力图形采用等效矩形应力图，计算公式的适用范围是适筋梁，即在正截面受弯的承载力极限状态下受拉钢筋屈服（A_s 达到 f_y），受压混凝土边缘纤维达到极限压应变（相应的混凝土强度设计值为 $\alpha_1 f_c$），因而要防止超筋破坏和少筋破坏的发生，在设计中不应采用超筋梁和少筋梁。

　　受弯构件斜截面的主要破坏形态有斜拉破坏、剪压破坏和斜压破坏，这三种破坏形态都属于脆性破坏。影响斜截面受剪承载力的主要因素有剪跨比、混凝土强度、配箍率及箍筋强度以及纵向钢筋配筋率等。受剪承载力的计算公式是以剪压破坏的受力特征为基础建立的，在应用公式时，应保证受剪截面符合一定条件以防止斜压破坏发生，并采取适当的构造措施（箍筋间距不大于箍筋最大间距、箍筋直径不小于最小箍筋直径、当 $V > 0.7f_t bh_0$ 时配箍率不小于最小配箍率）以防止发生斜拉破坏。

　　为了满足斜截面受弯承载力不小于正截面受弯承载力要求，以及钢筋与混凝土的黏结锚固要求，在纵向钢筋弯起、纵向受力钢筋截断、纵向钢筋伸入支座长度等构造问题上，都应按规定的构造要求进行，在绘制施工图时，钢筋直径、净距、保护层等均应符合有关构造规定。

　　受弯构件还应满足正常使用极限状态的要求，按荷载效应准永久组合并考虑荷载长期作用影响下的裂缝宽度、挠度计算值不应超过《规范》规定的限值。提高构件截面刚度的有效措施是增加截面高度，减小裂缝宽度的有效措施是采用较小直径的钢筋和增加用钢量。

习　题

一、思考题

（1）钢筋混凝土矩形截面梁的高宽比一般为多少？现浇板的最小厚度取多少？

（2）适筋梁从开始受荷到破坏经历哪几个受力阶段？各阶段的主要受力特征是什么？它与匀质弹性材料梁有什么区别？

（3）什么叫配筋率？配筋量对梁的正截面承载力和破坏特征有什么影响？

（4）为什么在设计中不允许采用少筋梁和超筋梁？如何防止少筋破坏或超筋破坏？

（5）单筋矩形截面梁的正截面承载力的计算图形如何确定？

（6）何谓相对界限受压区高度 ξ_b？它在承载力计算中的作用是什么？

（7）什么情况下采用双筋截面梁？为什么在双筋矩形截面正截面承载力的计算公式中，应当满足 $\xi \geqslant 2a_s'/h_0$ 的条件？当不满足此条件时，应当如何处理？

（8）如何区分第一类 T 形截面梁和第二类 T 形截面梁？如何确定 T 形截面梁的受压翼缘计算宽度 b_f'？

（9）整浇楼（屋）盖中，连续梁的跨中截面和支座截面应按何种形式截面进行正截面承载力计算？

（10）钢筋混凝土梁在哪个区段容易出现斜裂缝？由于斜裂缝的发展而导致的破坏是什么性质的？

（11）什么是剪跨比？它对梁的斜截面承载力有什么影响？

（12）钢筋混凝土梁的斜截面破坏有哪几种主要形态？它们分别在什么情况下发生？

（13）影响梁斜截面抗剪承载力的主要因素有哪些？在计算公式中可以反映出哪些因素的影响？

（14）梁斜截面抗剪承载力计算公式的适用范围如何？采取哪些措施可以防止斜拉破坏或斜压破坏的发生？

（15）梁内箍筋有何作用？其主要构造要求有哪些？

（16）在进行梁的抗剪计算时，在什么情况下应考虑剪跨比？

（17）弯起钢筋用于抗剪时应注意哪些问题？为什么在计算公式中取系数 0.8？

（18）何谓材料图？它起什么作用？如何绘制？它与设计弯矩图有什么关系？

（19）梁内纵向钢筋伸入支座有什么要求？纵向钢筋弯起或截断时应满足哪些要求？

（20）在什么情况下设腰筋？如何设置？

（21）如何进行受弯构件的裂缝宽度验算？

（22）根据受弯构件最大裂缝宽度计算公式，试说明影响裂缝宽度的主要因素？

（23）影响钢筋混凝土受弯构件刚度的主要因素有哪些？提高构件截面刚度的最有效措施是什么？

（24）什么是最小刚度原则？计算受弯构件挠度的步骤有哪些？

二、计算题

注意：本章习题的环境均为一类环境，结构安全等级均为二级。

（1）一钢筋混凝土矩形梁截面尺寸 $b \times h = 200\text{mm} \times 500\text{mm}$，弯矩设计值 $M = 120\text{kN} \cdot \text{m}$，混凝土强度等级 C25。试计算其纵向受力钢筋截面面积 A_s：①当选用 HPB235 级钢筋时；②改用 HRB400 级钢筋时；最后，画出相应配筋截面图。

（2）某大楼中间走廊单跨简支板（图 5-58），计算跨度 $l_0 = 2.18\text{m}$，承受均布荷载设计值 $g + q = 6\text{kN/m}^2$（包括自重），混凝土强度等级 C20，HPB235 级钢筋。试确定现浇板的厚度 h 及所需受拉钢筋截面面积 A_s，选配钢筋，并画钢筋配置图。计算时，取 $b = 1.0\text{m}$，$a_s = 25\text{mm}$。

（3）一钢筋混凝土矩形梁截面尺寸 $b \times h = 200\text{mm} \times 500\text{mm}$，混凝土强度等级 C20，配有 HRB335 级钢筋（2Φ18），$A_s = 509\text{mm}^2$。试计算梁截面上承受弯矩设计值 $M = 80\text{kN} \cdot \text{m}$ 时是否安全？

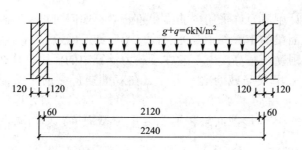

图 5 - 58　计算题(2)附图

（4）一钢筋混凝土矩形梁截面尺寸 $b \times h = 250\text{mm} \times 600\text{mm}$，配置 4$\phi$25 的 HRB335 级钢筋，分别选 C20、C25 与 C30 强度等级混凝土，试计算梁能承担的最大弯矩设计值，并对计算结果进行分析。

（5）已知一矩形梁截面尺寸 $b \times h = 200\text{mm} \times 500\text{mm}$，弯矩设计值 $M = 216\text{kN} \cdot \text{m}$，混凝土强度等级 C25，在受压区配有 3$\phi$20 的 HPB235 级受压钢筋，试计算受拉钢筋截面面积 A_s（采用 HRB400 级钢筋）。

（6）已知一矩形梁截面尺寸 $b \times h = 200\text{mm} \times 500\text{mm}$，承受弯矩设计值 $M = 216\text{kN} \cdot \text{m}$，混凝土强度等级 C25，已配 HRB335 级受拉钢筋 6ϕ20，试复核该梁是否安全？若不安全，则重新设计，但不改变截面尺寸和混凝土强度等级（$a_s = 60\text{mm}$）。

（7）已知一双筋矩形梁截面尺寸 $b \times h = 200\text{mm} \times 450\text{mm}$，混凝土强度等级 C20，HRB335 级钢筋，配置 2ϕ12 受压钢筋，3ϕ25+2ϕ22 受拉钢筋，试求该截面所能承受的最大弯矩设计值 M。

（8）某连续梁中间支座处截面尺寸 $b \times h = 250\text{mm} \times 650\text{mm}$，承受支座负弯矩设计值 $M = 239.2\text{kN} \cdot \text{m}$，混凝土强度等级 C25，HRB335 级钢筋。现由跨中正弯矩计算的钢筋中弯起 2ϕ18 伸入支座承受负弯矩，试计算支座负弯矩所需钢筋截面面积 A_s，如果不考虑弯起钢筋的作用时，支座需要钢筋截面面积 A_s 为多少？

（9）某 T 形截面梁 $b = 250\text{mm}$，$b'_f = 500\text{mm}$，$h = 600\text{mm}$，$h'_f = 100\text{mm}$，混凝土强度等级 C30，HRB400 级钢筋，承受弯矩设计值 $M = 256\text{kN} \cdot \text{m}$，试求受拉钢筋截面面积，并绘配筋图。

（10）某 T 形截面梁 $b = 200\text{mm}$，$b'_f = 1200\text{mm}$，$h = 600\text{mm}$，$h'_f = 80\text{mm}$，混凝土强度等级 C20，配有 4ϕ20 受拉钢筋，承受弯矩设计值 $M = 131\text{kN} \cdot \text{m}$，试复核梁截面是否安全。

（11）某 T 形截面梁 $b = 200\text{mm}$，$b'_f = 400\text{mm}$，$h = 600\text{mm}$，$h'_f = 100\text{mm}$，$a_s = 60\text{mm}$，混凝土强度等级 C25，配有 HRB335 级钢筋 6ϕ20，试计算该梁能承受的最大弯矩 M。

（12）已知某承受均布荷载的矩形截面梁截面尺寸 $b \times h = 250\text{mm} \times 600\text{mm}$（$a_s = 40\text{mm}$），采用 C20 混凝土，箍筋为 HPB235 级钢筋。若已知剪力设计值 $V = 150\text{kN}$，试求采用 ϕ6 双肢箍的箍筋间距 s。

（13）某 T 形截面简支梁尺寸 $b \times h = 200\text{mm} \times 500\text{mm}$（取 $a_s = 35\text{mm}$），$b'_f = 400\text{mm}$，$h'_f = 100\text{mm}$；采用 C25 混凝土，箍筋为 HPB235 级钢筋；由集中荷载产生的支座边剪力设计值 $V = 120\text{kN}$（包括自重），剪跨比 $\lambda = 3$。试选择该梁箍筋。

第**6**章
混凝土偏心受力构件

教学目标

本章主要讲述混凝土偏心受压构件的受力性能和计算方法。通过本章学习，应达到以下目标。

（1）掌握偏心受压的受力性能、破坏特征，大偏心受压和小偏心受压的异同点。

（2）熟悉对称配筋情形下的矩形截面受压承载力计算。

（3）理解M、N的相关性，轴向力对抗剪承载力的影响。

教学要求

知识要点	能力要求	相关知识
偏心受压构件	（1）理解偏心受压构件的受力过程、破坏形态、纵向弯曲影响，截面应力计算简图 （2）熟悉矩形截面偏心受压承载力计算的基本计算公式，对称配筋矩形截面、I 形截面的受压承载力的计算方法 （3）掌握偏心受压构件对纵向钢筋的构造要求、对箍筋的构造要求，混凝土的强度等级的选用、混凝土保护层厚度的规定	（1）偏心距、附加偏心距 （2）界限破坏 （3）M_1、M_2、M，弯矩增大系数 （4）弯矩对受压承载力的影响 （5）受压钢筋的屈服 （6）双向偏心受压
偏心受拉构件	（1）理解偏心受拉构件的分类和受力特征 （2）熟悉矩形截面偏心受拉承载力的计算方法 （3）掌握大偏心受拉的计算流程	（1）偏心受拉的类型、区分 （2）大偏心受拉与偏心受压的异同
偏心受力构件的受剪承载力	（1）理解轴向力对抗剪承载力的影响 （2）熟悉偏心受力构件的受剪计算公式	（1）剪跨比 （2）轴心压力的限值

基本概念

大偏压和小偏压的受力特征；N_u-M_u 的相关性；大偏压和小偏压的区别和判别；偏心距；界限破坏；大偏拉和小偏拉；轴力对抗剪的影响

引言

当作用的轴向力偏离构件截面的形心位置时，即为偏心受力构件，轴向力偏离截面形心的距离称为

偏心距。从力的等效原理可知，偏心受力构件实际上是轴心力和弯矩共同作用的构件(图6-1)。当轴向力为压力时，称为偏心受压构件；轴向力为拉力时，称为偏心受拉构件。

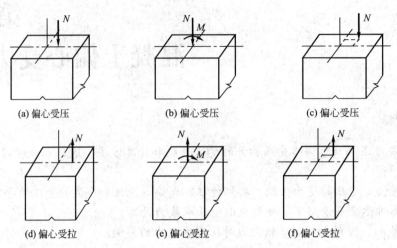

| (a) 偏心受压 | (b) 偏心受压 | (c) 偏心受压 |
| (d) 偏心受拉 | (e) 偏心受拉 | (f) 偏心受拉 |

图6-1 偏心受力构件的受力形态

偏心受压构件和偏心受拉构件在工程中都有实际应用(图6-2)。尤其是偏心受压构件，是钢筋混凝土结构中最基本的受力构件之一，通常以柱(如框架柱、排架柱)及墙(如剪力墙)等形式存在。

当弯矩沿构件轴线发生变化时，构件截面中还有剪力存在，故偏心受力构件的承载力计算包括正截面承载力计算以及斜截面受剪承载力计算。

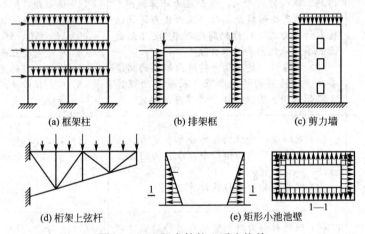

| (a) 框架柱 | (b) 排架框 | (c) 剪力墙 |
| (d) 桁架上弦杆 | (e) 矩形小池池壁 | |

图6-2 工程中的偏心受力构件

6.1 偏心受压构件的构造要求

6.1.1 截面形式和尺寸

现浇的偏心受压柱以矩形截面为主，其截面宽度不宜小于250mm(考虑抗震设计的框架柱，其截面宽度和高度均不宜小于 300mm）；对预制的装配式柱，当截面尺寸较大时，也常采用I形截面或双肢截面。

I形截面的翼缘厚度不宜小于 120mm，腹板厚度不宜小于 100mm。

为避免构件长细比太大而过多降低构件承载力，矩形截面一般取 $l_0/h \leqslant 25$ 及 $l_0/b \leqslant 30$（其中 l_0 为柱的计算长度，h 和 b 分别为构件截面的高度和宽度）。

6.1.2　纵向钢筋

1. 钢筋的种类、直径与间距

纵向受力钢筋通常采用 HRB400 级和 HRB335 级热轧钢筋。强度太高的钢筋由于在构件破坏时得不到充分利用而不宜采用。

对纵向受力钢筋的要求与对轴心受压构件的要求一致，即钢筋直径不宜小于 12mm，并宜优先选择直径较大的受力钢筋；钢筋之间的净距不应小于 50mm。在偏心受压柱中，垂直于弯矩作用平面的纵向受力钢筋，钢筋的中距不应大于 300mm。对于水平浇筑的预制柱，纵向受力钢筋的间距可按钢筋混凝土梁的规定采用。

2. 钢筋的设置位置

纵向受力钢筋按计算要求设置在弯矩作用方向的两对边；当截面高度 ≥600mm 时，还应在柱的侧面设置直径为 10～16mm 的纵向构造钢筋并相应设置复合箍筋或拉筋，见图 6-3。

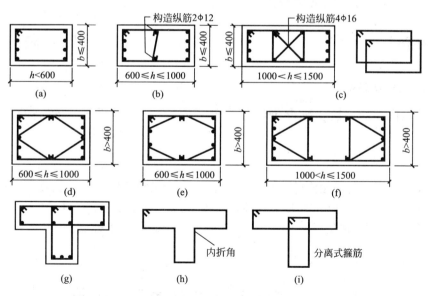

图 6-3　偏心受压柱的钢筋

3. 纵向受力钢筋的配筋百分率

1）最小配筋百分率

偏心受压构件的受拉钢筋和受压钢筋的最小配筋百分率均按构件的全截面面积 A 计

算：受拉钢筋的最小配筋百分率分别为 0.15（混凝土强度等级≤C35 时）和 0.2（混凝土强度等级为 C40～C60 时）；受压钢筋的最小配筋百分率为 0.2（即实际配筋时，要求 $A'_s \geqslant 0.002A$，其中 A 为构件截面面积）。

2）最大配筋百分率

偏心受压构件的全部纵向受力钢筋的配筋率不宜大于 5％，一般情况下不宜超过 3％。当超过 3％时，箍筋应采取如下措施：其直径应不小于 8mm，末端应做成 135°弯钩，且弯钩末端平直段不应小于箍筋直径的 10 倍，箍筋也可焊接成封闭环式；箍筋间距不大于 200mm 和 10d（d 为纵向受力钢筋最小直径），以保证高配筋柱的纵向钢筋抗压强度的充分发挥，防止纵向钢筋压屈。

6.1.3 箍筋

偏心受压柱中的箍筋应采用封闭式箍筋，其构造要求与轴心受压柱的相同：采用热轧钢筋时的箍筋直径不应小于 6mm，且不应小于 $d/4$（d 为纵向钢筋的最大直径）；箍筋的间距不应大于 400mm，且不应大于构件截面的短边尺寸，同时不大于 15d（d 为纵向钢筋的最小直径）。

常用的偏心受压矩形截面柱的箍筋构造如图 6-3（a）～（f）所示。当构件截面有缺角时，不得采用内折角式的箍筋［图 6-3（h）］，以免造成折角处混凝土崩裂（因箍筋受拉，在该处的箍筋合力指向折角），而应采用如图 6-3（i）所示的分离式封闭箍筋。当柱截面短边尺寸大于 400mm 且各边纵向钢筋多于 3 根时，或当柱截面短边尺寸不大于 400mm 但各边纵向钢筋多于 4 根时，应设置复合箍筋。

6.1.4 混凝土

1. 混凝土强度等级

偏心受压构件的混凝土强度等级不应低于 C20，并宜优先选择较高的混凝土强度等级。

2. 混凝土保护层厚度

柱的保护层厚度与梁相同（附录附表 10）。在室内正常环境下（环境类别为一类），保护层最小厚度 c 分别为 20mm（混凝土强度≥C30）或 25mm（混凝土强度≤C25）。故在计算时，可取纵向受力钢筋中心至构件边缘距离 $a_s=40$mm（混凝土强度≥C30）或 45mm（混凝土强度≤C25）。

6.2 偏心受压构件的受力性能

实际工程中的偏心受压构件包括单向偏心受压构件［图 6-1（a）］和双向偏心受压构件［图 6-1（c）］两种情形，本节仅研究单向偏心受压构件。单向偏心受压可视为轴心受压（$M=0$）和受弯（$N=0$）的中间状况。或者说，轴心受压和受弯是偏心受压的两个极端情形。

6.2.1 试验研究分析

偏心受压构件的试验研究表明：①截面的平均应变符合平截面假定；②构件的最终破坏是由于受压区混凝土的压碎所造成的；③由于引起混凝土压碎的原因不同，偏心受压的破坏形态可以分为大偏心受压破坏和小偏心受压破坏。

1. 大偏心受压破坏

当偏心距较大且受拉钢筋配置不太多时，会发生大偏心受压破坏。此种情况下的构件受力时具有与适筋受弯构件类似的受力特点：在偏心压力的作用下，离纵向压力较远的一侧截面受拉，离纵向压力较近的一侧截面受压。

当压力 N 增加到一定程度时，首先在受拉区出现短的横向裂缝；随着荷载的增加，裂缝不断发展和加宽，裂缝截面处的拉力完全由钢筋承担；在更大的荷载作用下，受拉钢筋首先达到屈服强度，并形成明显的主裂缝；随后主裂缝宽度增加并向受压的一侧延伸，受压区高度缩小。最后，受压边缘混凝土达到极限压应变 ε_{cu}，受压混凝土被压碎而导致构件破坏。破坏时，混凝土压碎区较短，受压钢筋一般都能屈服。其典型破坏情形及破坏阶段的应力、应变分布图形如图 6-4 所示。

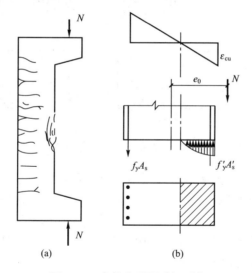

图 6-4 大偏心受压破坏形态

★显然，大偏心受压构件的破坏特征与适筋受弯构件中双筋梁的破坏特征完全相同，即受拉钢筋首先达到屈服，最后由于受压区混凝土压碎而导致构件破坏；破坏时受压钢筋一般能达到屈服强度(用热轧钢筋配筋时)。由于破坏是从受拉区的受拉钢筋屈服开始的，故这种破坏也称为"受拉破坏"。

2. 小偏心受压破坏

当荷载的偏心距较小，或者虽然偏心距较大但离纵向力较远一侧的受拉钢筋配置过多时，构件将发生小偏心受压破坏。

发生小偏心受压破坏的截面应力状态两种类型。第一种是当偏心距很小时，构件全截面受压。此时离轴向力较近一侧的混凝土压应力较大，另一侧的压应力较小，构件的破坏由压应力较大一侧的混凝土压碎而引起，该侧的钢筋达到受压屈服强度。只要偏心距不是太小，另一侧的钢筋虽处于受压状态但不会屈服[图 6-5(c)]。

第二种是当偏心距较小或偏心距较大但受拉钢筋配置过多时，截面处于大部分受压而小部分受拉的状态。随着荷载的增加，受拉区虽有裂缝发生但开展较为缓慢；构件的破坏也是由于受压区混凝土的压碎而引起，而且压碎区域较大；破坏时，受压一侧的纵向钢筋一般都能达到屈服强度，但受拉钢筋不会屈服[图 6-5(b)]。

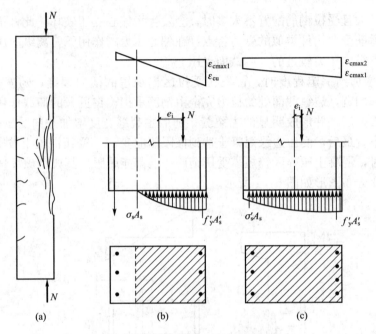

图 6-5 小偏心受压的受力及破坏形态

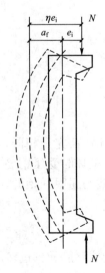

图 6-6 纵向弯曲变形

★上述两种小偏心受压破坏的共同特征是：破坏由离纵向力较近一侧的受压混凝土的压碎所引起，离纵向力较近一侧的钢筋受压屈服，而另一侧的钢筋无论是受压或是受拉，都达不到屈服强度、破坏无明显预兆；混凝土强度越高，破坏越突然。由于破坏是从受压区开始的，故这种破坏也称为"受压破坏"。

3. 纵向弯曲(挠曲)的影响

试验表明：钢筋混凝土柱在承受偏心受压荷载后，会产生纵向弯曲变形(图 6-6)。其侧向挠度 a_f 将引起附加弯矩 Na_f(附加弯矩也称为二阶弯矩)。对于大偏心受压，弯矩的增大使离纵向力较远一侧拉应力增加，从而引起受拉破坏的轴压力(受压承载力)降低；而对于小偏心受压，弯矩的增大使离纵向力较近一侧压应力增加，从而也使引起受压破坏的轴压力(受压承载力)降低。总之，无论是大偏心受压和小偏心受压，弯矩的增加都将使受压承载力降低，故偏心受压构件考虑纵向弯曲影响的方法是：将构件两端截面按结构分析确定的对同一主轴的弯矩设

计值 M_2（绝对值较大端弯矩）乘以不小于 1.0 的增大系数。

对长细比很小的短柱，侧向挠度与初始偏心距 e_i 相比可以忽略不计（即 $a_f/e_i \approx 0$），此时可以不考虑纵向弯曲的影响（附加弯矩近似为零），弯矩 M 和轴向力 N 呈线性关系，构件的破坏是由于材料破坏所引起的。

当柱的长细比较大时，称之为中长柱，其侧向挠度产生的附加弯矩不可忽略。由于侧向挠度 a_f 随 N 的增大而增大，故弯矩 M 的增长较轴向力 N 增长更快，二者不呈线性关系；长细比越大的柱，其正截面受压承载力与短柱相比降低越多，但中长柱的破坏仍是材料破坏。

当柱的长细比很大时（细长柱），构件的破坏已不再是由于构件的材料破坏所引起，而是由于构件在纵向弯曲的影响下丧失平衡引起突然破坏，称为失稳破坏。

★在实际工程中，必须避免失稳破坏，因为其破坏具有突然性，且材料强度不能充分发挥；而对于短柱，则又可忽略纵向弯曲的影响。因此，需要考虑纵向弯曲影响的是中长柱。

《规范》规定，弯矩作用平面内截面对称的偏心受压构件，当同时满足以下三个条件的要求，可不考虑该方向构件自身挠曲产生的附加弯矩影响；否则应根据规定，按截面的两个主轴方向分别考虑轴向压力在挠曲杆件中产生的附加弯矩影响。

（1）当同一主轴方向的杆端弯矩比 $M_1/M_2 \leqslant 0.9$。

（2）设计轴压比 $(N/f_c A) \leqslant 0.9$。

（3）构件的长细比 l_0/i 满足式（6-1）的要求：

$$\frac{l_0}{i} \leqslant 34 - 12\frac{M_1}{M_2} \tag{6-1}$$

式中　M_1、M_2——分别为已考虑侧移影响的偏心受压构件两端截面按结构弹性分析确定的对同一主轴的组合弯矩设计值，绝对值较大端为 M_2，绝对值较小端为 M_1，当构件按单曲率弯曲时，M_1/M_2 取正值，否则取负值；

　　l_0——构件的计算长度，可近似取偏心受压构件相应主轴方向两支承点之间的距离；

　　i——偏心方向的截面回转半径。

除排架结构柱外，其他偏心受压构件考虑轴向压力在挠曲杆件中产生的二阶效应后控制截面弯矩设计值 M，可按下列公式计算：

$$M = C_m \eta_{ns} M_2 \tag{6-2a}$$

$$C_m = 0.7 + 0.3\frac{M_1}{M_2} \tag{6-2b}$$

$$\eta_{ns} = 1 + \frac{1}{1300\left(\dfrac{M_2}{N} + e_a\right)/h_0}\left(\frac{l_0}{h}\right)^2 \zeta_c \tag{6-2c}$$

式中　M_1、M_2——同式（6-1）；

　　C_m——构件端截面偏心矩调节系数，当小于 0.7 时取 0.7；

　　N——与弯矩设计值 M_2 相应的轴向压力设计值；

　　η_{ns}——弯矩增大系数，且有 $C_m \eta_{ns} \geqslant 1.0$；

e_a——附加偏心矩，是考虑荷载作用位置偏差、截面混凝土非匀质性及施工偏差等因素而引起的偏心距的增加，取 $e_a = 20mm(h \leqslant 600mm$ 时)或 $h/30(h > 600mm$ 时)，h 为偏心方向截面的最大尺寸；

ζ_c——截面曲率修正系数，$\zeta_c = 0.5f_cA/N$，A 为构件截面面积，当计算值大于 1.0 时取 1.0。

4. $N-M$ 承载力的相关性

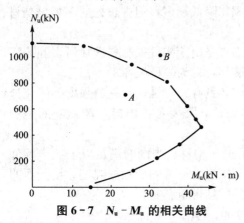

图 6-7 $N_u - M_u$ 的相关曲线

图 6-7 是一组混凝土强度等级、截面尺寸及配筋都相同的试件，仅在偏心距有变化时的 $N-M$ 承载力试验曲线。曲线上各点反映构件处于承载力极限状态时的抗力 M_u 和 N_u。故当实际的 M、N 组合(如图中 A 点)落在相关曲线以内时，表明构件不会达到承载力极限状态；反之，M 与 N 的实际组合(如 B 点)落在曲线以外时，则表明构件将超过承载力极限状态而破坏。

随着偏心距的增加，截面的破坏形态逐渐由"受压破坏"向"受拉破坏"转化。在受压破坏时，随着偏心距的增加，构件的受压承载力减小、受弯承载力增加；在受拉破坏时，随着偏心距的增加，构件受压承载力和受弯承载力都减小。

★这也意味着：在小偏心受压时，当截面几何特征和材料都相同时，轴向压力越大，所需配筋越多；而在大偏心受压时，轴压力越小，需要的配筋越多。而不论是小偏心受压还是大偏心受压，弯矩越大时所需配筋越多。

6.2.2 大、小偏心受压的分界

在"受压破坏"和"受拉破坏"之间，还存在着一种"界限破坏"状态：此时受拉钢筋屈服和受压混凝土压碎同时发生。显然，★偏心受压构件的"界限破坏"状态与受弯构件的"界限破坏"状态是相同的。因而可得：

(1) 当 $\xi > \xi_b$ 时，构件截面为小偏心受压；当 $\xi < \xi_b$ 时，构件截面为大偏心受压。

(2) 当 $\xi = \xi_b$ 时，构件截面为偏心受压的界限状态。

6.3 矩形截面偏心受压构件受压承载力计算

6.3.1 基本计算公式

根据偏心受压构件的破坏特征及与受弯构件受力性能的异同，可利用与受弯构件正截面承载力计算的同样基本假定，则有(图 6-8)：

$$N \leqslant \xi\alpha_1 f_c bh_0 + f_y'A_s' - \sigma_s A_s \qquad (6-3a)$$

$$Ne \leqslant \xi(1-0.5\xi)\,\alpha_1 f_c bh_0^2 + f_y' A_s'(h_0 - a_s') \qquad (6-3b)$$

式中　e——轴向压力作用点至受拉钢筋合力点的距离，$e = e_i + \dfrac{h}{2} - a_s$；

　　　ξ——混凝土相对受压区高度，$\xi = x/h_0$；

　　　σ_s——离轴向压力较远一侧的受拉边或受压较小边的纵向钢筋应力：当 $\xi \leqslant \xi_b$ 时为大偏心受压，取 $\sigma_s = f_y$；当 $\xi > \xi_b$ 时为小偏心受压，取

$$\sigma_s = \frac{\beta_1 - \xi}{\beta_1 - \xi_b} f_y \qquad (6-4)$$

此时 $f_y' \leqslant \sigma_s \leqslant f_y$。

　　　α_1，β_1——系数，同受弯构件。当混凝土强度等级 $\leqslant$ C50 时，$\alpha_1 = 1.0$，$\beta_1 = 0.8$。

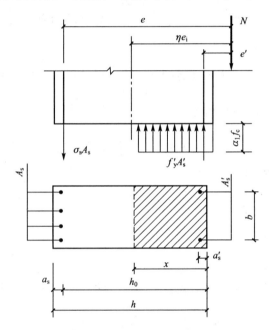

图 6-8　矩形截面偏心受压构件正截面受压承载力计算图形

6.3.2　垂直于弯矩作用平面的受压承载力验算

　　除按上述公式计算弯矩作用平面的受压承载力外，尚应按轴心受压构件验算垂直于弯矩作用平面的受压承载力，此时可不计入弯矩的作用，但应考虑稳定系数 φ。

6.3.3　基本计算公式的应用

　　与受弯构件的计算类似，运用基本公式(6-3)～式(6-4)可解决两类问题：一是截面设计，即已知内力设计值求配筋；二是已知配筋，进行承载力校核。

　　由于偏心受压构件离纵向力较远一侧的钢筋（面积为 A_s）可能受拉屈服（大偏心受压），也可能不屈服（小偏心受压）；钢筋面积 A_s 和 A_s' 可能相同（对称配筋），也可能不相同（非对称配筋），故增加了公式应用的多样性。

对称配筋是实际结构工程中偏心受压构件的最常用配筋形式。例如对单层厂房排架柱、多层框架柱等偏心受压柱，由于其控制截面在不同的荷载组合下可能承受变号弯矩的作用（即截面在一种荷载组合情形下为受拉的部位在另一种荷载组合下为受压），为便于设计和施工，这些构件常采用对称配筋；又如，为保证吊装时不出现差错，装配式柱一般也采用对称配筋。因此本书仅介绍对称配筋。

所谓对称配筋，是指 $A_s = A_s'$，$a_s = a_s'$，并且采用同一种规格的钢筋。对于常用的 HPB235 级、HRB335 级和 HRB400 级钢筋，由于 $f_y = f_f'$，因此在大偏心受压时，一般有 $f_y A_s = f_y' A_s'$（当 $2a_s'/h_0 \leqslant \xi \leqslant \xi_b$ 时）；对小偏心受压，由于 A_s 不屈服，情况稍复杂。

对称配筋是非对称配筋的特殊情形，因此偏心受压构件的基本公式(6-2)～式(6-4)仍可应用。而由于对称配筋的特点，公式可以简化。

对称配筋的计算包括截面设计和承载力校核两方面的内容。

1. 截面设计（求 $A_s = A_s' = ?$）

★在对称配筋情况下，界限破坏时的轴向压力设计值 N_b 可由式(6-3a)得出：

$$N_b = \xi_b \alpha_1 f_c b h_0 \tag{6-5}$$

判断大、小偏心受压的条件可变为：

$$N \leqslant N_b，大偏心受压$$
$$N > N_b，小偏心受压$$

1) 大偏心受压时（$N \leqslant N_b$）

式(6-3a)简化为 $\qquad\qquad N = \xi \alpha_1 f_c b h_0$

式(6-3b)维持不变，适用条件：

$$\xi \geqslant \frac{2a_s'}{h_0}$$

2) 小偏心受压时（$N > N_b$）

由于受拉钢筋不屈服，计算稍微复杂。为此，将式(6-4)代入式(6-3a)，并变换为

$$\xi = \frac{(\beta_1 - \xi_b)N + \xi_b f_y' A_s'}{(\beta_1 - \xi_b)\alpha_1 f_c b h_0 + f_y' A_s'} \tag{a}$$

将式(6-3b)改写为

$$f_y' A_s' = \frac{Ne - \xi(1 - 0.5\xi)\alpha_1 f_c b h_0^2}{h_0 - a_s'} \tag{b}$$

显然，这是一组迭代公式：将任意 ξ 代入式(b)时，可求得 $f_y' A_s'$，将此 $f_y' A_s'$ 代入式(a)时，可得新的 ξ。如此反复进行，可得到任意精度的 ξ，进而求得 $A_s'(=A_s)$。《规范》采用了一次迭代方式，即先取 $\xi(1 - 0.5\xi) = 0.43$，求得 $[f_y' A_s']$，再由式(a)求得 ξ，即为结果，顺序是：

$$[f_y' A_s'] = \frac{Ne - 0.43\alpha_1 f_c b h_0^2}{h_0 - a_s}$$

$$\xi = \frac{(\beta_1 - \xi_b)N + \xi_b [f_y' A_s']}{(\beta_1 - \xi_b)\alpha_1 f_c b h_0 + [f_y' A_s']}$$

其合并形式就是《规范》公式：

$$\xi = \frac{N - \xi_b \alpha_1 f_c b h_0}{\dfrac{Ne - 0.43\alpha_1 f_c b h_0^2}{(\beta_1 - \xi_b)(h_0 - a_s')} + \alpha_1 f_c b h_0} + \xi_0 \tag{6-6}$$

★式(6-6)不便于记忆，而联立求解变换式，则具有"上下对应"的形式，掌握其规律不难。求出 ξ 后，即可利用基本公式(6-3a)求得钢筋面积。

在对称配筋的大偏心受压中，若 $\xi < 2a'_s/h_0$，则受压钢筋不屈服，此时与双筋受弯截面的做法相同，假定受压混凝土合力与受压钢筋合力作用点均在距受压边缘 a'_s 处，则有

$$Ne' = f_y A_s(h_0 - a'_s) \tag{6-7}$$

式中 e'——轴向压力 N 至 A'_s 的距离，$e' = e_i - (0.5h - a'_s) = e_i + a'_s - 0.5h$。

综上所述，可得矩形截面对称配筋计算流程(图6-9)。

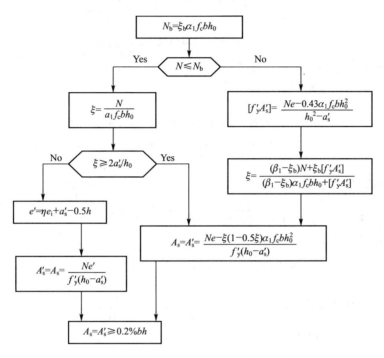

图6-9 矩形截面对称配筋计算流程

以下举例说明矩形截面对称配筋的截面设计方法。例题中的混凝土强度等级均不大于 C50，故 $\beta_1 = 0.8$，$\alpha_1 = 1.0$，并取为一类环境。

【例6-1】 某矩形截面钢筋混凝土柱，$b \times h = 400\text{mm} \times 600\text{mm}$，承受轴向压力设计值 $N = 1200\text{kN}$，弯矩设计值 $M_2 = 500\text{kN} \cdot \text{m}$，$M_1/M_2 = 0.85$，柱的计算长度 $l_0 = 7.2\text{m}$。该柱采用 HRB400 级钢筋 ($f_y = f'_y = 360\text{N/mm}^2$，$\xi_b = 0.517$)，混凝土强度等级为 C30 ($f_c = 14.3\text{N/mm}^2$，$f_t = 1.43\text{N/mm}^2$)，若采用对称配筋，试求纵向钢筋截面面积并绘截面配筋图(取 $a_s = a'_s = 40\text{mm}$)。

解：(1)求附加偏心距 e_a。

$h_0 = h - a_s = 600 - 40 = 560\text{(mm)}$，因 $h = 600\text{mm}$，故 $e_a = 20\text{mm}$，$e_a/h_0 = 20/560 = 0.0357$。

(2)求柱弯矩设计值 M。

$$M_1/M_2 = 0.85 < 0.9 \quad \frac{N}{f_c bh} = \frac{1200 \times 10^3}{14.3 \times 400 \times 600} = 0.350 < 0.9$$

矩形截面 $i = (I/A)^{0.5} = h/2\sqrt{3} = h/3.464$，本例 $i = 600/3.464 = 173.2$。

且 $l_0/i = 7200/173.2 = 41.6 > 34 - 12(M_1/M_2) = 26.32$。

故需要考虑二次弯矩的影响。

$$l_0/h = 7200/600 = 12$$

$$\zeta_c = 0.5 f_c A/N = 0.5 \times 14.3 \times 400 \times 600/1200000 = 1.43 > 1.0，取 \zeta_c = 1.0。$$

$$C_m = 0.7 + 0.3 M_1/M_2 = 0.955$$

则由式（6-2c）

$$\eta_{ns} = 1 + \frac{1}{1300 \times \left(\dfrac{500000}{1200 \times 560} + 0.0357\right)} \times 12^2 \times 1.0$$

$$= 1.142$$

$$M = C_m \eta_{ns} M_2 = 0.955 \times 1.142 \times 500 = 545(\text{kN} \cdot \text{m})$$

（3）大小偏心受压的判断。

$$N_b = \alpha_1 f_c b h_0 \xi_b = 1.0 \times 14.3 \times 400 \times 560 \times 0.517 = 1656.1(\text{kN}) > N = 1200\text{kN}$$

故属于大偏心受压。

$$e_0 = M/N = 545000/1200 = 454(\text{mm})$$

$$e_i = e_0 + e_a = 454 + 20 = 474(\text{mm})$$

$$e = e_i + 0.5h - a_s = 474 + 600/2 - 40 = 734(\text{mm})$$

（4）求受压钢筋截面面积。

$$\xi = \frac{N}{\alpha_1 f_c b h_0} = \frac{1200 \times 10^3}{1.0 \times 14.3 \times 400 \times 560} = 0.375 \geqslant \frac{2a_s'}{h_0} = 0.143$$

由于对称配筋，则有

$$A_s = A_s' = \frac{Ne - \alpha_1 f_c b h_0^2 \xi(1 - 0.5\xi)}{f_y'(h_0 - a_s')}$$

$$= \frac{1200 \times 10^3 \times 734 - 1.0 \times 14.3 \times 400 \times 560^2 \times 0.375 \times (1 - 0.5 \times 0.375)}{360 \times (560 - 40)}$$

$$= 1786(\text{mm}^2)$$

（5）钢筋选择及截面配筋图。

选择受拉钢筋和受压钢筋均为 3 Φ 20 + 2 Φ 25（$A_s' = 1745\text{mm}^2$）。对垂直于弯矩作用的平面进行轴心受压承载力验算

$$A_s' + A_s = 2 \times 1745 = 3490(\text{mm}^2) < 3\%bh = 0.03 \times 400 \times 600 = 7200(\text{mm}^2)$$

$$\frac{l_0}{b} = \frac{7.2}{0.4} = 18，查表知 \varphi = 0.81。$$

$$0.9\varphi(f_c A + f_y' A_s') = 0.9 \times 0.81 \times (14.3 \times 400 \times 600 + 360 \times 3490)$$

$$= 3417.8(\text{kN}) > N = 2500\text{kN}$$

满足要求。

按构造要求选择箍筋（如有剪力作用，尚应进行受剪承载力的计算，后述），配筋截面详图如图 6-10 所示。

【例 6-2】 截面尺寸 $b \times h = 400\text{mm} \times 500\text{mm}$ 的钢筋混凝土柱，承受轴向压力设计值 $N = 2500\text{kN}$，弯矩设计值 $M = 167.5\text{kN} \cdot \text{m}$，该柱计算长度 $l_0 = 7.5\text{m}$，混凝土强度等级 C30（$f_c = 14.3\text{N/mm}^2$），纵向钢筋采用 HRB400 级（$f_y = f_y' = 360\text{N/mm}^2$，$\xi_b = 0.517$），取 $a_s = a_s' = 40\text{mm}$。若采用对称配筋，试求纵向钢筋截面面积并绘截面配筋图。

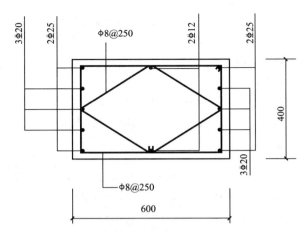

图 6 - 10 例 6 - 1 配筋图

注：对于小偏心受压构件，应进行偏心受压构件垂直于弯矩作用平面的验算；对于对称配筋的大偏
心受压构件，当 $l_0/h \leqslant 24$ 时，一般可不进行此验算。

解：（1）求附加偏心距 e_a。

$h_0 = h - a_s = 500 - 40 = 460(\text{mm})$，因 $h = 500\text{mm}$，故 $e_a = 20\text{mm}$，$e_a/h_0 = 20/460 = 0.0435$。

（2）求柱弯矩设计值 M。

$$M_1/M_2 = 1 > 0.9\text{,故需要考虑纵向弯曲的影响}$$

$$l_0/h = 7500/500 = 15$$

$$\zeta_c = 0.5 f_c A/N = 0.5 \times 14.3 \times 400 \times 500/2500000 = 0.572$$

$$C_m = 0.7 + 0.3 M_1/M_2 = 1.0$$

则由式（6 - 2c）

$$\eta_{ns} = 1 + \frac{1}{1300 \times \left(\dfrac{167500}{2500 \times 460} + 0.0435\right)} \times 15^2 \times 0.572$$

$$= 1.052$$

$$M = C_m \eta_{ns} M_2 = 1.0 \times 1.052 \times 167.5 = 176.2(\text{kN} \cdot \text{m})$$

（3）大小偏心受压的判断。

$$N_b = \alpha_1 f_c b h_0 \xi_b = 1.0 \times 14.3 \times 400 \times 460 \times 0.517 = 1360.3(\text{kN}) \leqslant N = 2500(\text{kN})$$

故属于小偏心受压。

$$e_0 = M/N = 176200/2500 = 70.5(\text{mm})$$

$$e_i = e_0 + e_a = 70.5 + 20 = 90.5(\text{mm})$$

$$e = e_i + 0.5h - a_s = 90.5 + 500/2 - 40 = 300.5(\text{mm})$$

（4）求受压钢筋截面面积。

$$[f_y' A_s'] = \frac{Ne - 0.43 \alpha_1 f_c b h_0^2}{h_0 - a_s'} = \frac{2500000 \times 300.5 - 0.43 \times 1.0 \times 14.3 \times 400 \times 460^2}{460 - 40} = 549521$$

$$\xi = \frac{(\beta_1 - \xi_b) N + \xi_b [f_y' A_s']}{(\beta_1 - \xi_b) \alpha_1 f_c b h_0 + [f_y' A_s']} = \frac{(0.8 - 0.517) \times 2500000 + 0.517 \times 549521}{(0.8 - 0.517) \times 1 \times 14.3 \times 400 \times 460 + 549521} = 0.667$$

$$A_s = A_s' = \frac{Ne - \xi(1 - 0.5\xi) \alpha_1 f_c b h_0^2}{f_y'(h_0 - a_s')}$$

$$= \frac{2500000 \times 300.5 - 0.667 \times (1-0.5 \times 0.667) \times 1.0 \times 14.3 \times 400 \times 460^2}{360 \times (460-40)} = 1410 \, (\text{mm}^2)$$

每侧选择钢筋 $2 \oplus 25 + 2 \oplus 20 (A_s = A'_s = 1388 \, \text{mm}^2)$

（5）垂直与弯矩作用平面的验算。

对垂直于弯矩作用的平面进行轴心受压承载力验算

$$A'_s + A_s = 2 \times 1388 = 2776 \, (\text{mm}^2) < 3\%bh = 0.03 \times 400 \times 500 = 6000 \, (\text{mm}^2)$$

$\frac{l_0}{b} = \frac{7.5}{0.4} = 18.75$，查表知 $\varphi = 0.787$。

$$0.9\varphi(f_c A + f'_y A'_s) = 0.9 \times 0.787 \times (14.3 \times 400 \times 500 + 360 \times 2776)$$
$$= 2733.6 \, (\text{kN}) > N = 2500 \text{kN}$$

满足要求。

2. 受压承载力校核

校核的内容是已知偏心距 e_0（或已知 M）的情况下求截面的受压承载力设计值。所采用的基本公式同前。当 e_0 较大时，可先假定为大偏心受压，解出 ξ 后最后确认，如不符合假定，则重新计算。

【例 6-3】已知某矩形截面柱尺寸 $b \times h = 800\text{mm} \times 1000\text{mm}$，采用 C30 混凝土（$f_c = 14.3\text{N/mm}^2$），HRB400 级钢筋（$f_y = f'_y = 360\text{N/mm}^2$，$\xi_b = 0.517$），每侧配筋 $4 \oplus 25$（$A_s = A'_s = 1964\text{mm}^2$），试求 $e_i = 290\text{mm}$ 时截面所能承担的轴向力设计值 N（取 $a_s = a'_s = 40\text{mm}$）。

解：取 $a_s = a'_s = 40\text{mm}$，$h_0 = h - a_s = 1000 - 40 = 960 \, (\text{mm})$

$e_a = h/30 = 1000/30 = 33.3 \, (\text{mm})$，由于 $e_i = 290\text{mm} > 0.3 h_0 = 288\text{mm}$，先按大偏心受压考虑。

$$e = e_i + \frac{h}{2} - a_s = 290 + \frac{1000}{2} - 40 = 750 \, (\text{mm})$$

先按大偏心受压求 ξ。

由 $\begin{cases} N = \xi f_c b h_0 \\ Ne = \xi(1-0.5\xi)f_c b h_0 + f'_y A'_s(h_0 - a'_s) \end{cases}$ 消去 N，有

$$e = (1-0.5\xi)h_0 + \frac{f'_y A'_s(h_0 - a'_s)}{\xi f_c b h_0}$$

代入数据，有

$$750 = (1-0.5\xi) \times 960 + \frac{360 \times 1964 \times (960-40)}{\xi \times 14.3 \times 800 \times 960}$$

化简后有

$$480\xi^2 - 210\xi - 59.229 = 0$$

解得 $\xi = 0.633$，故应为小偏心受压。

利用小偏心受压公式 $\begin{cases} N = \xi f_c b h_0 + f'_y A'_s \left(1 - \dfrac{0.8-\xi}{0.8-\xi_b}\right) \\ Ne = \xi(1-0.5\xi)f_c b h_0 + f'_y A'_s(h_0 - a'_s) \end{cases}$

消去 ξ，带入数据，化简后有 $480\xi^2 - 38.775\xi - 147.917 = 0$

解得 $\xi = 0.597$

则有

$$N \leqslant \xi f_c b h_0 + f_y' A_s' \left(1 - \frac{0.8 - \xi}{0.8 - \xi_b}\right)$$

$$= 0.597 \times 14.3 \times 800 \times 960 + 360 \times 1964 \times \left(1 - \frac{0.8 - 0.597}{0.8 - 0.517}\right)$$

$$= 6756.4(\text{kN})$$

6.4 对称配筋 I 形截面受压承载力计算

I 形截面柱在单层工业厂房中广泛使用,其受力性能和破坏特征与矩形截面柱相同,故其计算原则也与矩形截面一致。I 形截面柱一般采用对称配筋,由于截面形状不同于矩形截面,故在受压高度 x(或 ξ)的计算中采用假定—计算—判断的方法。下面给出计算公式和计算步骤,供读者参考。

6.4.1 偏心受压类型的判断

界限破坏时的轴压力设计值 N_b 是在矩形截面的基础上考虑受压翼缘挑出部分作用,可写为

$$N_b = \xi_b \alpha_1 f_c b h_0 + \alpha_1 f_c (b_f' - b) h_f' \tag{6-8}$$

同样有当 $N \leqslant N_b$ 时,为大偏心受压;当 $N > N_b$ 时,为小偏心受压。

6.4.2 大偏心受压的计算

在大偏心受压情形下,混凝土受压区与 T 形截面梁的类型相同,有两种类型:受压区在翼缘内(一类 T 形)或受压区进入腹板(二类 T 形)。由于是对称配筋,两种情形下都有 $f_y A_s = f_y' A_s'$。

(1) 混凝土受压区在翼缘内($x \leqslant h_f'$,即 $\xi \leqslant h_f'/h_0$)。

这种情况下,实际上是截面宽度为 b_f' 的矩形截面的计算,即

$$N \leqslant \xi \alpha_1 f_c b_f' h_0$$

$$Ne \leqslant \xi(1 - 0.5\xi)\alpha_1 f_c b_f' h_0^2 + f_y' A_s'(h_0 - a_s')$$

(2) 受压区进入腹板($h_f'/h_0 < \xi \leqslant \xi_b$)。

这种情况下,相当于矩形截面 $b \times h$ 与已知受压翼缘挑出部分全受压的二类 T 形,有

$$N \leqslant \xi \alpha_1 f_c b h_0 + \alpha_1 f_c (b_f' - b) h_f'$$

$$Ne \leqslant \xi(1 - 0.5\xi)\alpha_1 f_c b h_0^2 + \alpha_1 f_c (b_f' - b) h_f'(h_0 - 0.5 h_f') + f_y' A_s'(h_0 - a_s')$$

6.4.3 小偏心受压的计算

小偏心受压的混凝土受压区有两种情形:一是受压区进入腹板内;二是受压区进入对侧翼缘 h_f 的高度范围内。在第一种情况下,可以仿照矩形截面的计算公式加入受压翼缘挑出部分作用:

$$N \leqslant \xi \alpha_1 f_c b h_0 + \alpha_1 f_c (b_f' - b) h_f' + f_y' A_s' \left(1 - \frac{\beta_1 - \xi}{\beta_1 - \xi_b}\right)$$

$$Ne \leqslant \xi(1 - 0.5\xi)\alpha_1 f_c b h_0^2 + \alpha_1 f_c (b_f' - b) h_f' (h_0 - 0.5h_f') + f_y' A_s' (h_0 - a_s')$$

在第二种情况下，还需考虑对侧翼缘（h_f' 内）的混凝土受压部分的合力及力矩的计算，使公式更加复杂。由于对侧翼缘（h_f' 内）受压时，其对 A_s 合力中心的力矩很小，故若略去该部分的作用，可得偏于安全的结果，而这种情况下仍可按第一种情况的公式进行计算（但应注意在计算中 $\xi \leqslant h/h_0$）。

综上所述，可得出对称配筋 I 形截面偏心受压的配筋计算流程图如图 6-11 所示。

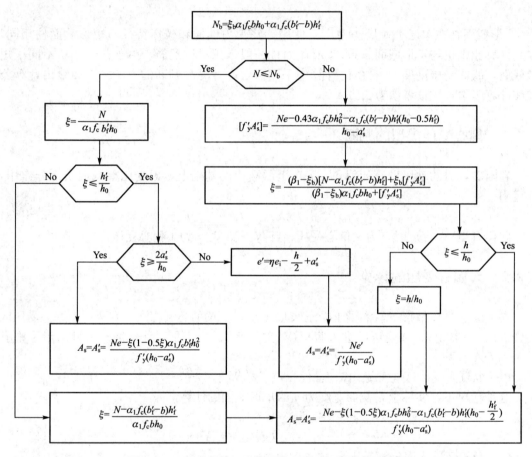

图 6-11　对称配筋 I 形截面偏心受压配筋计算流程图

对称配筋的 I 形截面除进行弯矩作用平面内的偏心受压计算外，在垂直弯矩作用平面也应按轴心受压构件进行验算，此时应按 l_0/i 查出稳定系数 φ 值（i 为截面垂直弯矩作用平面方向的回转半径）。

【例 6-4】　某 I 形截面排架柱截面尺寸如图 6-12 所示，该柱控制截面承受 $N = 1000\mathrm{kN}$、非测移荷载产生的弯距值 $M_{ns} = 393.6\mathrm{kN \cdot m}$，侧移荷载产生的变距值 $M_s = 60\mathrm{kN \cdot m}$，采用 C30 混凝土（$f_c = 14.3\mathrm{N/mm^2}$）和 HRB335 级钢筋（$f_y = f_y' = 300\mathrm{N/mm^2}$，$\xi_b = 0.55$），计算长度 $l_0 = 8.5\mathrm{m}$（垂直于弯矩作用平面 $l_0 = 8.5\mathrm{m} \times 0.8 = 6.8\mathrm{m}$），试按对称配筋设计该截面。

解：（1）求偏心矩 e。

取 $a_s = a_s' = 40\text{mm}$，$h_0 = h - a_s = 800 - 40 = 760(\text{mm})$

$$\zeta_c = \frac{0.5f_c A}{N} = \frac{0.5 \times 14.3 \times [(400-100) \times 100 \times 2 + 100 \times 800]}{1000000} = 1.00$$

由排架柱计算公式

$$\eta_{ns} = 1 + \frac{1}{1500\frac{e_0}{h_0}}\left(\frac{l_0}{h}\right)^2 \zeta_c = 1 + \frac{1}{1500 \times \frac{461}{760}}\left(\frac{8.5}{0.8}\right)^2 \times 1.00 = 1.124$$

$$M = M_{ns} + \eta_s M_s = 393.6 + 1.124 \times 60 = 461(\text{kN} \cdot \text{m})$$

$$e_0 = M/N = 461000/1000 = 461(\text{mm}), \quad e_a = 800/30 = 26.7(\text{mm}), \quad e_i = e_0 + e_a = 487.7(\text{mm})$$

$$e = e_i + 0.5h + a_s = 487.7 + 400 - 40 = 848(\text{mm})$$

（2）偏心受压类型的判断。

$$N_b = \xi_b \alpha_1 f_c b h_0 + \alpha_1 f_c(b_f' - b)h_f'$$
$$= 0.55 \times 1.0 \times 14.3 \times 100 \times 760 + 1.0 \times 14.3 \times (400-100) \times 100$$
$$= 1026.7(\text{kN}) > N = 1000\text{kN}$$

故为大偏心受压。

且 $\alpha_1 f_c b_f' h_f' = 1.0 \times 14.3 \times 400 \times 100 = 572(\text{kN}) < N$，混凝土受压区进入腹板。

（3）求 ξ。

$$\xi = \frac{N - \alpha_1 f_c(b_f' - b)h_f'}{\alpha_1 f_c b h_0} = \frac{1000000 - 1.0 \times 14.3 \times (400-100) \times 100}{1.0 \times 14.3 \times 100 \times 760} = 0.525$$

（4）求配筋。

$$A_s = A_s' = \frac{Ne - \xi(1 - 0.5\xi)\alpha_1 f_c b h_0^2 - \alpha_1 f_c(b_f' - b)h_f'(h_0 - 0.5h_f')}{f_y'(h_0 - a_s')}$$

$$= \frac{1000000 \times 848 - 0.525(1 - 0.5 \times 0.525) \times 1.0 \times 14.3 \times 100 \times 760^2 - 1.0 \times 14.3 \times 300 \times 100 \times (760-50)}{300 \times (760-40)}$$

$$= 1035(\text{mm}^2) > 0.2\%A = 280\text{mm}^2$$

实配纵筋每边 $4 \Phi 18$（$A_s = A_s' = 1018\text{mm}^2$），配筋如图 6-13 所示。

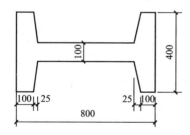

图 6-12 例 6-4 截面尺寸

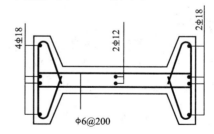

图 6-13 例 6-4 截面配筋图

（5）验算轴心受压承载力。

$$I \approx \frac{1}{12} \times 800 \times 100^3 + 4 \times \left(\frac{1}{12} \times 100 \times 150^3 + 100 \times 150 \times 125^2\right)$$
$$= 111667 \times 10^4(\text{mm}^2)$$

$$A \approx 800 \times 100 + 4 \times 100 \times 150 = 140000(\text{mm}^2)$$

$$i = \sqrt{\frac{I}{A}} = \sqrt{\frac{111667 \times 10^4}{140000}} = 89.31$$

$$l_0/i = 6800/89.31 = 76$$

查得 $\varphi = 0.70$，则

$$0.9\varphi(f_c A + f_y' A_s') = 0.9 \times 0.7 \times (14.3 \times 140000 + 300 \times 2 \times 1018)$$
$$= 1646(kN) > N = 1000kN$$

满足要求。

【例 6-5】 同例 6-4，但轴向力设计值 $N = 1500kN$，弯矩设计值 $M = 291kN \cdot m$，试选择对称配筋时的钢筋截面面积。

解： 取 $a_s = a_s' = 40mm$，$h_0 = h - a_s = 800 - 40 = 760(mm)$

(1) 求 e。

$$e_0 = M/N = 291000/1500 = 194(mm)，e_a = 800/30 = 26.7(mm)，e_i = e_0 + e_a = 221(mm)$$
$$e = e_i + 0.5h_2 + a_s = 221 + 400 - 40 = 581(mm)$$

(2) 偏心受压类型的判断。

$$N_b = \xi_b \alpha_1 f_c b h_0 + \alpha_1 f_c (b_f' - b) h_f'$$
$$= 0.55 \times 1.0 \times 14.3 \times 100 \times 760 + 1.0 \times 14.3 \times (400 - 100) \times 100$$
$$= 1026.7(kN) < N = 1500kN$$

故为小偏心受压。则有

$$[f_y' A_s'] = \frac{Ne - 0.43\alpha_1 f_c b h_0^2 - \alpha_1 f_c (b_f' - b) h_f' (h_0 - 0.5h_f')}{h_0 - a_s'}$$
$$= \frac{1500000 \times 581 - 0.43 \times 1.0 \times 14.3 \times 100 \times 760^2 - 1.0 \times 14.3 \times 300 \times 100 \times (760 - 50)}{760 - 40}$$
$$= 294089(N)$$

$$\xi = \frac{(\beta_1 - \xi_b)[N - \alpha_1 f_c (b_f' - b) h_f'] + \xi_b [f_y' A_s']}{(\beta_1 - \xi_b)\alpha_1 f_c b h_0 + [f_y' A_s']}$$
$$= \frac{(0.8 - 0.55) \times [2500000 - 1.0 \times 14.3 \times 300 \times 100] + 0.55 \times 294089}{(0.8 - 0.55) \times 1 \times 14.3 \times 100 \times 760 + 294089}$$
$$= 0.759$$

(3) 求配筋。

$$A_s = A_s' = \frac{Ne - \xi(1 - 0.5\xi)\alpha_1 f_c b h_0^2 - \alpha_1 f_c (b_f' - b) h_f' (h_0 - 0.5h_f')}{f_y'(h_0 - a_s')}$$
$$= \frac{1500000 \times 581 - 0.759 \times (1 - 0.5 \times 0.759) \times 1.0 \times 14.3 \times 100 \times 760^2 - 1.0 \times 14.3 \times 300 \times 100 \times (760 - 50)}{300 \times (760 - 40)}$$
$$= 824(mm^2) > 0.2\%A$$
$$= 280mm^2$$

排架柱的纵向受力钢筋直径一般要求不小于 16mm，实选每侧 4Φ18，配筋同例 6-4，轴心受压承载力验算同例 6-4，满足要求。

6.5 偏心受拉构件正截面承载力计算

实际结构工程中的偏心受拉构件多为矩形截面，故本节仅介绍矩形截面偏心受拉构件。

6.5.1 偏心受拉构件分类和破坏特征

1. 偏心受拉构件的分类

按照偏心拉力的作用位置，偏心受拉可以分为小偏心受拉和大偏心受拉两种情形：当轴向拉力作用在 A_s 和 A'_s 之间（A_s 为离轴向拉力较近一侧的纵向钢筋，A'_s 为离轴向拉力较远一侧的纵向钢筋，下同）时，属于小偏心受拉，此时偏心距 $e_0 < 0.5h - a_s$；当轴向拉力作用于 A_s 和 A'_s 之外时，属于大偏心受拉，此时偏心距 $e_0 > 0.5h - a_s$（图 6 - 15）。

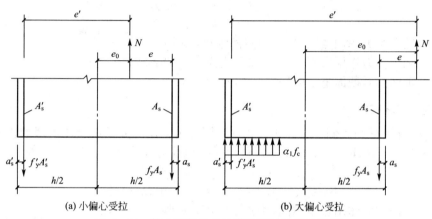

(a) 小偏心受拉　　　　　　　　　　　(b) 大偏心受拉

图 6 - 14　偏心受拉构件正截面受拉承载力计算

2. 偏心受拉构件的破坏特征

偏心受拉构件的破坏特征与偏心距的大小有关。由于偏心受拉构件是介于轴心受拉构件（$e_0 = 0$）和受弯构件（$e_0 = \infty$）之间的受力构件，可以设想：当偏心距很小时，其破坏特征接近轴心受拉构件；而当偏心距很大时，其破坏特征则与受弯构件接近。

1）小偏心受拉

在小偏心拉力作用下，临近破坏时截面全部裂通，A_s 和 A'_s 一般都受拉屈服，拉力完全由钢筋承担。

2）大偏心受拉

由于轴向拉力作用于 A_s 和 A'_s 之外，故大偏心受拉构件在整个受力过程中都存在混凝土受压区（图 6 - 15）。破坏时，截面不会裂通；当 A_s 适量时，破坏特征与大偏心受压破坏

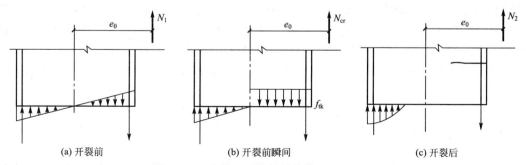

(a) 开裂前　　　　　　　　　(b) 开裂前瞬间　　　　　　　　(c) 开裂后

图 6 - 15　大偏心受拉构件的截面受力状态

时相同；当 A_s 过多时，破坏特征类似于小偏心受压破坏。当 $\xi < 2a_s'/h_0$ 时，说明 A_s' 配置过多、A_s' 也不会受压屈服。

6.5.2 偏心受拉构件正截面承载力计算概述

1. 小偏心受拉时

当偏心拉力作用于 A_s 和 A_s' 之间时，属于小偏心受拉。其正截面承载力计算简图如图 6-14(a) 所示。分别对 A_s 和 A_s' 的合力点取矩，则有

$$Ne \leqslant f_y'A_s'(h-a_s-a_s') \tag{6-9a}$$
$$Ne' \leqslant f_yA_s(h-a_s-a_s') \tag{6-9b}$$

式中 e——轴向拉力作用点至 A_s 合力点的距离，$e=h/2-a_s-e_0$；

      e'——轴向拉力作用点至 A_s' 合力点的距离，$e'=h/2-a_s'+e_0$；

      e_0——轴向力对截面重心的偏心距，$e_0=M/N$。

2. 大偏心受拉时

由于其破坏特征与大偏心受压构件相同，因此可采用与大偏心受压类似的正截面承载力计算简图[图 6-14(b)]，由平衡条件可得受拉承载力计算公式：

$$N \leqslant f_yA_s-\xi\alpha_1 f_cbh_0-f_y'A_s' \tag{6-10a}$$
$$Ne \leqslant \xi(1-0.5\xi)\alpha_1 f_cbh_0^2+f_y'A_s'(h_0-a_s') \tag{6-10b}$$

式中 e——轴向拉力作用点至 A_s 合力点的距离，$e=e_0-h/2+a_s$。

式(6-10)的适用条件是

$$\xi \leqslant \xi_b$$
$$\xi \geqslant 2a_s'/h_0$$

同时，A_s 及 A_s' 均应满足最小配筋的条件。

当 $\xi < 2a_s'/h_0$ 时，A_s' 不会受压屈服，此时取 $\xi=2a_s'/h_0$，按式(6-9)计算配筋；其他情况的计算与大偏心受压构件类似，所不同的只是 N 为拉力，且不考虑偏心距增大系数和附加偏心距等问题。

6.6 偏心受力构件的斜截面受剪承载力

在偏心受压构件和偏心受拉构件中一般都有剪力的作用。在剪、压复合应力状态下，当压应力不超过一定范围时，混凝土的抗剪强度随压应力的增加而提高[当 $N/(f_cbh)$ 在 $0.3\sim0.5$ 的范围时，其有利影响达到峰值]；在剪、拉复合应力状态下，混凝土的抗剪强度随拉应力的增加而减小。《规范》关于偏心受压构件和偏心受拉构件受剪承载力的计算公式，正是考虑到上述受力特点，以受弯构件受剪承载力计算公式为模式，在试验的基础上建立的。

6.6.1 截面应符合的条件

为避免斜压破坏，限制正常使用时的斜裂缝宽度，以及防止过多的配箍不能充分发挥

作用,《规范》规定矩形截面的钢筋混凝土偏心受压和偏心受拉构件的受剪截面均应符合下列条件:

当 $h_w/b \leqslant 4$ 时,

$$V \leqslant 0.25\beta_c f_c b h_0 \qquad (6-11a)$$

当 $h_w/b \geqslant 6$ 时,

$$V \leqslant 0.2\beta_c f_c b h_0 \qquad (6-11b)$$

式中 V——剪力设计值;

其余符号同受弯构件。

6.6.2 斜截面受剪承载力计算公式

1. 矩形、T形和I形截面偏心受压构件

对矩形、T形和I形截面的钢筋混凝土偏心受压构件,斜截面受剪承载力计算公式为

$$V \leqslant \frac{1.75}{\lambda+1}f_t b h_0 + f_{yv}\frac{A_{sv}}{s}h_0 + 0.07N \qquad (6-12)$$

式中 λ——偏心受压构件计算截面的剪跨比;

　　N——与剪力设计值 V 相应的轴向压力设计值(当 $N>0.3f_cA$ 时,取 $N=0.3f_cA$,A 为构件的截面面积)。

计算截面的剪跨比应按如下规定取用:

(1)对各类结构的框架柱,宜取 $\lambda=M/(Vh_0)$,对框架结构中的框架柱,取 $\lambda=H_n/2h_0$;H_n 为柱净高。当 $\lambda<1$ 时,取 $\lambda=1$;当 $\lambda>3$ 时,取 $\lambda=3$。

(2)对其他偏心受压构件,当承受均布荷载时,取 $\lambda=1.5$;当承受集中荷载时(包括作用有多种荷载,且集中荷载对支座截面或节点边缘所产生的剪力值占总剪力值的75%以上的情况),取 $\lambda=a/h_0$(此处 a 为集中荷载至支座或节点边缘的距离),当 $\lambda<1.5$ 时,取 $\lambda=1.5$,当 $\lambda>3$ 时,取 $\lambda=3$。

当剪力设计值较小,符合下列公式的要求时

$$V \leqslant \frac{1.75}{\lambda+1}f_t b h_0 + 0.07N \qquad (6-13)$$

则可不进行斜截面受剪承载力的计算,而仅需根据受压构件配置箍筋的构造要求配置箍筋;式中 λ 和 N 的取值同式(6-12)。

2. 偏心受拉构件

对矩形、T形和I形截面的钢筋混凝土偏心受拉构件,其斜截面受剪承载力计算公式为

$$V \leqslant \frac{1.75}{\lambda+1}f_t b h_0 + f_{yv}\frac{A_{sv}}{s}h_0 - 0.2N \qquad (6-14)$$

式中 N——与剪力设计值 V 相应的轴向压力设计值;

　　λ——计算截面的剪跨比,取值同偏心受压构件。

虽然轴向拉力会使构件的抗剪承载力明显降低,但它对箍筋的抗剪能力几乎没有影响。因此,即使在轴向拉力作用下使混凝土剪压区消失,式(6-14)右边的计算值小于 $f_{yv}(A_{sv}/s)h_0$ 时,也应取等于 $f_{yv}(A_{sv}/s)h_0$,且 $f_{yv}(A_{sv}/s)h_0$ 的值不得小于 $0.36f_t b h_0$。

偏心受拉构件的箍筋一般宜满足受弯构件对箍筋的构造要求。

【例 6-6】 已知某钢筋混凝土框架结构中的框架柱，截面尺寸及柱高度如图 6-16 所示。混凝土强度等级为 C30（$f_c=14.3\text{N/mm}^2$，$f_t=1.43\text{N/mm}^2$），箍筋用 HPB235 级钢筋（$f_{yv}=210\text{N/mm}^2$），柱端作用有轴向压力设计值 $N=715\text{kN}$，剪力设计值 $V=175\text{kN}$，试求所需箍筋数量（h_0 取 365mm）。

解： （1）截面验算。

$$\beta_c=1.0,\quad h_w/b=365/300<4$$

$0.25f_cbh_0=0.25\times14.3\times300\times365=391.5（\text{kN}）>V=175\text{kN}$，截面尺寸满足要求。

（2）是否可按构造配箍。

$$\lambda=H_n/2h_0=\frac{2800}{2\times365}=3.83>3,\quad \text{取}\ \lambda=3$$

$$0.3f_cA=0.3\times14.3\times300\times400=514.8（\text{kN}）<N=715\text{kN}$$

取 $N=514.8\text{kN}$。

由式（6-13）得：

$$
\begin{aligned}
&\frac{1.75}{\lambda+1}f_tbh_0+0.07N\\
&=\frac{1.75}{3+1}\times14.3\times300\times365+0.07\times514800\\
&=104542（\text{N}）<V
\end{aligned}
$$

故箍筋由计算确定。

（3）箍筋计算。

由式（6-12），可得

$$\frac{A_{sv}}{s}=\frac{V-\left(\dfrac{1.75}{\lambda+1}f_tbh_0+0.07N\right)}{f_{yv}h_0}=\frac{175000-104542}{210\times365}=0.919$$

选 $\phi8$ 双肢箍，则 $s=\dfrac{2\times50.3}{0.919}=109（\text{mm}）$，取 $s=100\text{mm}$。

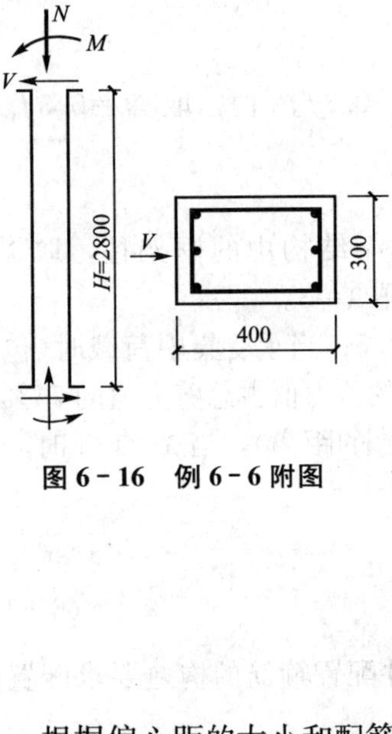

图 6-16 例 6-6 附图

小　　结

根据偏心距的大小和配筋情况，偏心受压构件可分为大偏心受压和小偏心受压两种情形。其界限破坏状态与受弯适筋梁和超筋梁的界限破坏状态完全相同。当 $\xi\leqslant\xi_b$ 时，构件处于大偏心受压状态（含界限状态）；当 $\xi>\xi_b$ 时，构件为小偏心受压状态。

对于大偏心受压的承载力极限状态，受拉钢筋和受压钢筋都达到屈服（当 $\xi<2a'_s/h_0$ 时，A'_s 不屈服），混凝土压应力图形与适筋梁的混凝土压应力图形相同，据此建立的两个平衡方程是进行大偏心受压截面选择和承载力校核的依据。

在小偏心受压承载力极限状态下，离纵向力较近一侧钢筋受压屈服，混凝土被压碎，而离纵向力较远一侧的钢筋无论受拉和受压都不会屈服，混凝土压应力图形也比较复杂。故在小偏心受压计算中，引入 σ_s 与 ξ 的线性关系式是解决上述问题的关键，并使小偏心受压的计算与大偏心受压的计算公式相协调。

由于纵向弯曲的影响将降低长柱的承载力，因此当矩形截面的 $l_0/h > 5.1$ 时（对一般截面，$l_0/i > 17.5$），引进偏心距增大系数 η 以考虑其影响，η 值随 l_0/h 及 e_i/h_0 的增加而增大。

对称配筋偏心受压截面是实际工程设计中最常采用的截面。而对称配筋的截面选择，可按 N_b 的大小直接判断偏心受压类型。小偏心受压时的 ξ 计算，应用本书公式（6-7）具有便于记忆的优点。

偏心受压构件的受压承载力不仅取决于截面尺寸和材料强度等，还取决于内力 N 和 M 的组合，因此截面的承载力校核是在给定偏心距的条件下进行的。在利用承载力公式解联立方程时，应首先解出 ξ。

钢筋混凝土偏心受拉构件也分为两种情形：当偏心拉力作用在 A_s 和 A_s' 之间时，为小偏心受拉；当拉力作用在 A_s 和 A_s' 之外时，为大偏心受拉。小偏心受拉的受力特点类似于轴心受拉构件，破坏时拉力全部由钢筋承受；大偏心受拉的受力特点类似于受弯构件或大偏心受压构件，破坏时截面有混凝土受压区存在。

偏心受压或偏心受拉构件的斜截面受剪计算，与受弯构件矩形截面独立梁受集中荷载的抗剪公式有密切联系。轴向压力的存在对抗剪有利，而轴向拉力的存在将降低抗剪承载力。

习　题

一、思考题

（1）什么是偏心受压构件？什么是偏心受拉构件？试举例说明。

（2）对偏心受压构件的材料有哪些要求？偏心受压构件的箍筋直径、间距有何构造规定？

（3）大、小偏心受压破坏有何本质区别？其判别的界限条件是什么？

（4）偏心距的变化对偏心受压构件的承载力有何影响？

（5）偏心受压短柱和长柱的破坏有什么区别？弯矩增大系数 η_{ns} 的物理意义是什么？

（6）附加偏心距 e_a 的物理意义是什么？如何取值？

（7）为什么偏心受压构件要进行垂直于弯矩作用平面的校核？

（8）如何判别偏心受压构件对称配筋时的偏心受压类型？

（9）如何进行偏心受压构件对称配筋时的配筋设计？

（10）在 I 形截面对称配筋的截面选择中，如何判别中和轴的位置？

（11）如何区分大、小偏心受拉构件？它们的受力特点和破坏特征各有何不同？

（12）轴向压力和轴向拉力对钢筋混凝土抗剪承载力有何影响？在偏心受力构件斜截面承载力计算公式中是如何反映的？

二、计算题

（1）已知某对称配筋的矩形截面偏心受压短柱，截面尺寸 $b \times h = 400\text{mm} \times 600\text{mm}$，承受轴向压力设计值 $N = 1500\text{kN}$，弯矩设计值 $M = 360\text{kN·m}$，该柱采用的混凝土强度等级为 C25，纵向受力钢筋为 HRB400 级，试求纵向受力钢筋面积 A_s 和 A_s'，选择钢筋直径、根数，画出配筋断面图（箍筋按构造规定选取）。

(2) 已知某矩形截面偏心受压柱尺寸为 $b \times h = 350\text{mm} \times 550\text{mm}$，计算长度 $l_0 = 4.8\text{m}$，承受轴向压力设计值 $N = 1200\text{kN}$，弯矩设计值 $M = 250\text{kN} \cdot \text{m}$，采用 C30 混凝土和 HRB400 级纵筋，HPB235 级箍筋。试求按对称配筋的钢筋截面面积 A_s 和 A'_s，并绘配筋图（取 $a_s = a'_s = 40\text{mm}$）。

(3) 已知矩形截面偏心受压柱尺寸为 $b \times h = 500\text{mm} \times 700\text{mm}$，计算长度 $l_0 = 4.8\text{m}$，承受轴向压力设计值 $N = 2800\text{kN}$，弯矩设计值 $M = 75\text{kN} \cdot \text{m}$，采用 C25 混凝土、HRB400 级纵筋和 HPB235 级箍筋。试求按对称配筋的钢筋截面面积 A_s 和 A'_s，并画出配筋断面图。

(4) 已知承受轴向压力设计值 $N = 800\text{kN}$、偏心距 $e_0 = 403\text{mm}$ 的矩形截面偏心受压柱，其截面尺寸 $b \times h = 400\text{mm} \times 600\text{mm}$，计算长度 $l_0 = 8.9\text{m}$，采用 C30 混凝土，并配有 HRB335 级纵筋，$A_s = A'_s = 1964\text{mm}^2$（每边各 4Φ25）。试校核该柱受压承载力是否满足要求（取 $a_s = a'_s = 40\text{mm}$）。

(5) 某矩形截面偏心受压短柱，截面尺寸 $b \times h = 300\text{mm} \times 400\text{mm}$，采用 C20 混凝土，对称配筋，并已知 $A_s = A'_s = 1520\text{mm}^2$（每侧 4Φ22、钢筋为 HRB335 级），试求当偏心距使截面恰好为界限偏心时截面所能承受的轴向压力设计值 N_b 和相应的弯矩设计值 M。

(6) 某矩形截面偏心受压柱，截面尺寸 $b \times h = 350\text{mm} \times 500\text{mm}$，计算长度 $l_0 = 3.9\text{m}$，采用 C25 混凝土，HRB335 级纵向钢筋，且已知采用对称配筋时的钢筋面积 $A_s = A'_s = 509\text{mm}^2$（2Φ18）。试求当轴向力设计值 $N = 1200\text{kN}$，$e_0 = 140\text{mm}$ 时，该配筋能否满足受压承载力要求。

(7) 已知某对称 I 形截面尺寸为 $b \times h = 120\text{mm} \times 600\text{mm}$，$b_f = b'_f = 500\text{mm}$，$h_f = h'_f = 120\text{mm}$，计算长度 $l_0 = 5\text{m}$，采用 C30 混凝土、HRB400 级纵筋和 HPB235 级箍筋，承受轴向压力设计值 $N = 125\text{kN}$，弯矩设计值 $M = 200\text{kN} \cdot \text{m}$。试求采用对称配筋时的纵筋截面面积 A_s 和 A'_s，并绘配筋截面图。

(8) 已知一承受轴向压力设计值 $N = 1500\text{kN}$、弯矩设计值 $M = 150\text{kN} \cdot \text{m}$ 的对称 I 形截面柱，计算长度 $l_0 = 14.2\text{m}$，截面尺寸 $b \times h = 150\text{mm} \times 800\text{mm}$，$b_f = b'_f = 400\text{mm}$，$h_f = h'_f = 120\text{mm}$，采用 C25 混凝土、HRB335 级纵筋和 HPB235 级箍筋。试求对称配筋时的纵向钢筋截面面积，并绘配筋图。

(9) 某钢筋混凝土框架柱，截面为矩形，$b \times h = 400\text{mm} \times 600\text{mm}$，柱净高 $H_n = 4.8\text{m}$，计算长度 $l_0 = 6.3\text{m}$，采用 C25 混凝土、HRB335 级纵向钢筋和 HPB235 级箍筋。若该柱柱端作用的内力设计值为 $M = 420\text{kN} \cdot \text{m}$，$N = 1250\text{kN}$，$V = 350\text{kN}$，试求该截面配筋，并绘配筋截面图（采用对称配筋，取 $a_s = a'_s = 40\text{mm}$）。

(10) 已知某矩形截面柱 $b \times h = 400\text{mm} \times 600\text{mm}$，采用 C25 混凝土，HRB400 级钢筋对称配筋，柱的计算长度 $l_0 = 4000\text{mm}$，承受如下两组设计内力：① $N = 1530\text{kN}$，$M = 343\text{kN} \cdot \text{m}$；② $N = 2500\text{kN}$，$M = 345\text{kN} \cdot \text{m}$；试判断哪一组内力对配筋起控制作用，并求对称配筋时的钢筋面积 A_s 和 A'_s。

第**7**章
混凝土受扭构件

教学目标

本章主要讲述混凝土受扭构件的受力特点和承载力计算方法。通过本章学习，应达到以下目标。

(1) 掌握受扭构件的受力特点。

(2) 熟悉矩形截面纯扭构件的受扭承载力计算方法。

(3) 理解剪扭相关性。

教学要求

知识要点	能力要求	相关知识
纯扭构件	(1) 理解素混凝土纯扭构件的受力特点，开裂扭矩的计算 (2) 熟悉受扭钢筋在构件中的布置方式 (3) 掌握矩形截面纯扭构件的受扭承载力计算公式	(1) 受扭塑性抵抗矩 (2) 配筋强度比 (3) 纯扭构件的破坏特征
剪扭构件	(1) 理解剪扭相关性 (2) 熟悉剪扭构件的箍筋配置方法 (3) 掌握剪扭构件中受剪承载力和受扭承载力的计算要点	(1) 受扭承载力降低系数 (2) 受剪箍筋，受扭箍筋
弯扭构件	(1) 理解弯扭构件的受力性能 (2) 熟悉弯扭构件的配筋计算方法 (3) 掌握受扭纵向钢筋的构造规定	(1) 弯扭构件的破坏 (2) 受扭纵向钢筋的锚固

 基本概念

纯扭、剪扭、剪扭相关性、弯剪扭

 引言

在扭矩作用下，混凝土受扭构件的破坏面是一个空间扭曲面。扭曲截面的承载力问题，是考虑在扭矩作用下(纯扭)、或在扭矩和剪力作用下(剪扭)、或在弯矩、扭矩和剪力共同作用下(弯剪扭)、或在弯矩、扭矩、剪力和轴力共同作用下(弯剪扭压或弯剪扭拉)的构件承载力问题。

在实际工程中，雨篷梁、平面曲梁或平面折梁、吊车梁、螺旋楼梯等，都受有扭矩作用，而且扭矩可通过静力平衡条件确定，这种扭矩称为平衡扭矩，应进行扭曲截面承载力计算（图 7-1）。而在超静定结构中，由于构件的连续性也会发生扭转，如支承楼板和次梁的框架边梁就会出现这种扭矩，称之为变形协调扭矩。忽略这种扭矩不会导致严重后果，可不进行计算。

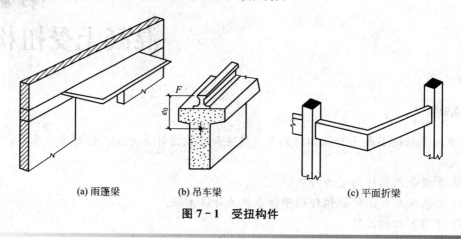

(a) 雨篷梁　　　　　　　(b) 吊车梁　　　　　　　　(c) 平面折梁

图 7-1　受扭构件

7.1 矩形截面纯扭构件承载力

7.1.1　纯扭构件的受力性能

在扭矩作用下，素混凝土构件在主拉应力达到混凝土抗拉强度时，将产生与构件轴线约成 45° 的空间斜裂缝。斜裂缝一经出现，即迅速延伸，形成三面开裂、一面压碎的破坏面（图 7-2）。破坏呈现脆性性质。

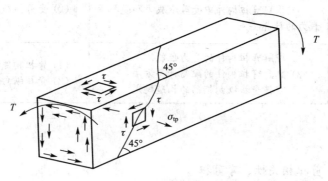

图 7-2　受扭构件的开裂

按照匀质弹性材料的弹性分析方法，在扭矩作用下，矩形截面的剪应力分布如图 7-3(a) 所示，最大剪应力发生在载面的长边中点处；当该剪应力达到抗拉强度时，混凝土开裂，截面即告破坏。

而对于理想的塑性材料而言，在扭矩作用下，只有当截面上各点剪应力全部达到材料强度 f_t 时［图 7-3(b)］截面才达到承载能力。可以求得，此时矩形截面的受扭承载

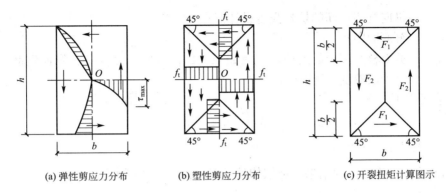

(a) 弹性剪应力分布　　　(b) 塑性剪应力分布　　　(c) 开裂扭矩计算图示

图 7 - 3　弹性和塑性材料受扭截面应力分布

力[图 7 - 3(c)]为

$$T_u = f_t \left[\frac{b^2}{6}(3h-b) \right] = f_t W_t \tag{7-1a}$$

式中　W_t——截面抗扭塑性抵抗矩，矩形截面 $W_t = \frac{b^2}{6}(3h-b)$，$b$ 为截面短边尺寸。

由于混凝土既非理想的弹性材料，也非理想的塑性材料，故实际的素混凝土受扭承载力将介于弹性材料破坏扭矩和式(7-1)所表示的理想的塑性材料破坏扭矩之间，经试验分析，有

$$T_u = 0.7 f_t W_t \tag{7-1b}$$

由于钢筋对混凝土的开裂影响不大，故式(7-1b)所给出的扭矩也可视为矩形截面钢筋混凝土受扭构件的开裂扭矩。

在受扭构件中配置适量的抗扭纵向钢筋和箍筋，将与斜裂缝间的混凝土组成空间受力的"空间桁架"受力体系，从而可大大提高构件的受扭承载力，破坏有明显的预兆和延性。试验表明：当箍筋和纵筋（或者其中之一）过少时，构件的破坏特征与素混凝土构件没有差别，是脆性的"少筋破坏"；当箍筋和纵筋都过多时，在破坏时钢筋不会屈服，导致混凝土局部压碎而突然破坏，也是脆性破坏，称为"完全超配筋破坏"。

7.1.2　纯扭构件受扭承载力计算

1. 配筋强度比值

为了使箍筋和纵向钢筋都能充分发挥作用，两种钢筋的配筋比例应当适当。《规范》采用纵向钢筋与箍筋的强度比值 ζ 进行控制。它表示单位核心长度的纵向钢筋拉力与构件单位长度的单肢箍筋拉力之比（图 7 - 4），即：

$$\zeta = \frac{f_y A_{stl} s}{f_{yv} A_{st1} u_{cot}} \tag{7-2}$$

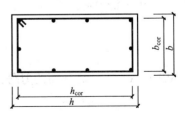

图 7 - 4　矩形受扭截面

式中　A_{stl}——截面中全部纵向抗扭钢筋截面面积；

A_{st1}——抗扭箍筋的单肢截面面积；

f_{yv}——箍筋的抗拉强度设计值；

f_y——纵向抗扭钢筋的抗拉强度设计值；

s——箍筋间距；

u_{cor}——截面核心部分的周长，$u_{cor}=2[(b-2c)+(h-2c)]$，c 为纵向钢筋的混凝土保护层厚度($c\geqslant25mm$)。

ζ 应满足以下要求：

$$0.6\leqslant\zeta\leqslant1.7 \tag{7-3}$$

2. 纯扭构件承载力计算

根据试验和理论分析的结果，纯扭构件承载力计算公式可表达为

$$T\leqslant0.35W_tf_t+1.2\sqrt{\zeta}\frac{A_{st1}f_{yv}}{s}A_{cor} \tag{7-4}$$

式中　T——扭矩设计值；

f_t——混凝土抗拉强度设计值；

A_{cor}——截面核心部分面积，$A_{cor}=(b-2c)(h-2c)$；

ζ——抗扭纵筋与抗扭箍筋的配筋强度比值，满足 $0.6\leqslant\zeta\leqslant1.7$，当 $\zeta>1.7$ 时，取 $\zeta=1.7$。

7.2　矩形截面剪扭构件承载力

当受扭构件同时存在剪力作用时，由于二者的剪应力的叠加效应，剪力的存在会使构件的受扭承载力降低，而扭矩的存在也会使构件的受剪承载力降低，这就是剪扭的相关性。

7.2.1　受扭承载力降低系数 β_t

考虑剪扭的相关性，引入受扭承载力降低系数 β_t 来表达。对于一般剪扭构件的混凝土，受扭承载力降低系数 β_t 按下式计算：

$$\beta_t=\frac{1.5}{1+0.5\dfrac{VW_t}{Tbh_0}} \tag{7-5a}$$

当 $\beta_t<0.5$ 时，取 $\beta_t=0.5$；当 $\beta_t>1$ 时，取 $\beta_t=1$。

　★对集中荷载作用下的独立剪扭构件：

$$\beta_t=\frac{1.5}{1+0.2(\lambda+1)\dfrac{VW_t}{Tbh_0}} \tag{7-5b}$$

式中　λ——计算截面的剪跨比，取 $\lambda=a/h_0$，a 为集中荷载至支座或节点边缘的距离，取 $1.5\leqslant\lambda\leqslant3$。

7.2.2　剪扭构件的剪扭承载力

在考虑剪扭构件混凝土受剪承载力的降低系数 β_t 后，剪扭构件的剪、扭承载力可分别

进行计算。

1. 剪扭构件的受剪承载力

对于一般的剪扭构件，有

$$V \leqslant 0.7(1.5 - \beta_t)f_t b h_0 + f_{yv}\frac{A_{sv}}{s}h_0 \qquad (7-6)$$

式中 β_t 由式(7-5a)确定。

对需考虑剪跨比的剪扭构件，有

$$V \leqslant \frac{1.75}{\lambda + 1.0}(1.5 - \beta_t)\, f_t b h_0 + f_{yv}\frac{A_{sv}}{s}h_0 \qquad (7-7)$$

式中 β_t 由式(7-5b)确定。

2. 剪扭构件的受扭承载力

在式(7-4)的基础上，考虑混凝土受扭承载力降低系数 β_t，可得

$$T \leqslant 0.35\beta_t f_t W_t + 1.2\sqrt{\zeta}\,\frac{f_{yv}A_{sv1}}{s}A_{cor} \qquad (7-8)$$

3. 剪扭构件的箍筋用量

由式(7-6)或式(7-7)的算出的箍筋用量 $\dfrac{A_{sv}}{s}$ 与式(7-8)的箍筋用量 $\dfrac{A_{sv1}}{s}$ 进行叠加，即得出满足剪扭承载力所需箍筋的总量，并统一进行配置。

箍筋的配筋率 ρ_{sv} 应满足

$$\rho_{sv} \geqslant \rho_{sv,min} = 0.28\frac{f_t}{f_{yv}} \qquad (7-9)$$

7.3 矩形截面弯扭构件承载力

7.3.1 弯扭构件的受力性能

在同时承受弯矩和扭矩的构件中，纵向钢筋要同时承受弯矩产生的拉应力(受压区的纵筋承受压应力)以及扭矩产生的拉应力。当弯矩和扭矩的比值不同时，可能发生如下破坏形态。

1. 弯型破坏

当 M/T 较大，即弯矩对构件截面的破坏起主要作用时，发生如同受弯构件的弯曲破坏。破坏时截面下部(指受弯时的受拉区，下同)纵筋屈服，截面上边缘混凝土压碎。

2. 扭型破坏

当 M/T 较小，即扭矩对构件截面的破坏起主要作用时，发生这种破坏。破坏从截面上部纵筋受扭屈服开始，混凝土压碎区在截面的下边缘。

3. 弯扭型破坏

当构件截面高宽比较大、侧面的抗扭纵筋配置较弱或箍筋数量相对较少时，则有可能由于截面一个侧面的纵筋首先受扭屈服而开始破坏，混凝土压碎区发生在截面的另一侧边，此称为"弯扭型破坏"。

7.3.2 弯扭构件的承载力计算

在进行弯扭构件的承载力计算时，《规范》采用如下的"叠加法"：先按受弯构件的正截面受弯承载力求出所需要的纵向钢筋截面面积 A_{sm}，再按构件的受扭承载力求出所需要的纵向钢筋截面面积 A_{stl}，然后按如下方式配置(图 7-5)。

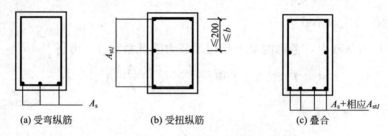

(a) 受弯纵筋　　　　(b) 受扭纵筋　　　　(c) 叠合

图 7-5　弯扭构件纵向钢筋叠加

(1) 按构件受扭承载力得出的纵向钢筋截面面积 A_{stl} 沿构件截面周边均匀对称布置，其间距不应大于 200mm 和梁的宽度，且截面的四角必须有纵向受扭钢筋。受扭的纵向受力钢筋的配筋率不应小于其最小的配筋率

$$\rho_{tl} = \frac{A_{stl}}{bh} \geqslant 0.6 \sqrt{\frac{T}{Vb}} \frac{f_t}{f_y} \qquad (7-10)$$

(2) 按构件受弯承载力得出的纵向受力钢筋面积 A_{sm} 按受弯要求进行配置，并应满足最小配筋率要求。

(3) 两部分钢筋面积的重叠部分合并，受扭纵向钢筋应按受拉钢筋的锚固要求进行锚固。

7.4 受扭构件的计算和构造要求

7.4.1 受扭构件的计算内容和步骤

1. 受扭塑性抵抗矩

对于 T 形截面和 I 形截面(图 7-6)，在进行受扭承载力计算时，其受扭截面塑性抵抗矩可划分为翼缘和腹板组成的矩形，分别计算其塑性抵抗矩，截面承受的总扭矩按各部分塑性抵抗矩的比例进行分配。

$$W_t = W_{tw} + W'_{tf} + W_{tf} \qquad (7-11)$$

其中　腹板　　　　　　　　$W_{tw} = \frac{b^2}{6}(3h - b) \qquad (7-12)$

受压翼缘 $$W'_{tf}=\frac{h'^2_f}{2}(b'_f-b)\qquad\qquad(7-13a)$$

受拉翼缘 $$W_{tf}=\frac{h^2_f}{2}(b_f-b)\qquad\qquad(7-13b)$$

在计算时，取用的翼缘宽度应符合 $b'_f\leqslant b+6h'_f$ 及 $b_f\leqslant b+6h_f$ 的规定。

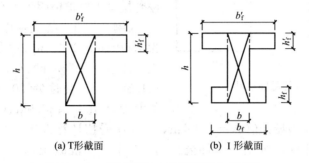

(a) T形截面　　　　　　　(b) I形截面

图 7-6　T形截面及 I形截面划分为矩形

2. 截面尺寸要求

为了防止斜压破坏的发生，当 $h_w/b\leqslant4$ 时，要求

$$\frac{V}{bh_0}+\frac{T}{0.8W_t}\leqslant0.25\beta_c f_c\qquad\qquad(7-14)$$

当不满足时，应增加截面尺寸或提高混凝土强度，直到满足为止。

3. 可不进行剪扭计算的范围

在弯矩、剪力和扭矩共同作用下的构件，在符合下列要求时

$$\frac{V}{bh_0}+\frac{T}{W_t}\leqslant0.7f_t\qquad\qquad(7-15)$$

或 $$\frac{V}{bh_0}+\frac{T}{W_t}\leqslant0.7f_t+0.07\frac{N}{bh_0}\qquad\qquad(7-16)$$

时，均可不进行构件受剪扭承载力计算，仅需按构造要求配置抗扭纵筋和箍筋；式中的 N 为相应的轴压力设计值，当 $N>0.3f_cA$ 时，取 $N=0.3f_cA$，A 为构件截面面积。

4. 计算步骤

选择构件截面尺寸和材料强度→由内力分析确定内力设计值 M、T、V→验算截面尺寸要求→判断可否简化计算（T、V 不大时）→分别进行剪、扭计算→进行受弯计算→叠加剪、扭箍筋和弯扭纵筋→配筋并满足构造规定。按上述步骤，有兴趣的读者不难画出流程图（本书从略）。

7.4.2　主要构造规定

1. 箍筋

受扭箍筋必须做成封闭式，沿截面周边布置，且末端应做成 135°弯钩，弯钩末端直线长度不小于 10d[图 7-7(a)]，或按受拉搭接方式配置[图 7-7(b)]，同时箍筋直径、间距

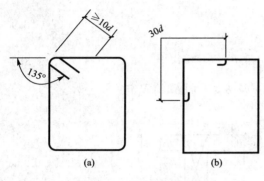

图 7 - 7 受扭箍筋形状

尚应满足受弯构件的规定。

2. 受扭纵筋

按计算配置的受扭纵向钢筋应沿截面周边均匀对称布置，间距不大于200mm，并应按受拉锚固要求锚固于支座内。

【例 7 - 1】 某螺旋楼梯下支座截面尺寸为1500mm×200mm，承受均布荷载产生的扭矩设计值 $T=73.6$ kN·m，弯矩设计值 $M=141.5$ kN·m(此时 $b=200$ mm，$h=1500$ mm)，剪力设计值 $V=43.9$ kN(此时 $b=1500$ mm，$h=200$ mm)，轴向压力设计值 $N=102.7$ kN(为说明受扭计算方法，本题暂不考虑。若考虑时，受弯、受压计算可按偏压构件公式)，采用 C30 混凝土($f_t=1.43$ N/mm²，$f_c=14.3$ N/mm²)、HPB235 级钢筋($f_{yv}=210$ N/mm²)和 HRB335 级纵向钢筋($f_y=300$ N/mm²，$\xi_b=0.55$)，混凝土保护层 $c=20$ mm。试求该截面配筋。

解：(1) 截面尺寸验算。

$$W_{tw}=\frac{b^2}{6}(3h-b)=\frac{200^2}{6}\times(3\times1500-200)=28666667(\text{mm}^3)$$

$$\frac{V}{bh_0}+\frac{T}{0.8W_t}=\frac{43900}{1500\times170}+\frac{73.6\times10^6}{0.8\times28666667}$$
$$=3.38(\text{N/mm}^2)<0.25f_c=0.25\times14.3=3.575(\text{N/mm}^2)$$

满足要求。

(2) 是否可忽略 V、T。

$$0.35f_tbh_0=0.35\times1.43\times1500\times170=127.63(\text{kN})>V，可忽略 V$$
$$0.175f_tW_t=0.175\times1.43\times28666667=7.17(\text{kN·m})<T，应考虑 T$$

(3) 抗扭计算。

$\beta_t=1.0$，取 $\zeta=1.0$，则由

$$T\leqslant0.35f_tW_t+1.2\sqrt{\zeta}\frac{f_{yv}A_{st1}}{s}A_{cor}$$

有

$$\frac{A_{st1}}{s}=\frac{73.6\times10^6-0.35\times1.43\times28666667}{1.2\times210\times(1500-40)\times(200-40)}=1.007$$

选择 $\phi14$($A_{st1}=153.9$ mm²)，得 $s\leqslant152$ mm，取 $s=120$ mm；$n=4$。

配箍率

$$\rho_{sv}=\frac{4\times153.9}{1500\times120}=0.342\%>0.28\frac{f_t}{f_{yv}}=\frac{0.28\times1.43}{210}=0.191\%$$

由 $\zeta=\frac{f_yA_{stl}s}{f_{yv}A_{stl}u_{cor}}=1.0$，有受扭纵筋面积：

$$A_{stl}=\frac{210\times1.007\times2\times[(1500-40)+(200-40)]}{300}=2284(\text{mm}^2)$$

$$>0.6\sqrt{\frac{T}{Nb}\frac{f_t}{f_y}}A=0.6\times\sqrt{\frac{73.6\times10^6}{43900\times1500}\times\frac{1.43}{300}}\times1500\times200=907(\text{mm}^2)$$

（4）受弯计算。

$$\xi=1-\sqrt{1-\frac{M}{0.5f_cbh_0^2}}=1-\sqrt{1-\frac{141.5\times10^6}{0.5\times14.3\times200\times1460^2}}=0.0235$$

$$A_s=\frac{\xi f_cbh_0}{f_y}=\frac{0.0235\times14.3\times200\times1460}{300}=327(\text{mm}^2)$$

$$<\rho_{min}bh=0.25\%\times200\times1500=750(\text{mm}^2)$$

取 $A_s=750\text{mm}^2$。

（5）配筋图。

根据抗扭纵筋构造要求，四角必须有纵向抗扭钢筋，且间距不大于 200mm 及短边尺寸 200mm，则应选 7 排抗扭纵筋[每根面积 $2284/(7\times2)=163.14(\text{mm}^2)$，取 $\Phi 16$]；角部纵筋与受弯纵筋合并，$A_s=750+2284/7=1076(\text{mm}^2)$（选 $3\Phi22$，$A_s=1140\text{mm}^2$）。箍筋按受拉搭接方式进行配置。其配筋截面如图 7-8 所示。

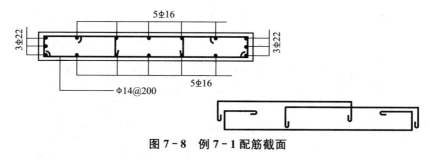

图 7-8 例 7-1 配筋截面

小　　结

在扭矩作用下，未配筋的受扭构件的破坏是突然的脆性破坏。对于矩形截面受扭构件，会形成三面开裂、一面压碎的空间破坏面。而配有适当受扭纵向钢筋和受扭箍筋的钢筋混凝土受扭构件，纵向钢筋和箍筋与斜裂缝间混凝土形成"空间桁架"的受力机理，使破坏具有较明显的塑性，受扭承载力大大提高。

扭矩往往与剪力、弯矩等共同作用。剪力的存在使受扭承载力下降、扭矩的存在使受剪承载力降低，这就是剪扭的相关性；可以引入混凝土强度降低系数 β_t 来考虑这一影响，再分别进行受扭和受剪承载力计算。而弯矩和扭矩的相关性更复杂，《规范》采用按受弯和受扭分别计算的纵筋在相应位置叠加的方法确定纵向钢筋。

受扭的纵筋和箍筋必须满足有关的构造要求。

习　　题

一、思考题

（1）素混凝土纯扭构件的破坏特征如何？

(2) 钢筋混凝土纯扭构件有哪几种破坏形式？各有什么特点？

(3) 简述剪扭的相关性及考虑方法。

(4) 简述弯扭构件的破坏形态。如何进行弯扭构件的承载力计算？

(5) 受扭构件的配筋有哪些构造要求？

二、计算题

(1) 矩形截面悬臂梁支座处截面尺寸 $b \times h = 250\text{mm} \times 550\text{mm}$，承受弯矩设计值 $M = 110\text{kN} \cdot \text{m}$，扭矩设计值 $T = 8.5\text{kN} \cdot \text{m}$，剪力设计值 $V = 122\text{kN}$。采用 C25 混凝土，纵向受力钢筋为 HRB335 级，箍筋为 HPB235 级。试计算该梁配筋，并画出截面配筋图。

(2) 某雨篷如图 7-9 所示。雨篷板的恒荷载标准值 $g_k = 2.4\text{kN/m}^2$，活荷载标准值 $q_k = 0.7\text{kN/m}^2$；雨篷梁承受自重及上部砌体传下的荷载设计值共计 6.5kN/m。采用 C20 混凝土、HRB335 级纵向钢筋和 HPB235 级箍筋，试进行该雨篷梁、板的配筋设计（计算雨篷梁弯矩时，可取计算跨度 $l_0 = 1.05 l_n$，计算剪力和扭矩时，取净跨度为 l_n）。

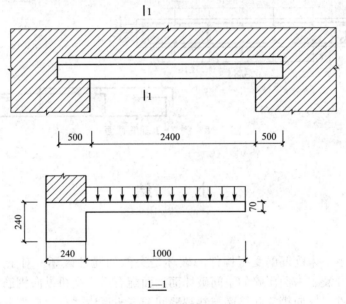

图 7-9　计算题(2)附图

第 **8** 章
预应力混凝土结构构件

本章主要讲述预应力混凝土的基本概念、预应力混凝土轴心受拉构件的计算原理和方法。通过本章学习，应达到以下目标。

（1）掌握预应力混凝土的基本概念。

（2）熟悉预应力混凝土轴心受拉构件计算原理。

（3）理解预应力混凝土轴心受拉构件在施工阶段和使用阶段的受力特征。

知识要点	能力要求	相关知识
预应力混凝土的基本概念	（1）理解预应力混凝土的原理和预应力构件受力特征 （2）熟悉预应力混凝土的分类和张拉预应筋的方法 （3）掌握预应力混凝土和预应力钢筋的材料选用原则	（1）钢筋混凝土构件的开裂 （2）张拉控制应力 （3）锚具和夹具
预应力混凝土轴心受拉构件	（1）理解先张法和后张法在施工阶段和使用阶段构件的受力特点 （2）熟悉先张法和后张法构件在不同受力阶段中的混凝土应力、预应力钢筋应力的计算、裂缝控制验算、受拉承载力计算方法 （3）掌握混凝土受预压前和预压后的预应力损失的计算、有效预压应力的计算	（1）换算截面、净截面 （2）张拉台座、长线张拉与短线张拉 （3）加热养护、二阶段升温 （4）裂缝控制等级，荷载效应标准组合 （5）施工阶段的验算
预应力混凝土构件的构造要求	了解先张法预应力筋锚固长度的应力变化和后张法构件端部锚固区的局部受压	（1）钢筋的锚固 （2）局部受压面积、局部受压区计算底面积

📖 **基本概念**

预应力混凝土、预应力混凝土的分类、预应力损失值、混凝土有效预压应力、抗裂度验算、换算截面面积、净截面面积、部分预应力混凝土

引言

   普通钢筋混凝土结构构件所具有的一系列优点，使它在工程结构中得到了广泛应用。但是由于混凝土的抗拉强度很低（抗拉强度大致为抗压强度的1/10）、极限拉应变很小（约为极限压应变的1/20），因此对使用阶段存在混凝土受拉区的构件如受弯构件、受拉构件及大偏心受压构件等，在正常使用时往往开裂，而开裂时的钢筋应力仅约30N/mm²；在受弯构件中，当裂缝宽度为0.2～0.3mm时（正常使用极限状态时的裂缝宽度），钢筋应力也仅为200N/mm²左右，故高强度钢筋不能充分发挥作用；此外，钢筋混凝土构件的自重也较大。

   上述问题的核心是混凝土抗拉强度太低。★解决这一问题的有效方法是：在混凝土构件承受使用阶段荷载之前的制作阶段，预先对使用阶段的构件受拉区施加压应力，即采用预应力混凝土。这种被施加预应力的混凝土构件称为预应力混凝土构件。

8.1 预应力混凝土的一般概念

8.1.1 预应力混凝土的受力特征

   如图8-1所示的钢筋混凝土梁，如果在构件使用之前的施工阶段，在构件的受拉区施加压力[图8-1(a)]，则构件各截面将处于偏心受压状态，使用阶段的受拉区成为受压区（以下称为预压区）；而在使用荷载（g_k+q_k）的作用下，构件截面下部受拉、上部受压[图8-1(b)]。利用材料力学的叠加原理，则可得到预应力混凝土梁在使用荷载作用下的截面应力分布[图8-1(c)]。对照上述应力图形，可以得到预应力混凝土构件的如下受力特征。

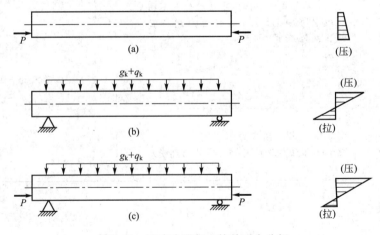

图8-1 预应力混凝土构件受力分析

1. 构件的抗裂度得到提高

由于构件在使用荷载作用下产生的受拉区混凝土拉应力要抵消施加的预应力产生的压应力，因而构件受拉边缘拉应力可大为减小，甚至可以不出现拉应力。★故裂缝控制等级为一级和二级的构件一定是预应力混凝土构件。

2. 预应力的大小可按需要调整

预应力是通过人工施加的，因而可按需要调整其大小。施加的预应力越高，抗裂性越好。但过高的预应力会导致受弯构件的反拱太高，破坏缺乏警告而呈脆性。故在设计和施工时，应按需要控制预应力。

3. 使用荷载下的应力分析

预应力混凝土构件在使用荷载下往往未开裂，故基本上处于弹性工作阶段，材料力学的分析方法可以用到预应力构件截面开裂为止。

4. 施加预应力对构件承载力的影响

在承载能力极限状态下，预应力混凝土构件受拉区早已开裂，开裂后的截面正应力状态与普通钢筋混凝土构件的正应力状态无甚区别，因而两者的正截面承载力是相当的，预应力的施加不能提高正截面承载力，但对斜截面受剪承载力有一定效果。

5. 为高强度材料的应用创造了条件

预应力的施加是采用在弹性范围内拉长钢筋的方法，通过钢筋的弹性回缩反作用于混凝土，使混凝土获得压应力，因此预应力钢筋在一开始就承受很大拉应力；而在使用荷载作用后，钢筋的拉应力将继续增加，故必须使用高强度钢筋作预应力钢筋，才能保证混凝土获得大的预压应力。而混凝土要承受大的预压应力，也必须采用高强度等级的混凝土。

8.1.2　预应力混凝土构件的分类

根据预压应力的大小，以及对构件裂缝控制程度的不同，预应力混凝土构件可以分为全预应力、限值预应力、部分预应力等类型。

1. 全预应力混凝土构件

在使用荷载下，构件受拉截面混凝土不出现拉应力的构件，称为全预应力混凝土构件。这种构件相当于裂缝控制等级为一级，即严格要求不出现裂缝的构件。

2. 限值预应力混凝土构件

指在使用荷载作用下，按照不同的荷载效应组合情况，不同程度地保证混凝土不开裂的构件。这种构件相当于裂缝控制等级为二级，即一般要求不出现裂缝的构件。

3. 部分预应力混凝土构件

指在使用荷载作用下，允许出现裂缝，但最大裂缝宽度不超过规定限值的构件。这种构件相当于裂缝控制等级为三级，即允许出现裂缝的构件。

预应力混凝土从开始到普遍应用，大约经历半个多世纪的时间。它在本质上改善了钢筋混凝土，是工程技术的一大飞跃，现已广泛用于工程结构尤其是大跨度结构构件中。

8.1.3 预应力钢筋的制图符号

根据建筑结构制图标准，预应力钢筋的横断面、纵断面、锚具等的制图表示如下。

（1）横断面：用＋表示（普通钢筋用·表示）。

（2）纵断面：用双点画线————— · · —————表示（普通钢筋用粗实线表示）。

（3）锚具：张拉端锚具用 ▷—— · · ——表示，固定端锚具用 ▷—— · · ——表示。

8.2 施加预应力的方法

使混凝土获得预应力的方法，总的概念是通过张拉钢筋（该钢筋称为预应力钢筋），使钢筋在弹性范围内伸长获得拉应力；再利用钢筋的回弹，使该拉应力反作用于混凝土，从而使尚未承受荷载的混凝土获得压应力。

按照施工工艺的不同，施加预应力的方法可以分为"先张法"和"后张法"，以及综合上述两种方法特点的无黏结预应力技术。

8.2.1 先张法

先张法（pretensioning）的主要工序如图 8-2 所示：钢筋先在台座（或钢模）上张拉并锚固，然后支模和浇捣混凝土。待混凝土达到一定强度后（按计算确定，且至少不低于强度设计值的 75％）剪断（或放松）钢筋。钢筋放松后将产生弹性回缩，但钢筋与混凝土之间的黏结力阻止其回缩，因而混凝土获得预应力。★因此，对于先张法构件，预应力的传递是通过钢筋与混凝土的黏结力实现的。

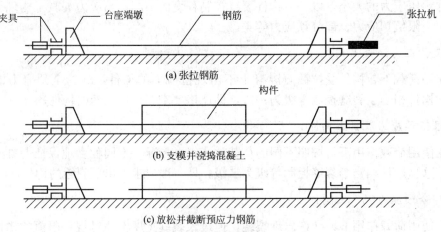

(a) 张拉钢筋

(b) 支模并浇捣混凝土

(c) 放松并截断预应力钢筋

图 8-2 先张法的主要工序示意图

8.2.2 后张法

后张法（posttensioning）是先制作构件并预留孔道，待混凝土达到一定强度后在孔道内穿入预应力钢筋，在构件上进行张拉，然后用锚具将钢筋在构件端部锚固，从而对构件施加预应力。钢筋锚固后，应对孔道进行压力灌浆。★显然，后张法构件的预应力是通过构件端部的锚具直接挤压混凝土而获得的，其主要施工工序如图8-3所示。

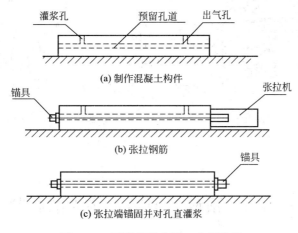

图 8-3 后张法的主要工序示意图

先张法工艺适合于成批生产的中、小型预应力构件（如预应力圆孔板、预应力大型屋面板等），后张法则适用于运输不便的大、中型构件（如预应力屋架、托架、吊车梁等）。

除先张法和后张法两种施工工艺外，还有结合两者施工优点的预应力施工工艺，如后张自锚（采用后张法施工，但在构件端部做成喇叭口，依靠钢筋与混凝土的黏结力传递预应力，以代替锚具的挤压）以及无黏结预应力施工工艺（混凝土浇灌前放入预应力钢筋，钢筋表面涂油并套有塑料套管，然后浇捣混凝土，混凝土达到规定强度后再张拉预应力钢筋并用锚具锚固）。

8.3 锚具和夹具

在先张法施工时，需要先把预应力钢筋拉长并固定在台座上，直至混凝土达到一定强度，切断预应力钢筋后，锚具才能取下并重复使用，它实际上是一种工具，也称为夹具。★在后张法施工时，锚具将预应力钢筋固定在构件上，并永久地成为预应力构件的一部分。对于锚（夹）具总的要求是：锚固性能可靠；构造简单、便于加工；钢筋在锚具内的滑动小（产生的预应力损失小）；经济。

锚具的种类繁多。建筑工程较常见的有：螺丝端杆锚具[图8-4(a)]，锚固单根预应力钢筋；锥形锚具[图8-4(b)]，锚固多根5~12mm直径的平行钢丝束或多根13~15mm直径的平行钢绞线束；JM12锚具[图8-4(c)]，锚固多根（≤6根）直径为12mm的钢筋或钢绞线。

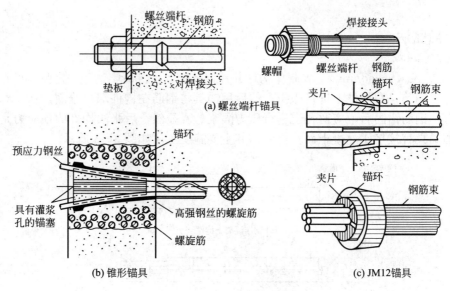

图 8-4 几种常见的锚具

8.4 预应力混凝土构件的材料

8.4.1 钢筋

预应力混凝土构件的钢筋包括非预应力钢筋和预应力钢筋。

非预应力钢筋可采用 HPB300 级、HRB335 级、HRB400 级等热轧钢筋。

预应力钢筋有中强度预应力钢丝(光面或螺旋肋)、消除应力钢丝(光面或螺旋肋)，以及钢绞线、预应力螺纹钢筋等高强度钢材。其强度标准值和强度设计值见附录附表 8 及附表 9。此外，对于冷拉钢筋、冷轧带肋钢筋、冷拔中强度钢丝等也可用作中小构件的预应力钢筋，可参见相应行业标准而未列入《混凝土结构设计规范》中。

8.4.2 混凝土

由于预应力混凝土构件的混凝土要承受很大的预压应力，因此必须有很高的抗压强度。《规范》规定：预应力混凝土结构的混凝土强度等级不应低于 C30，不宜低于 C40。同时，为尽早施加预应力、加快施工进度，应采用快硬、早强混凝土，并应采用收缩小和徐变小的混凝土。

施加预应力时，所需混凝土立方体抗压强度应经计算确定，且不宜低于设计混凝土强度等级值的 75%。(注：当张拉预应力筋是为防止混凝土早期出现的收缩裂缝时，可不受上述限制，但应符合局部受压承载力的规定。)

8.5 张拉控制应力及预应力损失

8.5.1 张拉控制应力 σ_{con}

张拉控制应力是指张拉钢筋时,张拉设备上的测力计所指示的总张拉力除以预应力钢筋截面面积得出的应力值,用 σ_{con} 表示。

张拉控制应力的数值与预应力钢筋的强度标准值 f_{ptk} 或 f_{pyk} 有关。《规范》确定的张拉控制应力允许值见表 8-1。

表 8-1 张拉控制应力

钢种	张拉方法	
	先张法	后张法
消除应力钢丝、钢绞线	$0.75f_{ptk}$	$0.75f_{ptk}$
中强度预应力钢丝	$0.70f_{ptk}$	$0.70f_{ptk}$
预应力螺纹钢筋	$0.85f_{pyk}$	$0.85f_{pyk}$

确定张拉控制应力的原则是:①尽量高一些。这样可以充分利用预应力钢筋的强度,对混凝土建立较高的预压应力,达到节省材料的目的。《规范》规定,消除应力钢丝、钢绞线、中强度预应力钢丝, σ_{con} 不应小于 $0.4f_{ptk}$,预应力螺纹钢筋, σ_{con} 不宜小于 $0.5f_{pyk}$ 。②不能过高,以避免个别预应力钢筋被拉断,避免构件的预拉区或端部开裂;同时,过高的预应力会使破坏前缺乏预兆。

但当符合下列情况之一时,表 8-1 的张拉控制应力限值可提高 $0.05f_{ptk}$ 或 $0.05f_{pyk}$:①要求提高构件在施工阶段的抗裂性能而在使用阶段受压区内设置的预应力筋;②要求部分抵消由于应力松弛、摩擦、钢筋分批张拉以及预应力筋与张拉台座之间的温差等因素产生的预应力损失。

8.5.2 预应力损失值 σ_l 及其组合

1. 预应力损失

从预应力钢筋张拉后的锚固开始,预应力钢筋的实际拉应力将低于张拉控制应力,即发生预应力损失。★任何使预应力钢筋回缩的原因及阻止预应力钢筋获得有效拉应力的原因都将产生预应力损失。预应力损失主要有以下各项,不同的张拉方法和施工工艺会使损失值的大小和类型有差别。

1)由于锚具变形和预应力钢筋内缩引起的损失 σ_{l1}

在预应力钢筋的张拉端,当预应力钢筋张拉达到规定的控制应力后,需要卸去张拉设备、锚固预应力筋。此时,预应力筋将回弹,导致锚具的变形和钢筋回缩,使预应力钢筋的拉应力降低。

(1) 预应力直线钢筋。

预应力直线钢筋的该项损失值可由虎克定律求得：

$$\sigma_{l1}=\frac{a}{l}E_s \tag{8-1}$$

式中 a——张拉端锚具变形和预应力钢筋内缩值(mm)，可按表8-2采用；

l——张拉端至锚固端之间的距离(mm)。

表8-2 锚具变形和预应力筋内缩值 a(mm)

锚具类别		a
支承式锚具(钢丝束墩头锚具等)	螺帽缝隙	1
	每块后加垫板的缝隙	1
夹片式锚具	有顶压时	5
	无顶压时	6~8

注：表中 a 值和其他类型的锚具变形和内缩值可根据实测数据确定。

块体拼成的结构，其预应力损失尚应计及块体间填缝的预压变形。当采用混凝土或砂浆作为填缝材料时，每条填缝的预压变形值可取为1mm。

(2) 预应力曲线钢筋。

后张法构件采用预应力曲线钢筋或折线钢筋时，由于锚具变形和预应力钢筋内缩引起的预应力损失值 σ_{l1}，应根据预应力曲线钢筋或折线钢筋与孔道壁之间反向摩擦影响长度 l_f 范围内的预应力钢筋变形值等于锚具变形和钢筋内缩值的条件确定，反向摩擦系数见表8-3。

表8-3 摩擦系数

孔道成型方式	κ	μ	
		钢绞线、钢丝束	预应力螺纹钢筋
预埋金属波纹管	0.0015	0.25	0.50
预埋塑料波纹管	0.0015	0.15	
预埋钢管	0.0010	0.30	
抽芯成型	0.0014	0.55	0.60
无黏结预应力筋	0.0040	0.09	

注：表中系数也可根据实测数据确定。

对于抛物线形预应力钢筋，可近似按圆弧形曲线预应力钢筋考虑。当其对应的圆心角 $\theta\leqslant30°$ 时(图8-5)，应力损失值 σ_{l1} 可按下列公式计算：

$$\sigma_{l1}=2\sigma_{con}l_f\left(\frac{\mu}{r_c}+\kappa\right)\left(1-\frac{x}{l_f}\right) \tag{1}$$

$$l_f=\sqrt{\frac{aE_s}{1000\sigma_{con}\left(\frac{\mu}{r_c}+\kappa\right)}} \tag{2}$$

式中　r_c——圆弧形曲线预应力钢筋的曲率半径(m)；

　　　　μ——预应力钢筋与孔道壁之间的摩擦系数，按表 8-3 采用；

　　　　κ——考虑孔道每米长度局部偏差的摩擦系数，按表 8-3 采用；

　　　　x——张拉端至计算截面的距离(m)；

　　　　a——张拉端锚具变形和预应力钢筋内缩值(mm)，按表 8-2 采用；

　　　　E_s——预应力钢筋的弹性模量。

2) 预应力钢筋与孔道壁之间的摩擦引起的预应力损失值 σ_{l2}

后张法构件张拉钢筋时，预应力钢筋与孔道壁之间的摩擦引起的预应力损失值 σ_{l2} 宜按下列公式计算(图 8-6)：

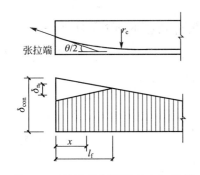

图 8-5　圆弧形曲线预应力钢筋的
预应力损失 σ_{l1}

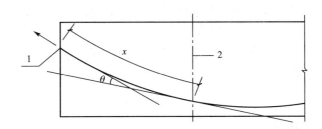

图 8-6　预应力摩擦损失计算
1—张拉端；2—计算截面

$$\sigma_{l2} = \sigma_{con}\left(1 - \frac{1}{e^{\kappa x + \mu\theta}}\right) \tag{8-2}$$

式中　μ——预应力钢筋与孔道壁之间的摩擦系数，按表 8-3 采用；

　　　　κ——考虑孔道每米长度局部偏差的摩擦系数，按表 8-3 采用；

　　　　x——从张拉端至计算截面的孔道长度(m)，也可近似取该段孔道在纵轴上的投影长度；

　　　　θ——从张拉端至计算截面曲线孔道部分切线的夹角(rad)。

当 $\kappa x + \mu\theta$ 不大于 0.3 时，σ_{l2} 可按下列公式近似计算：

$$\sigma_{l2} = \sigma_{con}(\kappa x + \mu\theta) \tag{8-3}$$

3) 受张拉的钢筋与承受拉力的设备之间的温差引起的预应力损失值 σ_{l3}

在先张法构件中，预应力钢筋在台座上张拉锚固且构件浇灌成型后，如采用加热养护，则在升温时，新浇混凝土的强度尚来不及发展，钢筋因受热膨胀而伸长，并处在自由变形状态中，而台座长度却维持不变，于是钢筋变形有所恢复，预应力相应降低。当加热养护结束而降温时，混凝土已经结硬，钢筋不能回缩，所以降低了的预应力也不会恢复。这就是先张法构件采用加热养护时，被张拉的钢筋与承受拉力的设备之间的温差所引起的预应力损失。

以 Δt 表示这个温差(以摄氏度计)，钢筋的线膨胀系数 $\alpha = 1.0 \times 10^{-5}/℃$，取钢筋的弹性模量 $E_s = 2.0 \times 10^5 \text{N/mm}^2$ 时，可算得

$$\sigma_{l3} = 2\Delta t \ (\text{N/mm}^2) \tag{8-4}$$

当采用钢模进行工厂化生产先张法构件时，预应力钢筋在升温养护过程中的伸长值与钢模的相同，因而不存在由于加温养护引起的应力损失。后张法构件及不采用加热养护的

先张法构件也无此项预应力损失。

4）预应力钢筋的应力松弛引起的预应力损失值 σ_{l4}

钢筋的应力松弛现象是指钢筋在高拉应力状态下，由于钢筋的塑性变形而使应力随时间的增长而降低的现象。这种现象在预应力钢筋张拉时就存在，而且在张拉后的头几分钟内发展特别快（第1分钟内大约完成50%，24小时内大约完成80%），往后则趋于缓慢，但持续的时间较长，要一个月左右才基本稳定下来。应力松弛将引起钢筋的预应力损失，无论在先张法还是在后张法中它都存在。

试验表明，对钢筋进行超张拉可提高钢筋的弹性性质，并减少因松弛而引起的应力损失。超张拉的张拉程序为：从应力为零开始张拉至 $1.03\sigma_{con}$；或从应力为零开始张拉至 $1.05\sigma_{con}$，持荷2min后，卸载至 σ_{con}。

《规范》规定，由于钢筋应力松弛引起的预应力损失值 σ_{l4} 可按下列规定计算：

（1）预应力螺纹钢筋　　　　　　　$\sigma_{l4}=0.03\sigma_{con}$ 　　　　　　　　　　（8-5）

（2）中强度预应力钢丝　　　　　　$\sigma_{l4}=0.08\sigma_{con}$ 　　　　　　　　　　（8-6）

（3）消除应力钢丝、钢绞线

普通松弛

$$\sigma_{l4}=0.4\left(\frac{\sigma_{con}}{f_{ptk}}-0.5\right)\sigma_{con} \tag{8-7}$$

低松弛

当 $\sigma_{con}\leqslant 0.7f_{ptk}$ 时，　　　　$\sigma_{l4}=0.125\left(\frac{\sigma_{con}}{f_{ptk}}-0.5\right)\sigma_{con}$ 　　　　（8-8a）

当 $0.7f_{ptk}<\sigma_{con}\leqslant 0.8f_{ptk}$ 时，$\sigma_{l4}=0.20\left(\frac{\sigma_{con}}{f_{ptk}}-0.575\right)\sigma_{con}$ 　　（8-8b）

当 $\sigma_{con}/f_{ptk}\leqslant 0.5$ 时，预应力钢筋的应力松弛损失值可取为零。

5）混凝土的收缩、徐变引起的预应力损失值 σ_{l5}

混凝土受到预压后，混凝土的收缩和徐变变形将引起受拉区和受压区预应力钢筋的预应力损失 σ_{l5} 和 σ_{l5}'（收缩和徐变都导致构件长度缩短，预应力钢筋回缩）。在总的预应力损失中，此项损失值最大，约占总损失值的一半以上。

对一般情况，σ_{l5} 和 σ_{l5}' 可按下列公式确定：

先张法构件　　　　　　　$$\sigma_{l5}=\frac{60+340\dfrac{\sigma_{pc}}{f_{cu}}}{1+15\rho} \tag{8-9a}$$

$$\sigma_{l5}'=\frac{60+340\dfrac{\sigma_{pc}'}{f_{cu}'}}{1+15\rho'} \tag{8-9b}$$

后张法构件　　　　　　　$$\sigma_{l5}=\frac{55+300\dfrac{\sigma_{pc}}{f_{cu}'}}{1+15\rho} \tag{8-10a}$$

$$\sigma_{l5}'=\frac{55+300\dfrac{\sigma_{pc}'}{f_{cu}'}}{1+15\rho'} \tag{8-10b}$$

式中　σ_{pc}、σ_{pc}'——受拉区、受压区预应力钢筋在各自合力点处混凝土法向压应力，此时仅考虑混凝土预压前（第一批）的预应力损失值，即 σ_{pc}、σ_{pc}' 分别为 σ_{pcI}、σ_{pcI}'

（计算公式后面述及），且 σ_{pcI}、σ'_{pcI} 不得大于 $0.5f'_{cu}$，当 σ'_{pc} 为拉应力时，应取 $\sigma'_{pc}=0$ 计算，非预应力钢筋中的应力 σ_{l5} 和 σ'_{l5} 值应取为零。

f'_{cu}——施加预应力时的混凝土立方体抗压强度，不低于 $0.75f_{cu}$。

ρ、ρ'——受拉区、受压区预应力钢筋和非预应力钢筋的配筋率；

对先张法构件 $\qquad\qquad \rho=\dfrac{A_p+A_s}{A_0},\quad \rho'=\dfrac{A'_p+A'_s}{A_0},$

对后张法构件 $\qquad\qquad \rho=\dfrac{A_p+A_s}{A_n},\quad \rho'=\dfrac{A'_p+A'_s}{A_n},$

对于对称配置预应力钢筋和非预应力钢筋的构件，取 $\rho=\rho'$，此时配筋率应按其钢筋截面面积的一半进行计算。

A_0、A_n——换算截面面积、净截面面积，计算方法后面详述。

计算 σ_{pc}、σ'_{pc} 时，可根据构件制作情况考虑自重影响（对梁式构件，一般可取 0.4 倍跨度处的自重应力）。

★当结构处于年平均相对湿度低于 40％ 的环境下时，σ_{l5} 和 σ'_{l5} 值应增加 30％。

当采用泵送混凝土时，宜根据实际情况考虑混凝土收缩、徐变引起的预应力损失值的增大。

对于重要的结构构件，有时还需要考虑与时间相关的混凝土收缩、徐变及钢筋应力松弛损失，可参见《规范》附录 K（与时间相关的预应力损失）的规定进行计算，此处从略。

6）环形构件中螺旋式预应力配筋对混凝土局部挤压引起的预应力损失值 σ_{l6}

用螺旋式预应力筋作配筋的环形构件，螺旋式预应力筋在挤压混凝土构件表面时，将产生局部变形，引起预应力钢筋的回缩。构件直径越小，局部变形引起的损失愈大（图 8-7）。《规范》规定：当构件外径 $d\leqslant 3m$ 时，取 $\sigma_{l6}=30N/mm^2$；$d>3m$ 时，取 $\sigma_{l6}=0$。

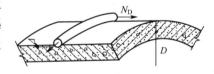

图 8-7 局部挤压

此外，后张法构件的预应力钢筋在采用分批张拉时，应考虑后批张拉的预应力钢筋产生的混凝土弹性压缩的影响，将先批张拉的钢筋的张拉控制应力增加 $\alpha_E\sigma_{pci}$（此处，σ_{pci} 为后批张拉钢筋在先批张拉钢筋重心处产生的混凝土法向应力）。

2. 预应力损失值的组合

上述各项损失内容，对先张法构件和后张法构件并不相同，并且出现的时间有差别。在计算时，各阶段的预应力损失值宜按表 8-4 的规定进行组合。

表 8-4　各阶段预应力损失值的组合

预应力损失值的组合	先张法构件	后张法构件
混凝土预压前（第一批）的损失 σ_{lI}	$\sigma_{l1}+\sigma_{l2}+\sigma_{l3}+\sigma_{l4}$	$\sigma_{l1}+\sigma_{l2}$
混凝土预压后（第二批）的损失 σ_{lII}	σ_{l5}	$\sigma_{l4}+\sigma_{l5}+\sigma_{l6}$

注：1. 先张法构件由于钢筋应力松弛引起的损失值 σ_{l4} 在第一批和第二批损失中所占的比例，如需区分，可根据实际情况确定，一般可取 50％。

　　2. 先张法构件的 σ_{l2} 是指采用折线形预应力钢筋时，采用定向装置产生的摩擦损失。

★当求得的预应力总损失值 σ_l 小于下列数值时，应按下列数值采用：

先张法构件　　　　　100N/mm²
后张法构件　　　　　80N/mm²

3. 减少预应力损失的措施

由于预应力损失会使预应力的效果降低，因此除在设计中应对其充分估计外，在施工图交底时，应向施工制作单位详细交代，采取保证施工质量和降低预应力损失的措施。下列减少预应力损失的措施可供设计和施工时参考。

(1) 采用强度等级较高的混凝土和高标号水泥，减少水泥用量，降低水灰比，采用级配好的骨料，加强振捣和养护，以减少混凝土的收缩、徐变损失。

(2) 控制预应力钢筋放张时的混凝土立方体抗压强度并控制混凝土的预压应力，使 σ_{pc} 和 σ'_{pc} 不大于 $0.5f'_{cu}$，以减少由于混凝土非线性徐变所引起的损失。

(3) 对预应力钢筋进行超张拉，以减少钢筋松弛损失。

(4) 对后张法构件的曲线预应力钢筋采用两端张拉的方法，以减少预应力钢筋与管道壁之间的摩擦损失；但应与 σ_{l1} 进行比较后确定。

(5) 选择变形小和钢筋内缩小的锚夹具，尽量减少垫板的数量，增加先张法台座长度，以减少由于锚具变形和钢筋内缩的预应力损失。

(6) 按如下程序进行"两阶段升温养护"，减少 σ_{l3}。

① 浇灌混凝土 $\xrightarrow[(\sigma_{l3}=40\text{N/mm}^2)]{\Delta t_1=20℃}$ $f'_{cu}=7.5\sim10\text{N/mm}^2$，钢筋与混凝土已黏结在一起。

② $\xrightarrow[(\text{此阶段不产生}\ \sigma_{l3})]{\text{升温至规定养护温度}}$ f'_{cu}。

通过这种方法，可以减少先张法构件由于加热养护引起的预应力损失。

8.6 预应力混凝土轴心受拉构件的计算

8.6.1 应力分析

预应力轴心受拉构件经历承受外荷载前的施工阶段和承受外荷载后的使用阶段。在施工阶段，预应力钢筋的控制应力 σ_{con} 由于损失而下降，拉应力减小，混凝土及非预应力钢筋则承受压应力。在使用阶段，预应力钢筋拉应力增加，直至受拉屈服；而混凝土则经历压应力逐渐减少至零，拉应力增加至受拉开裂。非预应力钢筋也经历压应力逐渐减少至零，拉应力增加，直至受拉屈服。在施工阶段和使用阶段中，先张法和后张法构件又有不同的特点。

1. 先张法构件

1) 施工阶段

在混凝土受预压前，预应力构件经历预应力钢筋张拉锚固、浇筑混凝土及养护等施工工艺，预应力钢筋完成第一批预应力损失 σ_{l1}，此时

预应力钢筋应力　　　　　　　　　　$\sigma_p = \sigma_{con} - \sigma_{l1}$

混凝土应力 $\qquad \sigma_{pc}=0$

非预应力钢筋应力 $\qquad \sigma_{s}=0$

当混凝土达到规定的立方体抗压强度 f'_{cu} 时（f'_{cu} 由计算确定，但至少应达到设计混凝土强度等级值的 75%），放松锚（夹）具、切断预应力钢筋，则预应力钢筋回缩。由于预应力钢筋与混凝土之间的黏结力，预应力钢筋回缩受到混凝土的阻止，混凝土获得预压应力 σ_{pcI}，同时混凝土受到弹性压缩 ε_{c}；此时非预应力钢筋同样受到压缩，且 $\varepsilon_{s}=\varepsilon_{c}$，其应力值为 $\sigma_{pI}=\sigma_{con}-\sigma_{lI}-\Delta\sigma_{p}$，比钢筋截断前有所下降。根据切断预应力钢筋后的截面受力状态（图 8-8），有

$$\sigma_{pcI}A_c+\sigma_{sI}A_s=\sigma_{pI}A_p=(\sigma_{con}-\sigma_{lI}-\Delta\sigma_p)A_p$$

而 $\qquad \sigma_{sI}=\varepsilon_s E_s, \quad \sigma_{pcI}=\varepsilon_c E_c, \quad \Delta\sigma_p=\varepsilon_c E_p$

故有 $\qquad \sigma_{pcI}A_c+\alpha_E\sigma_{pcI}=(\sigma_{con}-\sigma_{lI})A_p-\alpha_{Ep}\sigma_{pcI}A_p$

经整理可得

$$\sigma_{pcI}=\frac{(\sigma_{con}-\sigma_{lI})A_p}{A_0} \qquad (8-11a)$$

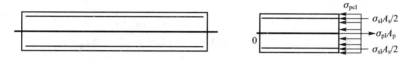

图 8-8 先张法构件切断预应力钢筋时的受力状态

式中 A_0——换算截面面积，$A_0=A_c+\alpha_E A_s+\alpha_{Ep}A_p$（$A_c$ 为扣除孔道、凹槽及钢筋截面面积之后的混凝土截面面积；A_s、A_p 为非预应力钢筋、预应力钢筋截面面积；$\alpha_E=E_s/E_c$ 为非预应力钢筋与混凝土弹性模量之比；$\alpha_{Ep}=E_p/E_c$ 为预应力钢筋弹性模量与混凝土弹性模量之比）；

σ_{pcI}——完成第一批损失后的混凝土预压应力。

此时，非预应力钢筋、预应力钢筋应力分别为

$$\sigma_{sI}=\alpha_E\sigma_{pcI} \qquad （压） \qquad (8-11b)$$

$$\sigma_{pI}=\sigma_{con}-\sigma_{lI}-\alpha_{Ep}\sigma_{pcI} \qquad （拉） \qquad (8-11c)$$

当第二批损失 σ_{lII} 也即全部预应力损失值 σ_l 完成后，截面的内力平衡条件并未改变，只是预应力损失值由 σ_{lI} 改变为 σ_l。此时，混凝土、非预应力钢筋、预应力钢筋的应力值均有所减小。而非预应力钢筋的压应力，一部分为 $\alpha_E\sigma_{pcII}$，另一部分则因混凝土收缩、徐变而产生，取为 $\sigma_{l5}A_s$（近似考虑普通钢筋对混凝土收缩、徐变的阻止作用，该阻止作用使非预应力钢筋受压而使混凝土受拉，从而抵消部分预压应力），则由平衡条件，可得

$$(\sigma_{con}-\sigma_l-\alpha_{Ep}\sigma_{pcII})A_p=\sigma_{pcII}A_c+(\alpha_E\sigma_{pcII}+\sigma_{l5})A_s$$

$$\sigma_p=\sigma_{con}-\sigma_{lI}-\sigma_{lII}-\alpha_E\sigma_{pcII}$$

整理后，有 $\qquad \sigma_{pcII}=\dfrac{(\sigma_{con}-\sigma_l)A_p-\sigma_{l5}A_s}{A_0} \qquad (8-12a)$

其中 $\qquad \sigma_{pII}=\sigma_{con}-\sigma_l-\alpha_{Ep}\sigma_{pcII} \qquad （拉） \qquad (8-12b)$

$$\sigma_{sII}=\alpha_E\sigma_{pcII}+\sigma_{l5} \qquad （压） \qquad (8-12c)$$

式中 σ_{pcII}——完成全部预应力损失后的混凝土预压应力，该应力对使用阶段的构件性能发生影响，故也称为"有效预压应力"；

σ_{pII}——预应力钢筋在完成全部损失后的拉应力，称为预应力钢筋的有效预应力；

σ_{sII}——普通钢筋在完成全部预应力损失后的压应力。

2) 使用阶段

随着荷载作用下轴心拉力的增加，混凝土的预压应力被逐渐抵消并达到零应力状态；然后在拉应力作用下达到混凝土抗拉强度而开裂。预应力钢筋拉应力则继续增加，直至受拉屈服。

(1) 混凝土应力为零时。

当荷载作用下使混凝土应力为零时，说明荷载产生的轴心拉力 N_{p0} 恰好抵消了换算截面的预压应力，故

$$N_{p0}=\sigma_{pcII}A_0=(\sigma_{con}-\sigma_l)A_p-\sigma_{l5}A_s \qquad (8-13a)$$

此时预应力钢筋应力为 σ_{p0}

$$\sigma_{p0}=\sigma_{con}-\sigma_l \qquad (8-13b)$$

(2) 构件即将开裂时。

当荷载作用的轴心拉力继续增加到构件即将开裂时，有

$$\sigma_c=f_{tk}$$
$$\sigma_p=\sigma_{p0}+\alpha_{Ep}f_{tk}=\sigma_{con}-\sigma_l+\alpha_{Ep}f_{tk} \qquad (8-14)$$

开裂时的轴心拉力(假定构件为完全弹性)，可利用叠加方法得出

$$N_{cr}=(\sigma_{pcII}+f_{tk})A_0 \qquad (8-15)$$

(3) 构件达到承载能力极限状态。

当预应力钢筋和非预应力钢筋受拉屈服，构件达到承载能力极限状态时，有

$$N_u=f_{py}A_p+f_yA_s \qquad (8-16)$$

2. 后张法构件

1) 施工阶段

与先张法构件不同的是，后张法构件在张拉预应力钢筋和锚固钢筋的同时，已完成了混凝土的弹性压缩。故在完成第一批损失 σ_{lI} 后，有

预应力钢筋应力　　　　　　　　$\sigma_p=\sigma_{con}-\sigma_{lI}$（拉）

混凝土压应力　　　　　　　　　$\sigma_c=\sigma_{pcI}$

非预应力钢筋应力　　　　　　　$\sigma_s=\alpha_E\sigma_{pcI}$（压）

则由平衡条件可得

$$(\sigma_{con}-\sigma_{lI})A_p=\sigma_{pcI}A_c+\alpha_E\sigma_{pcI}A_s$$

故　　　　　　　　　　　　　$$\sigma_{pcI}=\frac{(\sigma_{con}-\sigma_{lI})A_p}{A_n} \qquad (8-17)$$

式中　A_n——构件净截面面积，$A_n=A_c+\alpha_E A_s$，也即 $A_n=A_0-\alpha_{Ep}A_p$；

A_c——扣除孔道、凹槽及非预应力钢筋截面面积后的混凝土净截面面积。

在完成第二批损失 σ_{lII}，也即完成全部预应力损失值 σ_l 之后，类似有

$$\sigma_{pcII}=\frac{(\sigma_{con}-\sigma_l)A_p-\sigma_{l5}A_s}{A_n} \qquad (8-18a)$$

此时，预应力钢筋应力

$$\sigma_{pII}=\sigma_{con}-\sigma_l \qquad (8-18b)$$

2）使用阶段

当外加荷载使混凝土预压应力为零时，预应力钢筋应力由 $\sigma_{pⅡ}$ 增加为 σ_{p0}，显然

$$\sigma_{p0} = \sigma_{con} - \sigma_l + \alpha_{Ep}\sigma_{pⅡ} \tag{8-19}$$

此时非预应力钢筋应力 $\sigma_s \approx \sigma_{l5}$（压），故外加荷载的轴心拉力 N_{p0} 为

$$
\begin{aligned}
N_{p0} &= \sigma_{p0}A_p - \sigma_{l5}A_s \\
&= (\sigma_{con} - \sigma_l + \alpha_{Ep}\sigma_{pⅡ})A_p - \sigma_{l5}A_s \\
&= (\sigma_{con} - \sigma_l)A_p - \sigma_{l5}A_s + \alpha_{Ep}\sigma_{pⅡ}A_p \\
&= \sigma_{pⅡ}A_n + \sigma_{pⅡ}\alpha_{Ep}A_p \\
&= \sigma_{pⅡ}A_0
\end{aligned}
$$

可见，在使用阶段，当混凝土压应力为零时（此状态也称为消压状态），后张法构件的外荷载轴心拉力 N_{p0} 表达式与先张法构件是相同的。

当构件即将开裂时，$\sigma_c = f_{tk}$，同样可以求得：

$$N_{cr} = (\sigma_{pⅡ} + f_{tk})A_0 \tag{8-20a}$$

此时，预应力钢筋应力为：

$$\sigma_p = \sigma_{con} - \sigma_l + \alpha_{Ep}(\sigma_{pⅡ} + f_{tk}) \tag{8-20b}$$

达到承载能力极限状态时，预应力钢筋和非预应力钢筋均受拉屈服，后张法构件和先张法构件的 N_u 表达式也完全相同。

★总之，预应力混凝土轴心受拉构件的先张法和后张法，在施工阶段完成第一批损失和完成全部损失时，混凝土预压应力 $\sigma_{pcⅠ}$ 和有效预压应力 $\sigma_{pcⅡ}$ 的表达式，分别采用的是截面换算面积 A_0（先张法）和净截面面积 A_n（后张法）。而在使用阶段，无论是消压状态的 N_{p0} 还是构件即将开裂时的 N_{cr}，以及承载能力极限状态下的 N_u，先张法构件和后张法构件的表达式都是相应一致的。而预应力钢筋的拉应力 σ_p，相应阶段（至开裂前）的后张法的总比先张法的大，其原因在于张拉预应力钢筋至锚固过程中，混凝土完成弹性压缩的过程不同。

8.6.2 计算内容

在上述分析的基础上，预应力混凝土轴心受拉构件的承载力计算、正常使用极限状态验算、施工阶段验算等内容就不难理解了。

1. 正截面受拉承载力计算

$$N \leqslant f_yA_s + f_{py}A_p \tag{8-21}$$

式中 N——轴向拉力设计值；

f_y、f_{py}——纵向普通钢筋、预应力钢筋的抗拉强度设计值；

A_s、A_p——纵向普通钢筋、预应力钢筋的全部截面面积。

2. 裂缝控制验算

1）裂缝控制等级为一级时

对裂缝控制等级为一级，即严格要求不出现裂缝的构件，构件在荷载效应的标准组合下混凝土不应出现拉应力，即应符合下列规定

$$\sigma_{ck} - \sigma_{pcⅡ} \leqslant 0 \tag{8-22}$$

式中 σ_{pcII}——完成全部预应力损失值 σ_l 之后的混凝土有效预压应力；

σ_{ck}——荷载标准组合下混凝土的法向应力，$\sigma_{ck}=N_k/A_0$。

2）裂缝控制等级为二级时

对裂缝控制等级为二级，即一般要求不出现裂缝的构件，在荷载效应的标准组合下混凝土拉应力不应大于混凝土抗拉强度标准值，即应符合下列规定

$$\sigma_{ck}-\sigma_{pcII}\leqslant f_{tk} \tag{8-23}$$

式中 f_{tk}——混凝土抗拉强度标准值。

3）裂缝控制等级为三级时

对裂缝控制等级为三级，即允许出现裂缝的构件，按荷载效应的标准组合并考虑长期作用效应影响计算的最大裂缝宽度应满足

$$w_{max}\leqslant w_{lim} \tag{8-24a}$$

最大裂缝宽度 w_{max} 的计算方法与第7章的基本相同[参考式(7-3)]，但采用的荷载效应组合不同（预应力混凝土构件采用荷载效应的标准组合，而钢筋混凝土构件采用荷载效应的准永久组合）；同时在计算时应考虑消压轴力 N_{p0} 的影响；在计算 ρ_{te} 时应包括预应力钢筋面积 A_p 在内；构件受力特征系数取为2.2以考虑预应力的有利影响。综上所述，可归纳如下：

$$w_{max}=\alpha_{cr}^{p}\psi\frac{\sigma_{sk}}{E_s}\left(1.9c_s+0.08\frac{d_{eq}}{\rho_{te}}\right) \tag{8-24b}$$

式中 σ_{sk}——纵向受拉钢筋的等效应力，$\sigma_{sk}=(N_k-N_{p0})/(A_p+A_s)$（$N_k$ 为按荷载效应标准组合计算的轴心拉力）；

α_{cr}^{p}——预应力轴心受拉构件受力特征系数，取为2.2。

当环境类别为二 a 类时，预应力轴心受拉构件在荷载准永久组合下的拉应力不应超过混凝土抗拉强度标准值：

$$\sigma_{cq}-\sigma_{pc}\leqslant f_{tk} \tag{8-25}$$

式中 σ_{cq}——荷载准永久组合下构件的拉应力，$\sigma_{cq}=N_q/A_0$（N_q 为按荷载准永久组合计算的轴向拉力）。

3. 施工阶段验算

由于构件在制作、运输、吊装时的受力状态与使用阶段受力不同，且混凝土的强度不一定达到混凝土的设计强度，故需要对施工阶段的预应力构件进行验算。

1）承载力验算

预应力混凝土轴心受拉构件施工阶段的承载力验算条件为

$$\sigma_{cc}\leqslant 0.8f_{ck}' \tag{8-26}$$

式中 f_{ck}'——放松（或张拉）预应力钢筋时混凝土立方体抗压强度 f_{cu}' 相应的抗压强度标准值，可用直线内插法取值；

σ_{cc}——放松（或张拉）预应力钢筋时混凝土的预压应力。

对先张法构件取

$$\sigma_{cc}=\frac{(\sigma_{con}-\sigma_{l1})A_p}{A_0} \tag{8-27a}$$

对后张法构件取

$$\sigma_{cc}=\frac{\sigma_{con}A_p}{A_n} \tag{8-27b}$$

2）局部受压承载力验算

后张法构件中，预应力钢筋中的预压力是通过锚具传递给垫板，再由垫板传递给混凝

土的，预应力在构件的端面上集中于垫板下一定的范围之内，然后在构件内逐步扩散，经过一定的扩散长度后才均匀地分布到构件的全截面上，一般取扩散长度等于构件的截面宽度 b(图 8 - 9)。

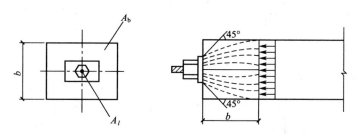

图 8 - 9　构件端部锚固区的应力传递

如果预压力很大，垫板面积又较小，离开构件端部一定距离的截面虽然不会破坏，但垫板下的混凝土有可能发生局部挤压破坏。因此，应对构件端部锚固区的混凝土进行局部受压验算。本节的局部受压验算方法和公式也适用于钢筋混凝土构件在承受局部压力时的局部受压承载力计算。

3) 局部受压区的截面尺寸要求

为了防止构件端部局部受压面积太小而在使用阶段出现裂缝，混凝土局部受压区的截面尺寸应符合下列要求

$$F_l \leqslant 1.35\beta_c\beta_l f_c A_{ln} \tag{8 - 28a}$$

$$\beta_l = \sqrt{\frac{A_b}{A_l}} \tag{8 - 28b}$$

式中　F_l——局部受压面上作用的局部压力设计值，对有黏结的预应力混凝土构件取 $F_l = 1.2\sigma_{con}A_p$；对无黏结的预应力混凝土构件取 $F_l = 1.2\sigma_{con}A_p$ 和 $F_l = 1.2f_{ptk}A_p$ 的较大值(f_{ptk} 为无黏结预应力钢筋的抗拉强度标准值)。

β_c——混凝土强度影响系数，当混凝土强度等级不超过 C50 时取 1.0，当混凝土强度等级为 C80 时取 0.8，其间按线性内插法确定。

β_l——混凝土局部受压时的强度提高系数。是考虑到混凝土局部受压时，周围未直接受力的混凝土阻碍局部受压混凝土的横向变形，使它处于约束受力状态而取用的强度提高系数(其中 A_l 为混凝土局部受压面积；A_b 为局部受压时的计算底面积，可根据局部受压面积与计算底面积同心、对称的原则确定，一般情形可按图 8 - 10 取用)。

A_{ln}——混凝土局部受压净截面面积，对后张法构件应在混凝土局部受压面积中扣除孔道、凹槽部分的面积。

4) 局部受压承载力的计算

为了防止构件端部局部受压破坏，通常在该区段内配置方格网式或螺旋式间接钢筋(图 8 - 11)。

配置上述钢筋且其核心面积 $A_{cor} \geqslant A_l$ 时，局部受压承载力按下式计算

$$F_l \leqslant 0.9(\beta_c\beta_l f_c + 2\alpha\rho_v\beta_{cor}f_y)A_{ln} \tag{8 - 29a}$$

当为方格网配筋时[图 8 - 11(a)]，其体积配筋率应按下式计算

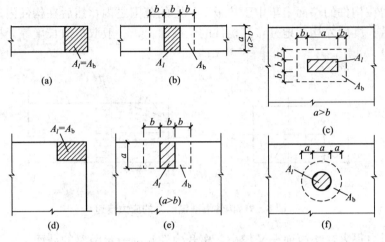

图8-10　局部受压计算底面积

$$\rho_v = \frac{n_1 A_{s1} l_1 + n_2 A_{s2} l_2}{A_{cor} s} \tag{8-29b}$$

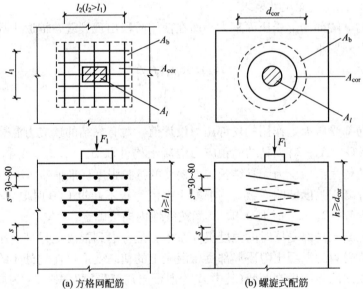

图8-11　局部受压配筋

此时，在钢筋网两个方向的单位长度内，其钢筋截面面积比值不宜大于1.5。

当为螺旋配筋时[图8-11(b)]，其体积配筋率应按下式计算

$$\rho_v = \frac{4 A_{ss1}}{d_{cor} s} \tag{8-29c}$$

式中　β_{cor}——配置间接钢筋的局部受压承载力提高系数，仍按式(8-28b)计算，但A_b以A_{cor}代替，当$A_{cor} > A_b$时，应取$A_{cor} = A_b$；

　　　　A_{cor}——方格网或螺旋形钢筋内表面范围内的混凝土核心面积，且其重心应与A_l的重心相重合；

n_1，A_{s1}——方格网沿 l_1 方向的钢筋根数，单根钢筋的截面面积；

n_2，A_{s2}——方格网沿 l_2 方向的钢筋根数，单根钢筋的截面面积；

A_{ss1}——螺旋式单根间接钢筋的截面面积；

f_{yv}——间接钢筋的抗拉强度设计值；

d_{cor}——螺旋式配筋以内的混凝土直径；

s——方格网或螺旋式钢筋的间距，宜取 30~80mm；

ρ_v——间接钢筋的体积配筋率（核心面积 A_{cor} 范围内单位混凝土体积中所包含的间接钢筋体积）；

α——间接钢筋对混凝土约束的折减系数，当混凝土强度等级不超过 C50 时，取 1.0；当为 C80 时，取 0.85；其间按线性内插法确定。

上述计算需要的间接钢筋应配置在图 8-11 所规定的 h 范围内。对方格网配筋，在 $h \geq l_1$ 范围内配置的方格网钢筋不应少于 4 片；对螺旋式配筋，在 $h \geq d_{cor}$ 范围内配置的螺旋式钢筋不应少于 4 圈。在柱接头，h 尚不应小于 15d，d 为柱的纵向钢筋直径。

8.6.3 设计计算例题

某 24m 跨后张法预应力混凝土拱形屋架下弦，截面尺寸为 250mm×180mm，两个孔道的直径均为 55mm，采用抽芯成型，端部尺寸及构造如图 8-12 所示。混凝土的强度等级为 C50，采用有黏结低松弛钢绞线束配筋，每束公称直径 ϕ^s11.1，$A_s = 74.2mm$，$f_{ptk} = 1860N/mm^2$，墩头锚具，一端张拉。非预应力钢筋按构造要求配置 4 Φ12。下弦的轴心拉力设计值 $N = 520kN$，按荷载效应标准组合计算的轴心拉力值 $N_k = 400kN$，按荷载效应准永久组合计算的轴心拉力值 $N_q = 300kN$，混凝土达强度设计值后开始张拉预应力钢筋。试进行下弦的承载力计算、抗裂度验算及屋架端部的局部受压承载力验算。

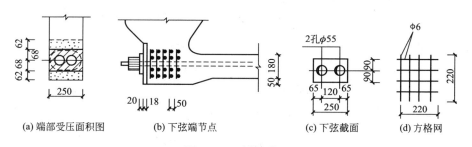

(a) 端部受压面积图　(b) 下弦端节点　(c) 下弦截面　(d) 方格网

图 8-12　例题附图

解： 本例题计算量较大，但可以与前面的内容配合，分段进行计算。

1）基本设计资料

C50 混凝土：$f_c = 23.1N/mm^2$，$f_t = 1.89N/mm^2$，$f_{tk} = 2.64N/mm^2$，$E_c = 3.45 \times 10^4 N/mm^2$，$f_c' = f_c = 23.1N/mm^2$，$f_{ck} = 32.4N/mm^2$。

非预应力钢筋：HRB335 级，$f_y = 300N/mm^2$，$E_s = 2 \times 10^5 N/mm^2$，$A_s = 452mm^2$。

预应力钢筋：低松弛钢绞线，$f_{ptk} = 1860N/mm^2$，$f_{py} = 1320N/mm^2$，$E_p = 1.95 \times 10^5 N/mm^2$。

屋架的安全等级为二级，裂缝控制等级为二级。

2）按承载力计算以确定预应力钢筋面 A_p

由 $N \leqslant f_{py}A_p + f_yA_s$ 得 $A_p = \dfrac{N - f_yA_s}{f_{py}} = \dfrac{520000 - 300 \times 452}{1320} = 291.2(mm^2)$

选 $4\phi^s11.1$，$A_p = 296.8mm^2$。

3）抗裂验算

（1）截面几何特征 A_n、A_0。

$$\alpha_E = \frac{E_s}{E_c} = \frac{2 \times 10^5}{3.45 \times 10^4} = 5.80 \qquad \alpha_{Ep} = \frac{E_p}{E_c} = \frac{1.95 \times 10^5}{3.45 \times 10^4} = 5.65$$

$$A_n = A_c + (\alpha_E - 1)A_s = 250 \times 180 - 2 \times \frac{\pi}{4} \times 55^2 + (5.80 - 1) \times 452 = 42418(mm^2)$$

$$A_0 = A_n + \alpha_{E_p}A_p = 42418 + 5.65 \times 296.8 = 44095(mm^2)$$

（2）张拉控制应力，由表 8-1 得：

$$\sigma_{con} = 0.75f_{ptk} = 0.75 \times 1860 = 1395(N/mm^2)$$

（3）预应力损失值 σ_l。

① σ_{l1} 的计算，由表 8-2 得：

镦头锚具，取螺帽缝隙 1mm，后加垫板 1 块，缝隙 1mm，则 $a = 2mm$，一端张拉，故

$$\sigma_{l1} = \frac{a}{l}E_p = \frac{2}{24000} \times 1.95 \times 10^5 = 16(N/mm^2)$$

② σ_{l2} 的计算，由表 8-3 得：

抽芯成型，$\kappa = 0.0014$，$\mu = 0.55$；直线配筋，$\theta = 0$；一端张拉，$l = 24m$；故有

$$\sigma_{l2} = \sigma_{con}(\kappa x + \mu\theta) = 1395 \times 0.014 \times 24 = 47(N/mm^2)$$

③ σ_{l4} 的计算。

采用低松弛钢绞线，$0.7f_{ptk} < \sigma_{con} \leqslant 0.8f_{ptk}$，故

$$\sigma_{l4} = 0.2\left(\frac{\sigma_{con}}{f_{ptk}} - 0.575\right)\sigma_{con} = 0.2 \times (0.75 - 0.575) \times 1395 = 49(N/mm^2)$$

④ σ_{l5} 的计算。

第一批损失 $\sigma_{lI} = \sigma_{l1} + \sigma_{l2} = 16 + 47 = 63(N/mm^2)$

则

$$\sigma_{pcI} = \frac{(\sigma_{con} - \sigma_{l1})A_p}{A_n} = \frac{(1395 - 63) \times 296.8}{42418} = 9.32(N/mm^2) < 0.5f'_{cu} = 25N/mm^2$$

$$\rho = 0.5(A_p + A_s)/A_n = 0.5 \times (296.8 + 452)/42418 = 0.00883$$

由式（8-10a），$\sigma_{l5} = \dfrac{55 + 300\sigma_{pcI}/f'_{cu}}{1 + 15\rho} = \dfrac{55 + 300 \times 9.32/50}{1 + 15 \times 0.00883} = 98(N/mm^2)$

$$\sigma_{lII} = \sigma_{l4} + \sigma_{l5} = 49 + 98 = 147(N/mm^2)$$

$$\sigma_l = \sigma_{lI} + \sigma_{lII} = 63 + 147 = 210(N/mm^2) > 80(N/mm^2)$$

（4）有效预压应力。

$$\sigma_{pcII} = \frac{(\sigma_{con} - \sigma_l)A_p - \sigma_{l5}A_s}{A_n} = \frac{(1395 - 210) \times 296.8 - 98 \times 452}{42418} = 7.25(N/mm^2)$$

（5）抗裂验算。

$$\sigma_{ck} = \frac{N_k}{A_0} = \frac{400000}{44095} = 9.07(N/mm^2)$$

$$\sigma_{ck} - \sigma_{pc\,II} = 9.07 - 7.25 = 1.82(N/mm^2) < f_{tk} = 2.64N/mm^2$$

满足裂缝控制等级为二级的要求。

4）施工阶段验算

（1）承载力验算。

$$\sigma_{cc} = \frac{\sigma_{con}A_p}{A_n} = \frac{1395 \times 296.8}{42418} = 9.76(N/mm^2) < 0.8f_{ck} = 0.8 \times 32.4 = 25.9(N/mm^2)，满$$

足要求。

（2）屋架端部锚固区的局部受压验算。

① 计算 β_l 值。

计算混凝土局部受压面积 A_l 值时，假定预压力沿锚具垫圈边缘，在构件端部预埋件中按 $45°$ 刚性角扩散后的面积计算，即：

$$A_l = 2 \times \frac{\pi}{4}d_1^2 = 2 \times \frac{\pi}{4} \times (100 + 2 \times 18)^2 = 29053(mm^2)$$

计算局部受压的计算底面积 A_b 时，近似以两虚线所围矩形代替两虚线圆[图 8-12(a)]，根据同心、对称原则，得：

$$A_b = 250 \times (136 + 2 \times 62) = 65000(mm^2)$$

故混凝土局部受压强度提高系数：

$$\beta_l = \sqrt{\frac{A_b}{A_l}} = \sqrt{\frac{65000}{29053}} = 1.50$$

② 求局部设计压力值。

$$F_l = 1.2\sigma_{con}A_p = 1.2 \times 1395 \times 296.8 = 496.5(kN)$$

③ 局部受压区截面尺寸验算。

$$A_{ln} = A_l - 2 \times \frac{\pi}{4}d^2 = 29053 - 2 \times \frac{\pi}{4} \times 55^2 = 34301(mm^2)$$

由式（8-28a）得

$1.35\beta_l f_c A_{ln} = 1.35 \times 1.50 \times 23.1 \times 24301 = 1136.7(kN) > F_l = 496.8kN，满足要求。$

④ 局部受压承载力验算。

设置 5 片钢筋网片，间距 $s = 50mm$，钢筋直径 $d = 6mm$[图 8-12(b)、(d)]，则

$$A_{cor} = 220 \times 220 = 48400(mm^2) < A_b = 6500mm^2$$

$$\beta_{cor} = \sqrt{\frac{A_{con}}{A_l}} = \sqrt{\frac{48400}{29053}} = 1.29$$

$$\rho_v = \frac{2nA_s l_2}{sA_{cor}} = \frac{2 \times 4 \times 28.3 \times 220}{50 \times 48400} = 0.021$$

由式（8-29a）得

$$0.9(\beta_l f_c + 2\alpha\rho_v\beta_{con}f_y)A_{ln} = 0.9 \times (1.5 \times 23.1 + 2 \times 0.021 \times 1.29 \times 210) \times 24301$$
$$= 1006.7(kN) > F_l = 496.8kN，满足要求。$$

*8.7 预应力混凝土受弯构件

预应力混凝土受弯构件广泛用于大跨度的建筑结构及桥梁工程中，如采用先张法施工

的预应力圆孔板、大型屋面板、V形折板、双T板、吊车梁等；采用后张法施工的屋面大梁、箱形桥梁等。此外，跨度大的现浇楼板、连续梁等也采用曲线配筋的无黏结预应力施工工艺。

★预应力混凝土受弯构件的一般配筋形式是：主要的预应力钢筋（截面面积为 A_p）配置在使用阶段的受拉区（即施工阶段受压区，也称为预压区）。次要的预应力钢筋（截面面积为 A_p'）配置在使用阶段的受压区（也称为预拉区），目的是防止构件在施工阶段受拉出现裂缝，故该预应力钢筋不一定配置。非预应力钢筋配置在相应预应力钢筋的外侧，与箍筋构成钢筋骨架。

8.7.1 应力分析

预应力混凝土受弯构件的应力分析在原则上与预应力轴心受拉构件的应力分析并无区别，也分为施工阶段和使用阶段。在构件截面开裂前，采用弹性材料的应力分析方法（即材料力学分析方法）。但是，预应力混凝土受弯构件和预应力轴心受拉构件的应力分布并不相同：例如在施工阶段，预应力轴心受拉构件的混凝土预压应力是均匀分布的，而受弯构件预压应力是线性分布的。

1. 施工阶段的应力分析

根据预应力钢筋合力的大小和位置，混凝土应力图形有如下三种（图 8-13）：全截面受压、全截面受压但最小压应力为零、截面部分受压部分受拉。

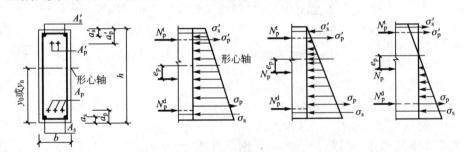

图 8-13 施工阶段的截面应力图

但是不论是哪一种应力图，都可按材料力学公式确定混凝土沿截面高度处各点的应力和相应位置的钢筋应力：

$$\sigma_{pc}(y) = \frac{N_p}{A} + \frac{N_p e_p}{I} y \tag{8-30}$$

式中 N_p——预应力钢筋 A_p、A_p' 的合力（A_p、A_p' 为受拉区、受压区纵向预应力筋的截面面积）。

  e_p——N_p 至换算截面重心的距离。

  y——高度 y 处的混凝土位置，以换算截面重心为零点，向下为正。

  A——截面面积，对先张法构件，采用换算截面面积 A_0；对后张法构件，采用净截面面积 A_n。

  I——截面惯性矩，对先张法，为换算截面惯性矩 I_0；对后张法，为净截面惯性矩 I_n。

显然，只要确定了预应力钢筋的预拉力 N_p，在已知截面和配筋的情形下，利用式(8-30)就可以很方便地分析施工阶段截面不同高度处的混凝土应力。

1）预拉力 N_p 的确定

与轴心受拉构件的计算类似，在完成第一批损失值 σ_{lI}、σ'_{lI} 后，

$$N_{pI} = N_{pI}^d + N_{pI}^t = (\sigma_{con} - \sigma_{lI})A_p + (\sigma'_{con} - \sigma'_{lI})A_p$$

在完成第二批预应力损失，即完成全部损失 σ_l、σ'_l 后，

$$N_{pII} = N_{pII}^d + N_{pII}^t = (\sigma_{con} - \sigma_l)A_p - \sigma_{l5}A_s + (\sigma'_{con} - \sigma'_l)A'_p - \sigma_{l5}A'_s$$

2）e_p 的确定

通过 N_p^d 和 N_p^t 对换算截面重心取矩，则不难确定 e_p。

3）截面面积 A_0、A_n

与轴心受拉构件 A_0、A_n 的确定方法相同，利用应变协调条件，将钢筋面积换算为相当的混凝土面积。

4）换算截面重心轴位置

对先张法和后张法构件，换算截面重心轴至受拉边缘（预压区边缘）距离分别为 y_0、y_n，可通过求面积矩 S_0、S_n 确定，即 $y_0 = S_0/A_0$、$y_n = S_n/A_n$。

5）截面上下边缘的混凝土法向应力

截面上、下边缘的混凝土法向应力值，是进行抗裂验算的控制应力，将 $y = y_0$（下边缘）及 $y = -(h - y_0)$（上边缘）代入一般式(8-30)即可求出。

6）预应力钢筋合力点处的混凝土法向应力

在完成第一批损失后，需要求出预应力钢筋处的混凝土法向应力，该应力是确定 σ_{l5} 的依据，同样可用一般式(8-30)计算。

7）预应力钢筋拉应力

先张法和后张法构件在不同阶段的应力表达式与轴心受拉构件的相同，只是涉及混凝土预压应力时，要用第6）项的混凝土应力。

2. 使用阶段的应力分析

受力阶段应力分析与预应力轴心受拉构件相仿。此阶段涉及截面几何特征时，无论先张法构件和后张法构件，都采用换算截面 A_0、惯性矩 I_0 及换算截面形心轴。

在构件截面开裂前，仍采用材料力学分析方法。

1）加荷至受拉边混凝土应力为零时的弯矩 M_0（图8-14）

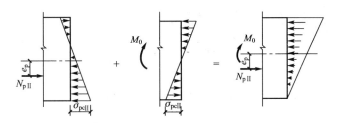

图8-14 加荷至受拉边混凝土应力为零时的状态

此时，有效预压应力 σ_{pcII} 恰好抵消外荷载弯矩在受拉边产生的拉应力，故有

$$M_0 = \sigma_{pcII} W_0 \tag{8-31}$$

式中　W_0——换算截面弹性抵抗矩，$W_0 = I_0 / y_0$；

σ_{pcII}——完成全部预应力损失后，构件受拉边的有效预压应力，由式(8-30)计算，并取 $y = y_0$(先张法)或 $y = y_n$(后张法)。

此时，预应力钢筋应力为

$$\sigma_{p0} \approx \sigma_{con} - \sigma_l \quad (先张法)$$

或

$$\sigma_{p0} \approx \sigma_{con} - \sigma_l + \alpha_E \sigma_{pcII} \quad (后张法)$$

2) 加荷至受拉区混凝土开裂前瞬间

此时开裂弯矩 M_{cr} 应为 $M_0 + \Delta M$，由材料力学可知 $\Delta M = f_{tk} W_0$，故

$$M_{cr} = (\sigma_{pcII} + f_{tk}) W_0$$

由于开裂前受拉混凝土的塑性变形，则将上述公式修改为：

$$M_{cr} = (\sigma_{pcII} + \gamma f_{tk}) W_0 \tag{8-32}$$

$$\gamma = \left(0.7 + \frac{120}{h}\right) \gamma_m$$

式中　γ——换算截面抵抗矩塑性影响系数。

h——截面高度(mm)，当 $h < 400$ 时，取 $h = 400$；当 $h > 1600$ 时，取 $h = 1600$；对圆形、环形截面，取 $h = 2r$，此处，r 为圆形截面半径或环形截面的外环半径。

γ_m——换算截面抵抗矩塑性影响系数基本值，可按正截面应变保持平面的假定，并取受拉区混凝土应力图形为梯形、受拉边缘混凝土极限拉应变为 $2f_{tk}E_c$ 确定；对常用的截面形状可直接查表 8-5。

表 8-5　截面抵抗矩塑性影响系数基本值 γ_m

项次	1	2	3		4		5
截面形状	矩形截面	翼缘位于受压区的T形截面	对称I形截面或箱形截面		翼缘位于受拉区的倒T形截面		圆形和环形截面
			$b_f/b \leq 2$、h_f/h 为任意值	$b_f/b > 2$、$h_f/h < 0.2$	$b_f/b \leq 2$、h_f/h 为任意值	$b_f/b > 2$、$h_f/h < 0.2$	
γ_m	1.55	1.50	1.45	1.35	1.50	1.40	$1.6 - 0.24r_1/r$

注：1. 对 $b_f' > b_f$ 的I形截面，可按项次2与项次3之间的数值采用；对 $b_f' < b_f$ 的I形截面，可按项次3与项次4之间的数值采用。

2. 对于箱形截面，b 系指各肋宽度的总和。

3. r_1 为环形截面的内环半径，对圆形截面取 r_1 为零。

3) 加荷至正截面受弯承载力极限状态

预应力混凝土受弯构件达到正截面承载力极限状态时，与钢筋混凝土受弯构件有相同之处，即当 $\xi \leq \xi_b$ 时，受拉区预应力钢筋 A_p 与非预应力钢筋 A_s 受拉屈服；然后是受压混凝土边缘纤维达到极限压应变。当 $\xi \geq 2a_s'/h_0$ 时，非预应力钢筋 A_s' 能受压屈服。

但与钢筋混凝土受弯构件不同的有：一是界限破坏时 ξ_b 的表达不同，此时应采用预应力钢筋的应力增量 $(f_{py} - \sigma_{p0})$ 代替 f_y，当采用钢丝、钢绞线、预应力螺纹钢筋等无明显屈服点钢筋时，取 $\varepsilon_{py} = 0.002 + \dfrac{f_{py} - \sigma_{p0}}{E_s}$；二是配置在预拉区的预应力钢筋 A_p' 将不会屈服（原

因是该钢筋在施工阶段处于高拉应力状态，而在外荷载作用下又处于构件受压区，荷载产生的压应力难以抵消预拉应力后再使该预应力钢筋受压屈服）。

ξ_b的计算公式如下（钢丝、钢绞线、预应力螺纹钢筋）：

$$\xi_b = \frac{\beta_1}{1 + \dfrac{0.002}{\varepsilon_{cu}} + \dfrac{f_{py} - \sigma_{p0}}{E_s + \varepsilon_{cu}}} \tag{8-33}$$

承载能力极限状态下的预拉区预应力钢筋A_p'的应力为σ_p'，可表达为

$$\sigma_p' = -f_{py} + \sigma_{p0}' \tag{8-34}$$

式中 σ_{p0}'——构件受拉边混凝土应力为零时A_p'的应力，对先张法为$\sigma_{p0}' = \sigma_{con}' - \sigma_l'$；对后张法为$\sigma_{p0}' = \sigma_{con}' - \sigma_l' + \alpha_{Ep}\sigma_{pc\,II}'$。

8.7.2 预应力混凝土受弯构件承载力计算

1. 正截面受弯承载力计算

计算原则和方法都与钢筋混凝土受弯构件中相同，只是要相应考虑在承载力极限状态时预应力钢筋的作用，并将其列入平衡方程中（为便于比较，在公式中标下划线）。

1）矩形截面（图8-15）

由 $\sum x = 0$ 得

$$f_y A_s + \underline{f_{py} A_p} = \xi a_1 f_c b h_0 + f_y' A_s' - \underline{\sigma_p' A_p'} \tag{8-35a}$$

由 $\sum M = 0$ 得

$$M \leqslant M_u = \xi(1 - 0.5\xi) a_1 f_c b h_0^2 + f_y' A_s'(h_0 - a_s') - \underline{\sigma_p' A_p'(h_0 - a_p')} \tag{8-35b}$$

式中 h_0——截面有效高度，$h_0 = h - a$（其中a为预应力钢筋A_p和非预应力钢筋A_s'的合力作用位置，可用取面积矩方法求得）；

σ_p'——由式(8-34)求得，以受拉为正。

式(8-35)的适用条件是：

$\xi \leqslant \xi_b$，ξ_b由式(8-33)求得；

$\xi \geqslant 2a_s'/h_0$，这是保证A_s'受压屈服的条件。

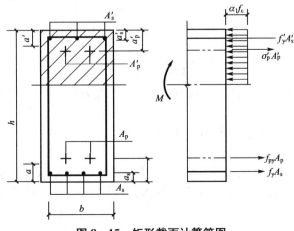

图8-15 矩形截面计算简图

当 $\xi < 2a_s'/h_0$ 时，A_s' 受压不屈服，可近似假定受压合力中心在 a_s' 位置，各部分钢筋合力对该点取矩即可（公式略）。

2）T 形截面

同样包括一类 T 形截面和二类 T 形截面。一类 T 形截面计算式可利用式（8-35），仅将 b 改为 b_f' 即可。

区分一类 T 形截面和二类 T 形截面的方法仍与钢筋混凝土受弯构件的相同，只需再加入预应力钢筋的作用即可。

对于二类 T 形截面，相当于在图 8-15 的基础上再考虑翼缘挑出部分的作用（图8-16），即在式（8-35a）的右端加上 $\alpha_1 f_c (b_f'-b) h_f'$，在式（8-35b）的右端加上 $\alpha_1 f_c (b_f'-b) h_f' (h_0-0.5h_f')$，即成为二类 T 形（双筋）截面的计算公式，读者应可完整写出。

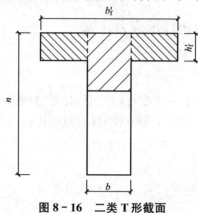

图 8-16　二类 T 形截面

2. 斜截面受剪承载力计算

★由于预应力的存在，可以推迟斜裂缝的出现，减小斜裂缝宽度，从而增加混凝土骨料咬合作用，增加混凝土剪压区高度。因此预应力混凝土受弯构件的斜截面受剪承载力将高于对应的钢筋混凝土受弯构件受剪承载力。此外，斜向的预应力弯起钢筋的预应力垂直分量也可直接承受部分剪力。

1）截面尺寸要求

受剪截面应符合的条件同钢筋混凝土受弯构件，目的是防止斜压破坏。

2）一般受弯构件仅配箍筋时

对矩形、T 形和 I 形截面的一般受弯构件，当仅配置箍筋时，其斜截面的受剪承载力应符合如下规定：

$$V \leqslant V_{cs} + V_p \tag{8-36}$$

式中　V_{cs}——构件斜截面上混凝土和箍筋的受剪承载力设计值，同钢筋混凝土受弯构件（第 5 章）；

　　　V_p——由预加力所提高的构件受剪承载力设计值；

$$V_p = 0.05 N_{p0} \tag{8-37a}$$

　　　N_{p0}——计算截面边缘混凝土法向应力等于零时的纵向预应力钢筋及非预应力钢筋合力，按式（8-37b）计算，当 $N_{p0} > 0.3 f_c A_0$ 时，取 $N_{p0} = 0.3 f_c A_0$。

$$N_{p0} = \sigma_{p0} A_p - \sigma_{l5} A_s + \sigma_{p0}' A_s' - \sigma_{l5}' A_s' \tag{8-37b}$$

其中

对先张法构件 $\sigma_{p0} = \sigma_{con} - \sigma_l$; $\sigma'_{p0} = \sigma'_{con} - \sigma'_l$

对后张法构件 $\sigma_{p0} = \sigma_{con} - \sigma_l + \alpha_{Ep}\sigma_{pcⅡ}$; $\sigma'_{p0} = \sigma'_{con} - \sigma'_l + \alpha'_{Ep}\sigma'_{pcⅡ}$

8.7.3 正常使用极限状态验算

1. 裂缝控制验算

对裂缝控制等级为一级、二级、三级的预应力混凝土受弯构件，其验算公式与预应力混凝土轴心受拉构件的相同，★但应注意：对荷载作用下的拉应力和施工阶段预压应力的计算，是对验算截面的边缘进行的，如对裂缝控制等级为一级、二级的构件

$$\sigma_{ck} = \frac{M_k}{W_0} \tag{8-38a}$$

$$\sigma_{cq} = \frac{M_q}{W_0} \tag{8-38b}$$

式中 W_0——换算截面受拉边缘的弹性抵抗矩；

M_k、M_q——按荷载效应标准组合和荷载效应的准永久组合计算的弯矩值。

2. 挠度验算

预应力混凝土受弯构件的挠度包括由荷载产生和预应力反拱两部分，由二者叠加而成。

1）由荷载产生的挠度 f_1

计算方法与普通受弯构件相同，关键是刚度的计算。

对使用阶段要求不出现裂缝的预应力混凝土受弯构件(抗裂等级为一级和二级)，其短期刚度 B_s 可取为

$$B_s = 0.85E_cI_0 \tag{8-39}$$

★对允许出现裂缝的构件(抗裂等级为三级)，则应考虑开裂影响(下略)。

考虑长期荷载影响的构件刚度 B 与钢筋混凝土受弯构件的计算式相同，并取 $\theta = 2.0$。

2）预加应力作用下的反拱 f_2

预应力混凝土受弯构件在预加应力作用下的反拱，可按两端有弯矩 N_pe_p 的简支梁由材料力学公式计算出。考虑该作用为长期作用，反拱值应乘以增大系数 2.0，则

$$f_2 = 2\frac{N_pe_p}{8B}l_0^2 \tag{8-40}$$

式中 B——根据不同情况取不同值，如短期刚度可取 E_cI_0；考虑荷载长期作用影响的刚度可取 $0.5E_cI_0$，此时 N_p 为扣除全部预应力损失值的钢筋拉应力合力。

3）挠度计算

预应力混凝土受弯构件在荷载标准值作用下的挠度值(考虑荷载长期作用影响)可表达为：

$$f = f_1 - f_2 \tag{8-41}$$

当考虑反拱后计算的构件挠度值不符合规范规定时，可采用施工起拱方式控制挠度值。若起拱值为 f_3，则 $f = f_1 - f_2 - f_3$，但应满足 $f_1 \geqslant f_2 + f_3$。

*8.7.4　施工阶段验算

与预应力混凝土轴心受拉构件类似，受弯构件在施工阶段的混凝土强度、受力状态都与正常使用时有所不同，因此需要对该阶段的控制截面应力进行验算。（下略）

8.8 预应力混凝土构件的构造规定

8.8.1　先张法构件

1. 预应力钢筋

1）预应力筋之间的净间距

先张法预应力筋之间的净间距不应小于其公称直径或等效直径的 2.5 倍和混凝土粗骨料最大直径的 1.25 倍，且应符合下列规定：预应力钢丝，不应小于 15mm；三股钢绞线，不应小于 20mm；七股钢绞线，不应小于 25mm。当混凝土振捣密实性具有可靠保证时，净间距可放宽至最大粗骨料直径的 1.0 倍。

2）并筋的配筋方式

当预应力钢丝按单根方式配筋困难时，可采用相同直径钢丝并筋的配筋方式。并筋的等效直径，对双并筋可采用单直径的（$\sqrt{2}\approx1.4$）；对三并筋可取为单筋直径的$\sqrt{3}$倍（≈1.7）。并筋的保护层厚度、锚固长度、预应力传递长度及正常使用极限状态验算均应按等效直径考虑。

2. 预应力钢筋端部周围混凝土的加强措施

预应力钢筋端部周围的混凝土应采取如下加强措施：①单根配置的预应力钢筋，其端部宜设置螺旋筋。②对分散布置的多根预应力钢筋，在构件端部 $10d$（d 为预应力钢筋公称直径）且不小于 100mm 范围内宜设置 3～5 片与预应力钢筋垂直的钢筋网片；③采用预应力钢丝配筋的薄板，在板端 100mm 范围内应适当加密横向钢筋。

3. 构件的加固

（1）对槽形板类构件，应在构件端部 100mm 范围内沿构件板面设置附加横向钢筋，其数量不应少于 2 根。

（2）对预制肋形板，宜设置加强其整体性和横向刚度的横肋，端横肋的受力钢筋应弯入纵肋内。当采用先张长线法生产有端横肋的预应力混凝土肋形板时，应在设计和制作上采取防止放张预应力时端横肋产生裂缝的有效措施。

（3）对预应力屋面梁等构件靠近支座端部的斜向主拉应力较大部位，宜将一部分预应力钢筋在靠近支座处弯起。

（4）当构件端部与结构焊接时，应考虑混凝土收缩、徐变、温度变化等产生的不利影响，在构件端部可能出现裂缝的部位配置足够的非预应力纵向构造钢筋。

8.8.2 后张法构件

1. 预留孔道

后张法预应力筋采用预留孔道应符合下列规定。

(1) 预制构件孔道之间的水平净间距不宜小于 50mm, 且不宜小于粗骨料直径的 1.25 倍; 孔道至构件边缘的净间距不宜小于 30mm, 且不宜小于孔道直径的一半。

(2) 现浇混凝土梁中, 预留孔道在竖直方向的净间距不应小于孔道外径, 水平方向的净间距不宜小于 1.5 倍孔道外径, 且不应小于粗骨料直径的 1.25 倍; 从孔道外壁至构件边缘的净间距, 梁底不宜小于 50mm, 梁侧不宜小于 40mm; 裂缝控制等级为三级的梁, 梁底、梁侧分别不宜小于 60mm 和 50mm。

(3) 预留孔道的内径宜比预应力束外径及需穿过孔道的连接器外径大 6~15mm; 且孔道的截面积宜为穿入预应力筋截面积的 3.0~4.0 倍, 并宜尽量取小值。

(4) 当有可靠经验并能保证混凝土浇筑质量时, 预应力筋孔道可水平并列贴紧布置, 但并排的数量不应超过 2 束。

(5) 在构件两端及曲线孔道的高点应设置灌浆孔或排气兼泌水孔, 其孔距不宜大于 20m。

(6) 凡制作时需要预先起拱的构件, 预留孔道宜随构件同时起拱。

(7) 在现浇楼板中采用扁形锚固体系时, 穿过每个预留孔道的预应力筋数量宜为 3~5 根; 在常用荷载情况下, 孔道在水平方向的净间距不应超过 8 倍板厚及 1.5m 中的较大值。

2. 锚具及其防腐及防火措施

后张法预应力钢筋所用锚具、夹具和连接器等的形式和质量应符合国家现行有关标准的规定。后张预应力混凝土外露金属锚具, 应采取可靠的防腐及防火措施, 并应符合下列规定。

(1) 无黏结预应力筋外露锚具应采用注有足量防腐油脂的塑料帽封闭锚具端头, 并采用无收缩砂浆或细石混凝土封闭。

(2) 采用混凝土封闭时混凝土强度等级宜与构件混凝土强度等级一致, 封锚混凝土与构件混凝土应可靠黏结, 如锚具在封闭前应将周围混凝土界面凿毛并冲洗干净, 且宜配置 1~2 片钢筋网, 钢筋网应与构件混凝土拉结。

(3) 采用无收缩砂浆或混凝土封闭保护时, 其锚具及预应力筋的最小保护层厚度: 一类环境类别时应为 20mm, 二 a、二 b 类环境类别时应为 50mm, 三 a、三 b 类环境类别时应为 80mm。

(4) 当无防火要求时, 可采用涂刷防锈漆的方式进行保护, 但必须保证能够重新涂刷。

3. 端部锚固区的间接钢筋

后张法预应力混凝土构件的端部锚固区, 应按规定配置间接钢筋。

(1) 采用普通垫板时, 应按规定进行局部受压承载力计算, 并配置间接钢筋, 其体积配筋率不应小于 0.5%, 垫板的刚性扩散角应取 45°。

（2）当采用整体铸造垫板时，其局部受压区的设计应符合相关标准的规定。

（3）在局部受压间接钢筋配置区以外，在构件端部长度 l 不小于截面重心线上部或下部预应力筋的合力点至邻近边缘的距离 e 的 3 倍，但不大于构件端部截面高度 h 的 1.2 倍，高度为 $2e$ 的附加配筋区范围内，应均匀配置附加防劈裂箍筋或网片（图 8-17）。

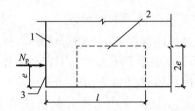

图 8-17　防止沿孔道劈裂的配筋范围
1—局部受压间接钢筋配置区；2—附加防劈裂配筋区；3—构件端面

配筋面积可按下列公式计算，且体积配筋率不应小于 0.5%。

$$A_{sb}=0.18\left(1-\frac{l_l}{l_b}\right)\frac{P}{f_y} \tag{8-42}$$

式中　P——作用在构件端部截面重心线上部或下部预应力钢筋的合力，此时仅考虑 σ_{l1}，但应乘以预应力分项系数 1.2；

l_l、l_b——沿构件高度方向的 A_l（局压面积）、A_b（局压影响面积）的边长或直径。

4. 端部钢筋布置

当构件端部预应力钢筋需集中布置在截面下部（或集中布置在上部和下部）时，应在构件端部 $0.2h$（h 为构件端部截面高度）范围内设置附加竖向防端面裂缝的构造钢筋。其截面面积应符合：

$$A_{sv}\geqslant T_s/f_{yv} \tag{8-43a}$$

其中
$$T_s=[0.25-(e/h)]P \tag{8-43b}$$

式中　T_s——锚固端端面裂拉力；

f_{yv}——附加竖向钢筋的抗拉强度设计值；

e——截面重心线上部或下部预应力钢筋的合力点至截面近边缘的距离；

h——构件端部截面高度。

附加竖向钢筋可采用焊接钢筋网、封闭式箍筋，且宜采用带肋钢筋；在构件横向也应按上述方法计算和布置横向防端面裂缝构造钢筋，与竖向构造钢筋组成钢筋网。

5. 曲线筋的曲率半径

在后张法预应力混凝土构件中，常用曲线预应力钢丝束、钢绞线束的曲率半径不宜小于 4m；折线配筋的构件，在预应力筋弯折处的曲率半径可适当减小。曲线预应力钢丝束、钢绞线束的曲率半径也可按公式计算（略）。

6. 端部有局部凹进时

当构件在端部有局部凹进时，应增设折线构造钢筋（图 8-18），或其他有效的构造钢筋。

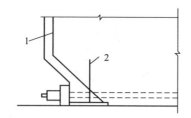

图 8 - 18　端部凹进处构造钢筋
1—折线构造钢筋；2—竖向构造钢筋

小　结

对存在受拉区的钢筋混凝土构件（如轴心受拉、偏心受拉、受弯、大偏心受压等），在正常使用情形下，开裂是难以避免的，其原因是混凝土的抗拉强度太低。对混凝土构件施加预应力，是克服这一缺点的有效途径。由于预应力混凝土结构具有许多显著优点，因而在结构工程中得到越来越广泛的应用。

预应力混凝土构件必须采用高强度等级的混凝土和高强度钢筋，只有这样才能获得好的预应力效果，这也为高强度钢筋的应用创造了条件。

预应力损失是预应力结构中特有的现象。预应力混凝土构件中，引起预应力损失的因素较多，不同预应力损失出现的时刻和延续的时间受许多因素制约，给计算工作增添了复杂性。深刻认识预应力损失现象，把握其变化规律，对于了解预应力混凝土构件的设计计算是十分有益的。

在施工阶段，预应力混凝土构件的计算分析是基于材料力学的分析方法，将开裂前的构件视为匀质弹性体；先张法构件和后张法构件采用不同的截面几何特征；在使用阶段，直到构件开裂前，材料力学的方法仍适用于预应力混凝土构件的分析，且先张法构件和后张法构件都采用换算截面进行。

预应力混凝土轴心受拉构件的应力分析是预应力混凝土受弯构件应力分析的基础；预应力混凝土构件的承载力计算和正常使用极限状态的验算都与钢筋混凝土构件有密切联系。

预应力混凝土构件不仅在计算上较为复杂，在构造上也与钢筋混凝土构件不同，施工要求也较高。随着国民经济的发展和施工技术的进步，预应力混凝土技术的应用将更加广泛。

习　题

一、思考题

（1）何谓预应力？为什么要对构件施加预应力？

（2）与钢筋混凝土构件相比，预应力混凝土构件有何优缺点？

（3）对构件施加预应力是否会改变构件的承载力？

（4）先张法和后张法各有何特点？

（5）预应力混凝土构件对材料有何要求？为什么预应力混凝土构件要求采用强度较高

的钢筋和混凝土?

(6) 何谓张拉控制应力?为什么要对钢筋的张拉应力进行控制?

(7) 何谓预应力损失?有哪些因素引起预应力损失?

(8) 先张法构件和后张法构件的预应力损失有何不同?

(9) 如何减小预应力损失?

二、计算题

(1) 某预应力混凝土轴心受拉构件长 24m,截面尺寸 $b \times h = 250mm \times 160mm$,混凝土强度等级为 C60,配置的预应力钢筋为 $10\phi^H 9$ 螺旋肋钢丝(图 8 - 19)。采用先张法施工,在 100m 台座上张拉,端头采用镦头锚具固定预应力筋,超张拉,加热养护时台座与构件间的温差 $\Delta t = 20℃$,混凝土达到强度设计值的 80% 时放松钢筋,试计算各项预应力损失值、有效预压应力、开裂时的荷载值 M 各为多少?

(2) 已知预应力混凝土屋架下弦用后张法施加预应力,截面尺寸为 $b \times h = 250mm \times 200mm$(图 8 - 20)。构件长 18m,混凝土强度等级为 C35,预应力钢筋用 1×7 钢绞线,$f_{ptk} = 1860N/mm^2$,配置非预应力钢筋为 $4\phi 10$,当混凝土达到抗压强度设计值的 80% 时张拉预应力钢筋(采用两端同时张拉,超张拉),孔道直径为 $\phi 50$(充压橡皮管抽芯成型),轴向拉力设计值 $N = 460kN$,在荷载短期效应组合下,轴向拉力值 $N_s = 350kN$;在荷载长期效应组合下,轴向拉力值 $N_L = 300kN$,该构件属一般要求不出现裂缝的构件,要求:

(1) 确定钢筋数量;

(2) 进行使用阶段正截面抗裂验算;

(3) 验算施工阶段混凝土抗压承载力。

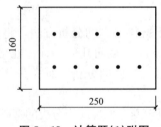

图 8 - 19 计算题(1)附图

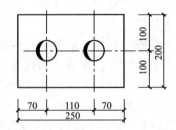

图 8 - 20 计算题(2)附图

(3) 已知预应力拉杆截面尺寸 $b \times h = 220mm \times 180mm$,采用 C40 混凝土,预应力钢筋采用直径 12mm 的三股钢绞线,每孔 3 根,非预应力采用 4 根直径 12mm 的 HPB300 钢筋,采用后张法生产工艺,截面预留两个直径 $D = 50mm$ 的孔道,张拉控制应力取为 $0.7f_{ptk} = 0.7 \times 1570N/mm^2$,预应力损失 $\sigma_l = 300N/mm^2$,试求预应力损失完成后预应力混凝土的有效压应力 σ_{pc};预应力钢筋的应力 σ_{pe};非预应力钢筋的应力 σ_s(不考虑混凝土收缩徐变引起的应力损失)。

(4) 已知预应力混凝土轴心拉杆截面尺寸为 $b \times h = 250mm \times 200mm$,采用 C50 混凝土,中强度预应力钢丝,$f_{py} = 810N/mm^2$ 非预应力钢筋采用 4 根直径 12mm 的 HPB300 钢筋,先张法生产工艺。已知张拉控制应力 $\sigma_{con} = 700N/mm^2$,预应力总损失 $\sigma_l = 250N/mm^2$,求:预应力损失完成后混凝土的有效预压应力、预应力钢筋的应力、非预应力钢筋的应力以及该构件所能承受的轴向拉力极限值(不考虑混凝土收缩徐变引起的应力损失)。

第**9**章
混凝土梁板结构

教学目标

本章介绍由梁、板等受弯构件组成的基本结构。通过本章学习，应达到以下目标。

（1）掌握单向板和双向板的区别，理解弹性理论的设计方法和塑性理论的设计方法。

（2）熟悉单向板肋形楼盖设计计算和配筋要求，熟悉板式楼梯的设计。

（3）理解双向板肋形楼盖设计计算方法。

教学要求

知识要点	能力要求	相关知识
整浇楼（屋）盖的类型	（1）理解单向板和双向板的受力特点 （2）熟悉楼盖结构布置的原则和方法 （3）掌握荷载的传递路线和计算方法	（1）单向板和双向板 （2）次梁和主梁 （3）梁柱的线刚度
单向板肋形楼盖	（1）理解弹性理论设计方法和塑性理论设计方法 （2）熟悉活荷载的最不利布置和弯矩包络图作法 （3）熟悉塑性内力重分布和塑性铰的概念 （4）掌握单向板肋形楼盖计算过程	（1）折算荷载 （2）内力包络图、材料图 （3）充分利用截面、理论不需要截面
双向板肋形楼盖	（1）了解双向板肋形楼盖的结构布置 （2）熟悉多区格板的弹性理论计算方法	（1）单区格板 （2）多区格板
梁式楼梯和板式楼梯	（1）了解梁式楼梯和板式楼梯的构件布置 （2）熟悉板式楼梯的计算方法 （3）掌握板式楼梯的配筋设计	（1）踏步板、斜梁 （2）梁板配筋

基本概念

单向板、双向板、单向板肋形楼盖、荷载最不利组合、活荷载的最不利布置、内力包络图、折算荷载、塑性内力重分布、板面增设构造钢筋、塑性铰、板拱、分离式配筋、附加横向钢筋、梁式楼梯、板式楼梯混凝土梁板结构(beam-slab structures of reinforcement concrete)是由钢筋混凝土受弯构件(梁和板)组成的基本受力结构,广泛用于房屋建筑中的楼盖、屋盖,以及阳台、雨篷、楼梯、基础、水池顶板等部位。

按照施工方法的不同,梁板结构可分为整浇和预制的两类。预制的梁板结构,一般是板预制、梁现浇的方式(也可以梁和板都预制),其设计计算与单个构件没有大的区别,主要是加强梁和板的整体连接构造;而现浇梁板结构的设计计算具有和单个构件的设计计算不同的特点,故本章重点介绍现浇单向板肋形楼盖、现浇双向板肋形楼盖及现浇楼梯等梁板结构的设计。

作用于梁板结构上的荷载一般是竖向荷载,包括恒荷载和活荷载。其中恒荷载为结构构件自重、构造层自重以及永久性设备的自重等,可根据相应的重力密度(也称为重度或比重)和截面尺寸求得;活荷载则需按建筑的不同用途由《建筑结构荷载规范》(GB 50009—2012)查出。

9.1 整浇楼(屋)盖的受力体系

整浇楼(屋)盖的类型主要有:单向板肋形楼盖、双向板肋形楼盖以及无梁楼盖等。

9.1.1 单向板肋形楼盖

单向板肋形楼盖由板、次梁、主梁组成(图9-1)。板的四边支承在梁(或墙)上,次梁支承在主梁上。当板的长边 l_2 与短边 l_1 之比相对较大时(按弹性理论计算,$l_2/l_1>2$;按塑性理论,$l_2/l_1>3$),板上荷载主要沿短边 l_1 的方向传递,而沿长边传递的荷载效应可以

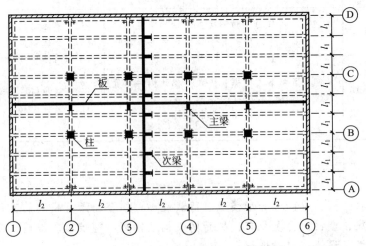

图9-1 单向板肋形楼盖

略去不计。这种主要沿单方向(短向)传递荷载、产生单向弯曲的板,称为单向板。由于沿长边方向的支座附近仍有一定的弯曲变形和内力,需要考虑其实际受力情况在配筋构造上加以处理。

1. 结构平面布置

在进行板、次梁和主梁的布置时,应在满足建筑使用要求的前提下,尽量使结构布置合理、造价比较经济。

1) 跨度

主梁的跨度一般为5~8m;次梁的跨度一般为4~6m;板的跨度(也即次梁的间距)一般为2.0~3.0m,通常为2.5m左右。在一个主梁跨度内,次梁不宜少于2根。

2) 板的厚度

板的混凝土用量占整个楼盖混凝土用量的一半以上,因此应尽量使现浇板厚度接近板的构造厚度(板的构造厚度详见混凝土受弯构件,如对单向的屋面板为60mm、对民用建筑和工业建筑楼板分别为60mm和80mm等),并且板的厚度不应小于板跨度的1/40。

3) 梁板构件的布置原则

在进行单向板肋形楼盖的构件布置时,应当遵循下述原则:①为了增强房屋的横向刚度,主梁一般沿房屋横向布置,而次梁则沿房屋纵向布置;②主梁必须避开门窗洞口(图9-1);③当建筑上要求横向柱距大于纵向柱距较多时,主梁也可沿纵向布置以减小主梁跨度(图9-2);④梁格布置应力求规整,板的厚度宜一致、梁截面尺寸应尽量统一;柱网宜为正方形或矩形;梁系应尽可能连续贯通以加强楼盖整体性;⑤梁、板尽量布置成等跨度(由于边跨内力要比中间跨的大些,故板、次梁及主梁的边跨跨长宜略小于中间跨跨长,一般在10%以内)。

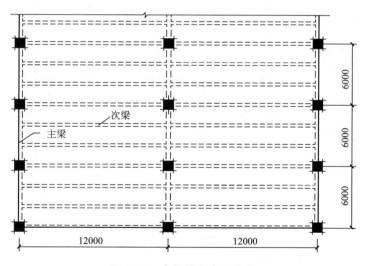

图 9-2 主梁纵向布置方案

2. 荷载的传递和计算

单向板肋形楼盖的荷载传递路线是:板→次梁→主梁。

板承受均布荷载。由于沿板长边方向的荷载分布相同,故在计算板的荷载及内力时,可取 1m 宽度的单位板宽(即 $b=1000mm$)进行计算;板支承在次梁或墙上,其支座按不动铰支座考虑。

次梁承受由板传来的荷载以及次梁的自重,都是均布荷载;次梁支承在主梁上,其支座也按不动铰支座考虑。

主梁承受次梁传下的荷载以及主梁自重。次梁传下的荷载也即是次梁的支座反力,是集中荷载;而主梁的自重是均布荷载。因为主梁自重所占荷载比例较小,可简化为集中荷载计算,故主梁的荷载可都按集中荷载考虑。当主梁支承在砖柱(或砖墙)上时,其支座可简化为不动铰支座;当主梁与钢筋混凝土柱整浇时,若梁柱的线刚度比大于5,则主梁支座也可视为不动铰支座(这样,板、次梁、主梁都可按连续受弯构件计算);若梁柱的线刚度比相当(如梁柱的线刚度比小于3),则主梁应按弹性嵌固于柱上的框架梁计算。

★在进行荷载计算时,不考虑结构连续性或支座沉降的影响,直接按各自构件承受荷载的范围进行统计(这一原则,也适用于其他结构)。

3. 计算简图

荷载、支承条件和跨度,是确定计算简图的基本要素(对于变截面梁或板,还应知道截面的抗弯刚度)。在按弹性理论方法计算时,板、次梁、主梁(或单跨梁板)的计算跨度均可取支座中心线之间的距离(附录附表23)。若支承长度较大时,可进行如下修正:当板与梁整浇时,板的中间跨跨度不大于 $1.1l_n$(l_n 为板的净跨长度);当梁与支座整浇,梁的中间跨跨度不大于 $1.05l_n$,边跨跨度不大于 $1.025l_n+b/2$(l_n 为梁的净跨长度,b 为中间支座宽度)。单向板肋形楼盖的计算简图示于图 9-3。

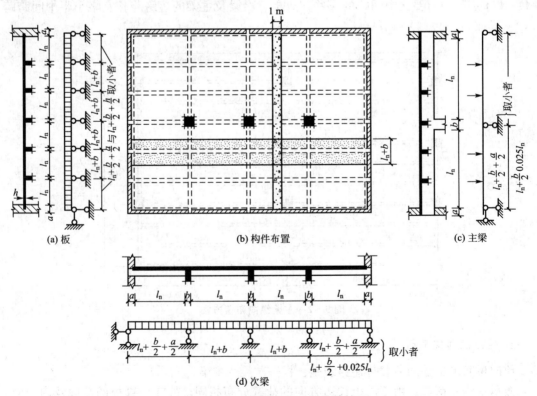

图 9-3　单向板肋形楼盖的计算简图

9.1.2 双向板肋形楼盖

双向板肋形楼盖(图9-4)与单向板肋形楼盖的区别是：板的长边和短边的比值较为接近($l_2/l_1 < 2$)，板的厚度不应小于80mm；在承受和传递荷载时，板在两个方向的内力和变形都不能忽略。由于板在两个方向都传递荷载，因而周边梁受到的是三角形分布的荷载或梯形分布的荷载。

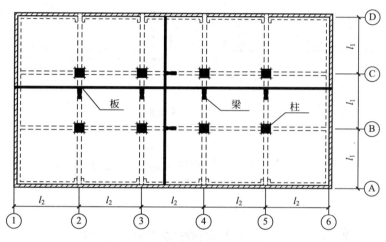

图9-4 双向板肋形楼盖

在某些建筑中，当建筑使用上要求有大空间时，在双向板肋形楼盖范围内可不设柱而组成井式楼盖(图9-5)。当房间长短边之比不大于1.5时，各梁可直接支承在承重墙或墙梁(边梁)上[图9-5(a)]；当长短边之比大于1.5时，可用支柱将平面划分为同样形状的区格，使次梁支承在梁间主梁上[图9-5(c)]，也可沿45°线方同布置梁格[图9-5(b)]。梁区格的长短边之比一般不宜大于1.5；梁高h可取($1/16 \sim 1/18$)l，梁宽b为($1/3 \sim 1/4$)h，其中l为房间平面(或边梁)的短边长度。

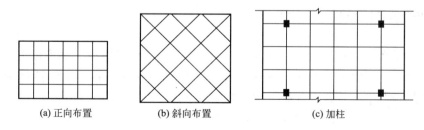

(a) 正向布置　　　　(b) 斜向布置　　　　(c) 加柱

图9-5 井式楼盖梁格布置

*9.1.3 无梁楼盖

当楼板直接支承在柱上而不设梁时，则成为无梁楼盖(图9-6)。为了改善板的受冲切性能，往往在柱的上部设置柱帽。

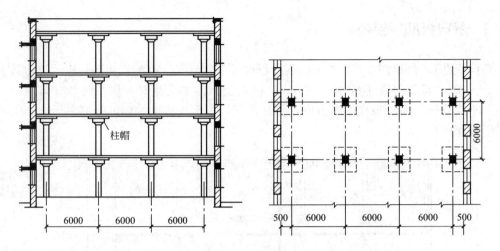

图 9-6　无梁楼盖

无梁楼盖的柱网通常为正方形，每一方向的跨数不少于 3 跨，柱距一般为 6m，无梁楼盖的板厚一般为 160～200mm，板厚与板的最大跨度之比为 1/35（有柱帽）或 1/32（无柱帽），板的最小厚度为 150mm。

9.2 单向板肋形楼盖的设计计算

当结构平面布置和计算简图确定后，就可进行结构构件的内力计算。单向板肋形楼盖的板和次梁往往是等跨的并有较多的跨数。随着跨数的增多，各内跨的内力差别不大，故对多于 5 跨的等跨梁、板（所谓等跨，指跨度相差不超过 10％），可近似按 5 跨计算；对不多于 5 跨的梁、板，则按实际跨数计算。

单向板肋形楼盖的内力计算方法，有弹性理论计算方法和塑性理论计算方法。

9.2.1　按弹性理论的计算方法

单向板肋形楼盖的板和次梁，以及可按不动铰支座考虑的主梁，都可按多跨连续受弯构件进行计算。当计算方法是材料力学或结构力学的方法时，就是按弹性理论计算的方法。对于常用荷载下的等跨、等截面梁，其内力系数可直接查附录附表 25。

在计算时，由于实际的结构构件不同于理想的结构构件，以及活荷载作用位置的变化等因素，故在按弹性理论计算时，尚需要注意如下问题。

1. 荷载的最不利组合

恒荷载作用在结构上后，其位置不会发生改变，而活荷载的位置可以变化。由于活荷载的布置方式不同，会使连续结构构件各截面产生不同的内力。为了保证结构的安全性，就需要找出构件产生最大内力的活荷载布置方式，并将其内力与恒荷载内力叠加，作为设计的依据，这就是荷载最不利组合（或最不利内力组合）的概念。

1) 活荷载的最不利布置

在荷载作用下，连续梁的跨中截面及支座截面是出现最大内力的截面，这些截面称为控制截面。控制截面产生最大内力的活荷载布置就是活荷载的最不利布置。

活荷载的最不利布置的原则就是找出跨中产生最大弯矩和最小弯矩以及支座产生负弯矩最大值和剪力最大值的布置，有如下要点。

(1) 使某跨跨中产生弯矩最大值时，除应在该跨布置活荷载外，尚应向左、右两侧隔跨布置活荷载；使该跨跨中产生弯矩最小值时，其布置恰好与此相反（即该跨不布置活荷载而在左、右两相邻跨内布置活荷载，然后隔跨布置活荷载）。

(2) 使某支座产生负弯矩最大值或剪力最大值时，应在该支座两侧跨内同时布置活荷载，并向左、右两侧隔跨布置活荷载（边支座负弯矩为零；考虑剪力时，可视支座外侧跨长为零）。

按上述原则，对两跨连续梁有三种最不利布置方式，对五跨连续梁有六种最不利布置方式，对于 n 跨连续梁，可得出 $n+1$ 种活荷载的最不利布置方式（图 9-7）。

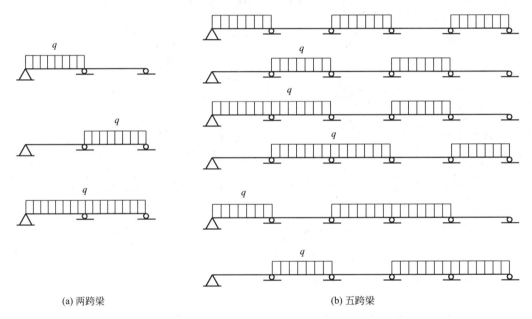

(a) 两跨梁　　　　　　　　　　　　(b) 五跨梁

图 9-7　连续梁的活荷载最不利布置（图中为均布活荷载）

2) 内力包络图

每一种活荷载的最不利布置都不可能脱离恒荷载而单独存在，因此每种活荷载最不利布置下产生的内力均应与恒荷载产生的内力叠加。当在同一坐标上画出各种（恒荷载＋活荷载最不利布置）内力图后，其外包线就是内力包络图，它表示各截面可能出现的内力的上、下限。

【例 9-1】　某单向板肋形楼盖的主梁如图 9-8 所示。承受由次梁传来的恒荷载设计值 $G_1=56.58\text{kN}$，活荷载设计值 $Q=78.0\text{kN}$，主梁自重（均布荷载）折算的集中荷载设计值 $G_2=8.44\text{kN}$，试作出该梁的弯矩包络图和剪力包络图。

解：（1）求恒荷载与活荷载作用下的内力。

恒荷载 $G=G_1+G_2=56.58+8.44=65.02(\text{kN})$　　　　活荷载 $Q=78.0\text{kN}$

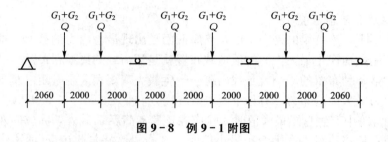

图 9 - 8　例 9 - 1 附图

则 $G+Q=65.02+78.0=143.02(\text{kN})$

查附录附表 25 - 2，可求出恒荷载作用下及各种活荷载最不利布置下的内力，如表 9 - 1 所示。

表 9 - 1　恒荷载与活荷载作用下内力

项目	荷载图	跨内弯矩		支座弯矩		剪　力			
		M_1	M_2	M_B	M_C	V_A	$V_{B左}$	$V_{B右}$	$V_{C左}$
①		0.244 / 95.19	0.067 / 26.14	−0.267 / −104.16	0.267 / −104.16	0.733 / 47.66	−1.267 / −82.38	1.000 / 65.02	−1.000 / −65.02
②		0.289 / 136.6	−0.133 / −62.56	−0.133 / −62.56	−0.133 / −62.56	0.866 / 67.55	−1.134 / −88.45	0 / 0	0 / 0
③		−0.044 / −20.85	0.200 / 93.60	−0.133 / −62.56	−0.133 / −62.56	−0.133 / 10.37	−0.133 / −10.37	1.000 / 78.02	−1.000 / −78.0
④		0.229 / 108.24	0.170 / 79.56	−0.311 / −146.28	−0.089 / −41.86	0.689 / 53.74	−1.311 / −102.56	1.222 / 95.32	−0.778 / −60.68
⑤		与④相反				与④反对称			

注：1. 横线以上为内力系数，横线以下为内力值，单位为 kN·m(M) 或 kN(V)。

　　2. 计算支座弯矩时，采用相邻跨度平均值。

　　3. 跨内较小弯矩可用取脱离体的方法确定。

（2）作弯矩包络图和剪力包络图。

在同一坐标上，画出①+②、①+③、①+④、①+⑤等几种荷载组合下的内力图，其外包线就是弯矩包络图和剪力包络图（图 9 - 9）。其中剪力包络图可直接由弯矩斜率确定（相应各段的弯矩斜率最大者，其斜率就是该段剪力包络图），而弯矩包络图是对称图形（其中①+⑤可利用对称性作出）。

2. 折算荷载

当板与次梁、次梁与主梁整浇在一起时，其支座与计算简图中的理想铰支座有较大差别。尤其是活荷载隔跨布置时，支座将约束构件的转动，使被支承的构件（板或次梁）的支座弯矩增加、跨中弯矩降低。为了修正这一影响，通常采用增大恒荷载、相应减小活荷载的方式来处理（恒荷载满布各跨，将其增加可使支座弯矩增加；相应减小活荷载会使跨中弯矩变小，而总荷载保持不变），即采用折算荷载来计算内力。

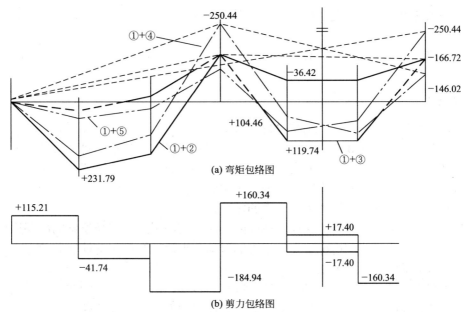

(a) 弯矩包络图

(b) 剪力包络图

图9-9 例9-1的弯矩包络图和剪力包络图(单位：弯矩为 kN·m，剪力为 kN)

对于板：折算恒荷载　$g'=g+q/2$，折算活荷载　$q'=q/2$；

对于次梁：折算恒荷载　$g'=g+q/4$，折算活荷载　$q'=3q/4$。

其中，g、q 为实际的恒荷载、活荷载。

主梁不采用折算荷载计算。因为当支承主梁的柱刚度较大时，应按框架计算结构内力；当柱刚度较小时，它对梁的约束作用很小，可以略去其影响，故无须进行荷载修正来调整内力。

3. 支座截面的内力设计值修正

在用弹性理论方法计算时，计算跨度一般都取至支座中线。而当板与梁整浇、次梁与主梁整浇以及主梁与混凝土柱整浇时，在支承处的截面工作高度大大增加，因而危险截面不是支座中心处的构件截面而是支座边缘处截面(图9-10)。

为了节省材料，整浇支座截面的内力设计值可按支座边缘处取用，并近似取为：

$$M_c = M - V_0 b/2 \qquad (9-1)$$

$$V_c = V - (g+q)b/2 \qquad (9-2)$$

式中　M、V——支座中心线处截面的弯矩和剪力；

V_0——按简支梁计算的支座剪力；

b——整浇支座的宽度；

g、q——作用在梁(板)上的均布恒荷载和均布活荷载。

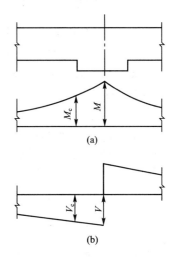

图9-10 整浇构件的支座内力

综上所述，按弹性理论方法计算单向板肋形楼盖的主要步骤是：①确定计算简图(其中板和次梁采用折算荷载)；②求出恒荷载作用下的内力和最不利活荷载作用下的内力并分别进行叠加；③作出内力包络图；④对整浇支座截面的弯矩和剪力进行调整；⑤进行配筋计算；⑥按弯矩包络图确定弯起钢筋和纵向钢筋截断位置，按剪力包络图确定腹筋。

9.2.2 按塑性理论的计算方法

1. 塑性内力重分布和塑性铰

在按弹性理论的计算时，结构构件的刚度是始终不变的，内力与荷载成正比。但是，钢筋混凝土受弯构件在荷载作用下会出现裂缝，而且混凝土材料也不是匀质弹性材料。随着荷载的增加、混凝土塑性变形的发展，结构构件各截面的刚度相对值会发生变化。而超静定结构构件的内力是与构件刚度有关的，刚度的变化意味着截面内力分布会发生不同于弹性理论的分布，这就是塑性内力重分布的概念。

显著的塑性内力重分布发生在控制截面的受拉钢筋屈服之后。受拉钢筋的屈服使该截面在承受的弯矩几乎不变的情况下发生较大的转动。因此，构件在钢筋屈服的截面好像形成了一个可转动的铰，称之为塑性铰。

塑性铰与理想铰的区别是：①理想铰可以自由转动，而塑性铰只能在单一方向上做有限的转动，其转动能力与构件的配筋率相关：配筋率增大，塑性铰的转动能力减少。②理想铰不能承受弯矩，而塑性铰可以承受弯矩。由于塑性铰是在截面弯矩接近破坏弯矩时才出现，因此它能承受的弯矩就是极限弯矩 M_u。③理想铰是理想化的点铰，而受拉钢筋的屈服有一定范围，故塑性铰是一个区域铰，它有一定长度。

静定结构的某一截面一旦形成塑性铰，结构即转化为几何可变体系而丧失承载能力。但超静定结构则不同，如：当连续梁的某一支座截面形成塑性铰后，并不意味着结构承载能力丧失，而仅仅是减少了一次超静定次数，结构可以继续承载，直至整个结构形成几何可变体系，结构才最后丧失承载能力。

超静定结构出现塑性铰后，结构的受力状态与按弹性理论的计算有很大不同。由于结构发生显著的塑性内力重分布，结构的实际承载能力高于按弹性理论计算的承载能力。

2. 塑性理论的计算方法

在进行超静定的梁板结构计算时，塑性理论计算方法的要点是：通过弯矩调整，预先设计塑性铰出现的截面（一般是中间支座截面），根据调整后的弯矩进行截面配筋，从而节省钢材、方便施工，取得一定的经济效果。

较普遍采用的塑性理论计算方法是弯矩调幅法。这种方法是在弹性理论计算的基础上进行的：降低和调整按弹性理论计算的某些截面的最大弯矩值，并同时满足静力平衡条件。截面的弯矩调整幅度用弯矩调幅系数 β 表示：

$$\beta = 1 - M_0/M_e \qquad (9-3)$$

式中　M_0——调整后的弯矩设计值；

　　　M_e——按弹性理论计算得到的弯矩值。

采用塑性理论计算连续板和梁时，为了保证塑性铰在预期的部位形成，同时又要防止裂缝过宽及挠度过大影响正常使用，故在设计时，要求遵守下述各项原则。

1）要保证塑性铰的转动能力

为了保证塑性铰的转动能力，应采用塑性性能好的热轧钢筋（如 HPB300、HRB335 或 HRB400 等级别钢筋）作纵向受力钢筋；在弯矩降低的截面（称正调幅），计算配筋时的混凝土相对受压区高度满足 $\xi \leqslant 0.35$。

2）控制调幅范围

调幅范围一般不超过 25%；当 $q/g \leqslant 1/3$ 或采用冷拉钢筋时，调幅不得超过 15%（q 为均布活荷载，g 为均布恒荷载）。

3）应满足静力平衡条件

在任何情况下，应使调整后的每跨两端支座弯矩平均值与跨中弯矩绝对值之和不小于按简支梁计算的跨中弯矩，如图 9-11 所示，即要求：

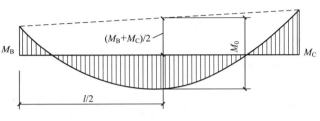

图 9-11 弯矩的平衡条件

$$\frac{M_B+M_C}{2}+M_1 \geqslant M_0 \qquad (9-4)$$

在均布荷载下，梁的支座弯矩和跨中弯矩值均不得小于 $\frac{1}{24}(g+q)l_0^2$。

4）特殊情况不应采用

对直接承受动力荷载的结构、负温下工作的结构、裂缝控制等级为一级和二级的结构，均不采用塑性理论计算方法。

3. 等跨连续梁、板按塑性理论的设计

按照塑性理论的计算方法（弯矩调幅法）和一般原则，可导出等跨的连续板及次梁在承受均布荷载下的内力计算公式，设计时可直接利用。

1）弯矩设计值 M

$$M=\alpha_m(g+q)l_0^2 \qquad (9-5)$$

式中 α_m——弯矩计算系数，按表 9-2 采用；

g、q——均布恒荷载设计值和均布活荷载设计值；

l_0——计算跨度，对于整浇支座，取至支座边缘，即净跨长度；对非整浇支座，按弹性理论方法取值（一般取至支座中心线）。

表 9-2 连续梁和连续单向板的弯矩计算系数 α_m

支承情况		截 面 位 置					
		端支座	边跨跨中	离端第二支座	离端第二跨跨中	中间支座	中间跨跨中
		A	Ⅰ	B	Ⅱ	C	Ⅲ
梁、板搁支在墙上		0	$\dfrac{1}{11}$	二跨连续：$-\dfrac{1}{10}$ 三跨以上连续：$-\dfrac{1}{11}$	$\dfrac{1}{16}$	$-\dfrac{1}{14}$	$\dfrac{1}{16}$
板	与梁整浇连接	$-\dfrac{1}{16}$	$\dfrac{1}{14}$				
梁		$-\dfrac{1}{24}$					
梁与柱整浇连接		$-\dfrac{1}{16}$	$\dfrac{1}{14}$				

注：1. 表中系数适用于荷载比 $q/g>0.3$ 的等跨连续梁和连续单向板。

2. 连续梁或连续单向板的各跨长度不等，但相邻两跨的长跨与短跨之比值小于 1.10 时，仍可采用表中弯矩系数值。计算支座弯矩时应取相邻两跨中的较长跨度值，计算跨中弯矩时应取本跨长度。

2) 剪力设计值 V

$$V = \alpha_V(g+q)l_n \tag{9-6}$$

式中 α_V——剪力系数，按表9-3采用；

  l_n——梁的净跨长度。

表9-3 连续梁的剪力计算系数 α_V

支 承 情 况	截 面 位 置				
	端支座内侧 A_{in}	离端第二支座		中间支座	
		外侧 B_{ex}	内侧 B_{in}	外侧 C_{ex}	内侧 C_{in}
搁支在墙上	0.45	0.60	0.55	0.55	0.55
与梁或柱整体连接	0.50	0.55		0.55	0.55

9.2.3 配筋设计及构造要求

1. 连续单向板设计

1）设计要点

与次梁整浇或支承于砖墙上的连续单向板，一般可按塑性理论方法进行设计（弯矩系数分别取 1/11、−1/14、1/16），并取计算宽度 $b=1000\text{mm}$，按单筋矩形截面计算。

板所受的剪力很小（$V < 0.7f_t bh_0$），仅依靠混凝土即足以承担剪力，故一般不必进行受剪承载力计算，也不必配置箍筋。

板的厚度 h 应满足板的构造规定，板的支承长度应满足受力钢筋在支座内的锚固要求，其支承长度一般不小于板厚和 120mm，板的计算跨度应按图9-12取用。

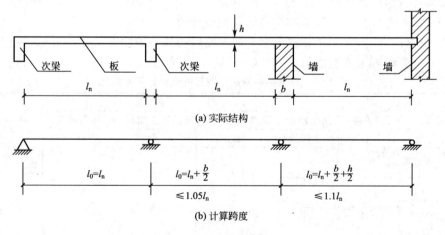

图9-12 板的计算跨度

在极限状态下，板支座在负弯矩作用下上部开裂，跨中在正弯矩作用下下部开裂，使跨中和支座间的混凝土形成拱（图9-13）。当板的四周有梁，使板的支座不能自由移动时，则板拱在竖向荷载作用下产生的横向推力可以减少板中各计算截面的弯矩，★故对四周与梁整浇的单向板，其中间跨跨中和中间支座，计算弯矩可减少20％。

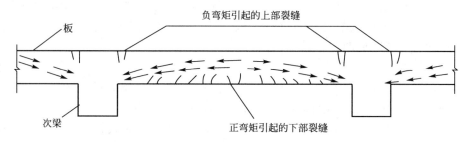

图9-13 板开裂后形成的拱

2）配筋构造

（1）受力钢筋。

受力钢筋可采用HPB300级或HPB235级光圆钢筋，也可采HRB335级带肋钢筋；常用直径有6mm、8mm、10mm和12mm，宜选用较大直径作支座负弯矩钢筋。

钢筋的间距一般不小于70mm，也不大于200mm（当板厚$h>150$mm时，不大于$1.5h$且不大于250mm）。伸入支座的钢筋截面面积不得少于跨中受力钢筋截面面积的1/3，且间距不大于400mm。

钢筋锚固长度不应小于$5d$，光圆钢筋末端应做弯钩。可以弯起跨中受力钢筋的一半作支座负弯矩钢筋（最多不超过2/3），弯起角度一般为30°（当$h>120$mm时，可采用45°）。负弯矩钢筋的末端宜做成直钩直接顶在模板上，以保证钢筋在施工时的位置。

受力钢筋的配置方式有弯起式（图9-14）和分离式两种。

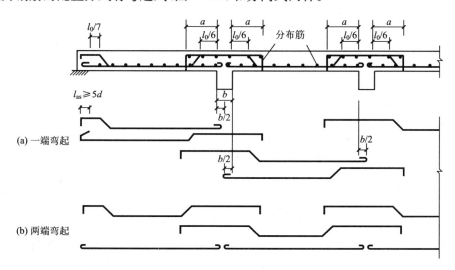

图9-14 连续板的弯起式配筋

在图9-14的弯起式配筋中，支座负弯矩钢筋向跨内的延伸长度a应覆盖负弯矩图并满足钢筋锚固的要求。一般情况下，当$g/q\leqslant3$时，可取$a=l_0/4$；当$g/q>3$时，取$a=l_0/3$；l_0为计算跨度。

具体配筋时，先按跨中正弯矩确定受力钢筋的直径、间距，然后在支座附近将其中的一部分按规定弯起以抵抗支座负弯矩（抵抗支座负弯矩不够时，再加直钢筋），另一部分钢筋则伸入支座。这种配筋方式节省钢材，整体性和锚固性都好。

分离式配筋是指跨中正弯矩钢筋和支座负弯矩钢筋分别配置，负弯矩钢筋向跨内的延伸长度 a 与弯起式配筋相同，跨中正弯矩钢筋宜全部伸入支座。参照弯起式的配筋方式，读者不难画出分离式配筋图（自行练习）。

（2）分布钢筋。

分布钢筋布置于受力钢筋内侧，与受力钢筋垂直放置并互相绑扎（或焊接）。其单位长度上的面积不小于单位长度上受力钢筋面积的 15%，且不小于该方向板截面面积的 0.15%，其间距不宜大于 250mm，直径不小于 6mm；在集中荷载较大时，分布钢筋间距不宜大于 200mm。在受力钢筋的弯折处，也都应布置分布钢筋。

分布钢筋末端可不设弯钩。

分布钢筋的作用是：固定受力钢筋位置；抵抗混凝土的温度应力和收缩应力；承担并分散板上局部荷载产生的内力。

（3）板面附加钢筋。

对嵌入墙体内的板，为抵抗墙体对板的约束产生的负弯矩以及抵抗由于温度收缩影响在板角产生的拉应力，应在沿墙长方向及墙角部分的板面增设构造钢筋（图 9-15）。钢筋间距不应大于 200mm，直径不应小于 6mm（包括弯起钢筋在内），其伸出墙边的长度不应小于 $l_1/7$（l_1 为单向板的跨度或双向板的短边跨度）。

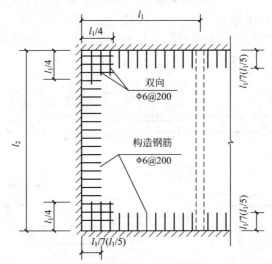

图 9-15　板嵌固在承重墙内时板边的上部构造钢筋
（注：括号内数字用于混凝土梁或混凝土墙）

对两边均嵌固在墙内的板角部分，应双向配置上部构造钢筋，其伸出墙边的长度不应小于 $l_1/4$。沿受力方向配置的上部构造钢筋（包括弯起钢筋）的截面面积不宜小于跨中受力钢筋截面面积的 $1/3\sim1/2$。

（4）现浇板与主梁相交处钢筋。

现浇板的受力钢筋与主梁肋部平行，但由于板靠近主梁的一部分荷载会直接传至主梁，故应沿主梁肋方向配置间距不大于 200mm、直径不小于 8mm 的与梁肋垂直的构造钢筋（图 9-16），且单位长度的总截面面积不应小于板中单位长度内受力钢筋截面面积的 1/3，伸入板中的长度从肋边算起每边不应小于板计算跨度的 1/4。

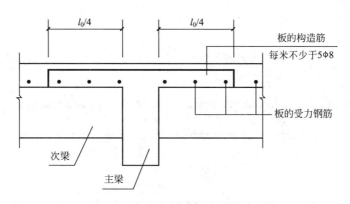

图 9 - 16　板中与梁肋垂直的构造钢筋

2. 次梁的设计

1) 设计要点

次梁可按塑性理论计算方法进行设计,故承受均布荷载的等跨次梁可直接利用表9-2、表9-3的有关系数计算内力。

次梁的跨度、截面尺寸的选择按受弯构件的有关规定确定。次梁的计算跨度按图9-17选用,次梁在砖墙上的支承长度不应小于240mm,并应满足墙体局部受压承载力的要求。

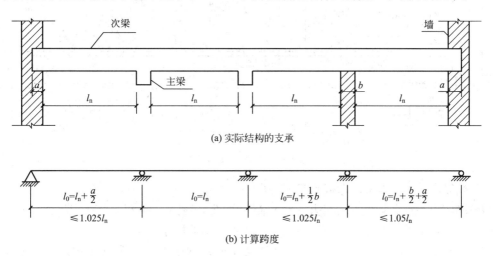

图 9 - 17　次梁的计算跨度

在正弯矩作用下,梁的跨中截面为 T 形截面(翼缘受压)。在负弯矩作用下,中间连续支座两侧的截面按矩形截面计算(翼缘受拉)。T 形截面的翼缘计算宽度 b_f' 的取值同前述(见受弯构件)。

2) 配筋构造

(1) 一般要求。

次梁的钢筋直径、净距、混凝土保护层厚度,钢筋的锚固、弯起及纵向钢筋的搭接、截断等,均按受弯构件的有关规定。

(2) 钢筋布置方式。

对承受均布荷载的次梁,当 $q/g \leqslant 3$、跨度差不大于20%时,可按图 9-18 的方式布置钢筋。

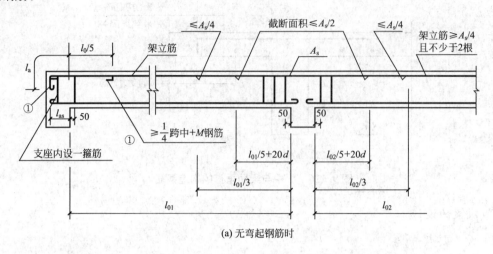

(a) 无弯起钢筋时

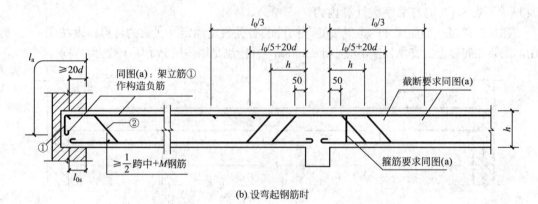

(b) 设弯起钢筋时

图 9-18 次梁配筋方式

① 配筋方式 1：不考虑弯起钢筋时[图 9-18(a)]。

跨中正弯矩钢筋全部伸入支座，伸入支座的钢筋锚固长度 $l_{as} \geq 12d$（带肋钢筋）或 $15d$（光圆钢筋）且伸至支座边缘（边支座）或支座中心线处（中间支座）。

中间支座的负弯矩钢筋 A_s 应全部穿过支座向跨内延伸，在距支座边缘 $20d + l_0/5$ 处（或 $l_0/4$ 处）可截断部分（$\leq A_s/2$）负弯矩钢筋，在距支座边缘 $l_0/3$ 处可截断余下的一半（即 $\leq A_s/4$），保留部分（即 $\geq A_s/4$）兼作架立钢筋。在截断及保留钢筋时，应注意钢筋配置的对称性。例如，支座处配有 $2\Phi18 + 1\Phi14$（$A_s = 663\text{mm}^2$），则在距支座边缘 $20d + l_0/5$ 处只能截断 $1\Phi14$；而在距支座边缘 $l_0/3$ 处，若截断 $2\Phi18$，则已无保留钢筋，此时可采用受力钢筋连接方式，配置 $2\Phi12$（或 $2\Phi10$）与 $2\Phi18$ 连接。

边支座处的负弯矩钢筋应视不同情况考虑：当与梁或柱整浇时，仍利用表 9-2 系数计算，当支承在砖墙（或砖柱）上时，按图 9-18(b)配置构造的负弯矩钢筋。

② 配筋方式 2：考虑弯起钢筋时[图 9-18(b)]。

弯起钢筋的斜弯段可以抗剪，弯起后的水平段可抵抗支座负弯矩。在中间支座处，距离支座 50mm 的第 1 排弯起钢筋，其斜弯段可以抵抗该侧剪力，水平段连续穿过支座后可抵抗另一侧的支座负弯矩；距离支座为 h 的第2排弯起钢筋，其斜弯段可以抵抗该侧第1排和第2排弯起钢筋间的剪力，弯上后的水平段则可以承受支座两侧的支座负弯矩。

3. 主梁设计

1) 设计要点

主梁一般按弹性理论的设计计算方法进行设计计算，设计方法和步骤按前述。

可按连续梁设计的主梁（即支承在砌体上或梁与柱整浇但梁柱的线刚度比大于5时）。次梁传下的荷载按集中荷载考虑，计算时不考虑次梁连续性影响（即次梁传下的集中荷载按简支构件考虑）；主梁自重也简化为集中荷载。梁的计算跨度 l_0 取支座中心线间距离。但 $l_0 \leqslant 1.05 l_n$（l_n 为净跨长度），主梁支承在砌体上的长度不应小于 370mm 并应进行砌体局部受压承载力验算。

在主梁支座处，由于次梁与主梁的负弯矩钢筋彼此相交，且次梁的钢筋置于主梁的钢筋之上（图9-19），因而计算主梁支座的负弯矩钢筋时，其截面有效高度应按下列规定减小：当为单排钢筋时，取 $h_0 = h - 60mm$；当为双排钢筋时，取 $h_0 = h - 90mm$。

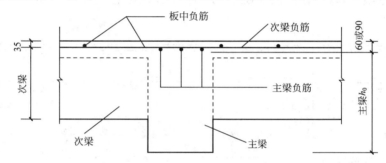

图 9-19 主梁支座处的截面有效高度

2) 构造要求

主梁的截面尺寸、钢筋选择等应遵守梁的有关规定。主梁的跨度一般为 5~8m。纵向受力钢筋的弯起、截断等应通过作材料图确定。当支座处剪力很大、箍筋和弯起钢筋尚不足以抗剪时，可以增设鸭筋抗剪，但不得采用浮筋。

在次梁和主梁相交处，次梁的集中荷载不是传至主梁的顶部而是传至主梁的腹部，因而有可能在该处的主梁上引起斜裂缝。为了防止斜裂缝的发生导致局部破坏，应在次梁支承处的主梁内设置附加横向钢筋（图9-20），将上述次梁的集中荷载有效地传递到主梁的混凝土受压区。

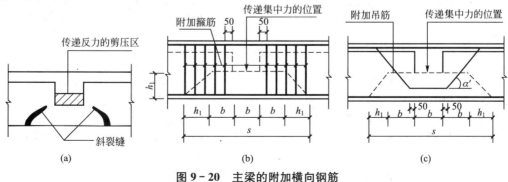

图 9-20 主梁的附加横向钢筋

附加横向钢筋包括附加箍筋和附加吊筋，布置在长度为 s 的范围内（$s=2h_1+3b$，其中 h_1 为次梁与主梁的高度差，b 为次梁的腹板宽度）。附加横向钢筋的截面面积按如下公式计算，并宜优先采用箍筋。

$$F \leqslant mnf_{yv}A_{sv1} + 2f_yA_{sb}\sin\alpha \qquad (9-7)$$

式中　F——次梁传来的集中荷载设计值；

　　m、n——长度 s 范围内的箍筋根数和每根箍筋肢数；

　　A_{sv1}——单肢箍筋截面面积；

　　A_{sb}——吊筋截面面积；

　　α——吊筋与梁轴线间夹角，与弯起钢筋的取值相同；

　　f_{yv}、f_y——箍筋、吊筋的抗拉强度设计值。

当仅选择箍筋时，可取 $A_{sb}=0$，当仅选择吊筋时，取 $m=0$。

【例 9-2】　某藏书库的二层楼盖结构平面布置如图 9-21 所示，墙体厚 370mm。楼面面层为水磨石，梁板底面为 15mm 厚混合砂浆抹平。采用 C25 混凝土；梁中纵向受力钢筋为 HRB335 级，其余钢筋为 HPB235 级。试设计该楼盖（楼梯间在此平面之外，暂不考虑，一类环境）。

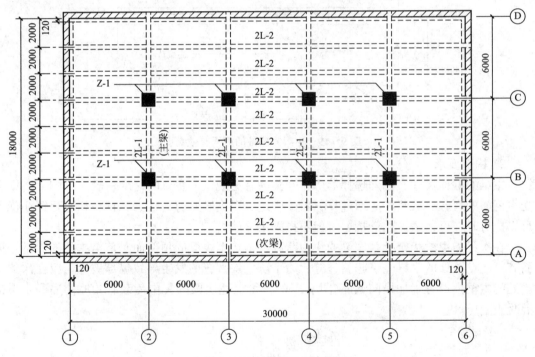

图 9-21　楼盖结构平面布置

解：1）基本设计资料

（1）材料。

C25 混凝土：$f_c=11.9\text{N/mm}^2$，$f_t=1.27\text{N/mm}^2$；$f_{tk}=1.78\text{N/mm}^2$；

钢筋：HPB235 级（$f_y=210\text{N/mm}^2$），HRB335 级（$f_y=300\text{N/mm}^2$，$\xi_b=0.55$）。

（2）荷载标准值。

藏书库活荷载标准值：$q_k=5.0\text{kN/mm}^2$；

水磨石地面：$0.65kN/m^2$；钢筋混凝土：$25kN/m^3$；混合砂浆：$17kN/m^3$。

2）板的设计（按塑性理论方法）

（1）确定板厚及次梁截面。

① 板厚：$h \geqslant l/40 = 2000/40 = 50(mm)$，并应不小于民用建筑楼面最小厚度60mm，考虑到楼面活荷载较大，取$h=80mm$。

② 次梁截面：次梁截面高h按$(1/20 \sim 1/12)l$初估，选$h=450mm$，截面宽$b=(1/2 \sim 1/3)h$，选$b=200mm$。

（2）板荷载计算。

楼面面层	$0.65kN/m^2$
板自重	$0.08 \times 25 = 2.0(kN/m^2)$
板底抹灰	$0.015 \times 17 = 0.255(kN/m^2)$
恒荷载 g	$1.2 \times 2.905 = 3.49(kN/m^2)$
活荷载 q	$1.3 \times 5.0 = 6.5(kN/m^2)$
$g+q = 9.99kN/m^2$,	$q/g = 6.5/3.49 = 1.86 < 3$

（3）板计算简图（图9-22）。

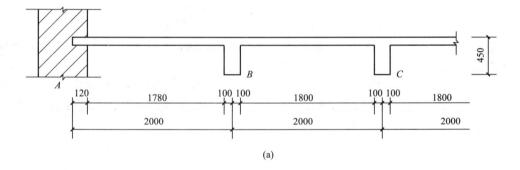

(a)

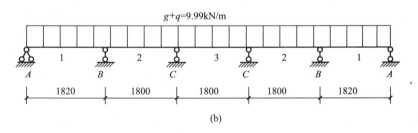

(b)

图9-22 板的计算简图

取板宽$b=1000mm$作为计算单元，由板和次梁尺寸可得板的计算简图（实际9跨，可按5跨计算）如图9-22(b)所示。其中中间跨的计算跨度$l_0=l_n$；边跨的计算跨度$l_0=l_n + h/2$。边跨与中间跨的计算跨度相差$(1.82-1.80)/1.8=1.1\%$，故可按等跨连续板计算内力。

（4）弯矩及配筋计算。

取板的截面有效高度$h_0=h-20=80-20=60(mm)$，并考虑②～⑤轴线间的弯矩折减，可列表计算如下（表9-4）。

表 9-4 板的配筋计算

截　　　面	1	B	2	C
弯矩系数 α	$+\dfrac{1}{11}$	$-\dfrac{1}{11}$	$+\dfrac{1}{16}\left(+\dfrac{1}{16}\times 0.8\right)$	$-\dfrac{1}{14}\left(-\dfrac{1}{14}\times 0.8\right)$
$M=\alpha(g+q)l_0^2$ （kN·m）	$\dfrac{1}{11}\times 9.99\times 1.82^2$ $=3.01$	$-\dfrac{1}{14}\times 9.99\times$ $\left(\dfrac{1.82+1.8}{2}\right)^2$ $=-2.98$	$\dfrac{1}{16}\times 9.99\times 1.8^2$ $=2.02(1.62)$	$-\dfrac{1}{14}\times 9.99\times 1.8^2$ $=-2.31(-1.85)$
$\xi=1-\sqrt{1-\dfrac{M}{0.5f_cbh_0^2}}$	0.073	-0.072	0.0483	$-0.0555(-0.0442)$
$A_s=\dfrac{\xi f_c bh_0}{f_y}$（mm²）	248	245	164(131)	189(150)
选用钢筋	Φ8@200	Φ8@200	Φ6@150(Φ6@180)	Φ6@150(Φ6@180)
实际钢筋面积（mm²）	251	251	189(157)	189(157)

注：1. 括号内数字用于②～⑤轴间。

2. $\rho_{\min}bh=75\text{mm}^2$。

★对四周与梁整浇的单向板跨中和中间支座处，弯矩可减少 20%（如表 9-4 中括号数字），也可直接采用钢筋面积折减，即将非折减处的钢筋面积直接乘以 0.8，这样计算简便些，且误差不大，偏于安全。

★板配筋选择法：现浇板的配筋用间距 s 表示。在求出钢筋面积 A_s 后，习惯上是通过查"板配筋表"得到间距的（附录附表 12）；通过对该表编制的了解，不难看出：钢筋直径 d、间距 s、计算面积 A_s 之间有如下关系：

$$A_s=\frac{1000}{s}\times\frac{\pi}{4}d^2$$

则有

$$s=\frac{(28.025d)^2}{A_s}\approx\frac{(28d)^2}{A_s} \qquad (9-8)$$

故在算出钢筋面积后，可将其存储于计算器内，然后选择常用直径 d 与 28 相乘，再平方；然后除以 A_s 即得间距 s；此法快速方便，可称为板配筋计算的"28d 法"。

在一般情况下，楼面所受动力荷载不大，可采用分离式配筋。本例采用分离式配筋方式，配筋图如图 9-23 所示。

3）次梁设计（按塑性理论计算）

（1）计算简图的确定。

① 荷载。

板传来的恒荷载 　　　　　　　　$3.49\times 2=6.98$（kN/m）

次梁自重 　　　$1.2\times 25\times 0.2\times(0.45-0.08)=2.22$（kN/m）

次梁粉刷 　　$1.2\times 17\times 0.015\times(0.45-0.08)\times 2=0.23$（kN/m）

　　恒荷载 　　　　　　　　　　$g=9.43\text{kN/m}$

　　活荷载 　　　　$q=1.3\times 5.0\times 2=13.0$（kN/m）

　　　　　　　　　　$g+q=22.43\text{kN/m}$

　　　　　　　　　　$q/g=1.38<3$

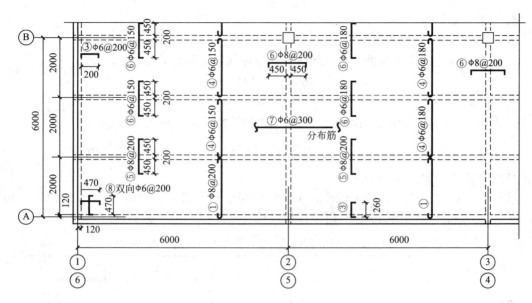

图 9 - 23　板配筋平面图

（注：本图只画出部分平面）

② 主梁截面尺寸选择。

主梁截面高度 h 为$(1/14\sim1/18)l_0=430\sim750$mm，选用 $h=600$mm；由 $b=(1/2\sim1/3)h$，选 $b=250$mm；则主梁截面尺寸 $b\times h=250$mm$\times600$mm。

③ 计算简图。

根据平面布置及主梁截面尺寸，可得出次梁计算简图（图 9 - 24）。中间跨的计算跨度 $l_0=l_n=5.75$m；边跨的计算跨度 $l_0=l_n+a/2=5.88$m$<1.025l_n=5.90$m，边跨的计算跨度和中间跨计算跨度相差$(5.88-5.75)/5.75=2.2\%$，可按等跨连续梁计算。

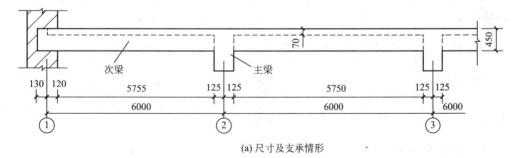

(a) 尺寸及支承情形

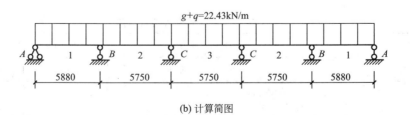

(b) 计算简图

图 9 - 24　次梁计算简图的确定

（2）内力及配筋计算。

① 正截面承载力计算。

次梁跨中截面按 T 形截面计算。翼缘计算宽度按规定选用，有：

$$\begin{cases} b'_f \leqslant l_0/3 = 5750/3 = 1917(\text{mm}) \\ b'_f \leqslant b + s_n = 200 + 1800 = 2000(\text{mm}) \end{cases}$$

取 $h_0 = 450 - 35 = 415(\text{mm})$，$h'_f/h_0 = 80/145 = 0.193 > 0.1$，故取 $b'_f = 1917\text{mm}$。且

$$f_c b'_f h'_f \left(h_0 - \frac{h'_f}{2} \right) = 11.9 \times 1917 \times 80 \times \left(415 - \frac{80}{2} \right) = 684.4(\text{kN} \cdot \text{m})$$

以此作为判断 T 形截面类别的依据。

次梁支座截面按 $b \times h = 200\text{mm} \times 450\text{mm}$ 的矩形截面计算，并取 $h_0 = 450 - 35 = 415$ (mm)，支座截面应满足 $\xi \leqslant 0.35$。以下计算过程列表进行（表 9-5）。

表 9-5　次梁正截面承载力计算（受力纵向钢筋采用 HRB335 级）

截面位置	1	B	2	C
弯矩系数 α_m	$\dfrac{1}{11}$	$-\dfrac{1}{11}$	$+\dfrac{1}{16}$	$-\dfrac{1}{14}$
$M = \alpha_m (g+q) l_0^2 (\text{kN} \cdot \text{m})$	$\dfrac{1}{11} \times 22.43 \times 5.88^2 = 70.50$	$-\dfrac{1}{11} \times 22.43 \times \left(\dfrac{5.88+5.75}{2} \right)^2 = -68.95$	$\dfrac{1}{16} \times 22.43 \times 5.75^2 = 46.35$	$-\dfrac{1}{14} \times 22.43 \times 5.75^2 = -52.97$
截面类别及截面尺寸(mm)	一类 T 形 $b \times h = 1917 \times 450$	矩形 $b \times h = 200 \times 450$	一类 T 形 $b \times h = 1917 \times 450$	矩形 $b \times h = 200 \times 450$
$\xi = 1 - \sqrt{1 - \dfrac{M}{0.5 f_c b h_0^2}}$	0.0181	0.185	0.0119	0.139
$A_s = \dfrac{f_c b h_0 \xi}{f_y} (\text{mm}^2)$	571	609	376	458
选用钢筋	2Φ16+1Φ14	2Φ18+1Φ14	3Φ14	3Φ14
实际钢筋截面面积(mm²)	556	663	462	462

注：$A_{smin} = \rho_{min} bh = 0.15\% \times 200 \times 450 = 135(\text{mm}^2)$。

② 斜截面受剪承载力计算。

（a）剪力设计值（表 9-6）。

表 9-6　剪力设计值计算表

截　　面	A	$B_左$	$B_右$	C
剪力系数 α_v	0.45	0.6	0.55	0.55
$V = \alpha_v (g+q) l_n$ (kN)	$0.45 \times 22.43 \times 5.755 = 58.02$	$0.6 \times 22.43 \times 5.755 = 77.45$	$0.55 \times 22.43 \times 5.75 = 70.93$	$0.55 \times 22.43 \times 5.75 = 70.93$

（b）截面尺寸校核。

$$h_{\text{w}}/b=415/200<4$$
$$0.25f_cbh_0=0.25\times11.9\times200\times415=246.9(\text{kN})>V$$

故截面尺寸满足要求。

（c）箍筋设计（表 9-7）。

表 9-7 箍筋计算表

截 面	A	$B_{左}$	$B_{右}$	C
$V(\text{kN})$	58.02	77.45	70.93	70.93
$0.7f_tbh_0(\text{N})$	73787	73787	73787	73787
$f_tbh_0(\text{N})$	105410	105410	105410	105410
箍筋肢数、直径	$2\phi6$	$2\phi6$	$2\phi6$	$2\phi6$
$\dfrac{A_{\text{sv}}}{s}=0.24f_tb/f_{yv}$	$V<0.7f_tbh_0$	0.29	$V<0.7f_tbh_0$	$V<0.7f_tbh_0$
$s(\text{mm})$	180	180	200	200

注：$s_{\max}=200\text{mm}$。

根据计算结果，画出次梁配筋图如图 9-25 所示，中间支座负弯矩钢筋按图 9-18(b) 的方式截断。

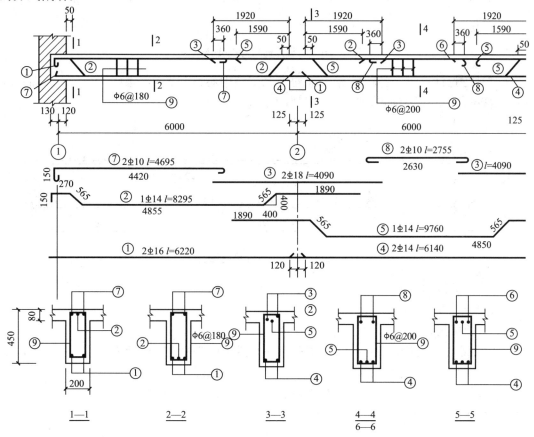

图 9-25　次梁配筋图

4) 主梁设计

(1) 计算简图的确定。

① 荷载。

主梁传来恒荷载	$9.43 \times 6 = 56.58(\text{kN})$
主梁自重	$1.2 \times 25 \times 2 \times 0.25 \times (0.6 - 0.08) = 7.8(\text{kN})$
梁侧抹灰	$1.2 \times 17 \times 2 \times 0.015 \times (0.6 - 0.08) \times 2 = 0.64(\text{kN})$
恒荷载 G	$= 65.02\text{kN}$
活荷载 Q	$13 \times 6 = 78.0(\text{kN})$
$G + Q$	$= 143.02\text{kN}$

② 计算简图。

假定主梁线刚度与钢筋混凝土柱线刚度比大于 5，则中间支承按铰支座考虑，边支座为砖砌体，支承长度为 370mm（图 9-26）。

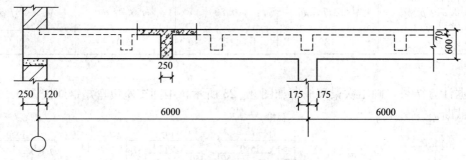

图 9-26 主梁几何尺寸与支承情况

按弹性理论计算时，各跨计算跨度均可取支座中心线间距离。则中间跨 $l_0 = 6\text{m}$，边跨 $l_0 = 6.06\text{m}$。计算简图详图如图 9-27 所示。

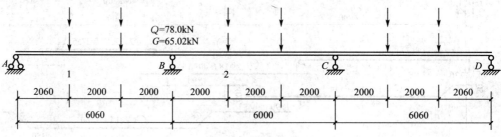

图 9-27 主梁计算简图

(2) 内力计算和内力包络图。

计算结果见例 9-1 及图 9-9。

(3) 截面配筋计算。

跨中截面在正弯矩作用下，为 T 形截面，其翼缘宽度按规定取用为

$$b_f' \leq l_0/3 = 6000/3 = 2000(\text{mm})$$

$$b_f' \leq b + s_n = 6000\text{mm}$$

故取 $b_f' = 2000\text{mm}$。

跨中钢筋按一排考虑，$h_0 = h - a_s = 600 - 35 = 565(\text{mm})$。

支座截面在负弯矩作用下，为矩形截面，按两排钢筋考虑，取 $h_0 = h - a_s = 600 - 90 = 510(\text{mm})$。

主梁中间支座为整浇支座，宽度 $b = 350\text{mm}$，则支座边 $M_c = M - \dfrac{V_0}{2}b$，$V_0 = G + Q = 143.02\text{kN}$。

配筋计算结果见表 9-8、表 9-9。

表 9-8 主梁正截面受弯计算

截　　面	边跨中	中间支座	中间跨中
$M(\text{kN})$	231.79	-232.56	119.94(-36.42)
截面尺寸	$b = b_f' = 2000$ $h_0 = 565$	$b = 250$ $h_0 = 510$	$b = 2000(250)$ $h_0 = 565$
$\xi = 1 - \sqrt{1 - \dfrac{M}{0.5 f_c b h_0^2}}$	0.031	0.368	0.016(0.039)
$A_s = \dfrac{\xi f_c b h_0}{f_y}(\text{mm}^2)$	1390	1861	717(219)
实配钢筋	2Φ22+2Φ20	6Φ20	3Φ18(2Φ20)
实配钢筋面积(mm^2)	1389	1885	764(628)

注：1. $f_c b_f' h_f' \left(h_0 - \dfrac{h_f'}{2}\right) = 11.9 \times 2000 \times 80 \times \left(565 - \dfrac{80}{2}\right) = 999.6(\text{kN·m}) > M$，边跨中和中间跨中均为一类 T 形截面。

2. 中间支座弯矩已修正为 M_c；括号内数字指中间跨中受负弯矩的情形。

3. $A_{s\min} = \rho_{\min} bh = 0.2\% \times 250 \times 600 = 300(\text{mm}^2)$。

表 9-9 主梁斜截面受剪计算

截　　面	边支座边	B 支座左	B 支座右
$V(\text{kN})$	115.21	184.94	160.34
$0.25 f_c b h_0(\text{kN})$	353.13>V	318.75>V	318.75>V
$0.7 f_t b h_0(\text{N})$	122571	113347	113347
$0.94 f_t b h_0(\text{N})$	164595>V	V>0.94 f_t b h_0	V>0.94 f_t b h_0
箍筋肢数、直径	$n=2, \phi 8$	$n=2, \phi 8$	$n=2, \phi 8$
$\dfrac{A_{sv}}{s}$	$0.24 \times 250 \times \dfrac{1.27}{210}$ $= 0.363$	$\dfrac{184940 - 113347}{1.25 \times 210 \times 510} = 0.535$	$\dfrac{160340 - 113347}{1.25 \times 210 \times 510} = 0.351$
计算值 $s(\text{mm})$	277	188	286
实配箍筋间距(mm)	200	150	200

（4）附加横向钢筋计算。

由次梁传至主梁的集中荷载设计值：

$$F = 56.58 + 78 = 134.58(\text{kN})$$

附加横向钢筋应配置在 $s = 3b + 2h_1 = 3 \times 200 + 2 \times (600 - 450) = 900(\text{mm})$ 的范围内。

方案 1：仅选择箍筋。

由 $F \leqslant mn f_{yv} A_{s01}$ 并取 $\phi 8$ 双肢箍，则

$$m \geqslant \frac{134580}{2 \times 210 \times 50.3} = 6.37(\text{个})$$

取 $m=8$ 个，在主次梁相交处的主梁内，每侧附加 $4\phi8@70$ 箍筋。

方案 2：选择吊筋。

由 $F\leqslant2f_yA_{sb}\sin\alpha$，并选用 HRB335 级钢，则

$$A_{sb}\geqslant\frac{134580}{2\times300\times\sin45°}=317(\text{mm}^2)$$

可选 $2\Phi14(A_{sb}=308\text{mm}^2)$ 吊筋。

本例集中荷载不大，可按方案 1 配附加箍筋。

（5）主梁配筋图。

① 按比例画出主梁的弯矩包络图。

② 按同样比例（长度方向）画出主梁纵向配筋图。本例不需纵向钢筋弯起抗剪，故纵向钢筋弯起时只需满足正截面受弯承载力要求（材料图覆盖弯矩图）及斜截面受弯承载力要求（弯起钢筋弯起点距该钢筋充分利用截面距离不小于 $h_0/2$）。

③ 作材料图。确定纵向钢筋的弯起位置和截断位置，具体做法应满足相关构造规定。例如负弯矩钢筋截断，当其充分利用截面处 $V>0.7f_tbh_0$ 时，则从充分利用截面向外的延伸长度不应小于 $1.2l_a+h_0$，且从其强度不需要该钢筋截面延伸不小于 $20d$ 或 h_0，并取两者的较大值。

主梁的材料图和实际配筋图详见图 9-28。

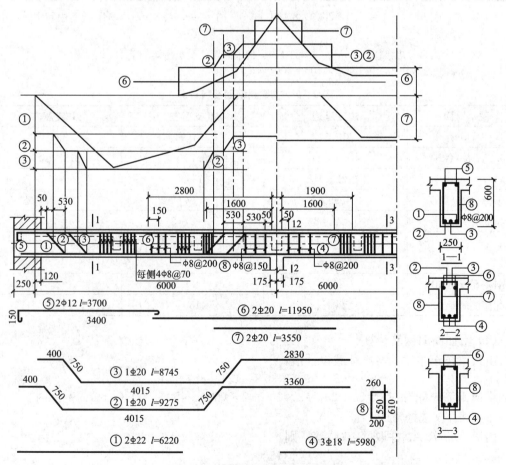

图 9-28 主梁材料图与配筋图

9.3 双向板肋形楼盖的设计计算

当四边支承板的两向跨度之比不大于2（按弹性理论计算）或不大于3（按塑性理论计算）时，应考虑荷载向板的两个方向传递。受力钢筋也应沿板的两个方向布置。

由上述双向板和梁组成的现浇楼盖即为双向板肋形楼盖。双向板肋形楼盖也有两种计算方法：弹性理论和塑性理论的计算方法。以下介绍按弹性理论的计算方法。

9.3.1 单区格板的设计计算

对仅有板边支承的单区格板，可采用线弹性分析方法，设计计算可直接利用不同边界条件下的按弹性薄板理论公式编制的相应表格（见附录附表26），查出有关内力系数，即可进行配筋设计。

$$m = 表中系数 \times (g+q)l_0^2 \tag{9-9}$$

式中　m——计算截面单位宽度的弯矩设计值；

　　　l_0——板的较短方向计算跨度；

　　　g、q——均布恒荷载和均布活荷载设计值。

附录附表14的计算表格是按材料的泊松比$\nu=0$编制的。当泊松比不为零时（如钢筋混凝土，可取$\nu=0.2$），可按下式进行修正：

$$\left.\begin{array}{l} m_x^{(\nu)} = m_x + \nu m_y \\ m_y^{(\nu)} = m_y + \nu m_x \end{array}\right\} \tag{9-10}$$

式中　$m_x^{(\nu)}$、$m_y^{(\nu)}$——考虑泊松比后的弯矩；

　　　m_x、m_y——泊松比为零时的弯矩。

9.3.2 多区格双向板的实用计算方法

多区格双向板按弹性理论的精确计算过于复杂，设计中采用实用的近似计算法。

1. 基本假定

（1）支承梁的抗弯刚度很大，其垂直变形可以忽略不计。

（2）支承梁的抗扭刚度很小，板可以绕梁转动。

（3）同一方向的相邻最小跨度与最大跨度之比大于0.75。

按照上述基本假定，梁可视为板的不动铰支座；同一方向板的跨度可视为等跨。

2. 计算方法

1）求区格跨中最大弯矩

此时，应将恒荷载g满布板面各个区格，活荷载q作棋盘形布置（图9-29）。为了利用已有的单区格板内力系数表格，将g与q分解为$g'=g+q/2$、$q'=\pm q/2$，分别作用于相应区格。

在g'作用于各区格时，各内区格支座转动很小，可视为固定支座，故可利用四边固定板系数表求内区格在 g' 作用下的跨中弯矩。在 q' 作用下，各内区格可视为承受反对称荷载 $\pm q/2$ 的连续板，中间支座的弯矩近似为零，因而内区格板在 q' 作用下可利用四边简支板表格求出此时的跨中弯矩，而外区格按实际支承考虑。最后，叠加 g' 和 q' 作用下的同一区格的跨中弯矩，即得出相应跨中的最大弯矩。

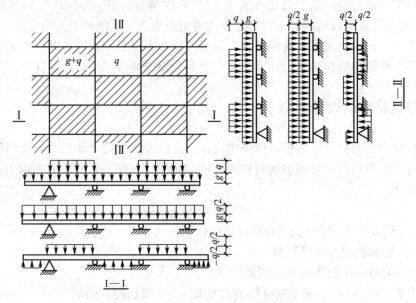

图 9 - 29　双向板的棋盘式荷载布置

2）求区格支座的最大负弯矩

此时，应将各区格均满布活荷载 q。内区格板按作用 $g+q$ 的四边固定板求得的支座弯矩即为支座最大负弯矩；外区格板按实际支承情形考虑，在 $g+q$ 作用下的支座弯矩也为该支座最大负弯矩。

同一内支座按相邻区格求出的负弯矩有差别（近似计算的结果），可取其平均值或较大值进行配筋设计。

9.3.3　双向板的配筋构造

1. 配筋计算

（1）双向板的短跨方向受力较大，其跨中受力钢筋应置于板的外侧；而长跨方向的受力钢筋应与短跨方向的受力钢筋垂直，置于内侧，其截面有效高度 $h_{0y}=h_{0x}-d$（h_{0x} 为短跨方向跨中截面有效高度，d 为受力钢筋直径）。当为正方形板时，可取两个方向截面有效高度平均值作为计算时的跨中截面有效高度。

（2）按弹性理论求得的弯矩是中间板带的最大弯矩，而靠近支座的边板带，其弯矩已大为减小，故配筋也可减少。通常的做法是：将每个区格板划分为一个中间板带和两个边缘板带（图 9 - 30），中间板带按计算配筋，边缘板带的单位宽度配筋量为中间板带单位宽度配筋量的一半（但不少于 4 根/m）。支座负弯矩钢筋沿支座均匀布置，不应减少（因角部有扭矩作用）。

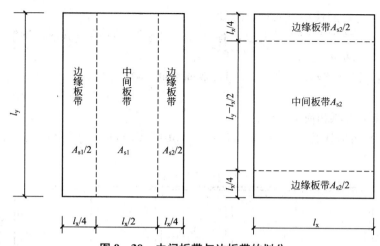

图9-30 中间板带与边板带的划分

（注：A_{s1}、A_{s2}分别为沿l_y和l_x方向布置的钢筋在单位宽度内的截面面积）

（3）由于板的内拱作用（与单向板肋形楼盖类似），弯矩设计值在下述情况可减小（图9-31）。

① 中间区格的跨中截面及中间支座减少20%。

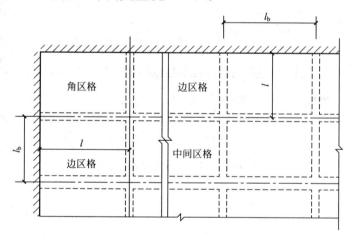

图9-31 跨度及区格划分

② 边区格的跨中截面及从楼板边缘算起的第二支座：当$l_b/l<1.5$时，减少20%；当$l_b/l=1.5\sim2.0$时，减少10%；当$l_b/l>2$时，不折减。其中，l为垂直于楼板边缘方向的计算跨度，l_b为沿楼板边缘方向的计算跨度。

③ 角区格不折减。

（4）为简化计算，双向板的配筋面积可按下式求出：

$$A_s=\frac{m}{0.9f_yh_0} \tag{9-11}$$

式中 h_0——截面有效高度，跨中长向应比短向少10mm。

2. 构造规定

（1）双向板的厚度h不宜小于80mm。且对于简支板，$h/l_0\geqslant1/45$；对于连续板，

$h/l_0 \geqslant 1/50$。l_0 为板的较小方向计算跨度。

(2)板的配筋方式类似于单向板，有分离式和弯起式两种。负弯矩钢筋及板面构造钢筋的设置也和单向板的类似。

【例9-3】 设计资料同例9-4，但按双向板肋梁楼盖进行设计，楼盖结构平面布置详见图9-32。

解：(1)确定板厚和荷载设计值。

按双向板的构造厚度 $h \geqslant 80\text{mm}$ 且 $h \geqslant l_0/50 \approx 120\text{mm}$，初选 $h=120\text{mm}$。荷载计算如下：

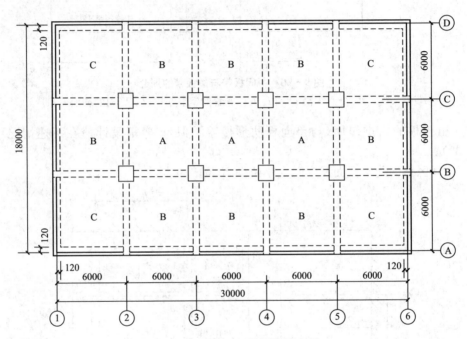

图9-32 例9-3结构平面布置

板面面层	$=0.65\text{kN/m}^2$
板自重	$0.12 \times 25 = 3(\text{kN/m}^2)$
板底抹灰	$=0.255\text{kN/m}^2$
恒荷载 g	$1.2 \times 3.905 = 4.69(\text{kN/m}^2)$
活荷载 q	$1.3 \times 5.0 = 6.5(\text{kN/m}^2)$
$g+q$	$=11.19\text{kN/m}^2$

(2)板的计算跨度及区格划分。

按弹性理论计算时，构件计算跨度均可取支座中心线间距离。本例各区格板，均取 $l_x=l_y=6000\text{mm}$（角区格及边区格一个方向的计算跨度实际为 5940mm，取 6000mm 偏于安全），则 $l_y l_x = 1.0$。

按板的支承情况，可划分为三种区格：中间区格 A、边区格 B、角区格 C。板外周边简支在砖墙上，各内区格以支承梁为界。

(3)分区格进行内力计算。

$g' = g + q/2 = 4.69 + 6.5/2 = 7.94(\text{kN/m}^2)$； $q' = q/2 = 6.5/2 = 3.25\ (\text{kN/m}^2)$

① 区格 A。

只有四边固定和四边简支两种情况，查附录附表 26 可得：

l_y/l_x	支承条件	m_x	m_y	m_x'	m_y'
1.0	四边固定 四边简支	0.0176 0.0368	0.0176 0.0368	-0.0513 —	-0.0513 —

（a）跨中弯矩。

取钢筋混凝土泊松比 $\nu=0.2$，则有：

$$m_x^{(\nu)}=m_y^{(\nu)}=m_x+0.2m_y=1.2m_x=1.2\times(0.0176g'+0.0368q')l_0^2$$
$$=1.2\times(0.0176\times7.94+0.0368\times3.25)\times6^2=11.20(\text{kN}\cdot\text{m})$$

（b）支座弯矩。

$$m_x'=m_y'=-0.0513(g+q)l_0^2=-0.0513\times11.19\times6^2=-20.67(\text{kN}\cdot\text{m})$$

② 区格 B。

有三边固定、一边简支和四边简支两种情况，查附录附表 26 可得三边固定、一边简支的弯矩系数：

l_y/l_x	m_x	m_y	m_x'	m_y'
1.0	0.0227	0.0168（简支方向）	-0.0600	-0.0550

$$m_x^{(\nu)}=m_x+0.2m_y=(0.0227g'+0.0368q')l_0^2+0.2\times(0.0168g'+0.0368q')l_0^2$$
$$=[(0.0227+0.2\times0.0168)\times7.94+1.2\times0.0368\times3.25]\times6^2=12.62(\text{kN}\cdot\text{m})$$
$$m_y^{(\nu)}=m_y+0.2m_x=(0.0168g'+0.0368q')l_0^2+0.2\times(0.0227g'+0.0368q')l_0^2$$
$$=[(0.0168+0.2\times0.0227)\times7.94+1.2\times0.0368\times3.25]\times6^2=11.27(\text{kN}\cdot\text{m})$$
$$m_x'=-0.06(g+q)l_0^2=-0.06\times11.19\times6^2=-24.17(\text{kN}\cdot\text{m})$$
$$m_y'=-0.055(g+q)l_0^2=-0.055\times11.19\times6^2=-22.16(\text{kN}\cdot\text{m})$$

③ 区格 C。

有两邻边固定、两邻边简支及四边简支两种情况，查附录附表 26 可得两邻边固定、两邻边简支时的弯矩系数：

l_y/l_x	m_x	m_y	m_x'	m_y'
1.0	0.0234	0.0234	-0.0677	-0.0677

$$m_x^{(\nu)}=m_y^{(\nu)}=m_x+0.2m_y=(0.0234g'+0.0368q')l_0^2+0.2\times(0.234g'+0.0368q')l_0^2$$
$$=1.2\times(0.0234\times7.94+0.0368\times3.25)\times6^2=13.19(\text{kN}\cdot\text{m})$$
$$m_x'=m_y'=-0.0677(g+q)l_0^2=-0.0677\times11.19\times6^2=-27.27(\text{kN}\cdot\text{m})$$

（4）配筋设计。

假定钢筋直径为 10mm，混凝土保护层厚度取 15mm，则支座截面有效高度 $h_0=100$mm，跨中截面有效高度分别为 100mm 和 90mm，取平均值 $h_0=95$mm。

由于 $l_y/l_x<1.5$，边区格 B 及中区格 A 的弯矩设计值均可降低 20%，角区格 C 不折减，计算过程见表 9-10，配筋平面图详见图 9-33。

表 9-10 截面配筋计算表

截面		$m(\mathrm{kN}\cdot\mathrm{m})$	$h_0(\mathrm{mm})$	$A_s=\dfrac{m}{0.9f_yh_0}$ (mm^2)	实配	
					直径、间距	面积(mm^2)
跨中	A	x 方向	11.2×0.8	95	499	(ϕ 6/8@150) ϕ 10@150	523
		y 方向	11.2×0.8	95		(ϕ 6/8@150) ϕ 10@150	
	B	x 方向	12.62×0.8	95	562	(ϕ 6/8@140) ϕ 10@140	561
		y 方向	11.27×0.8	95	502	(ϕ 6/8@140) ϕ 10@140	561
	C	x 方向	13.19	95	735	(ϕ 6/8@100) ϕ 10@100	785
		y 方向	13.19	95		(ϕ 6/8@100) ϕ 10@100	
支座	A—A		-20.67×0.8	100	875	ϕ 10@75	1047
	B—B		-24.17×0.8	100	1023	ϕ 10@70	1121
	A—B		$-\dfrac{20.67+22.16}{2}\times0.8$	100	906	ϕ 10@75	1047
	B—C		$-\dfrac{24.17+27.24}{2}\times0.8$	100	1361	ϕ 10/12@70	1369

注：1. B 区格 x 方向指顺墙方向，y 方向与 x 方向垂直。

　　2. 上述配筋为中间板带配筋，跨中边缘板带可减少一半（括号内数字）。

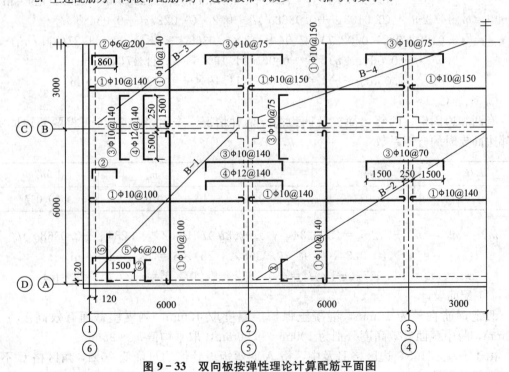

图 9-33 双向板按弹性理论计算配筋平面图

（注：本图只画出部分平面）

9.3.4 双向板支承梁的设计

双向板上的荷载，将向最近的支座方向传递，因而支承梁承受的荷载范围，可近似认为：在跨中首先朝短跨方向传递；在板的四角，以45°等分角线为界，分别传至两相邻支座。这样，沿短跨方向的支承梁，承受板面传来的三角形荷载；沿长跨方向的支承梁，承受板面传来的梯形荷载，如图9-34所示。

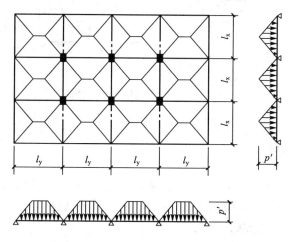

图9-34 双向板支承梁承受的荷载

支承梁按弹性理论计算时，可利用支座弯矩等效的原则，采用等效均布荷载 p_e 代替三角形荷载和梯形荷载计算支承梁的支座弯矩。

对于三角形荷载

$$p_e = \frac{5}{8}p' \qquad\qquad (9-12a)$$

对于梯形荷载

$$p_e = (1 - 2\alpha_1^2 + \alpha_1^3)p' \qquad\qquad (9-12b)$$

式中
$$\alpha_1 = 0.5l_x/l_y$$
$$p' = 0.5(g+q)l_x$$

支承梁按考虑塑性内力重分布方法计算时，可在弹性理论求出的支座弯矩基础上进行调幅，通常可将支座弯矩绝对值降低25%，再按实际荷载求出跨中弯矩。

9.4 楼 梯 设 计

楼梯一般采用梁式楼梯和板式楼梯，它们都属于平面受力体系，是常见的梁板结构形式(图9-35)。此外，还有空间受力体系的楼梯如螺旋楼梯等。

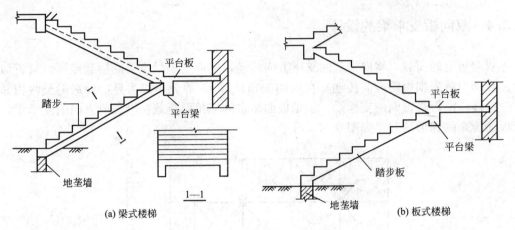

(a) 梁式楼梯　　　　　　　　　　　　　　　　(b) 板式楼梯

图 9 - 35　梁式楼梯和板式楼梯

9.4.1　现浇梁式楼梯

现浇梁式楼梯包括梯段和休息平台梁(或楼面梁)。楼段由踏步板和梯段斜梁组成。荷载由踏步板传至梯段斜梁，再由斜梁传至休息平台梁(或楼面梁)上，再由平台梁传至墙体或柱上，最后传到基础和地基。

9.4.2　板式楼梯

板式楼梯的计算包括梯段板、平台板和平台梁的计算。荷载由梯段板直接传至平台梁，再由平台梁传至墙(柱)，再传至基础和地基。

1. 梯段板的计算

梯段板的厚度(最薄处)一般取$(1/25 \sim 1/30)l_0$，常用厚度为 $100 \sim 120 \text{mm}$。梯段板的水平投影长度一般不宜超过 3m，否则板的厚度增加，此时做成梁式楼梯较为经济。

梯段板有如下几种支承形式(图 9 - 36)：支承在上、下平台梁上；或取消平台梁成为折线形板；或者休息平台为悬挑板。

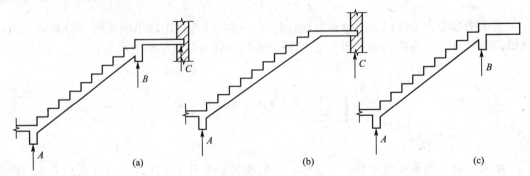

(a)　　　　　　　　　　　　(b)　　　　　　　　　　　　(c)

图 9 - 36　板式楼梯段的支承形式

梯段板可视为支承于休息平台梁和楼面梁的简支板，斜向梯段可简化为水平段，相应恒荷载(板自重及装修层自重)也应换算成水平投影长度上的均布荷载。由于两端梁体对板支座转动有一定约束作用，故其跨中弯矩值可取为$(g+q)l_0^2/10$，其中l_0可取至支座边(净距)。

2. 平台梁的计算

平台梁承受由梯段板及平台板传来的均布反力，可按受均布荷载的矩形截面简支梁进行设计。

3. 配筋构造

板式楼梯的梯段板与支承梁整体连接，故梯段板应在支承处设置构造的负弯矩钢筋。梯段板的受力钢筋一般采用分离式配筋，其分布钢筋不应少于每踏步$1\phi8$，在折线形板的内折角处，受力钢筋不应连续通过内折角，而应断开后伸进混凝土受压区内锚固。图9-37是板式楼梯端部及折角处的几种配筋形式。

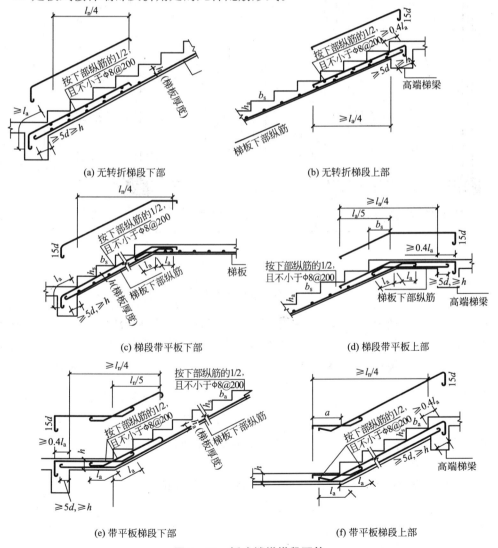

(a) 无转折梯段下部　　　　　(b) 无转折梯段上部

(c) 梯段带平板下部　　　　　(d) 梯段带平板上部

(e) 带平板梯段下部　　　　　(f) 带平板梯段上部

图 9-37　板式楼梯梯段配筋

9.4.3 楼梯设计例题

平面布置如图 9-38 所示的某框架结构标准层楼梯间，层高 4.2m，每踏步宽×高＝300mm×150mm，采用水磨石面层（自重标准值 0.65kN/m²），板底混合砂浆抹面 15mm厚（重力密度为 17kN/m³），活荷载标准值为 3.5kN/m²，试设计该楼梯。

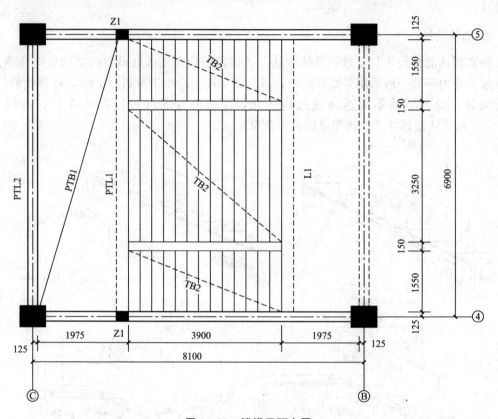

图 9-38 楼梯平面布置

采用板式楼梯，楼梯构件包括：踏步板 TB1、TB2，休息平台梁 TPL1、平台支承柱Z1、休息平台板 PTB1，楼面梁 L1（与框架梁连接）。混凝土选用 C25（f_c＝11.9N/mm²，f_t＝1.27N/mm²），板内配筋选用 HPB300（f_y＝270N/mm²），梁内配筋选用 HRB335（f_y＝300N/mm²）。

1. 楼梯板设计

踏步板 TB1、TB2 虽然宽度不同，但受力相同，属同一类型板。

（1）几何参数。

斜梯段水平投影长度：l_n＝3900mm，此即板的计算跨度。

板厚 h 取 $l_n/30$＝3900/30＝130（mm）。

（2）荷载计算：取 1m 宽板带。

① 楼梯均布活荷载设计值：

$$q=1.4\times3.50=4.9(\text{kN/m})$$

② 恒荷载计算：

先取 1 个踏步(0.3m)，$\tan\alpha=150/300=0.5$，则 $\cos\alpha=0.894$

$g_{1k}=(0.5\times0.15+0.13/0.894)\times0.3\times25+0.65\times(0.3+0.15)+17\times0.015\times0.3/$
$0.894=2.03(\text{kN})$，则恒荷载设计值：

$$g=1.2\times2.03/0.3=8.12(\text{kN/m})$$

(3) 内力及配筋计算。

$$h_0=h-a_s=130-25=105(\text{mm})$$

弯矩设计值：$M=\dfrac{1}{10}(g+q)l_n^2=\dfrac{1}{10}\times(8.12+4.9)\times3.9^2=19.8(\text{kN}\cdot\text{m})$

$$\xi=1-\sqrt{1-\dfrac{M}{0.5\alpha_1 f_c bh_0^2}}=1-\sqrt{1-\dfrac{19.8\times10^6}{0.5\times1\times11.9\times1000\times105^2}}=0.165$$

$$A_s=\dfrac{\xi\alpha_1 f_c bh_0}{f_y}=\dfrac{0.165\times1.0\times11.9\times1000\times105}{270}=764(\text{mm}^2)$$

选 φ10@100($A_s=785\text{mm}^2$)，分布筋为每踏步 1φ8(图 9 - 39)。

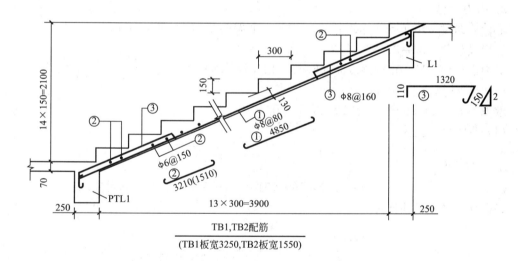

TB1,TB2配筋

(TB1板宽3250,TB2板宽1550)

图 9 - 39 踏步板 TB1、TB2 配筋

2. 平台板设计

休息平台板净跨度 $l_n=1975-250=1725(\text{mm})$(平台梁宽取 250mm)，可按构造取板
厚 $h=70\text{mm}$。

1) 内力计算

恒荷载设计值　$g=1.2(0.65+0.07\times25+17\times0.015)=3.19(\text{kN/m}^2)$

活荷载设计值　$q=4.9\text{kN/m}^2$

计算跨度 $l_0=1.1l_n=1.1\times1.725=1.9(\text{m})$

$$M=\dfrac{1}{8}(g+q)l_0^2=\dfrac{1}{8}\times(3.19+4.9)\times1.9^2=3.65(\text{kN}\cdot\text{m})$$

2）配筋计算

$$\xi=1-\sqrt{1-\frac{M}{0.5f_cbh_0^2}}=1-\sqrt{1-\frac{3.65\times10^6}{0.5\times11.9\times1000\times45^2}}=0.165$$

$$A_s=\frac{\xi f_cbh_0}{f_y}=\frac{0.165\times11.9\times1000\times45}{270}=327(mm^2)，选\phi8@130（A_s=387mm^2）$$

3. 平台梁设计

平台梁截面选 $b\times h=250mm\times550mm$，$h_0=h-a_s=400-40=360(mm)$，实际截面为倒 L 形，可近似按矩形截面计算。

1）荷载计算

平台板传来荷载　　（3.19+4.9）×1.93/2=7.81(kN/m)

梯段板传来荷载　　（8.12+4.9）×3.9/2=25.39(kN/m)

梁自重　　1.2×0.25×0.55×25=4.13(kN/m)（近似计算，未扣板厚，也未加粉刷）

合　计　　　　　　　　　　　37.33kN/m

2）内力计算

取计算跨度 6900mm，净跨长 $l_n=6900-$框架梁宽 $250=6650(mm)$

弯矩设计值　$M=37.33\times6.9^2/8=222.2(kN\cdot m)$

剪力设计值　$V=0.5\times37.33\times6.65=124.12(kN)$

3）配筋计算

取 $h_0=h-a_s=550-40=510(mm)$

（1）截面尺寸验算。

$\frac{h_w}{b}<4$，则

0.25$\beta_cf_cbh_0=0.25\times1.0\times11.9\times250\times510=379.3(kN)>V$，满足要求。

（2）纵向受拉钢筋计算。

$$\xi=1-\sqrt{1-\frac{M}{0.5f_cbh_0^2}}=1-\sqrt{1-\frac{222.2\times10^6}{0.5\times11.9\times250\times510^2}}=0.348$$

$$A_s=\frac{\xi f_cbh_0}{f_y}=\frac{0.348\times11.9\times250\times510}{300}=1760(mm^2)>0.2\%bh=275(mm^2)$$

选 2Φ25+2Φ22，$A_s=1742mm^2$。

（3）箍筋计算。

$$0.7f_tbh_0=0.7\times1.27\times250\times510=113347(N)$$

0.94$f_tbh_0=0.94\times1.27\times250\times510=152209(N)>V=124.12kN$　则由

$$\frac{A_{sv}}{bs}\geqslant\rho_{sv,min}=0.24\frac{f_t}{f_{yv}}$$

得　$\frac{A_{sv}}{s}=0.24\times250\times1.27/270=0.282$

选ϕ6 双肢箍，则 $s=200.7mm$，取ϕ6@160，平台梁配筋详图见图 9-40。

4. 平台支承柱计算

1）截面选择及支承

选方柱截面为 250mm×250mm，按上端与平台梁、下端与框架梁铰接，计算长度为 2.1m。

2）轴压力计算

支承梁传下 $N_1=124.12$kN（等于支承梁支座反力，也即梁端剪力）

柱自重 $N_2=1.2×25×0.25×0.25×2.1=3.94$(kN)，则

$$N=N_1+N_2=124.2+3.94=128.14\text{(kN)}$$

3）配筋计算

$L_0/b=2.1/0.25=8.4$，求得 $\varphi=0.995$，由 $N≤0.9\varphi(f_cA+f_y'A_s')$ 求得 $A_s'<0$

按构造配筋即可，选 $4\Phi12$，$A_s=452\text{mm}^2$，$\rho'=0.72\%$，满足要求；箍筋选 $\Phi6@200$。

注：梯端楼面梁 L1 的计算类似，但应考虑其支承条件，此处不赘述。楼梯平台梁、板及支承柱配筋图见图 9-40。

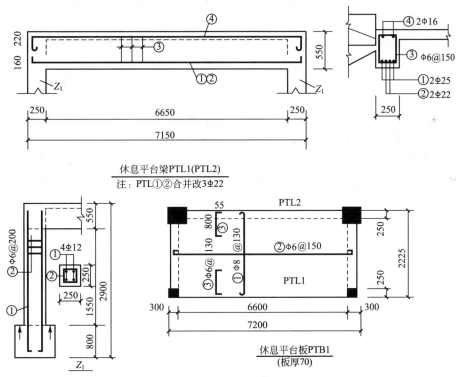

图 9-40　平台梁板及平台支承柱配筋

小　　结

混凝土梁板结构是由受弯构件的梁、板组成的最基本的结构。其设计的一般步骤是：选择适当的结构形式；进行结构平面布置；确定结构构件的计算简图；进行内力分析、组

合及截面配筋计算；绘制结构构件施工图(简称"结施-"图纸)。

现浇单向板肋形楼盖是常用的一种梁板结构，其荷载传递方式是：**板→次梁→主梁**。可采用弹性理论计算方法和考虑塑性内力重分布方法进行计算。在计算时，板和次梁都可按连续受弯构件进行分析；主梁在梁柱线刚度比比较大时(如大于3)，也可按连续梁计算。

单向板肋形楼盖在按弹性理论计算时，连续梁的跨度可取支座中心线间的距离，板和次梁的荷载都应采用折算荷载，活荷载应考虑最不利布置。当活荷载与恒荷载之比不大于3时(这是一般情形)，纵向钢筋的弯起和截断位置可按一般设计经验直接确定；当该比值大于3时，应在内力包络图上作材料图确定。

单向板肋形楼盖考虑塑性内力重分布进行计算时，常用的一种设计方法是弯矩调幅法，通常假定塑性铰首先出现在连续梁的支座截面(或支座截面与部分跨中截面同时出现)；为了保证塑性铰的转动能力，应采用塑性好的低强度钢筋(如 HPB300 级钢或 HRB335 级钢及 HRB400 级钢)，计算配筋时，中间支座处的混凝土相对受压区高度应满足 $\xi \leqslant 0.35$，并应控制调幅范围。对于等跨、受均布荷载作用的连续板、连续梁，可直接利用已推导出的内力系数直接进行控制截面的内力计算并以此进行配筋设计。

除单向板肋形楼盖外，还有双向板肋形楼盖。当区格板的长边与短边尺寸之比不大于2时，应按双向板设计；当该比值大于2但小于3时，宜按双向板计算(当按沿短边方向受力的单向板计算时，应沿长边方向布置足够数量的构造钢筋)。

连续支承的双向板，也有按弹性理论和塑性理论两种计算方法。弹性理论方法采用查表方式进行。

梁式楼梯和板式楼梯都是平面受力楼梯，其主要区别在于楼梯梯段是采用斜梁承重还是板承重。梁式楼梯施工较烦且不够美观，板式楼梯则相反。

梁板结构的构件截面尺寸由跨高比要求选用，一般可满足正常使用要求。结构构件的配筋除按承载能力极限状态计算外，还应满足规定的构造要术。

习　题

一、思考题

(1) 钢筋混凝土梁板结构设计的一般步骤是怎样的？

(2) 钢筋混凝土楼盖结构有哪儿种类型？说明它们各自的受力特点和适用范围。

(3) 现浇单向板肋形楼盖结构布置可从哪几个方面来体现结构设计的合理性？

(4) 现浇单向板肋形楼盖中的板、次梁和主梁，当其内力按弹性理论计算时，如何确定其计算简图？当按塑性理论计算时，其计算简图又如何确定？

(5) 如何绘制主梁的弯矩包络图？

(6) 什么叫"内力重分布"？什么是塑性铰？

(7) 塑性铰与结构力学中的理想铰有什么不同？塑性铰与内力重分布有何关系？

(8) 什么叫弯矩调幅？

(9) 考虑塑性内力重分布计算连续梁时，为什么对出现塑性铰的截面要限制截面受压区高度？

(10) 如何确定区分单向板和双向板？

(11) 在用弹性方法计算多区格双向板时，有哪些假定？

(12) 单向板肋形楼盖的板、次梁、主梁在配筋计算和构造有哪些要点？

(13) 如何确定板式楼梯各构件的计算简图？

二、计算题

(1) 某民用楼盖 5 跨连续板的内跨板带如图 9-41 所示。板跨 2.4m，承受的恒荷载标准值 $g_k=3kN/m^2$，活荷载标准值 $q_k=3.5kN/m^2$；混凝土强度等级为 C20，HPB300 级钢筋；次梁截面尺寸 $b\times h=200mm\times450mm$。求板厚及其配筋(考虑塑性内力重分布计算内力)，并绘出配筋断面图。

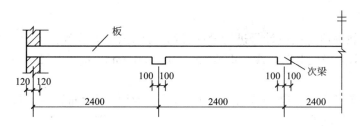

图 9-41　某 5 跨连续板几何尺寸及支承情况

(2) 某 5 跨连续次梁两端支承在 370mm 厚的砖墙上，中间支承在 $b\times h=250mm\times700mm$ 主梁上(图 9-42)。承受板传来的恒荷载标准值 $g_k=12kN/m$，分项系数为 1.2，活荷载标准值 $q_k=18kN/m$，分项系数为 1.3。混凝土强度等级为 C25，采用 HRB335 级钢筋，试考虑塑性内力重分布设计该梁(确定截面尺寸及配筋)，并绘出配筋草图。

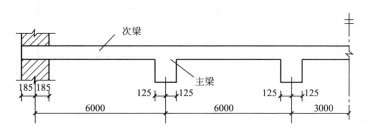

图 9-42　某 5 跨连续次梁几何尺寸及支承情况

附：混凝土楼盖课程设计

1. 设计任务书

1) 设计资料

(1) 某工业仓库楼盖，平面轴线尺寸如图 9-43 所示。其中纵向尺寸为 5×A，横向尺寸为甲组 3×B(见图 9-43)；乙组 2×B(见图 9-43，但少一个 B)。楼盖尺寸 A、B 由指导教师给定；外围墙体为砖墙，采用 MU10 烧结普通砖、M5 混合砂浆砌筑，其中纵墙厚度为 370mm，横墙厚度为 240mm；轴线通过各墙体截面中心线。楼梯间设在该平面之外(本课程设计时不考虑)。

A1=6000；A2=6600；A3=6900；A4=7200；A5=7500；A6=7800；A7=8100；

B1=6600；B2=6900；B3=7200；B4=7500；B5=7800；B6=8100；B7=8400

(2) 本设计中内柱为钢筋混凝土柱，截面尺寸为 350mm×350mm。

（3）楼面采用水磨石面层，自重标准值为 $0.65kN/m^2$；顶棚为混合砂浆抹灰 20mm 厚，自重标准值为 $17kN/m^3$；钢筋混凝土自重标准值按 $25kN/m^3$ 计算。

（4）混凝土强度等级：C25。

（5）楼面活荷载标准值 $q_k(kN/m^2)$ 见表 9-11。

表 9-11　楼面活荷载标准值 q_k

编号	1	2	3	4	5	6
q_k	4.5	5.0	5.5	6.0	6.5	7.0

2）设计内容

（1）按指导教师给定的设计号进行设计（设计号的给定方式为：×组 A×B×q×，如：乙组 A3B2q5，即为横向 2 跨，$A=6900mm$，$B=6900mm$，$q_k=6.5kN/m^2$），编制设计计算书。

（2）用 2 号图纸 2 张绘制楼盖结构施工图，包括结构平面布置图、板配筋、次梁及主梁配筋图（铅笔图完成）。

3）设计要求

（1）计算书应书写清楚，字体端正，主要计算步骤、计算公式、计算简图均应列入，图表按顺序编号并尽量利用表格编制计算过程。

（2）图面应整洁，布置应匀称，字体和线条应符合建筑结构制图标准。

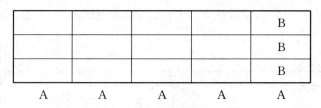

图 9-43　楼盖平面轴线尺寸

2. 设计指导书

1）结构平面布置

按给定的设计号进行单向板肋形楼盖布置，各构件应按类型编号，主梁一般沿横向设置；梁系应贯通，布置应规整，同类构件截面尺寸应尽可能统一。

2）设计计算

（1）按构造规定选择板、次梁和主梁截面尺寸。

（2）单向板和次梁采用塑性内力重分布方法计算，利用相应弯矩系数和剪力系数求内力，列表计算截面配筋；主梁采用弹性理论方法计算，按连续梁考虑，分别计算恒荷载和各最不利布置活荷载作用下的内力，绘制弯矩包络图和剪力包络图，列表计算截面配筋；进行主梁附加横向钢筋的计算。

3）绘图

绘图可按教材的传统方法绘制；也可采用平面整体绘图方法（平法），但必须画出相应节点构造并编制钢筋表。

（1）当采用 2 号图纸绘图时，其中一张图纸绘制结构平面布置图、板配筋图及次梁配筋图(结施01)，另一张绘制主梁的弯矩包络图、材料图和主梁配筋图(结施02)；绘图应利用结构构件的对称性。

（2）绘图时先用硬铅打底，后按规定加粗、加深。

（3）设计图纸的图签可按图9-44所示内容要求编制：其中图别为结施；图号分别为01(此时图纸内容填写：结构平面布置、现浇板配筋、次梁配筋图)、02(此时图纸内容填写：主梁配筋图)。

××××大学 混 凝 土 结 构 课 程 设 计		工程名称	某工业仓库
		项目	楼盖梁板结构
设计	（图纸内容）	图别	
审核		图号	
成绩		日期	

图9-44 图签形式

第**10**章
多层混凝土框架结构

教学目标

本章介绍多层混凝土现浇框架的设计计算方法。通过本章学习，应达到以下目标。

(1) 掌握框架结构的布置，梁、柱截面尺寸的选择，框架结构的荷载计算。

(2) 熟悉框架内力的计算方法。

(3) 理解框架梁、柱的内力组合原则和方法。

(4) 掌握框架梁柱配筋计算，能运用有关构造要求绘制框架配筋图。

教学要求

知识要点	能力要求	相关知识
框架的计算简图	(1) 了解框架结构的组成和布置原则 (2) 掌握梁柱截面尺寸的确定方法 (3) 掌握框架荷载的计算方法	(1) 受弯构件 (2) 偏心受压构件 (3) 恒载、活载、风载 (4) 地震作用
竖向荷载作用下的内力近似计算	(1) 了解分层法的计算假定 (2) 理解分层法的计算步骤 (3) 掌握恒载、活载下的结构内力计算	(1) 力矩分配法 (2) 对称荷载与对称结构
水平荷载作用下的内力计算	(1) 掌握反弯点法的计算要点 (2) 理解D值法的主要计算步骤 (3) 掌握风载、地震作用下的结构内力计算	(1) 反弯点 (2) 框架侧移刚度
作用效应组合	(1) 掌握梁、柱最不利内力组合类型 (2) 理解弯矩对柱承载力的影响	(1) 控制截面 (2) 最不利内力
框架的配筋计算	(1) 熟悉框架梁、柱的配筋计算方法 (2) 理解框架施工图的绘制方法 (3) 掌握节点配筋构造	(1) 建筑 CAD (2) 建筑抗震设计

基本概念

框架结构组成、横向承重、纵向承重、分层法、D值法、重力荷载代表值、荷载效应组合、框架柱内力组合、框架柱弯矩增大系数、箍筋加密区

引言

　　钢筋混凝土框架结构是多层和高层建筑的主要结构形式之一。它是由钢筋混凝土柱和梁、板组成的承重结构体系(图10-1),广泛用于工业厂房、办公楼、教学楼、商场、酒店等建筑。

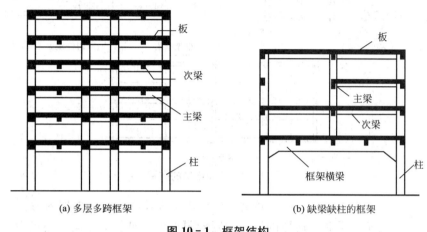

(a) 多层多跨框架　　　　　　　　　　　(b) 缺梁缺柱的框架

图 10-1　框架结构

10.1 框架结构布置

10.1.1　框架结构的组成和特点

　　框架结构由梁、柱和楼(屋)盖组成。在竖向荷载和水平荷载作用下,框架梁的主要内力为弯矩和剪力,其轴力很小,常可忽略不计;框架柱的主要内力为轴力、弯矩和剪力。设计时需要考虑的框架变形,主要是指结构的水平位移——侧移。框架的侧移主要由水平荷载(作用)引起,若其值太大会影响房屋的正常使用。

10.1.2　框架结构布置的一般原则

　　在进行框架结构房屋的竖向承重结构布置时,除需满足建筑的使用要求外,尚需注意如下几点:①结构的受力要明确;②结构布置要尽可能对称;③非承重隔墙宜采用轻质材料,以减轻房屋自重;④构件类型、尺寸的规格要尽量减少,以利于生产的工业化。

　　按照承重方式的不同,框架结构可以分为横向承重、纵向承重以及纵横双向承重三种方案(图10-2)。

　　框架结构一般采用横向承重方式。此时,框架承受竖向荷载和平行于房屋横向的水平风荷载或水平地震作用,在房屋纵向设置连系梁与横向框架相连。这些纵向连系梁实际上也与柱形成了纵向框架,承受平行于房屋纵向的水平风荷载或水平地震作用。当横向框架的跨数较多或房屋长宽比较大时(如多于7跨或房屋长宽比不小于2),房屋的纵向刚度将

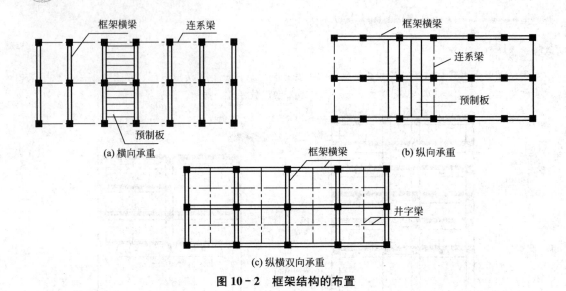

图 10 - 2　框架结构的布置

远较横向刚度大，在非抗震设计时，可忽略纵向水平风荷载产生的框架内力。

当采用纵向框架承重时，房屋的横向刚度较弱，故纵向承重方案应用较少。在柱网为正方形或接近正方形、或楼面活荷载较大等情况下，往往采用纵横双向承重的布置方案。此时常采用现浇双向板楼盖或者井式楼盖。

10.2 框架结构的计算简图

10.2.1　构件截面选择

1. 框架梁的截面

1) 截面形式

对主要承受竖向荷载的框架横梁，其截面形式在整体式框架中以 T 形(楼板现浇)和矩形(楼板预制)为多；在装配式框架中可做成矩形、T 形、梯形和花篮形等；在装配整体式框架中常做成花篮形(图 10 - 3)。

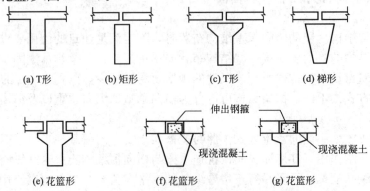

图 10 - 3　框架横梁的截面形式

对不承受楼面竖向荷载的框架连系梁，其截面常用 T 形、Γ 形、矩形、⊥ 形、L 形、倒Ⅱ形等(图 10-4)。Γ 形有利于楼面预制板的排列和竖向管道的穿过，倒Ⅱ形适用于废水较多的车间，以兼作楼面排水之用。

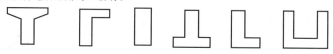

图 10-4 框架连系梁截面形状

2) 截面尺寸

设计混凝土梁的一般步骤是：先由高跨比 h/l_0 确定梁高 h，再由高宽比 h/b 确定梁的宽度 b。除满足一般要求外，框架梁的截面高度 h 一般为 $(1/12\sim1/8)l_0$，有抗震设计要求时，框架梁的截面高度 h 不小于 $l_0/10$，截面宽度 b 一般不小于 250mm。对其他梁，可参照表 5-2。

2. 框架柱的截面

1) 截面形状

框架柱的截面一般为矩形或正方形，根据建筑要求也可采用圆形或正多边形。

2) 截面尺寸

柱截面的宽度和高度一般不小于 $1/20\sim1/15$ 层高，且截面宽度不宜小于 350mm，也不宜小于梁宽＋100mm；柱截面高度不宜小于 400mm，并可按下述方法初步估算柱截面尺寸。

(1) 轴心受压验算。

对承受以轴力为主的框架柱，可按轴心受压验算。考虑到弯矩的影响，适当将轴向力乘以 $1.2\sim1.4$ 的增大系数。

(2) 偏心受压验算。

当风荷载的影响较大时，由风荷载引起的弯矩可粗略地按下式估算：

$$M = \frac{h}{2n} \sum F \tag{10-1}$$

式中 $\sum F$——风荷载设计值的总和；

n——同一层中柱子根数；

h——柱子高度(层高)。

然后将 M 与 $1.2N$(N 为轴向力设计值)一起作用(内柱)或将 M 与 $0.8N$ 一起作用(外柱)，按偏心受压构件验算。上述的轴向力 N 也可按竖向恒荷载标准值为 $10\sim12$kN/m^2 进行估算。

(3) 考虑纵向钢筋的锚固要求的框架边柱。

考虑框架梁的纵向钢筋的锚固要求(纵向钢筋伸入边柱节点的水平长度不小于 $0.4l_a$，其中 l_a 为受拉钢筋锚固长度)，故框架边柱的截面高度 h 不宜小于 $0.4l_a+80$mm。

10.2.2 框架结构的计算简图概述

1. 梁的跨度和柱高

框架梁的跨度取柱轴线间的距离。在一般情况下，等截面柱柱轴线取截面形心位置；当上下柱截面尺寸不同时，则取上层柱形心线作为柱轴线。

当框架梁各跨跨度不等但相差不超过10%时，可当作具有平均跨度的等跨框架；当屋面框架梁为斜形或折线形时，若其倾斜度不超过1/8，则仍可当作水平梁计算。

计算简图中的柱高，对框架底层柱可取为基础顶面至二层楼板顶面（对预制楼板则取至板底）之间的高度；对其他层取层高。

2. 构件的截面特性

由于框架结构楼板一般为现浇，故它参与框架梁的工作。此外，在使用阶段框架梁又有可能带裂缝工作，因而很难精确地确定梁截面的抗弯刚度。为了简化计算，作如下规定。

（1）在计算框架的水平位移时，对整个框架的各个构件引入一个统一的刚度折减系数β_c，以$\beta_c E_c I$作为该构件的抗弯刚度。在风荷载作用下，现浇框架的β_c取0.85；装配式框架的β_c取0.7～0.8。

（2）对于现浇楼盖结构的中部框架梁，其惯性矩I可用$2I_0$；对现浇楼盖结构的边框架梁，其惯性矩I可采用$1.5I_0$，其中I_0为矩形截面梁的惯性矩。

（3）对于装配式楼盖，梁截面惯性矩按梁本身截面计算。

（4）对于做整浇层的装配整体式楼盖，中间框架梁可按1.5倍梁的惯性矩取用，边框架梁可按1.2倍梁的惯性矩取用。但若楼板开洞过多，则仍宜按梁本身的惯性矩取用。

3. 计算单元

在框架竖向承重结构的布置方案中，一般情况下横向框架和纵向框架都是均匀布置，各自刚度基本相同。而作用于房屋上的荷载，如恒荷载、雪荷载、风荷载等，一般也都是均匀分布。因此在荷载作用下，各榀框架将产生大致相同的位移，相互之间不会产生大的约束力，故无论是横向布置或纵向布置，都可单独取用一榀框架作为计算单元（图10-5）。在纵横向混合布置时，则可根据结构的不同特点进行分析，并对荷载进行适当简化，采用平面结构的分析方法，分别进行横向和纵向框架进行计算。

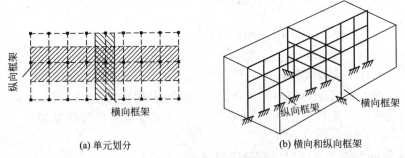

(a) 单元划分　　　　　　　　　　(b) 横向和纵向框架

图10-5　框架的计算单元

按照上述计算简图算出的柱内力是简图轴线上的内力。在选择截面尺寸或配筋时，还应将算得的内力转化为截面形心处的内力。

10.3 荷载与水平地震作用计算

作用在框架结构上的荷载有永久荷载、可变荷载以及偶然作用。永久荷载主要是结构构件及装修层自重，可直接按设计的截面尺寸和装修做法，取用相应材料的重力密度乘以相应体积或面积求得。可变荷载主要是楼面活荷载、屋面活荷载(含雪荷载、积灰荷载及其组合)以及风荷载。民用建筑的楼面及屋面活荷载标准值可由《建筑结构荷载规范》(GB 50009—2012)查得(本书第 2 章摘录了其中部分荷载)。偶然作用一般指有抗震设防要求的地震作用。以下仅就活荷载的折减、风荷载和地震作用的计算进行说明。

10.3.1 楼面活荷载的折减

1. 墙、柱、基础

对住宅、宿舍、旅馆、办公楼、医院病房等多层建筑(这些房屋的楼面活荷载标准值均为 2kN/m²)，在墙、柱、基础设计时，作用于楼面上的使用活荷载标准值可乘以表 10-1 所列折减系数。这是因为实际使用时，各楼层活荷载不会同时满载作用。

表 10-1 楼面活荷载折减系数

墙、柱、基础计算截面以上的楼层数	1	2~3	4~5	6~8	9~20	>20
计算截面以上各楼层活荷载总和的折减系数	1.00(0.90)	0.85	0.70	0.65	0.60	0.55

注：当楼面梁的从属面积超过 25m² 时，采用括号内系数。

2. 楼面梁

楼面梁设计时，当住宅、宿舍、旅馆、办公楼、医院病房等多层建筑的楼面梁从属面积超过 25m²，或当活荷载标准值大于 2.0kN/m² 且楼面梁从属面积超过 50m² 时，活荷载值可乘以 0.9 的折减系数。楼面梁的从属面积按梁两侧各延伸 1/2 梁间距的范围内的实际面积确定。

10.3.2 风荷载

作用于多层框架结构建筑物表面上的风荷载标准值，计算方法见第 2 章多层与高层房屋的风荷载计算。

10.3.3 水平地震作用

1. 计算原则

1) 截面抗震验算范围

抗震设防烈度为 6 度及 6 度以上地区，应进行抗震设计。6 度时的建筑(建造于Ⅳ类场地上较高的高层建筑除外)应允许不进行截面抗震验算(但应符合有关措施要求)；对 7 度和 7 度以上的建筑结构，以及 6 度时建造于Ⅳ类场地上较高的高层建筑，应进行多遇地震作用下的截面抗震验算。

2）抗震等级

一般多层现浇钢筋混凝土房屋属于丙类建筑，其抗震等级见表10-2。

表10-2　丙类建筑现浇框架结构的抗震等级

烈度	6度		7度		8度		9度
房屋高度(m)	≤24	>24	≤24	>24	≤24	>24	≤24
普通框架	四	三	三	二	二	一	一
大跨度框架	三		二		一		一

3）水平地震作用计算方法

对于高度不超过40m，以剪切变形为主且质量和刚度沿高度分布均匀的结构，可采用底部剪力法进行水平地震作用计算。

2. 计算内容

1）确定结构自振周期 T_1

采用底部剪力法进行水平地震作用时，可参照以下经验公式中的一个确定结构自振周期 T_1。

（1）对民用框架房屋。

$$T_1 = 0.33 + 0.00069 \frac{H^2}{\sqrt[3]{B}} \tag{10-2}$$

式中　H——房屋主体结构的高度(m)；

　　　B——房屋振动方向的长度(m)。

（2）对 $H < 24m$ 且填充墙较多的办公楼、招待所等规则框架结构。

$$T_1 = 0.22 + 0.035 \frac{H}{\sqrt[3]{B}} \tag{10-3}$$

也可采用多层框架结构的实测统计式计算：

$$T_1 = 0.085n \tag{10-4}$$

式中　n——房屋层数。

2）确定场地的特征周期 T_g

根据场地类别和设计地震分组，确定场地的特征周期 T_g，详见14.2.3节。

3）求地震影响系数 α

根据 T_g 和 T_1，由地震影响系数曲线求出地震影响系数 α，详见14.3.2节。

4）求重力荷载代表值

重力荷载代表值包括全部恒荷载标准值和部分活荷载标准值。按整个房屋分层计算，并按框架榀数分配，详见14.3.1节。

5）计算水平地震作用标准值

利用底部剪力法求出框架各层的水平地震作用标准值，详见14.3.3节。

10.4 框架在竖向荷载作用下的内力计算

多层框架结构竖向荷载作用下的内力计算方法有力矩分配法、简化的力矩分配法——分层法、迭代法等，一般低层框架(4 层及以下)采用力矩分配法，多层框架可采用分层法。

10.4.1 分层法的计算假定

分层法实际上是简化的弯矩分配法。采用分层法计算时，一般作下列假定：①在竖向荷载作用下，多层多跨框架的侧移很小，可忽略不计；②每层梁上的荷载对其他各层梁内力的影响很小，可忽略不计。

根据以上假定，可将框架的各层梁及其上、下柱作为独立的计算单元分层进行计算(图 10-6)。分层计算所得的梁内弯矩即为梁在该荷载作用下的弯矩；而每根一柱的柱端弯矩则取上下两层计算所得弯矩之和。

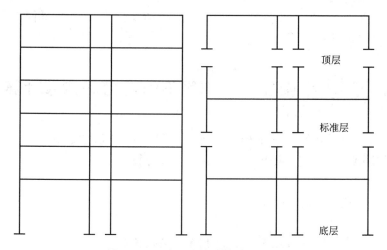

图 10-6 分层法的计算单元划分

在分层计算时，假定上下柱的远端为固定端(无转角)，而实际上是弹性嵌固(有转角)，故计算有一定误差。为了减少该计算误差，在计算前，除底层柱外、其他层各柱的线刚度均乘以折减系数 0.9，并在计算中取相应的传递系数为 1/3(底层柱不折减，且传递系数为 1/2)；每个节点分配两次。由于分层计算的近似性，框架节点处的最终弯矩可能不平衡，但通常不会很大。如需进一步修正，可对节点的不平衡力矩再进行一次分配。

分层法适用于节点梁柱线刚度比 $\sum i_b / \sum i_c \geqslant 3$，且结构与荷载沿高度比较均匀的多层框架的计算。

10.4.2 计算步骤

用分层法计算竖向荷载作用下框架内力时，其步骤如下：①画出框架计算简图(标明荷载、轴线尺寸、节点编号等);②按规定计算梁、柱的线刚度及相对刚度;③除底层柱外,其他各层柱的线刚度(或相对线刚度)应乘以折减系数 0.9;④计算各节点处的弯矩分配系数,并用弯矩分配法从上至下分层计算各个计算单元(每层横梁及相应的上下柱组成一个计算单元)的杆端弯矩,计算可从不平衡弯矩较大的节点开始,一般每节点分配 1~2 次即可;⑤叠加有关杆端弯矩,得出最后弯矩图(如节点弯矩不平衡值较大,可在节点重新分配一次,但不进行传递);⑥按静力平衡条件求出框架的其他内力图(轴力及剪力图)。

1. 恒荷载作用下的计算

按上述步骤完成全部计算过程。

2. 活荷载作用下

由于活荷载的作用位置不同,产生的控制截面内力不同,故与连续受弯构件类似,应考虑活荷载的不利布置。布置的方式有满布荷载法、分跨满布法和逐层逐跨布置法。

当活荷载与恒荷载的比值不大于 1 时,可不考虑活荷载的最不利布置而采用满布活荷载法。这样求得的内力在支座处与按最不利荷载布置法求得的内力极为相似,可直接进行内力组合。但求得的梁跨中弯矩比最不利荷载位置法的计算结果要小,因此对跨中弯矩应乘以 $1.1(q=2.0\text{kN/m}^2)\sim 1.2(q=2.0\sim 3.5\text{kN/m}^2)$ 的增大系数。计算简图简化方法和梁柱分配系数计算同恒载的计算。

10.5 框架在水平作用下的内力和侧移计算

风荷载、水平地震作用下的框架内力计算一般采用 D 值法。对于低层框架(如 2~4 层),当梁柱线刚度比≥3 时,则可用反弯点法进行计算。

10.5.1 反弯点法

反弯点法也称为直接反弯点法,适用于各层结构比较均匀(各层层高变化不大、梁的线刚度变化不大)、节点梁柱线刚度比 $\sum i_b/\sum i_c \geqslant 3$ 的多层框架。其基本假定是:①在确定各柱的反弯点位置时,假定除底层柱以外的其余各层柱受力后上、下两端的转角相等;② 进行各柱间的剪力分配时,假定梁与柱的线刚度比为无限大;③梁端弯矩可由节点平衡条件(中间节点尚需考虑梁的变形协调条件)求出。

1. 反弯点高度

反弯点高度 y 指反弯点处至该层柱下端的距离。对上层各柱,根据假定①,各柱的上、下端转角相等,柱上、下端弯矩也相等,故反弯点在柱的正中央,即 $y=h/2$;对底层柱,当柱脚固定时,柱下端转角为零,上端弯矩比下端弯矩小,反弯点偏离柱中央而上移,根据分析可取 $\bar{y}=2h_1/3(h_1$ 为底层柱高)。

2. 侧移刚度

按照假定,某层 i 柱的侧移刚度 D_i 为

$$D_i = \frac{12i_c}{h_i^2} \tag{10-5}$$

式中　h_i、i_c——第 i 层某柱的柱高度、柱线刚度（$i_c = EI/h_i$）。

3．剪力分配

同层第 i 柱剪力 V_i 按该层各柱侧移刚度比例分配

$$V_i = \frac{D_i}{\sum D_i} \sum F \tag{10-6}$$

式中　$\sum D_i$——该层各柱侧移刚度总和；

$\quad\quad \sum F$——计算层以上所有各层水平荷载总和。

4．柱端弯矩

柱反弯点位置及该点的剪力确定后，即可求出柱端弯矩：

$$\left. \begin{array}{l} M_{i下} = V_i \overline{y_i} \\ M_{i上} = V_i(h_i - \overline{y_i}) \end{array} \right\} \tag{10-7}$$

式中　$M_{i下}$、$M_{i上}$——分别为柱下端弯矩和上端弯矩。

5．梁端弯矩

梁端弯矩可根据节点平衡条件及梁线刚度比例求出：

中柱处：$M_{b左j} = \dfrac{i_b^{左}}{i_b^{左}+i_b^{右}}(M_{c下j+1}+M_{c上j})$, $\quad M_{b右j} = \dfrac{i_b^{右}}{i_b^{左}+i_b^{右}}(M_{c下j+1}+M_{c上j})$ $\quad$(10-8)

边柱处：$\quad\quad\quad M_{b总j} = M_{c下j+1} + M_{c上j}$ $\quad\quad\quad\quad\quad$ (10-9)

10.5.2　D 值法

反弯点法使框架结构在水平荷载（作用）下的内力计算大为简化，但也有一定误差。对于梁柱线刚度较接近，特别是梁线刚度小于柱线刚度时，存在的误差较大。而且，框架柱的侧移刚度不仅与柱的线刚度和层高有关，还与梁的线刚度等因素有关。同时，柱的反弯点位置也与梁柱线刚度比、上下层横梁的线刚度比及上下层层高的变化等有关。因此，在分析上述影响的基础上，对柱的侧移刚度和反弯点高度的计算方法作了改进，称为改进反弯点法或 D 值法（因为修正后的柱侧移刚度用 D 表示）。

1．修正后的柱侧移刚度 D

对某 k 层 j 柱，有

$$D_{jk} = \alpha_c \frac{12i_c}{h_j^2} \tag{10-10}$$

式中　α_c——节点转动影响系数。

对底层：$\quad\quad\quad \alpha_c = \dfrac{0.5+\overline{k}}{2+\overline{k}} \quad\quad \overline{k} = \dfrac{\sum i_b}{i_c}$ $\quad\quad\quad$ (10-11)

其他层：$\quad\quad\quad \alpha_c = \dfrac{\overline{k}}{2+\overline{k}}, \quad\quad \overline{k} = \dfrac{\sum i_b}{2i_c}$ $\quad\quad\quad$ (10-12)

式中 i_b、i_c——相应梁、柱线刚度。

2. 求柱的剪力

在求得各柱的 D 值后，剪力的分配与反弯点法相同。

3. 求柱反弯点高度 y（由柱下端算起）

$$y = (\gamma_0 + \gamma_1 + \gamma_2 + \gamma_3)h \qquad (10-13)$$

式中 γ_0——标准反弯点高度比，考虑梁柱线刚度比及层数、层次对反弯点高度的影响，查附录附表 29；

γ_1——考虑上下横梁线刚度比对反弯点高度的影响，查附录附表 30；

γ_2——考虑相邻上层层高对本层反弯点高度的影响，顶层取 $\gamma_2 = 0$，查附录附表 31；

γ_3——考虑相邻下层层高对本层反弯点高度的影响，底层取 $\gamma_3 = 0$，查附录附表 31；

由剪力和柱反弯点高度 y 绘制弯矩图，根据节点内力平衡求梁端弯矩，以及由平衡条件绘制轴力、剪力图均同反弯点法。

10.5.3 水平作用下框架侧移的近似计算和验算

框架结构在水平荷载标准值作用下的侧移可以看作是梁柱弯曲变形和轴向变形所引起的侧移叠加。由梁柱弯曲变形（梁和柱本身的剪切变形较小，可以忽略）所导致的层间相对侧移具有越靠下越大的特点，其侧移曲线与悬臂梁的剪切变形曲线相一致，故称这种变形为总体剪切变形（图 10-7）；而由框架轴力引起柱的伸长和缩短所导致的框架变形，与悬臂梁的弯曲变形曲线类似，故称其为总体弯曲变形（图 10-8）。

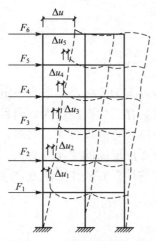

图 10-7 框架总体剪切变形

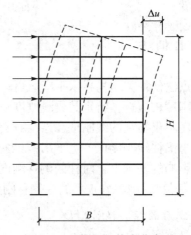

图 10-8 框架总体弯曲变形

对于一般框架结构，其侧移主要是由梁、柱的弯曲变形所引起的，即主要发生总体剪切变形，在计算时考虑该项变形已足够精确。但对于房屋高度大于 50m 或者高宽比 H/B 大于 4 的框架结构，则需考虑柱轴力引起的总体弯曲变形。本节只介绍总体剪切变形的近似计算方法，在需要计算框架总体弯曲变形时，可另见参考书。

1. 用 D 值法计算框架总体剪切变形

用 D 值法计算水平荷载作用下的框架内力时，需要计算出任意柱的侧移刚度 D_{ij}，则

第 j 层各柱侧移刚度之和为 $\sum_{i=1}^{n} D_{ij}$。按照侧移刚度的定义,第 j 层框架上、下节点的相对侧移 Δu_j 为:

$$\Delta u_j = \frac{\sum F}{\sum_{i=1}^{n} D_{ij}} \tag{10-14}$$

框架顶点的总侧移为各层相对侧移之和,即:

$$\Delta u = \sum_{i=1}^{n} \Delta u_j \tag{10-15}$$

式中　n——计算层的总柱数;

　　　M——框架总层数;

　　　$\sum F$——计算层以上水平荷载标准值之和。

2. 侧移限值

对于框架结构,层间侧移最大值不超过 1/550,一般发生在框架底层($\sum F$ 及 h 均大)或下部的薄弱层。

10.6 框架的荷载效应组合

框架在各组荷载作用下的内力求得后,根据最不利且可能的原则、考虑组合系数,即可求得框架梁柱各控制截面的最不利内力。

1. 控制截面

(1) 框架梁:左端支座截面、跨中截面和右端支座截面。

(2) 框架柱:柱顶截面和柱底截面。

2. 控制截面最不利内力类型

(1) 框架梁:①M_{max} 及相应 V;②M_{min} 及相应 V;③V_{max} 及相应 M(只对支座截面)。

(2) 框架柱:①最大正弯矩 M_{max} 及相应的 N 和 V;②最小负弯矩 M_{min} 及相应的 N 和 V;③最大轴向力 N_{max} 及相应的 M 和 V;④最小轴向力 N_{min} 及相应的 M 和 V。

框架柱通常采用对称配筋,故前两组可合并为弯矩绝对值最大的内力组 $|M|_{max}$ 及相应的 N 和 V。

3. 荷载效应组合

1) 当由可变荷载效应起控制作用时

假定下列数字:①表示恒荷载标准值;②表示屋面(或楼面)活荷载标准值;③表示左风;④表示右风;⑤表示重力荷载代表值;⑥表示左水平地震作用标准值;⑦表示右水平地震作用标准值。

(1) 不考虑地震作用时。

对一般框架结构的承载力计算,考虑下列荷载组合。

A：$1.2①+1.4②$。

B：$1.2①+1.4③$；B'：$1.2①+1.4④$。

C：$1.2①+0.9×1.4(②+③)$；C'：$1.2①+0.9×1.4(②+④)$。

（2）考虑地震作用时。

60m 及 60m 以下的建筑物，只需考虑重力荷载与水平地震作用的组合。

D：$1.2⑤+1.3⑥$；D'：$1.2⑤+1.3⑦$。

E：$1.0⑤+1.3⑥$；E'：$1.0⑤+1.3⑦$。

当重力荷载效应对结构承载力有利时，其分项系数取 1.0。

2）当由永久荷载效应起控制作用时

注意：当考虑以竖向的永久荷载效应控制的组合时，参与组合的可变荷载只考虑与结构自重方向一致的竖向荷载，不考虑地震作用。

对一般框架结构的承载力计算，考虑下列荷载组合。

F：$1.35①+1.4×0.7②$。

4. 内力组合

为便于荷载效应的组合，对梁、柱内力的符号作如下统一规定。

（1）梁中内力符号：弯矩以使梁下部受拉者为正，反之为负；剪力以绕杆端顺时针转者为正，反之为负。

（2）柱中内力符号：弯矩以使柱左边受拉者为正，反之为负；轴力以受压为正，受拉为负。

10.7 框架的配筋计算

对于非抗震设计，承载力计算公式为 $\gamma_0 S \leqslant R$；对于抗震设计，承载力计算公式为 $\gamma_{RE} S_E \leqslant R$，其中 γ_{RE} 为承载力抗震调整系数（对钢筋混凝土梁受弯时及轴压比小于 0.15 的柱受偏压时，取 0.75；对轴压比不小于 0.15 的柱受偏压时，取 0.8；对各类构件受剪时，取 0.85）。

10.7.1 框架梁配筋计算

1. 纵向钢筋的计算

计算支座负弯矩钢筋时，采用矩形截面；计算跨中正弯矩钢筋时，采用 T 形截面，翼缘宽度 b_f' 按规范中规定，见表 5-6。

2. 箍筋的计算

非抗震设计的梁，计算规定及公式详见第 5 章。

对于四级抗震等级，受弯构件的最小截面尺寸应满足如下要求（跨高比大于 2.5）：

$$\gamma_{RE} V_b \leqslant 0.20\beta_c f_c b h_0 \tag{10-16}$$

若满足下列情况则可按构造配筋：

$$\gamma_{RE} V \leqslant 0.7 f_t b h_0 \qquad (10-17)$$

若无法按构造配筋则箍筋按下列公式计算：

$$\frac{A_{sv}}{s} = \frac{\gamma_{RE} V_b - 0.42 f_t b h_0}{f_{yv} h_0} \qquad (10-18)$$

最小配筋率应满足下式要求：

$$\rho_{sv} = \frac{A_{sv}}{bs} > 0.26 \frac{f_t}{f_{yv}} \qquad (10-19)$$

10.7.2　框架柱配筋计算

1. 纵向钢筋的计算

一般设计中框架柱采用对称配筋。按《规范》的规定，首先应考虑挠曲的二阶效应。只有当同一主轴方向的杆端弯矩比 M_1/M_2 不大于 0.9，且设计轴压比 (N/f_cA) 不大于 0.9 时，若构件的长细比 l_0/i 满足式(10-20)的要求，可不考虑该方向构件自身挠曲产生的附加弯矩的影响。

$$\frac{l_0}{i} \leqslant 34 - 12 \frac{M_1}{M_2} \qquad (10-20)$$

否则应按截面的两个主轴方向分别考虑轴向压力在挠曲杆件中产生的附加弯矩影响。考虑轴向压力在挠曲杆件中产生的二阶效应后控制截面弯矩设计值 M，应按下列公式计算：

$$M = C_m \eta_{ns} M_2 \qquad (10-21a)$$

$$C_m = 0.7 + 0.3 \frac{M_1}{M_2} \qquad (10-21b)$$

$$\eta_{ns} = 1 + \frac{1}{1300 \left(\dfrac{M_2}{N} + e_a \right)/h_0} \left(\frac{l_0}{h} \right)^2 \zeta_c \qquad (10-21c)$$

其中：$e_a = 20\mathrm{mm}(h \leqslant 600\mathrm{mm}$ 时$)$或 $h/30(h > 600\mathrm{mm}$ 时$)$；h 为偏心方向截面的最大尺寸；$\zeta_c = 0.5 f_c A/N$(当计算值大于 1.0 时取 1.0)。求得 M 后，则可求出 $e_0 = M/N$，$e_i = e_0 + e_a$，则轴压力至远侧纵筋合力点距离 $e = e_i + 0.5h - a_s$。

完成上述计算后，则可判别偏心受压类型，然后按相应偏心受压公式求出配筋，并应满足最小配筋率要求。

纵向受力钢筋最小配筋率，对四级抗震框架的框架中柱、边柱取 0.6%，对框架角柱取 0.7%。

2. 箍筋的计算

框架柱上、下两端箍筋应加密，四级抗震框架，箍筋最大间距取纵向钢筋直径的 8 倍和 150mm(柱根处 100mm)中的较小值。箍筋最小直径为 6mm(柱根处为 8mm)。

小　结

框架结构是多层和高层建筑主要采用的结构形式之一，组成框架的梁、柱是基本的结构构件。结构设计时，需首先进行结构布置和拟定梁、柱截面尺寸，确定结构计算简图，然后进行荷载计算、结构内力计算、内力组合和截面设计，并绘制结构施工图。

竖向荷载作用下的框架结构内力计算，在层数较多时宜采用分层法。在用分层法计算时，将上、下柱远端的弹性支承改为固定端，同时将除底层外的其他各层柱的线刚度乘以系数 0.9，相应地柱的弯矩传递系数由 1/2 改为 1/3，底层柱和各层梁的线刚度不变且其弯矩传递系数仍为 1/2。

水平荷载作用下框架结构的内力一般采用 D 值法计算。D 值是在考虑框架梁为有限刚度、梁柱节点有转动的前提下得到的抗侧移刚度，比较接近实际情况。

框架梁的控制截面通常取梁的两端截面和跨中截面，而框架柱的控制截面则取上、下端截面。内力组合的目的是确定框架梁、柱控制截面的最不利内力，以此作为梁、柱截面配筋的依据。

设计框架结构时，应考虑活荷载的最不利布置；当活荷载不大时，可采用满布活荷载法，并适当提高活荷载作用下梁的跨中截面弯矩；水平荷载作用下则应考虑正反两个方向的作用。

框架柱的配筋一般采用对称配筋，在选择内力组合时，特别要注意弯矩和轴力的相关性。

现浇框架梁、柱的纵向钢筋和箍筋，除应满足计算要求外，还应满足有关构造要求（有抗震设防要求时，还应满足抗震构造要求）。

习　题

一、思考题

(1) 框架结构有什么特点？其适用条件是什么？

(2) 框架结构的布置原则是什么？有哪几种布置方法？每种布置有什么特点？

(3) 怎样确定框架结构的计算简图（包括初定框架梁、柱截面尺寸，截面惯性矩及框架几何尺寸）？

(4) 采用分层法计算内力时要注意什么？最终弯矩如何叠加？主要计算步骤是什么？

(5) D 值法中 D 值的物理意义是什么？用 D 值法确定框架柱反弯点位置的主要步骤？

(6) 分层法、D 值法在计算中各采用了哪些假定？并简述其计算框架内力的主要步骤。

(7) 框架结构的内力有哪几种组合？

(8) 如何计算框架梁、柱控制截面上的最不利内力？活荷载应该怎样布置？

二、计算题

(1) 图 10-9 所示的三层框架，横梁截面尺寸为 $b \times h = 250\text{mm} \times 600\text{mm}$；各层柱的尺寸为 $b \times h = 500\text{mm} \times 500\text{mm}$，混凝土强度等级为 C30，用分层法计算该框架结构内力，并绘制弯矩、轴力、剪力图。

(2) 图 10-10 所示的三层框架，横梁截面尺寸为 $b \times h = 250\text{mm} \times 600\text{mm}$；各层柱的尺寸为 $b \times h = 500\text{mm} \times 500\text{mm}$，混凝土强度等级为 C30，用 D 值法计算该框架结构，并绘制弯矩图。

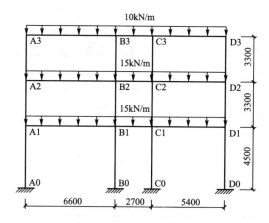

图 10-9 计算题(1)附图

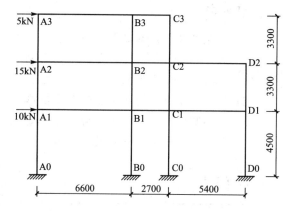

图 10-10 计算题(2)附图

第**11**章
砌 体 结 构

教学目标

本章介绍砌体、砌体构件和混合结构房屋的设计计算方法。通过本章学习，应达到以下目标。

(1) 掌握砌体和砌体构件的受力性能。

(2) 熟悉无筋砌体构件受压计算及高厚比验算方法。

(3) 理解混合结构房屋的静力计算方案。

(4) 掌握刚性方案房屋的设计内容。

教学要求

知识要点	能力要求	相关知识
砌体和砌体材料	(1) 了解砂浆的分类及主要作用 (2) 理解砌体受压的受力阶段及破坏过程 (3) 掌握影响砌体抗压强度的主要因素	(1) 砖砌体、砌块砌体、石砌体 (2) 砂浆 (3) 强度调整系数
无筋砌体构件计算	(1) 了解无筋砌体构件受压的特点 (2) 理解局部受压的概念和影响因素 (3) 掌握构件受压和局部受压承载力计算方法	(1) 偏心距 (2) 高厚比 (3) 局部受压
混合结构房屋	(1) 了解房屋的承重方案 (2) 理解房屋的空间受力性能 (3) 掌握刚性方案房屋的计算方法	(1) 伸缩缝 (2) 圈梁 (3) 计算方案

基本概念

砌体、砌体结构、砂浆、偏心距、高厚比、局部受压承载力提高系数、伸缩缝、圈梁、过梁、挑梁、承重墙、刚性方案、弹性方案、刚弹性方案

引言

砌体结构(masonry structure)是指用由块体和砂浆砌筑而成的墙、柱等构件作为建筑物主要受力构件

的结构，是砖砌体、砌块砌体和石砌体结构的统称。砌体结构广泛用于民用建筑尤其是居住建筑中。

考古资料表明：约在5000多年前的新石器时代，就有石砌围墙、祭坛、木骨泥墙建筑。秦朝(公元前221年～前206年)建造的万里长城(当时主要是由乱石和土筑成)，是我国砌体结构史上的光辉一页。烧结砖的生产和使用也有三千年以上的历史。

砌体结构的设计原则和方法与本书第2章所表述的相同，采用以概率理论为基础的极限状态设计法。砌体结构一般只需按承载能力极限状态设计，正常使用极限状态的要求可由相应的构造措施保证而不必验算。

11.1 砌体材料及其力学性能

11.1.1 砌体材料

砌体材料包括块体和砂浆。

1. 块体

组成砌体的主要材料是块体，《砌体结构设计规范》(GB 50003—2011)列入了如下4类块体，砌体的名称以相应块体名称命名。

1) 烧结砖

烧结砖包括烧结普通砖和烧结多孔砖。

烧结普通砖(fired common brick)是由黏土、页岩、煤矸石或粉煤灰为主要原料，经焙烧而成的实心砖或孔洞率不大于规定值且外形尺寸符合规定的砖。以下将其简称为砖，包括烧结黏土砖、烧结页岩砖、烧结煤矸石砖及烧结粉煤灰砖。其标准尺寸是240mm×115mm×53mm。由于烧结黏土砖的取土要占用大量良田，故已在城市建设中严格限制使用。

烧结多孔砖(fired perforated brick)是以黏土、页岩、煤矸石或粉煤灰为主要原料，经焙烧而成，孔洞率不小于25%，孔的尺寸小而数量多，主要用于承重部位的砖，简称多孔砖。承重黏土多孔砖主要有M型砖和P型砖(图11-1)。

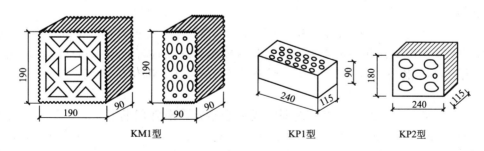

KM1型　　　　　KP1型　　　　　KP2型

图 11-1 承重黏土多孔砖

2) 非烧结砖

非烧结砖包括蒸压灰砂砖和蒸压粉煤灰砖。

蒸压灰砂砖(autoclaved sand-lime brick)是以石灰和砂为主要原料,经坯料制备、压制成型、蒸压养护而成的实心砖,简称灰砂砖。

蒸压粉煤灰砖(autoclaved flyash-lime brick)是以粉煤灰、石灰为主要原料,掺加适量石膏和集料,经坯料制备、压制成型、高压蒸汽养护而成的实心砖,简称粉煤灰砖。

3)砌块

砌块通常指混凝土小型空心砌块(concrete small hollow block)或加气混凝土砌块及粉煤灰硅酸盐实心砌块。混凝土小型空心砌块由普通混凝土或轻骨料混凝土制成,主要规格尺寸为390mm×190mm×190mm,空心率在25%~50%之间(图11-2)。

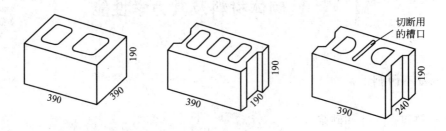

图11-2 混凝土小型空心砌块

4)石材

天然石材包括毛石和料石。未经加工的、形状不规则的石材称为毛石(其中部厚度不应小于200mm);经加工的石材称为料石(料石高度不应小于200mm)。根据加工后外形的规则程度,料石又分为细料石、半细料石、粗料石和毛料石等。

石材一般都采用重天然石,如石灰石、花岗岩、砂岩等,其重力密度大于18kN/m³。石材的强度高,耐久性好,多用于产石地区的基础及挡土墙。石材的热传导系数较高,如用作墙体,往往需要较大的厚度。

2. 砂浆

砂浆是由胶凝材料(如水泥、石灰等)及细骨料(如粗砂、中砂、细砂)加水搅拌而成的黏结块体的材料。砂浆的主要作用是:①黏结块体,使单个块体形成受力整体;②找平块体间的接触面,促使应力分布较为均匀;③充填块体间的缝隙,减少砌体的透风性,提高砌体的隔热性能和抗冻性能。

砂浆按其组成材料的不同可分为水泥砂浆、混合砂浆、非水泥砂浆和砌块专用砂浆。

水泥砂浆由水泥、砂和水拌和而成,其强度高、耐久性好,但和易性差、水泥用量大,适用于对防水有较高要求以及对强度有较高要求的砌体。水泥砂浆也称为刚性砂浆。

在水泥砂浆中掺入适量的塑化剂即形成混合砂浆,最常用的混合砂浆是水泥石灰砂浆。这类砂浆的和易性和保水性都很好、便于砌筑、水泥用量较少,但砂浆强度较低。混合砂浆适用于一般的墙、柱砌体。塑化剂(如石灰、皂化松香等)的作用是改善水泥砂浆的和易性及保水性,增加水泥砂浆的可塑性,从而提高砌筑质量。我国目前采用的塑化剂一般不提高砂浆的强度。

非水泥砂浆也称为柔性砂浆,是指不含水泥的石灰砂浆、黏土砂浆、石膏砂浆等。这类砂浆强度低、耐久性较差，只适用于砌筑受力不大的砌体或临时性简易建筑的砌体。

砌块专用砂浆是由水泥、砂、水，以及根据需要掺入掺和料和外加剂等组分，按一定比例，采用机械拌和制成的砂浆，专门用于砌筑混凝土砌块，故称为混凝土砌块砌筑砂浆（mortar for concrete small hollow block），简称砌块专用砂浆。

11.1.2 砌体的力学性能

砌体的受力性能不仅取决于块体和砂浆的性能，还取决于块体在砌体中的受力状态，并且和砌筑质量密切相关。以下用砖砌体进行说明。

1. 砌体的受压性能

1）砌体受压破坏的三个受力阶段

在进行砌体受压破坏试验时，一般采用高厚比等于 3 的试件（高厚比的概念后述）进行轴心受压试验。试验表明，在砌体开始受荷到破坏的过程中，可分为三个受力阶段。以砖砌体为例（图 11-3），这三个受力阶段分别如下。

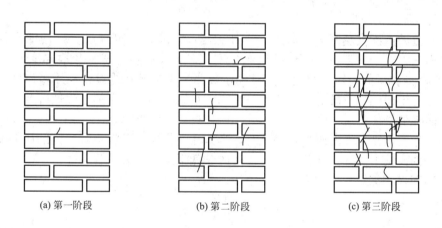

(a) 第一阶段   (b) 第二阶段   (c) 第三阶段

图 11-3 砖砌体的三个受力阶段

（1）单砖内出现裂缝。

第一批裂缝在单砖内出现，此时的荷载值为破坏荷载的 $50\% \sim 70\%$，其大小与砂浆强度有关。

（2）裂缝通过若干皮砖，形成连续裂缝。

随着荷载增加，单块砖内的个别裂缝发展成通过若干皮砖的连续裂缝，同时有新的裂缝发生。当荷载为破坏荷载的 $80\% \sim 90\%$ 时，连续裂缝的发展将进一步导致贯通裂缝，它也标志着第二个受力阶段的结束。

（3）形成贯通裂缝，砌体完全破坏。

继续增加荷载时，连续裂缝的发展形成贯穿整个砌体的贯通裂缝，砌体被分割为几个 1/2 砖的小柱体，砌体明显向外鼓出，柱体受力极不均匀，最后由于柱体丧失稳定而导致砌体破坏，个别砖也可能被压碎。

2）影响砌体抗压强度的主要因素

上述砖砌体的受压试验表明：由于砖在砌体中的应力状态不同于单砖的均匀受压情况（砖在砌体中受弯曲应力和剪应力作用，还受横向拉应力的作用），因而砖砌体的受压强度低于单砖受压时的强度。影响砌体抗压强度的因素可概括为以下几个方面。

（1）块体和砂浆的强度。

块体和砂浆的强度是影响砌体强度的主要因素，也是确定砌体抗压强度的主要参数。块体和砂浆的强度越高，砌体的抗压强度越高。

在一般砖砌体中，提高砖的强度等级比提高砂浆强度等级对增加砌体抗压强度的效果好，而在毛石砌体中，提高砂浆强度等级的效果较好。

（2）块体尺寸和几何形状的影响。

块体的高度大时，其受弯受剪能力高，因而砌体的抗压强度高；块体表面越平整，受力越均匀，砌体的抗压强度也越高。

（3）砂浆性能的影响。

铺砌时砂浆的和易性好、流动性大时，容易形成厚度均匀和密实的灰缝，减少块体的弯曲应力和剪应力，因而可以提高砌体的抗压强度；砂浆的弹性模量越低时（即变形率越大时）块体受到的横向拉应力越大，使砌体的强度降低。

（4）砌筑质量的影响。

水平灰缝的饱满度越好时，砌体抗压强度越高，通常要求水平灰缝的饱满度不小于80%。水平灰缝薄而均匀时，砌体的抗压强度较高，砖砌体的水平灰缝厚度一般为10～12mm。在保证质量的前提下快速砌筑有利于提高砌体的抗压强度。对于砖砌体，砖的含水率较大时易于保证砌筑质量，干砖砌筑和用含水饱和的砖砌筑都会降低砖与砂浆的黏结强度，从而降低砌体的抗压强度。砌体施工质量控制等级分 A、B、C 三级，A 级最好。

此外，强度差别较大的砖混合砌筑时，砌体在同样荷载下将引起不同的压缩变形因而使砌体在较低荷载下破坏。在此时，应按砖的较低强度等级去估算砌体抗压强度。在一般情况下，不同强度等级的砖不应该混合使用。

2. 材料的强度等级和砌体的计算指标

1）材料的强度等级

按照块体的立方体抗压强度标准值的大小（烧结普通砖还包括抗折强度），烧结砖的强度等级分为 MU30、MU25、MU20、MU15 和 MU10 共 5 个等级；蒸压砖有 MU25、MU20、MU15 和 MU10 共 4 个等级；砌块有 MU20、MU15、MU10、MU7.5 和 MU5 共 5 个等级；石材有 MU100、MU80、MU60、MU50、MU40、MU30、MU20 共 7 个等级。

砂浆的强度有 M15、M10、M7.5、M5 和 M2.5 共 5 个等级。确定砂浆强度等级时，应采用同类块体为砂浆强度试块的底模，砂浆试块为边长 70.7mm 的立方体。

2）砌体的计算指标

砌体的抗压强度设计值是砌体的主要计算指标。龄期为 28d 的以毛截面计算的各类砌体抗压强度设计值，当施工质量控制等级为 B 级时，是根据块体和砂浆的强度等级确定的。烧结砖的抗压强度设计值见表 11-1（其余略）。

表 11-1 烧结普通砖和烧结多孔砖的抗压强度设计值(N/mm²)

砖强度等级	砂浆强度等级					砂浆强度
	M15	M10	M7.5	M5	M2.5	
MU30	3.94	3.27	2.93	2.59	2.26	1.15
MU25	3.60	2.98	2.68	2.37	2.06	1.05
MU20	3.22	2.67	2.39	2.12	1.84	0.94
MU15	2.79	2.31	2.07	1.83	1.60	0.82
MU10	—	1.89	1.69	1.50	1.30	0.67

注：烧结多孔砖的孔洞率大于30%时，表中数值应率以0.9。

3) 砌体的受拉、受弯和受剪性能

砌体的受拉、受弯和受剪的破坏一般都发生在砂浆和块体的连接面上，即取决于砂浆和块体的黏结性能。但当块体强度低时，也可能发生沿块体截面的破坏。砌体的抗拉、抗弯和抗剪性能都较差。

砌体的轴心抗拉强度设计值 f_t、弯曲抗拉强度设计值 f_{tm} 和抗剪强度设计值 f_v 另见《规范》。

3. 强度调整系数 γ_a

考虑不同因素对砌体强度的影响，在设计时对下列情况的各种砌体，其强度设计值应乘以调整系数 γ_a。

(1) 有吊车房屋砌体、跨度不小于9m(对烧结普通砖)或7.5m(其他砖砌体及砌块砌体)的梁下砌体，γ_a 为0.9。

(2) 无筋砌体构件截面面积 A 小于 0.3m² 时，$\gamma_a = A + 0.7$(A 的单位为 m²)。

(3) 当采用水泥砂浆砌筑时，砌体抗压强度设计值 f 应乘以调整系数 $\gamma_a = 0.9$；对 f_t、f_{tm}、f_v，f_a 为0.8。

(4) 当验算施工中房屋的构件时，γ_a 取为1.1；施工阶段砂浆尚未硬化的新砌砌体，可按砂浆强度为零确定其砌体强度。

(5) 当施工质量控制等级为 C 级时，γ_a 为0.89。

4. 砌体的其他性能

1) 砌体的干缩变形

砌体在浸水时体积膨胀、失水时体积收缩。收缩变形较膨胀变形大很多，尤以硅酸盐砖、轻混凝土砌块更显著，工程中应对干缩变形予以重视。

2) 砌体的受热性能

砂浆在受热作用时，当温度不超过400℃时，强度不降低；但当温度达600℃时，其强度降低约10%。而砂浆受冷却作用时，其强度则明显降低：如当温度自400℃冷却，其强度降低约50%。砖在受热时强度提高。对于采用普通黏土砖和普通砂浆砌筑的砌体，不考虑受热时的砌体抗压强度的提高，且在一面受热的状态下(如砖烟囱内壁)，其最高受热温度应低于400℃。

砌体的温度线膨胀系数，对烧结黏土砖砌体为 $5 \times 10^{-6}/℃$，对蒸压砖砌体、石砌体为 $8 \times 10^{-6}/℃$，对混凝土砌块砌体为 $10 \times 10^{-6}/℃$。

3）砌体的弹性模量

弹性模量可按《规范》采用，剪变模量可按弹性模量的 0.4 倍采用。

▌11.2 无筋砌体构件的承载力计算

砌体结构构件按受力情况可分为受压、受拉、受弯和受剪；按有无配筋可分为无筋砌体构件和配筋砌体构件。砌体结构构件的设计方法与混凝土结构构件的设计方法相同，采用极限状态设计法。前面已经提及，砌体构件一般不进行正常使用极限状态的验算，而是采取构造措施来保证正常使用要求；在进行承载力极限状态计算时，也往往是先选定截面尺寸和材料强度后进行计算，因此属于截面校核的内容。

本节主要介绍无筋砌体受压构件承载力和局部受压承载力的计算方法。

11.2.1 受压构件的承载力计算

上节中介绍的砌体受压过程及破坏特征实际上是轴心受压短柱的受力特征。由于构件的高厚比 β 小（高厚比类似于钢筋混凝土结构构件中的长细比，详见后述），纵向弯曲的影响可以忽略；在轴心受压时，轴向力的偏心距为零，没有弯矩产生的应力。

在一般情况下，受压构件并非短柱（$\beta > 3$），由于纵向弯曲影响，长柱的受压承载力要低于短柱的受压承载力。在其他条件相同时，随着偏心距的增加，构件的受压承载力也会降低。考虑到上述影响因素，《规范》规定受压构件的承载力按下式计算：

$$N \leqslant \varphi A f \tag{11-1}$$

式中　N——轴向力设计值；

　　　φ——高厚比 β 和轴向力的偏心距 e 对受压构件承载力的影响系数，见表 11-2~表 11-4；

　　　f——砌体抗压强度设计值，烧结砖砌体详见表 11-1；

　　　A——按毛面积计算的砌体截面面积。对带壁柱墙的计算截面翼缘宽度 b_f，多层房屋取窗间墙宽度（有门窗洞口时）或每侧翼墙宽度取壁柱高度的 1/3（无门窗洞口时）；单层房屋取壁柱宽加 2/3 墙高但不大于窗间墙宽度和相邻壁柱间距离。

在应用式（11-1）进行计算时，以下问题需注意。

1. 高厚比 β

高厚比应按下列公式计算：

对矩形截面　　　　　　　　　$\beta = \gamma_\beta H_0 / h$ 　　　　　　　　　（11-2）

对 I 形截面　　　　　　　　　$\beta = \gamma_\beta H_0 / h_T$ 　　　　　　　　（11-3）

式中　γ_β——不同砌体材料的高厚比修正系数，其中烧结砖取 1.0，砌块取 1.1，蒸压砖取 1.2，毛石取 1.5；

　　　h——矩形截面轴向力偏心方向的边长，当轴心受压时为截面较小边长；

　　　h_T——T 形截面折算厚度，近似取 $h_T = 3.5i$（i 为截面回转半径）；

　　　H_0——受压构件的计算高度，根据房屋类别和支承条件等按表 11-5 取用。

2. 关于偏心距 e

轴向力的偏心距 e 按内力设计值计算:

$$e = \frac{M}{N} \qquad (11-4)$$

式中　M——荷载设计值产生的弯矩设计值;

　　　N——荷载设计值产生的轴向力设计值。

3. 公式的适用范围

式(11-1)的适用范围是

$$e \leqslant 0.6y \qquad (11-5)$$

式中　y——截面重心到轴向力所在偏心方向截面边缘的距离(图 11-4)。

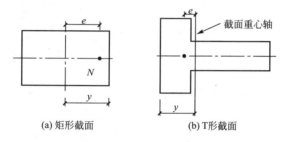

(a) 矩形截面　　　　　　　(b) T形截面

图 11-4　y 的取值

表 11-2　影响系数 φ (砂浆强度等级≥M5)

β	e/h 或 e/h_T												
	0	0.025	0.05	0.075	0.1	0.125	0.15	0.175	0.2	0.225	0.25	0.275	0.3
≤3	1	0.99	0.97	0.94	0.89	0.84	0.79	0.73	0.68	0.62	0.57	0.52	0.48
4	0.98	0.95	0.90	0.85	0.80	0.74	0.69	0.64	0.58	0.53	0.49	0.45	0.41
6	0.95	0.91	0.86	0.81	0.75	0.69	0.64	0.59	0.54	0.49	0.45	0.42	0.38
8	0.91	0.86	0.81	0.76	0.70	0.64	0.59	0.54	0.50	0.46	0.42	0.39	0.36
10	0.87	0.82	0.76	0.71	0.65	0.60	0.55	0.50	0.46	0.42	0.39	0.36	0.33
12	0.82	0.77	0.71	0.66	0.60	0.55	0.51	0.47	0.43	0.39	0.36	0.33	0.31
14	0.77	0.72	0.66	0.61	0.56	0.51	0.47	0.43	0.40	0.36	0.34	0.31	0.29
16	0.72	0.67	0.61	0.56	0.52	0.47	0.44	0.40	0.37	0.34	0.31	0.29	0.27
18	0.67	0.62	0.57	0.52	0.48	0.44	0.40	0.37	0.34	0.31	0.29	0.27	0.25
20	0.62	0.57	0.53	0.48	0.44	0.40	0.37	0.34	0.32	0.29	0.27	0.25	0.23
22	0.58	0.53	0.49	0.45	0.41	0.38	0.35	0.32	0.30	0.27	0.25	0.24	0.22
24	0.54	0.49	0.45	0.41	0.38	0.35	0.32	0.30	0.28	0.26	0.24	0.22	0.21
26	0.50	0.46	0.42	0.38	0.35	0.33	0.30	0.28	0.26	0.24	0.22	0.21	0.19
28	0.46	0.42	0.39	0.36	0.33	0.30	0.23	0.26	0.24	0.22	0.21	0.19	0.18
30	0.42	0.39	0.36	0.33	0.31	0.28	0.26	0.24	0.22	0.21	0.20	0.18	0.17

表 11-3　影响系数 φ（砂浆强度等级 M2.5）

β	e/h 或 e/h_T												
	0	0.025	0.05	0.075	0.1	0.125	0.15	0.175	0.2	0.225	0.25	0.275	0.3
≤3	1	0.99	0.97	0.94	0.89	0.84	0.79	0.73	0.68	0.62	0.57	0.52	0.48
4	0.97	0.94	0.89	0.84	0.78	0.73	0.67	0.62	0.57	0.52	0.48	0.44	0.40
6	0.93	0.89	0.84	0.78	0.73	0.67	0.62	0.57	0.52	0.48	0.44	0.40	0.37
8	0.89	0.84	0.78	0.72	0.67	0.62	0.57	0.52	0.48	0.44	0.40	0.37	0.34
10	0.83	0.78	0.72	0.67	0.61	0.56	0.52	0.47	0.43	0.40	0.37	0.34	0.31
12	0.78	0.72	0.67	0.61	0.56	0.52	0.47	0.43	0.40	0.37	0.34	0.31	0.29
14	0.72	0.66	0.61	0.56	0.51	0.47	0.43	0.40	0.36	0.34	0.31	0.29	0.27
16	0.66	0.61	0.56	0.51	0.47	0.43	0.40	0.36	0.34	0.31	0.29	0.26	0.25
18	0.61	0.56	0.51	0.47	0.43	0.40	0.36	0.33	0.21	0.29	0.26	0.24	0.23
20	0.56	0.51	0.47	0.43	0.39	0.36	0.33	0.31	0.28	0.26	0.24	0.23	0.21
22	0.51	0.47	0.43	0.39	0.36	0.33	0.31	0.28	0.26	0.24	0.23	0.21	0.20
24	0.46	0.43	0.39	0.36	0.33	0.31	0.28	0.26	0.24	0.23	0.21	0.20	0.18
26	0.42	0.39	0.36	0.33	0.31	0.28	0.26	0.24	0.22	0.21	0.20	0.18	0.17
28	0.39	0.36	0.33	0.30	0.28	0.26	0.24	0.22	0.21	0.20	0.18	0.17	0.16
30	0.36	0.33	0.30	0.28	0.26	0.24	0.22	0.21	0.20	0.18	0.17	0.16	0.15

表 11-4　影响系数 φ（砂浆强度 0）

β	e/h 或 e/h_T												
	0	0.025	0.05	0.075	0.1	0.125	0.15	0.175	0.2	0.225	0.25	0.275	0.3
≤3	1	0.99	0.97	0.94	0.89	0.84	0.79	0.73	0.68	0.62	0.57	0.52	0.48
4	0.87	0.82	0.77	0.71	0.66	0.60	0.55	0.51	0.46	0.43	0.39	0.36	0.33
6	0.76	0.70	0.65	0.59	0.54	0.50	0.46	0.42	0.39	0.36	0.33	0.30	0.28
8	0.63	0.58	0.54	0.49	0.45	0.41	0.38	0.35	0.32	0.30	0.28	0.25	0.24
10	0.53	0.48	0.44	0.41	0.37	0.34	0.32	0.29	0.27	0.25	0.23	0.22	0.20
12	0.44	0.40	0.37	0.34	0.31	0.29	0.27	0.25	0.23	0.21	0.20	0.19	0.17
14	0.36	0.33	0.31	0.28	0.26	0.24	0.23	0.21	0.20	0.18	0.17	0.16	0.15
16	0.30	0.28	0.26	0.24	0.22	0.21	0.19	0.18	0.17	0.16	0.15	0.14	0.13
18	0.26	0.24	0.22	0.21	0.19	0.18	0.17	0.16	0.15	0.14	0.13	0.12	0.12
20	0.22	0.20	0.19	0.18	0.17	0.16	0.15	0.14	0.13	0.12	0.12	0.11	0.10
22	0.19	0.18	0.16	0.15	0.14	0.14	0.13	0.12	0.12	0.11	0.10	0.10	0.09
24	0.16	0.15	0.14	0.13	0.13	0.12	0.11	0.11	0.10	0.10	0.09	0.09	0.08
26	0.14	0.13	0.13	0.12	0.11	0.11	0.10	0.10	0.09	0.09	0.08	0.08	0.07
28	0.12	0.12	0.11	0.11	0.10	0.10	0.09	0.09	0.08	0.08	0.08	0.07	0.07
30	0.11	0.10	0.10	0.09	0.09	0.09	0.08	0.08	0.07	0.07	0.07	0.07	0.06

表 11-5　无吊车房屋受压构件计算高度 H_0

房屋类别		柱		带壁柱墙或周边拉结的墙		
		排架方向	垂直排架方向	$s>2H$	$2H \geqslant s>H$	$s \leqslant H$
单跨	弹性方案	$1.5H$	$1.0H$	$1.5H$		
	刚弹性方案	$1.2H$	$1.0H$	$1.2H$		
两跨或多跨	弹性方案	$1.25H$	$1.0H$	$1.25H$		
	刚弹性方案	$1.10H$	$1.0H$	$1.1H$		
刚性方案		$1.0H$	$1.0H$	$1.0H$	$0.4s+0.2H$	$0.6s$

注：1. 表中构件高度 H 应按如下规定取用：①房屋底层取楼板顶面到构件下端支点的距离。下端支点的位置，可取在基础顶面；当埋深较深且有刚性地坪时，可取在室内地面或室外地面下 500mm 处。②房屋其他层次，为楼板间或其他水平支点间的距离。③山墙无壁柱时可取层高加山墙尖高的 1/2，带壁柱山墙取壁柱处的山墙高度。

2. 对上端为自由端的构件，$H_0=2H$。

3. 独立砖柱当无柱间支撑时，柱在垂直排架方向的 H_0 应按表中数值乘以 1.25 后采用。

【例 11-1】　某承受轴心压力的砖柱，上部传来轴向力设计值 $N=170$kN，柱截面尺寸 $370\text{mm} \times 490\text{mm}$，$H_0=H=3.5$m，采用 MU10 砖、M5 混合砂浆。试核算该柱承载力。

解：(1) 该柱为轴心受压。

$$A=0.37 \times 0.49=0.1813(\text{m}^2)<0.3\text{m}^2$$

则

$$\gamma_a=0.7+0.1813=0.8813$$

由表 11-1，$f=1.50\text{N/mm}^2$。

(2) 控制截面在砖柱底部，砖柱自重设计值为：

$$0.1813 \times 3.5 \times 18 \times 1.2=13.7(\text{kN})$$

则

$$N=170+13.7=183.7(\text{kN})$$

(3) 求影响系数 φ。

$$\beta=\frac{H_0}{h}=\frac{3.5}{0.37}=9.46, \quad e=0$$

由表 11-2

$$\varphi=0.91+\frac{9.46-8}{10-8} \times (0.87-0.91)=0.88$$

(4) 验算。

$$\varphi A f \gamma_a=0.88 \times 0.1813 \times 10^6 \times 1.50 \times 0.8813=210.9(\text{kN})>N=183.7\text{kN}$$

故承载力满足要求。

【例 11-2】　截面尺寸 $b \times h=490\text{mm} \times 740\text{mm}$ 砖柱，采用 MU10 砖、M5 混合砂浆砌筑（$f=1.50$MPa），$H_0=5.9$m，试核算该柱在轴心压力 $N_1=50$kN 和偏心压力 $N_2=200$kN（偏离长向形心 185mm）共同作用下的承载力是否满足要求？

解：(1) 求影响系数。

因 $e=M/N=200 \times 185/(50+200)=148(\text{mm})$

$$\frac{e}{h}=\frac{148}{740}=0.2$$

$$\beta=\frac{H_0}{h}=\frac{5.9}{0.74}=8.0$$

由表 11-2 查得 $\varphi=0.50$。

(2) 求截面面积 A。

$$A=0.74\times0.49=0.3626(\text{m}^2)>0.3\text{m}^2$$

(3) 偏压方向验算。

$$y=370\text{mm}, \quad e/y=148/370=0.4<0.6$$

则 $\quad \varphi Af=0.5\times0.3626\times10^6\times1.50=271.95(\text{kN})>N=50+200=250(\text{kN})$

满足要求。

(4) 轴压方向验算。

$$\beta=\frac{H_0}{h}=\frac{5.9}{0.49}=12，\text{查表 11-2 得 } \varphi=0.82，\text{故轴心受压方向也满足要求。}$$

应当注意，对于矩形截面构件，当轴向力偏心方向的截面边长大于另一方向的边长时，有可能出现 $\varphi_0<\varphi$ 的情形（φ_0 即 $e=0$ 时的影响系数），因此除按偏心受压计算外，还应对较小边长方向按轴心受压进行验算。

11.2.2 局部受压

当轴向压力仅作用在砌体的部分截面上时，称为局部受压。若轴向压力在该截面上产生的压应力均匀分布，称为局部均匀受压（如承受上部柱或墙传来的压力的基础顶面）；若压应力不是均匀分布，则称为非均匀局部受压（如直接承受梁端支座反力的墙体）。

1. 局部受压的破坏形态和局部抗压强度提高系数

1）局部受压的破坏形态

在局部压力的作用下，砌体有三种破坏形态。

(1) 因纵向裂缝的发展而破坏[图 11-5(a)]。第一批裂缝在离开垫板一定距离（1～2 皮砖）首先发生；裂缝主要沿纵向分布，也有沿斜向分布的；最后破坏是由于纵向裂缝的发展而引起的，破坏时有一条主裂缝。这是较常见的破坏形态。

(2) 劈裂破坏[图 11-5(b)]。在局部受压面积很小时，局部压力作用下产生的纵向裂缝少而集中，且一旦出现裂缝，砌体犹如受刀劈那样突然破坏，开裂时的荷载与破坏荷载很接近。

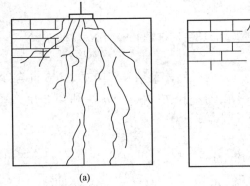
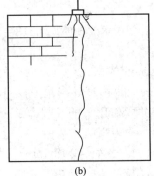
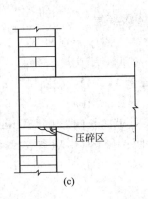

压碎区

图 11-5 局部受压的破坏形态

(3) 砌体局部压坏[图 11-5(c)]。当砌体强度较低而梁端传下的支座反力很大时，可能发生梁支承下的砌体被局部压碎的现象。

2）局部抗压强度提高系数

试验表明：在局部压力作用下，按局部受压面积 A_l 计算的砌体抗压强度高于砌体全截面受压时的强度。其原因主要有两个：一是未直接承受压力的外围砌体对直接受压的内部砌体具有约束作用，使直接受压的内部砌体处于三向受压状态，称为"套箍强化"作用；二是由于砌体搭缝砌筑，局部压力迅速向未直接受压的砌体扩散，从而使单位面积上的应力很快变小，使局部受压强度得到提高，这称为"力的扩散"作用。

当砌体的抗压强度为 f 时，局部抗压强度可取为 γf，γ 称为砌体局部抗压强度提高系数。

$$\gamma = 1 + 0.35\sqrt{\frac{A_0}{A_l} - 1} \tag{11-6}$$

式中 　A_l——局部受压面积；

　　　A_0——影响砌体局部抗压强度的计算面积，按"厚度延长"的原则取用，如图 11-6 所示。

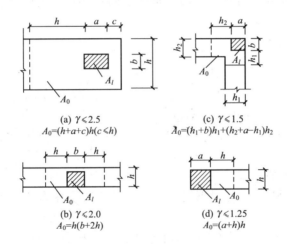

图 11-6　影响局部抗压强度的计算面积 A_0

图 11-6 所示的四种情况，其"套箍作用"由强到弱，γ 的数值也相应由大到小。为了避免过高估计 γ 值而导致劈裂破坏（即 A_l/A_0 小于某一极限时），《规范》规定这四种情况下的 γ 值分别不超过 2.5、2.0、1.5 和 1.25。

2. 局部均匀受压时的承载力

按上述局部受压的分析，作用在局部受压面积 A_l 上的轴向力设计值 N_l 显然应当满足：

$$N_l \leqslant \gamma f A_l \tag{11-7a}$$

或表达为

$$\frac{N_l}{A_l} \leqslant \gamma f \tag{11-7b}$$

【例 11-3】 截面为 150mm×240mm 的钢筋混凝土柱，支承在 240mm 厚砖墙上（图 11-7），传至墙上的轴心压力设计值为 50kN，砖墙采用 MU10 砖、M2.5 混合砂浆砌筑（$f=1.30\text{N/mm}^2$），试验算砖墙的局部受压承载力。

解：砖砌体为局部均匀受压，则

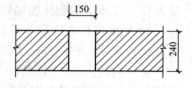

$$A_l=150\times240=36000(\text{mm}^2)$$

$$A_0=240\times(240+150)=151200(\text{mm}^2)$$

$$\gamma=1+0.35\sqrt{\frac{A_0}{A_l}-1}=1+0.35\sqrt{\frac{151200}{36000}-1}=1.63<2.0$$

图 11-7 例 11-3 附图

则

$$\frac{N_l}{A_l}=\frac{5000}{3600}=1.39(\text{N/mm}^2)<\gamma f=1.63\times1.30=2.12(\text{N/mm})$$

满足要求。

3. 局部非均匀受压——梁端支承处砌体的局部受压

1）梁直接支承在砌体上时

当梁直接支承在砌体上时，若梁的支承长度为 a，则由于梁的变形和支承处砌体的压缩变形，梁端有上翘的趋势，因而梁的有效支承长度 a_0 并不同于实际支承长度 $a(a_0\leqslant a)$，并且砌体所受到的局部压力也是非均匀分布的（图 11-8）。

（1）梁端有效支承长度 a_0。

a_0 可以按下式计算：

$$a_0=10\sqrt{\frac{h_c}{f}} \tag{11-8}$$

式中　h_c——梁的截面高度（mm）；

　　　f——砌体抗压强度设计值（N/mm²）。

按式（11-8）计算的 a_0 不应大于实际支承长度 a（当梁高 $h_0\leqslant500\text{mm}$ 时，应有 $a\geqslant180\text{mm}$；$h_c>500\text{mm}$ 时，应有 $a\geqslant240\text{mm}$）。

（2）作用在砌体上的局部压应力。

梁端下砌体的局部压应力包括两部分：一为梁端支承压力 N_l 所产生；二为上部砌体传至梁端下砌体的压应力。

N_l 产生的平均压应力为 N_l/A_l；上部砌体传下的压应力为 σ_0，由于梁顶面上翘的趋势而发生"拱作用"（图 11-9），使传至梁端下砌体的平均压应力减少为 σ_0'，且

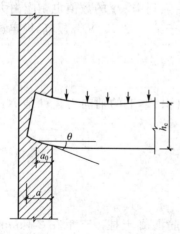

图 11-8　梁端砌体局部受压

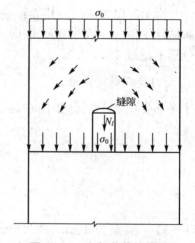

图 11-9　上部荷载的传递

$$\sigma'_0 = \psi\sigma_0 \tag{11-9}$$

$$\psi = 0.5\left(3 - \frac{A_0}{A_l}\right) \tag{11-10}$$

式中　ψ——上部荷载的折减系数，当 $A_0/A_l \geqslant 3$ 时，取 $\psi = 0$；

　　　　σ_0——上部平均压应力设计值。

故梁端下砌体所受的局部平均压应力为 $N_l/A_l + \psi\sigma_0$；局部受压的最大压应力可表达为

$$\sigma_{\max} = \frac{\dfrac{N_l}{A_l} + \psi\sigma_0}{\eta} \tag{11-11}$$

式中　η——梁端底面压应力图形的完整系数，一般可取 0.7，对于过梁和墙梁可取 1.0。

（3）局部受压承载力验算。

当 $\sigma_{\max} \leqslant \gamma f$ 时，梁端支承处的局部受压承载力满足要求，将式(11-11)代入，则有

$$\frac{\dfrac{N_l}{A_l} + \psi\sigma_0}{\eta} \leqslant \gamma f \tag{11-12}$$

或　　　　　　　　　　$N_l + \psi N_0 \leqslant \eta\gamma f A_l \tag{11-13}$

式中　A_l——局部受压面积，$A_l = a_0 b$（b 为梁宽，a_0 为梁端有效支承长度）；

　　　　N_0——局部受压面积内的上部轴向力设计值，$N_0 = \sigma_0 A_l$；

　　　　γ——砌体局部抗压强度提高系数，其计算同前。

2）梁端下设有刚性垫块

梁端下设置刚性垫块，可以改善砌体局部受压的性能。垫块可分为预制刚性垫块及与梁端现浇成整体的垫块。

（1）设置预制刚性垫块。

当预制垫块的高度 $t_b \geqslant 180\text{mm}$、垫块挑出的长度（自梁边算起）不大于垫块高度时，称为刚性垫块。梁端下的刚性垫块不仅可以增加局部受压面积，而且可以使梁端压力较好地传至砌体上。在带壁柱墙的壁柱内设置刚性垫块时(图 11-10)，其计算面积仅取壁柱范围内的面积，而不计算翼缘部分。同时壁柱上垫块伸入翼墙内的长度不应小于 120mm。

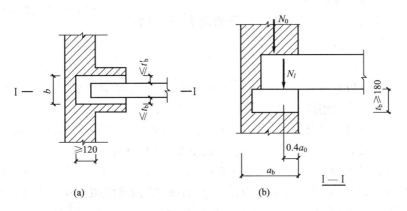

图 11-10　刚性垫块的尺寸及计算图形

梁端设有刚性垫块时，梁端有效支承长度 a_0 按下式确定：

$$a_0 = \delta_1 \sqrt{\frac{h}{f}} \qquad (11-14)$$

式中　δ_1——刚性垫块的影响系数，按表 11 - 6 采用。

表 11 - 6　系数 δ_1

σ_0/f	0	0.2	0.4	0.6	0.8
δ_1	5.4	5.7	6.0	6.9	7.8

（2）设置现浇垫块。

现浇垫块与梁端整体浇筑时，垫块可在梁高范围内设置，尺寸要求同预制垫块。

（3）刚性垫块下的砌体局部受压承载力计算。

刚性垫块下砌体的局部受压状态可以视为以垫块截面尺寸的砌体短柱受压（$\beta \leqslant 3$），承受梁端传递到垫块上的轴向力 N_l 和上部砌体传到砌块范围内的压力 N_0，$N_0 = \sigma_0 A_b$，则由式（11 - 1）可得到 $N_0 + N_l \leqslant \varphi f A_b$。但由于砌体上毕竟作用的是垫块范围内的局部压力，垫块外砌体面积对局部受压是有利的，故垫块下的砌体局部受压承载力公式表述为：

$$N_0 + N_l \leqslant \varphi \gamma_1 f A_b \qquad (11-15)$$

式中　N_0——垫块面积 A_b 内上部轴向力设计值，$N_0 = \sigma_0 A_b$；

　　　　A_b——垫块面积 $A_b = a_b b_b$（a_b 为垫块伸入墙内的长度，b_b 为垫块的宽度）；

　　　　φ——垫块上 N_0 及 N_l 合力的影响系数，查表 11 - 2～表 11 - 4 确定（取 $\beta \leqslant 3$），N_l 的作用位置取为 $0.4a_0$ 处，a_0 由式（11 - 14）计算；

　　　　γ_1——垫块外砌体面积的有利影响系数，γ_1 取为 0.8γ，但不小于 1.0；γ 按式（11 - 6）计算，其中的 A_l 用 A_b 代替。

3）长度大于 πh_0 的垫梁

当梁端支承处的墙体上设有连续的钢筋混凝土梁（如圈梁）时，该梁可起垫梁作用（图 11 - 11）。垫梁下砌体的局部受压承载力按以下公式计算：

$$N_l + N_0 \leqslant 2.4 \delta_2 h_0 b_b f \qquad (11-16)$$

式中　N_l——梁端支承压力；

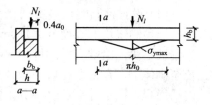

图 11 - 11　垫梁局部受压

　　　　N_0——垫梁 $\pi b_b h_0 / 2$ 范围内上部轴向力设计值，$N_0 = \pi b_b h_0 \sigma_0 / 2$；

　　　　b_b——垫梁宽度；

　　　　h_0——垫梁折算高度，$h_0 = 2\sqrt[3]{E_b I_b / Eh}$（$E_b$、$I_b$ 分别为垫梁的弹性模量和截面惯性矩，E 为砌体的弹性模量，h 为墙厚）；

　　　　δ_2——荷载沿墙厚分布的系数，均匀分布时取 1.0，不均匀时取 0.8；

　　　　a_0——垫梁上梁端有效支承长度，按式（11 - 14）计算。

【例 11 - 4】　某窗间墙截面尺寸为 1600mm×240mm，采用 MU10 砖、M5 混合浆砌筑（$f = 1.50\text{N/mm}^2$）。墙上支承有 250mm×600mm 的钢筋混凝土梁（图 11 - 12），梁上荷载设计值产生的支承压力 $N_l = 200\text{kN}$。上部荷载设计值产生的轴向压力设计值 N_0 为 80kN。试验算梁端支承处砌体的局部受压承载力。

解：（1）梁直接支承在砌体上。

① 有效支承长度 a_0。

$$a_0 = 10\sqrt{\frac{h_c}{f}} = 10\sqrt{\frac{600}{1.50}} = 200(\text{mm}) < a = 240\text{mm}$$

② A_l 和 A_0 的计算。

$$A_l = a_0 b = 200 \times 250 = 50000(\text{mm}^2)$$

按厚度延长原则

$$A_0 = 240 \times (240 \times 2 + 250) = 175200(\text{mm}^2)$$

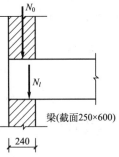

图 11 - 12 例 11 - 4 附图 1

③ 砌体局部抗压提高系数 γ。

$$\gamma = 1 + 0.35\sqrt{\frac{A_0}{A_l} - 1} = 1 + 0.35\sqrt{\frac{175200}{50000} - 1} = 1.55 < 2.0$$

④ 验算。

$$\sigma_0 = 80000/(1600 \times 240) = 0.208(\text{N/mm}^2);$$

$A_0/A_l = 175200/5000 > 3$，$\psi = 0$，则：

$$\frac{\psi\sigma_0 + \dfrac{N_l}{A_l}}{\eta} = \frac{\dfrac{200000}{50000}}{0.7} = 5.71(\text{N/mm}^2) > \gamma f = 1.55 \times 1.50 = 2.33(\text{N/mm}^2)$$

不满足要求。

（2）在梁端下设置刚性垫块。

① 刚性垫块设计。

取 $t_b = 240\text{mm}(>180\text{mm})$；$a_b = 240\text{mm}$；$b_b = 700\text{mm} < 250 + 2t_b$，垫块与梁整浇，混凝土强度等级与梁相同，下底与梁底相同。

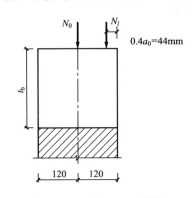

$0.4a_0 = 44\text{mm}$

图 11 - 13 例 11 - 4 附图 2

② 有关参数计算。

$A_b = a_b b_b = 240 \times 700 = 168000(\text{mm}^2)$；$\sigma_0/f = 0.208/1.50 = 0.14$，由表 11 - 6，有

$$\delta_1 = 5.4 + \frac{5.7 - 5.4}{0.2} \times (0.2 - 0.14) = 5.49$$

$$a_0 = \delta_1 \sqrt{\frac{h}{f}} = 5.49\sqrt{\frac{600}{1.5}} = 109.8(\text{mm})$$

③ γ_1 及 φ 值计算。

$A_l = A_b$，$A_0 = 240 \times (700 + 240 \times 2) = 283200(\text{mm}^2)$

$$\gamma_1 = 0.8\gamma = 0.8\left(1 + 0.35\sqrt{\frac{A_0}{A_l} - 1}\right)$$

$$= 0.8\left(1 + 0.35\sqrt{\frac{283200}{168000} - 1}\right) = 1.03$$

$$N_0 = \sigma_0 A_b = 0.208 \times 168000 = 34944(\text{N})$$

则由垫块上力作用位置（图 11 - 13）

$$e = \frac{M}{N} = \frac{200000 \times (120 - 44)}{34944 + 200000} = 64.7(\text{mm})$$

$\dfrac{e}{h} = \dfrac{64.7}{240} = 0.27$，查表 11 - 2，有

$$\varphi = 0.57 + \frac{0.52 - 0.57}{0.275 - 0.25} \times (0.27 - 0.25) = 0.53$$

（3）验算：由式（11-15），

$$N_0 + N_l = 34944 + 200000 = 234944(\text{N})$$
$$> \varphi \gamma_l f A_b = 0.53 \times 1.03 \times 1.50 \times 168000 = 137567(\text{N})$$

不满足要求。

应修改本例设计，将窗间墙改为带壁柱墙，并提高砂浆及（或）砖的强度等级（以下略）。

11.2.3 其他构件的承载力

1. 轴心受拉构件

$$N_t \leqslant f_t A \tag{11-17}$$

式中 N_t——轴心拉力设计值；

f_t——砌体轴心抗拉强度设计值。

2. 受弯构件

（1）受弯构件的受弯承载力。

$$M \leqslant f_{tm} W \tag{11-18}$$

式中 M——弯矩设计值；

f_{tm}——砌体弯曲抗拉强度设计值；

W——截面抵抗矩，矩形截面的高度和宽度为 h、b 时，$W = \frac{1}{6}bh^2$。

（2）受弯构件的受剪承载力。

$$V \leqslant f_v b Z \tag{11-19}$$

式中 V——剪力设计值；

f_v——砌体的抗剪强度设计值；

b——截面宽度；

Z——内力臂，$Z = I/S$（I 为截面惯性矩，S 为截面面积矩）。对矩形截面，$Z = \frac{2}{3}h$

（h 为截面高度）。

3. 受剪构件

沿通缝或沿阶梯形截面破坏时，应计算受剪构件（图11-14）的承载力（略）。

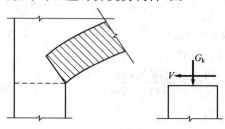

图 11-14 受剪构件

11.3 配筋砌体构件简介

11.3.1 配筋砖砌体构件

配筋砖砌体构件包括网状配筋砖砌体构件和组合砖砌体构件。网状配筋砖砌体构件（图 11-15）是砖砌体的水平灰缝内加入钢筋网（钢筋网的直径一般为 3～4mm；网中钢筋间距不大于 120mm 也不小于 30mm；网的竖向间距 s_n 不大于 5 皮砖，也不大于 400mm）形成的配筋构件，其中钢筋方格网可配置于砖柱内，也可配置在砖墙中；连弯钢筋网只用于砖柱，网的方向互相垂直，沿砌体高度交错设置，网的间距取同一方向网的间距。其目的是改善砂浆的受力性能（网片对砂浆产生约束，减少其横向变形，从而提高砌体的强度），提高构件受压承载力。

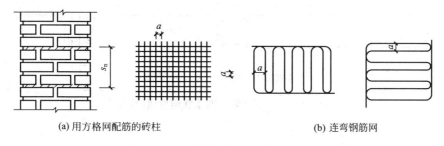

(a) 用方格网配筋的砖柱 (b) 连弯钢筋网

图 11-15　网状配筋砌体

组合砖砌体构件形式之一是：砖砌体和钢筋混凝土面层或钢筋砂浆面层的组合砌体受压构件（图 11-16）。当轴向力偏心距 $e > 0.6y$ 时，宜采用这种组合砌体构件。

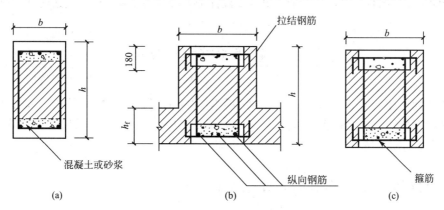

(a)　　　　　(b)　　　　　(c)

图 11-16　组合砖砌体构件截面

组合砖砌体构件的另一形式是砖砌体和钢筋混凝土构造柱组合墙（图 11-17）。构造柱与圈梁形成"弱框架"，砌体受到约束，墙体承载力提高；构造柱也分担墙体上的荷载。当构造柱间距 l 为 2m 左右时，柱的作用得到充分发挥；构造柱间距 l 大于 4m 时，它对墙体受压承载力的影响很小。对于轴心受压的构造柱组合墙，其材料和构造有较严格的规定，主要是：①构造柱的混凝土强度等级不宜低于 C20，砂浆强度等级不应低于 M5；②柱内竖向受力钢筋的混凝土保护层厚度不小于 25mm（室内正常环境）或 35mm（露天或室内潮湿环境）；③构造柱截面厚度不应小于墙厚，截面不宜小于 240mm×240mm（边柱和角柱不宜小于 240mm×370mm）；柱内竖向受力钢筋不宜少于 4φ12（中柱）或 4φ14（边、角柱），箍筋一般为φ6@200，楼层上下 500mm 范围加密为φ6@100；竖向受力钢筋应按受拉锚固要求锚固于基础圈梁和楼层圈梁中；④构造柱应在纵横墙交接处、墙端部和较大洞口的洞边设置，构造柱间距 l 不宜大于 4m；各层洞口宜设置在相应位置，并上下对齐；⑤采用组合砖墙房屋为了形成"弱框架"，在基础顶面、楼层处设置现浇钢筋混凝土圈梁。圈梁高度不小于 240mm，纵向钢筋不小于 4φ12，并按受拉锚固要求锚固于构造柱内，圈梁箍筋宜采用φ6@200；⑥砖砌体与构造柱连接处应砌成马牙槎，并应沿墙高每隔 500mm 设 2φ6 拉结筋，且每边伸入墙内不宜小于 600mm；⑦其施工程序是先砌墙后浇构造柱混凝土。

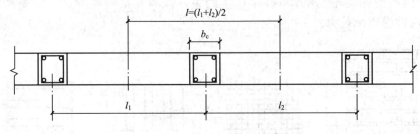

图 11－17　砖砌体和构造柱组合墙截面

11.3.2　配筋砌块砌体构件

配筋砌块砌体构件是在砌块孔洞内设置纵向钢筋，在水平缝处用箍筋连接，并在孔洞内浇注混凝土而形成的组合构件，可形成配筋砌块砌体剪力墙结构或配筋砌块构造柱（以下略）。

11.4　混合结构房屋

混合结构房屋通常是指墙、柱、基础等竖向构件采用砌体材料，楼盖、屋盖等水平构件采用钢筋混凝土材料（或轻型钢材、木材等）建造的房屋。我国的低层和多层民用建筑，广泛采用混合结构房屋。

11.4.1　房屋的结构布置和静力计算方案

1. 房屋的结构布置方案

混合结构房屋的结构布置方案，根据承重墙体和柱的位置可分为如下四种。

1）纵墙承重方案（图 11－18）

由纵墙直接承受屋面、楼面荷载。荷载的主要传递路线是：屋（楼）面荷载→纵墙→基础→地基。纵墙是主要的承重墙。

2）横墙承重方案（图 11-19）

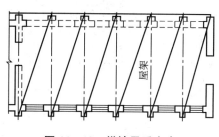

图 11-18　纵墙承重方案

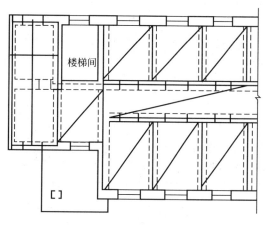

图 11-19　横墙承重方案

由横墙直接承受楼面、屋面荷载。其荷载的主要传递路线是：屋（楼）面荷载→横墙→基础→地基。横墙是主要的承重墙。

3）纵横墙混合承重方案（图 11-20）

前述的承重方案是主要承重墙体在一个方向布置。实际的房屋往往是由纵墙和横墙混合承受楼（屋）面荷载，形成纵横墙混合承重方案。其荷载的主要传递路线是：屋（楼）面荷载→纵墙及横墙→相应基础→地基。

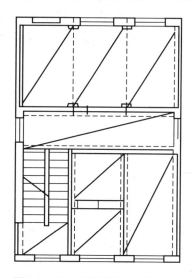

图 11-20　纵横墙混合承重方案

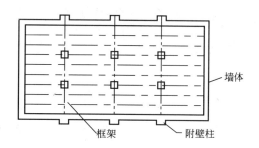

图 11-21　内框架承重方案

4）内框架承重方案（图 11-21）

由房屋内部的钢筋混凝土框架和外部墙体、附壁柱构成的结构布置方案。其荷载的主要传递路线是：楼（屋）面荷载→$\dfrac{\text{外墙}}{\text{框架柱}}$→基础→地基。

上述四种方案的特点，可列表比较如下（表 11-7）。

表 11-7　承重方案的比较

方案	平面布置	刚度	材料	适用范围
纵墙承重	室内空间较大，使用布置灵活	横向刚度较差	楼、屋盖用材料多，墙使用材料少	要求空间大的房屋如厂房、仓库等
横墙承重	横墙较密，布置受限制	横向刚度好	墙体用材料多，楼、屋盖用材料少	横墙间距较密的房屋，如住宅、宿舍、旅馆、招待所
混合承重	布置比较灵活	两个方向刚度均较好	介于纵墙承重和横墙承重之间	较大空间的房屋，如教室、实验楼、办公楼或塔式住宅等
内框架承重	布置灵活，易满足使用要求	空间刚度较差	与全框架相比节省钢材、水泥等	非抗震的多层工业厂房、仓库、商店等

2. 房屋的静力计算方案

由墙、柱、基础等组成的竖向承重构件和由楼盖、屋盖等组成的水平承重构件通过互相连接，形成空间受力体系，共同承受作用在房屋上的各种荷载。有的房屋空间受力性能强，有的房屋空间受力性能弱。在进行墙体内力计算时，必须根据空间受力性能的强弱确定计算方案以用来分析荷载作用下的内力。

1）空间性能影响系数

房屋的空间受力性能或空间刚度可用水平荷载作用下的侧移来反映。如图 11-22 所示，当 F 作用在平面结构上时，其侧移为 u_p；相同的 F 作用在无山墙的纵墙承重体系的局部位置上时，由于房屋空间受力性能差，该处侧移 $u_s \approx u_p$；当有山墙时，房屋的空间受力性能大大加强，$u_s < u_p$；若在山墙之间还有若干横墙，则 $u_s \ll u_p$ 且接近于零。因此空间性能影响系数可取为

$$\eta = \frac{u_s}{u_p} \tag{11-20}$$

式中　u_s——直接受荷的结构构件某点的总侧移；
　　　u_p——相同平面结构构件在同一位置的总侧移。

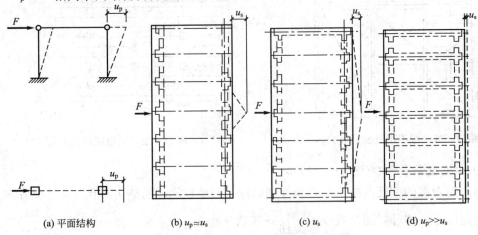

图 11-22　房屋空间受力性能分析示意图

η 值越大，房屋空间受力性能越差；η 越小，则房屋空间受力性能越好。房屋的空间受力性能主要取决于楼盖或屋盖的水平刚度以及横墙间距，η 值可按表 11-8 查用。

表 11-8　房屋各屋的空间性能影响系数 η_i

屋盖和楼盖类别	横墙间距 s(m)														
	16	20	24	28	32	36	40	44	48	52	56	60	64	68	72
1	—	—	—	—	0.33	0.39	0.45	0.50	0.55	0.60	0.64	0.68	0.71	0.74	0.77
2	—	0.35	0.45	0.54	0.61	0.68	0.73	0.78	0.82	—	—	—	—	—	—
3	0.37	0.49	0.60	0.68	0.75	0.81	—	—	—	—	—	—	—	—	—

注：1. i 取 $1 \sim n$，n 为房屋的层数。
　　2. 楼屋盖类别见表 11-9。

2）静力计算方案分类

按照房屋的空间工作性能（受力性能及空间刚度），房屋的静力计算方案分为刚性方案、刚弹性方案和弹性方案。其划分主要是考虑楼盖或屋盖刚度及横墙间距（包括横墙刚度）两个主要因素的影响（表 11-9）。

表 11-9　房屋的静力计算方案

	屋盖或楼盖类别	刚性方案	刚弹性方案	弹性方案
1	整体式、装配整体式和装配式无檩体系钢筋混凝土屋盖或楼盖	$s<32$	$32 \leqslant s \leqslant 72$	$s>72$
2	装配式有檩体系钢筋混凝土屋盖、轻钢屋盖、有密铺望板的木屋盖或木楼盖	$s<20$	$20 \leqslant s \leqslant 48$	$s>48$
3	瓦材屋面的木屋盖和轻钢屋盖	$s<16$	$16 \leqslant s \leqslant 36$	$s>36$

注：1. 表中 s 为房屋横墙间距，单位为 m。
　　2. 对无山墙或伸缩缝处无横墙的房屋，应按弹性方案考虑。

刚性和刚弹性方案房屋的横墙，应符合下列要求。

（1）横墙厚度：不宜小于 180mm。

（2）洞口面积：横墙中开有洞口时的洞口水平截面面积不应超过横墙截面面积的 50%。

（3）横墙高度：单层房屋的横墙高度不宜大于横墙的长度；多层房屋的横墙高度 H，不宜大于横墙长度的 2 倍。

11.4.2　墙、柱的高厚比验算和一般构造要求

砌体结构设计的一个重要内容是对墙、柱的高厚比进行验算，并应满足有关构造要求，其目的是保证房屋的整体性、耐久性和使用性能。

1. 墙、柱的允许高厚比和高厚比验算

为了保证墙、柱的稳定性，其计算高度与墙体厚度的比值不应超过某一限值，该限值

$[\beta]$ 称为允许高厚比(表 11-10)。

表 11-10 墙、柱的允许高厚比 $[\boldsymbol{\beta}]$ 值

砂浆强度等级	墙	柱
M2.5	22	15
M5	24	16
≥M7.5	26	17

注：1. 下列材料的$[\beta]$值应按表中数值予以降低：毛石墙、柱降低 20%。

2. 组合砖砌体构件的$[\beta]$可按表中数值提高 20%，但不大于 28。

3. 验算施工阶段砂浆尚未硬化的新砌砌体高厚比时，$[\beta]$值对墙取 14，对柱取 11。

墙柱的允许高厚比$[\beta]$的确定与承载力计算无关，它取决于砂浆强度等级、墙上是否开洞及洞口尺寸、是否承重、支承条件及施工质量等方面的因素。

1) 墙、柱的高厚比验算

验算公式如下：

$$\beta = \frac{H_0}{h} \leqslant \mu_1 \mu_2 [\beta] \tag{11-21}$$

式中　H_0——墙、柱的计算高度，按表 11-5 取用；

　　　h——墙厚或矩形柱与 H_0 相对应的边长；

　　　μ_1——自承重墙允许高厚比的提高系数；

　　　μ_2——有门窗洞口墙允许高厚比的降低系数。

(1) 关于提高系数 μ_1。

式(11-21)中的$[\beta]$值是对承重墙、柱规定的。对厚度 $h \leqslant 240\text{mm}$ 的自承重墙，允许高厚比可按表 11-9 乘以下列提高系数：

$$h = 240\text{mm} \quad \mu_1 = 1.2$$
$$h = 90\text{mm} \quad \mu_1 = 1.5$$

$90\text{mm} < h < 240\text{mm}$ 时，μ_1 按插入法取值；上端为自由端墙的允许高厚比，除按上述规定提高外，尚可提高 30%。

(2) 关于降低系数 μ_2。

对有门窗洞口的墙，允许高厚比应按表 11-9 所列数值乘以降低系数 μ_2：

$$\mu_2 = 1 - 0.4 \frac{b_s}{s} \tag{11-22}$$

式中　s——相邻窗间墙或壁柱之间的距离 (图 11-23)；

　　　b_s——在宽度 s 范围内的门窗洞口总宽度。

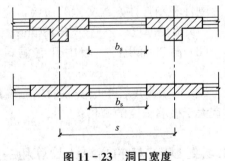

图 11-23 洞口宽度

当计算的 μ_2 值小于 0.7 时，应采用 0.7；当洞口高度等于或小于墙高的 1/5 时，取 $\mu_2 = 1.0$。

2) 带壁柱墙的高厚比验算

带壁柱墙的高厚比验算，包括整片墙的验算和壁柱间墙的验算，验算公式仍为式(11-21)。

（1）整片墙的验算（图 11-24）。

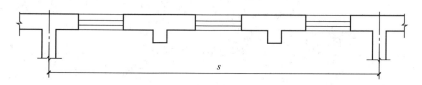

图 11-24 带壁柱墙

此时式（11-21）中的 h 应改用带壁柱墙（T 形截面）的折算厚度 h_T（$h_T = 3.5i$），在确定回转半径时，多层房屋其翼缘宽度 b_f 可取窗间墙宽度（有门窗洞口时）或每侧翼墙宽度取壁柱高度的 1/3（无门窗洞口时）；对单层房屋可取壁柱宽加 2/3 墙高，但不大于窗间墙宽度和相邻壁柱间距离。

在确定带壁柱墙的计算高度 H_0 时，s 应取相邻横墙间的距离。

（2）壁柱间墙的验算。

在确定壁柱间墙的 H_0 时，s 取相邻壁柱间距离，并按刚性方案采用。

对设有钢筋混凝土圈梁的带壁柱墙，当 $b/s \geqslant 1/30$ 时（b 为圈梁宽度），圈梁可视作壁柱间墙的不动铰支点。当不满足时，如具体条件不允许增加圈梁宽度，可按墙体平面外刚度相等的"等刚度原则"增加圈梁高度，以满足壁柱间墙不动铰支点的要求。

3）带构造柱墙的高厚比验算

当构造柱截面宽度不小于墙厚时，可考虑构造柱的有利作用。整片墙的高厚比验算同样可采用式（11-21），此时公式中 h 取墙厚；确定 H_0 时，s 取相邻横墙间的距离；墙的允许高厚比可乘以提高系数 μ_c：

$$\mu_c = 1 + \gamma \frac{b_c}{l} \tag{11-23}$$

式中　b_c——构造柱沿墙长方向的宽度；

　　　l——构造柱的间距；

　　　γ——系数，对砖砌体取 1.5（其余略）。

【例 11-5】 某办公楼平面如图 11-25 所示，采用装配式钢筋混凝土梁板结构，砖墙厚均为 240mm。采用 MU10 砖、M5 混合砂浆砌筑。底层高 4.65m（从基础顶面至楼板高度），窗宽均为 1500mm，门宽为 1000mm。试验算各墙高厚比。

解：（1）确定房屋静力计算方案。

最大横墙间距 $s = 3.6 \times 3 = 10.8$（m），查表 11-8，$s < 32$m（一类楼屋盖），为刚性方案。

各墙均为承重墙 $H = 4.65$m，$s > 2H = 2 \times 4.65 = 9.30$（m），故 $H_0 = 1.0H = 4.65$m（表 11-5）。

由表 11-10 查得 $[\beta] = 24$。

（2）纵墙高厚比验算。

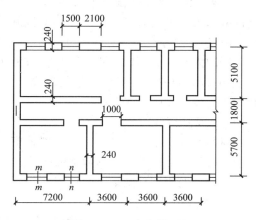

图 11-25 办公楼平面

① 外纵墙。

$$\mu_2 = 1 - 0.4 b_s / s = 1 - 0.4 \times \frac{1500}{3600} = 0.833$$

$$\beta = \frac{H_0}{h} = \frac{4.65}{0.24} = 19.4 < \mu_1 \mu_2 [\beta] = 1 \times 0.833 \times 24 = 20$$

满足要求。

② 内纵墙及横墙。

洞口尺寸小于外纵墙，其余条件与其相同，故内纵墙及横墙的高厚比满足要求，不需再验算。

2. 一般构造要求

1）材料的最低强度要求

对五层及五层以上房屋的墙，以及受振动或层高大于 6m 的墙柱，砖采用 MU10，砌块采用 MU7.5，石材采用 MU30，砂浆采用 M5。对安全等级为一级或设计使用年限大于50 年的房屋墙柱，材料最低强度等级按上述规定应至少提高一级（表 11-11 也相同）。

地面以下或防潮层以下的砌体，潮湿房间的墙，材料最低强度等级应符合表 11-11的要求。

表 11-11　地面以下砌体材料要求

基土的潮湿程度	烧结砖、蒸压灰砂砖		混凝土砌块	石材	水泥砂浆
	严寒地区	一般地区			
稍潮湿的	MU10	MU10	MU7.5	MU30	M5
很潮湿的	MU15	MU10	MU7.5	MU30	M7.5
含水饱和的	MU20	MU15	MU10	MU40	M10

2）截面尺寸

承重的独立砖柱截面不应小于 240mm×370mm，毛石墙厚度不宜小于 350mm；毛料石柱截面较小边长不宜小于 400mm；有振动荷载时，墙、柱不宜采用毛石砌体。

3）垫块设置

跨度大于 6m 的屋架和跨度大于 4.8m（对砖砌体）、3.9m（对毛石砌体）、4.2m（对砌块或料石砌体）的梁，支承面下的砌体应设混凝土或钢筋混凝土垫块。墙中设有圈梁时，垫块宜与圈梁浇成整体。

4）壁柱设置

对厚度 $h \geq 240mm$ 的墙，当大梁跨度 $\geq 6m$（对砖墙）或 4.8m（对砌块和料石墙）时，其支承处宜加设壁柱或采取其他加强措施。

山墙处的壁柱宜砌至山墙顶部。

5）预制构件的支承

（1）预制钢筋混凝土板的支承长度在墙上不宜小于 100mm，在圈梁上不宜小于 80mm。

（2）支承在墙、柱上的吊车梁、屋架及跨度大于或等于 9m（对砌块和料石砌体）的预制梁端部，应采用锚固件与墙、柱上的垫块锚固（图 11-26）。

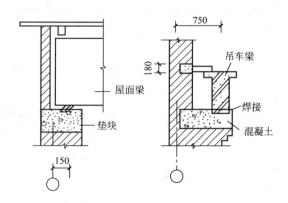

图 11 - 26　预制梁的联结

3. 防止或减轻墙体开裂的主要措施

1）防止温差和墙体干缩引起的裂缝

由于温差和墙体干缩等原因，可能引起房屋在正常使用条件下出现墙体竖向裂缝。为此，应在墙中设置伸缩缝。伸缩缝应设在因温度和收缩变形可能引起应力集中、砌体产生裂缝可能性最大的地方。温度伸缩缝的间距可按表 11 - 12 确定。

表 11 - 12　砌体房屋温度伸缩缝的最大间距(m)

屋盖或楼盖类别		间距
整体式或装配整体式钢筋混凝土结构	有保温层或隔热层的屋盖、楼盖	50
	无保温层或隔热层的屋盖	40
装配式无檩体系钢筋混凝土结构	有保温层或隔热层的屋盖、楼盖	60
	无保温层或隔热层的屋盖	50
装配式有檩体系钢筋混凝土结构	有保温层或隔热层的屋盖	75
	无保温层或隔热层的屋盖	60
瓦材屋盖、木屋盖或楼盖、轻钢屋盖		100

注：1. 当有实践经验时，可不遵守本表规定。

2. 层高大于 5m 的混合结构单层房屋，其伸缩缝间距可按表中数字乘以 1.3。

3. 温差较大且变化频繁地区和严寒地区不采暖房屋及构筑物，墙体伸缩缝的最大间距应按表中数值予以适当减小。

4. 墙体的伸缩缝应与其他结构的变形缝相重合，缝内应嵌以软质材料，在进行立面处理时，必须使缝隙能起伸缩作用。

2）防止或减轻房屋顶层墙体裂缝的措施

（1）屋面应设置保温、隔热层；屋面保温(隔热)层或屋面刚性面层及砂浆找平层应设置分隔缝(间距不大于 6m 并与女儿墙隔开，缝宽不小于 30mm)。

（2）采用装配式有檩体系钢筋混凝土屋盖和瓦材屋盖。

（3）在钢筋混凝土屋面板与墙体圈梁的接触面处设置水平滑动层(滑动层可采用两层油毡夹滑石粉或橡胶片等)；对于长纵墙，可只在其两端的 2～3 个开间内设置，对于横墙可只在其两端各 $l/4$ 范围内设置(l 为横墙长度)。

（4）顶层屋面板下设置现浇钢筋混凝土圈梁，并沿内外墙拉通，房屋两端圈梁下的墙体内宜适当设置水平钢筋；顶层挑梁末端下墙体灰缝内设 3 道 $2\phi6$ 钢筋，自挑梁末端伸入挑梁下及墙体各为 1m。

（5）顶层有门窗洞口时，在过梁上的水平灰缝内设 2～3 道 $2\phi6$ 钢筋，伸入过梁两端墙内不小于 600mm。

（6）顶层及女儿墙砂浆强度等级不低于 M5；女儿墙应设置间距不大于 4m 的构造柱，构造柱应伸至女儿墙顶并与现浇钢筋混凝土压顶整浇在一起；在房屋顶层端部墙体内适当增设构造柱。

3）防止或减轻房屋底层墙体裂缝措施

（1）增大基础圈梁刚度。

（2）在底层窗台下墙体灰缝内设置 3 道 $2\phi6$ 钢筋，并伸入两边窗间墙内不小于 600mm。

（3）采用钢筋混凝土窗台板，窗台板嵌入窗间墙内不小于 600mm。

（4）墙体转角处和纵横墙交接处沿竖向每隔 400～500mm 设拉结钢筋，其数量为每 120mm 墙厚不少于 $1\phi6$，埋入长度从墙转角或交接处算起，每边不少于 600mm。

注：对非烧结砌体尚有专门措施，见《规范》。上述 $2\phi6$ 钢筋可用 $2\phi4$ 焊接钢筋网（横筋间距不大于 200mm）代替。

11.4.3　刚性方案房屋的墙体计算

大量的多层民用建筑如住宅、办公楼、教学楼等，其横墙间距较小，楼盖、屋盖多采用钢筋混凝土梁板结构，因而房屋的空间刚度很大，一般属于刚性方案房屋。在设计时，除验算墙、柱的高厚比外，还应对墙、柱的控制截面进行承载力计算。

1. 多层房屋承重纵墙

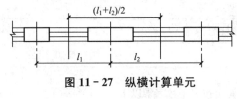

图 11-27　纵横计算单元

1）计算单元

选择有代表性的一段纵墙作为计算单元，通常取相邻两洞口的中心之间的距离（图 11-27），无洞口时取梁下墙体的中心之间的距离（一个开间）。

2）垂直荷载下的计算

（1）计算简图。

在垂直荷载作用下，纵墙计算单元如同竖向的连续梁，屋盖、楼盖及基础为该连续梁的支点。由于墙体在屋盖、楼盖处受到伸入墙内的梁端或板端的削弱，这些位置的墙体截面所能传递的弯矩很小，故可假定墙体在楼盖、屋盖处为不连续的铰支承点（图 11-28）；而在基础顶面处，对墙体起控制作用的是轴向力，为简化计算，也假定墙体铰支于基础顶面。

在计算简图中，底层构件长度取基础顶面（或室内、外地面以下 300～500mm 高处）到楼板的距离（H_1），其余各层取层高（H_2，H_3，…）。

（2）计算方法。

各层的计算都是静定结构构件的计算。对第 i 层墙体(图 11-29),当截面不变化时,上部截面 I—I 为偏心受压:

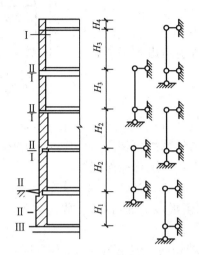

图 11-28 承重纵墙的计算简图

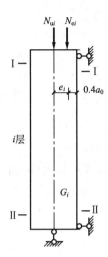

图 11-29 作用在墙上的竖向荷载

$$\begin{cases} N_{I-i}=N_{ui}+N_{li} & (11-24a) \\ M_{I-i}=N_{li}e_i & (11-24b) \end{cases}$$

下部截面 II—II 为轴心受压:

$$N_{II-i}=N_{li}+G_i \tag{11-25}$$

式中　N_{li}——该层楼面(梁端或板端)传到墙体上的荷载;

　　　N_{ui}——i 层以上各层传下的荷载,作用在上层墙体截面形心;

　　　G_i——第 i 层墙体自重,作用于本层墙体截面形心。

(3)控制截面。

控制截面即内力组合值大、截面承载力较小的截面。每层墙的控制截面有两个:一是墙体顶部的梁底(或板底)处 I—I,该处弯矩最大,应按偏心受压构件计算受压承载力;二是墙底部截面 II—II,N 最大,应按轴心受压构件计算受压承载力。

3)水平荷载(风荷载)下的计算

(1)满足一定条件的刚性方案房屋外墙,可不考虑风荷载的作用。这些条件如下。

① 洞口水平截面面积不超过全截面面积的 2/3。

② 屋面自重不小于 0.8kN/m²。

③ 层高和总高不超过表 11-12 规定的数值。

表 11-12　外墙不考虑风荷载影响时的最大高度

基本风压值(kN/m²)	0.4	0.5	0.6	0.7
层高(m)	4.0	4.0	4.0	3.5
总高(m)	28	24	18	18

(2)当必须考虑风荷载时,可按连续梁计算纵墙内力,并取支座弯矩和跨中弯矩为:

$$M=\frac{1}{12}WH_i^2 \tag{11-26}$$

式中　W——沿楼层高均布风荷载设计值；

　　　　H_i——层高。

4）承载力验算

对截面相同、材料相同的墙体，只需验算最下一层。当截面和材料变化时，应按变化前后的墙体分别进行验算，并应考虑上部荷载对下部墙体的偏心影响（图 11 - 30）。

当考虑风荷载时，应进行荷载组合。

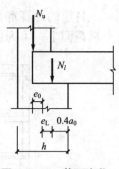

图 11 - 30　截面变化时的荷载偏心

2. 多层房屋承重横墙

承重横墙的计算简图和内力分析与前述纵墙的计算简图和内力分析基本相同：楼盖和屋盖可作为横墙的不动铰支点，各层均按静定结构计算，但有如下特征。

（1）荷载：横墙一般受均布荷载（墙体自重和楼板传下的荷载），故通常取 1m 宽度进行计算。

（2）构件高度 H_i：底层和中间各层取值与纵墙相同，但当顶层为坡屋顶时，该层应取层高加上山尖高度的一半。

（3）受压承载力：中间墙体往往只受轴心受压荷载，其控制截面可只取墙体底部；直接承重的山墙或开间不等、活荷载很大的中间墙体，计算原则与纵墙相同。

【例 11 - 6】　某四层办公楼，采用混合结构（图 11 - 31），大梁截面 $b \times h = 200\text{mm} \times 500\text{mm}$，伸入墙内 240mm，梁间距 3600mm；砖墙厚 240mm，采用 MU10 砖、M5 混合砂浆砌筑（$f = 1.50\text{N/mm}^2$）；其屋面做法为（由上而下）：三毡四油防水层上铺小石子、20 厚水泥砂浆找平层、100 厚焦渣混凝土保温层、120 高预应力圆孔板、20 厚混合砂浆抹天棚；楼面做法为（自上而下）：水磨石地面、预应力圆孔板、混合砂浆抹灰。试对该房屋墙体进行验算（雪荷载标准值 $s_k = 0.35\text{kN/m}^2$）。

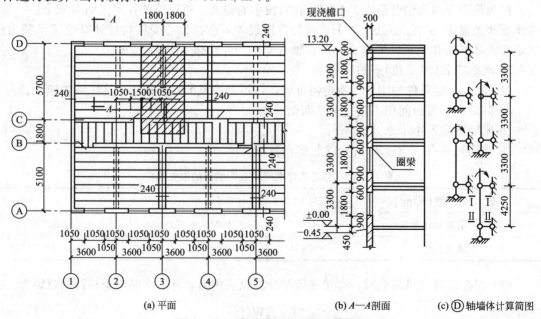

(a) 平面　　　　　　　　　(b) A—A剖面　　(c) ⑪轴墙体计算简图

图 11 - 31　办公楼平剖面及计算简图

解：1）荷载计算

（1）屋面荷载。

三毡四油防水层	$=0.4\text{kN/m}^2$
水泥砂浆找平层	$=0.4\text{kN/m}^2$
焦渣保温层	$0.1\times14=1.4(\text{kN/m}^2)$
120 厚圆孔板（含灌缝）	$0.08\times25=2.0(\text{kN/m}^2)$
天棚抹灰	$0.02\times17=0.34(\text{kN/m}^2)$

恒荷载标准值	$q_{1k}=4.54\text{kN/m}^2$
活荷载标准值（非上人屋面）	$q_{1k}=0.5\text{kN/m}^2$

注意：屋面活荷载应考虑荷载组合。但屋面均布活荷载不与雪荷载同时考虑（本例雪荷载值小于 0.5kN/m^2，故不考虑）。

（2）楼面荷载。

水磨石面层	$=0.65\text{kN/m}^2$
圆孔板	$=2.0\text{kN/m}^2$
天棚抹灰	$=0.34\text{kN/m}^2$

恒荷载标准值	$g_{2k}=2.99\text{kN/m}^2$
活荷载标准值（办公楼）	$q_{2k}=2.0\text{kN/m}^2$

（3）大梁自重。

标准值　　　　　　　$0.2\times0.5\times25=2.5(\text{kN/m}^2)$

（4）墙体与门窗（按立面计算）。

240 墙体、双面粉刷：

$$0.24\times18+0.35-2=5.04(\text{kN/m}^2)$$

木框玻璃窗：0.3kN/m^2

2）静力计算方案及高厚比验算

同例 11-5，房屋采用刚性方案，且高厚比验算满足要求。根据表 11-12 的规定及有关要求，可不考虑风荷载的影响。

3）计算单元、控制截面的内力计算及验算

根据房屋梁板布置、洞口大小及开间相同，且楼面活荷载均相同，纵墙可选择图示①轴斜线部分为计算单元（内纵墙受力较外纵墙有利，因其洞口尺寸小，可不必验算）。

显然，横墙的受力也较外纵墙有利，经验算也满足，故以下仅以纵墙①说明具体计算步骤。

（1）承载力验算。

墙体截面相同、材料相同，可仅取底层墙体上部截面Ⅰ—Ⅰ及基础顶部面Ⅱ—Ⅱ进行验算。

① 活荷载折减。

按《建筑结构荷载规范》（GB 50009—2012）的规定，对楼面均布活荷载标准值为 2.0kN/m^2 的住宅、宿舍、旅馆、办公楼、医院病房、托儿所、幼儿园等建筑，在设计墙、柱和基础时，楼层活荷载应乘折减系数（表 11-13）。

表 11-13　活荷载按楼层数的折减系数

墙、柱、基础计算截面以上的层数	1	2～3	4～5	6～8	9～20	＞20
计算截面以上各楼层活荷载总和的折减系数	1.00	0.85	0.70	0.65	0.60	0.55

按表 11-13 的规定，可取折减系数 0.85 进行底层墙体验算。

② 计算单元上的荷载值。

（a）屋面传来（考虑挑檐 500mm）：

恒荷载标准值　$4.54×3.6×(2.75+0.5)+2.5×2.75=59.99$（kN）

活荷载标准值　　　$0.5×3.6×(2.75+0.5)=5.85$（kN）

（b）各楼面传来[受荷范围 $3.6×2.75=9.90$（m^2）]：

恒荷载标准值　　$2.99×9.90+2.5×2.75=36.48$（kN）

活荷载标准值　　　$2.0×9.90×0.85=16.83$（kN）

（c）二层以上每层墙体自重及窗重标准值：

$$(3.6×3.3-1.5×1.8)×5.04+1.5×1.8×0.3=47.08（kN）$$

楼面至大梁底的一段墙：

$$3.6×(0.5+0.15)×5.04=11.79（kN）$$

③ Ⅰ—Ⅰ截面验算。

（a）内力

屋面、四层及三层楼面及墙体传下的内力设计值 N_u：

$$N_u=1.2×(59.99+2×36.48+3×47.08+11.79)+1.4×(5.85+2×16.83)$$
$$=398.49（kN）$$

梁端传来：

$$N_l=36.48×1.2+16.83×1.4=67.34（kN）$$

（b）受压承载力验算（图 11-32）。

$$a_0=10\sqrt{\frac{h_c}{f}}=10\sqrt{\frac{500}{1.19}}=205（mm）<a=240mm$$

$$0.4a_0=0.4×205=82（mm）$$

$$e=\frac{M}{N}=\frac{67.34×(120-82)}{398.49+67.34}=5.5（mm）$$

$$\frac{e}{h}=\frac{5.5}{240}=0.023，由例 11-5，\beta=19.4$$

查表 11-2，可得 $\varphi=0.59$。

$$A=0.24×2.1=0.504（m^2）>0.3m^2$$

$$N=398.49+67.34=465.83（kN）<\varphi Af$$

$$=0.59×0.504×10^6×1.50=446.04（kN）$$

故满足要求。

④ Ⅱ—Ⅱ截面验算。

（a）内力。

底层窗及其以下墙体自重直接传至窗下基础，故

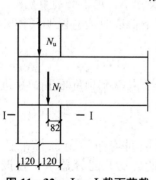

图 11-32　Ⅰ—Ⅰ截面荷载

$N=465.83+(4.25-0.65)×2.1×5.04×1.2=511.55$（kN）

（b）受压承载力验算。

$e=0$，查表 11－2，得 $\varphi=0.64$。故

$$\varphi A f=0.64\times0.504\times10^6\times1.50=509.6(\text{kN})<N=511.55\text{kN}$$

误差 0.4%，满足要求。

（2）局部受压验算。

按梁端下砌体局部受压公式验算（略），直到满足要求为止。

11.5　圈梁、过梁和挑梁

11.5.1　圈梁

在墙体内沿水平方向同一标高设置的封闭的钢筋混凝土梁或钢筋砖带称为圈梁。

圈梁可以增强房屋的整体刚度，防止由于地基的不均匀沉降或较大振动荷载等对房屋引起的不利影响（对现浇钢筋混凝土楼屋盖的砌体房屋，当房屋中部沉降较两端为大时，基础顶部的圈梁作用大；当房屋两端的沉降较中部为大时，位于檐口部分的圈梁作用大）。在洞口处，圈梁尚可兼作过梁。

1. 圈梁的布置

按照房屋类型、砌体材料、有无吊车及振动设备及有无抗震要求等情况，圈梁应按下列规定（未包括地震区）设置。

（1）宿舍、办公楼等多层砌体民用房屋，且层数为 3～4 层时，应在檐口标高处设置圈梁一道；当层数超过 4 层时，应在所有纵横墙上隔层设置。

多层砌体工业房屋，每层应设置钢筋混凝土现浇圈梁。

（2）车间、仓库、食堂等空旷的单层房屋，应按如下规定设置圈梁。

① 对砖砌体房屋，檐口标高为 5～8m 时，应在檐口设置一道圈梁；檐口标高大于 8m 时，宜适当增设。

② 对有电动桥式吊车或较大振动设备的单层工业房屋，除在檐口或窗顶标高处设置钢筋混凝土圈梁外，并宜在吊车梁标高处或其他适当位置增设。

（3）对软弱地基（如淤泥、淤质泥土、冲填土、杂质土或其他高压缩性土层构成的地基）上的砌体承重结构房屋，圈梁应按下列要求设置。

① 在多层房屋的基础和顶层处宜各设置一道，其他各层可隔层设置，必要时也可层层设置。单层工业厂房、仓库、食堂等，可结合基础梁、联系梁、过梁等酌情设置。

② 圈梁应设置在外墙、内纵墙和主要内横墙上，并在平面内联成封闭系统。

2. 钢筋混凝土圈梁的构造

圈梁的宽度宜与墙厚相同，当墙厚 $h\geqslant240\text{mm}$ 时，其宽度不宜小于 $2h/3$；圈梁高度不应小于 120mm。

圈梁的纵向钢筋不宜少于 $4\phi10$，箍筋直径一般为 $\phi6$，间距不宜大于 300mm。纵向钢筋绑扎接头的搭接长度按受拉钢筋考虑。

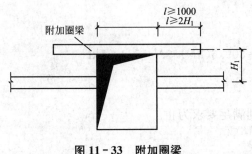

圈梁宜连续地设在同一水平面上并形成封闭状，当圈梁被洞口截断时，应在洞口上部增设相同截面的附加圈梁（图 11-33）。附加圈梁与圈梁的搭接长度不应小于 1m，且不应小于其垂直间距的 2 倍。

纵横墙交接处的圈梁应有可靠连接。在有屋架和大梁的弹性或刚弹性房屋中，圈梁应与屋架、大梁等构件可靠连接。

图 11-33　附加圈梁

采用现浇钢筋混凝土楼（屋）盖的多层砌体房屋当层数超过 5 层时，除在檐口标高处设置一道圈梁外，可隔层设置圈梁，并与楼（屋）板一起现浇。未设置圈梁的楼面板嵌入墙内的长度不应小于 120mm，并沿墙长配置不少于 $2\phi10$ 的纵向钢筋。

圈梁兼作过梁时，过梁部分的钢筋应按计算用量单独配置。

11.5.2　过梁

过梁设置于门窗洞口或其他洞口的顶部，以承受洞口顶面以上的砌体自重及一定范围内的上层梁、板荷载。

1. 过梁上的荷载

过梁上的荷载包括墙体自重和梁、板荷载。考虑墙体错缝砌筑后的拱作用，可按如下规定采用。

1）墙体自重

对砖砌体，当过梁上的墙体高度 $h_w < l_n/3$ 时（l_n 为过梁的净跨），应按实际墙体的均布自重采用；当墙体高度 $l_w \geq l_n/3$ 时，应按高度为 $l_n/3$ 墙体的均布自重采用。

对混凝土砌块砌体，当过梁上的墙体宽度 $h_w < l_n/2$ 时，应按实际墙体的均布自重采用；当 $h_w \geq l_n/2$ 时，应按高度为 $l_n/2$ 墙体的均布自重采用。

2）梁、板荷载

当梁、板下的墙体高度 $h_w < l_n$（l_n 为过梁的净跨）时，可按梁板传来的荷载采用；当 $h_w \geq l_n$ 时，可不考虑梁、板荷载。

2. 过梁的计算

过梁包括砖砌过梁及钢筋混凝土过梁。砖砌过梁的跨度，对钢筋砖过梁[图 11-34(a)]不宜超过 2m，对砖砌平拱[图 11-34(b)]不宜超过 1.8m。对有较大振动荷载或可能产生不均匀沉降的房屋，应采用钢筋混凝土过梁。预制的钢筋混凝土过梁由于施工方便，在跨度较小的洞口（洞口宽度不大于 2m）上广泛使用。

对于钢筋混凝土过梁，按钢筋混凝土受弯构件计算。在应用式（11-12）验算过梁下砌体局部受压承载力时，可不考虑上层荷载的影响（$\varphi=0$），并取 $\eta=1.0$，$\gamma=1.25$，$a=a_0$ 进行验算，钢筋混凝土过梁的支承长度 a 不宜小于 240mm。

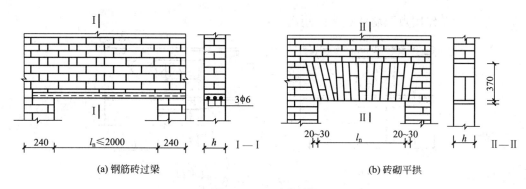

(a) 钢筋砖过梁 (b) 砖砌平拱

图 11-34 砖砌过梁

11.5.3 挑梁

1. 挑梁的受力

一端挑出，另一端嵌固于墙体内的钢筋混凝土梁称为挑梁(图 11-35)。挑梁与墙体共同工作。在悬挑力和墙体荷载作用下，挑梁可能发生如下三种形态的破坏：一是倾覆破坏(挑梁上部砌体被斜向拉开，挑梁丧失平衡而倾覆)；二是挑梁下砌体被局部压坏；三是挑梁本身承载力不足而导致正截面破坏或斜截面破坏。挑梁的计算就是针对上述三种破坏形态而进行的。

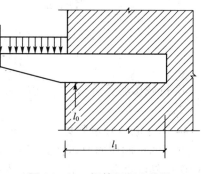

图 11-35 钢筋混凝土挑梁

2. 挑梁的抗倾覆验算

1) 倾覆力矩 M_{ov}

倾覆力矩 M_{ov} 是挑梁上的荷载设计值对计算倾覆点产生的力矩。计算倾覆点至墙外边缘的距离 x_0 可按下列规定采用：

(1) 当 $l_1 \geqslant 2.2h_b$ 时：

$$x_0 = 0.3h_b$$

且不大于 $0.13l_1$。

(2) 当 $l_1 < 2.2h_b$ 时：

$$x_0 = 0.13l_1$$

式中　l_1——挑梁埋入砌体的长度；

　　　h_b——挑梁的截面高度。

2) 抗倾覆力矩设计值 M_r

挑梁的抗倾覆力矩设计值可按下式计算：

$$M_r = 0.8G_r(l_2 - x_0) \tag{11-27}$$

式中　G_r——挑梁的抗倾覆荷载，取挑梁尾端上部 45°扩散角范围(其水平长度为 l_3)内的砌体与楼面恒载标准值之和(图 11-36)；

l_2——G_r 作用点至墙体边缘的距离。

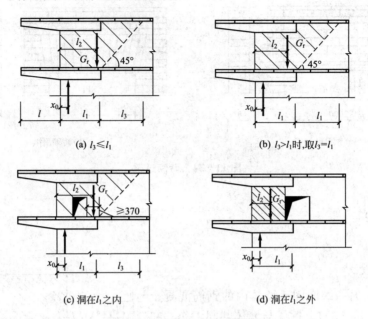

(a) $l_3 \leqslant l_1$

(b) $l_3 > l_1$ 时,取 $l_3 = l_1$

(c) 洞在 l_1 之内

(d) 洞在 l_1 之外

图 11 - 36　挑梁的抗倾覆荷载

3) 抗倾覆验算公式

$$M_r \geqslant M_{ov} \tag{11-28}$$

4) 雨篷的抗倾覆验算

雨篷的抗倾覆验算可按式(11-27)、式(11-28)进行,其抗倾覆荷载 G_r 按图 11-37 采用图中斜线部分。其中 G_r 距墙体外边缘距离 $l_2 = l_1/2$;$l_3 = l_n/2$。显而易见,增加雨篷梁的支承长度 a 可使 G_r 加大。

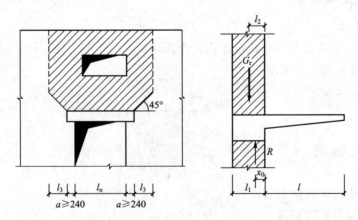

图 11 - 37　雨篷的抗倾覆荷载

3. 挑梁下砌体的局部受压承载力验算

$$N_l \leqslant \eta \gamma f A_l \tag{11-29}$$

式中　N_l——挑梁下的支承压力,可取 $N_l = 2R$(R 为挑梁的倾覆荷载设计值);

η——梁端底面压应力图形的完整系数，可取 $\eta = 0.7$；

γ——砌体局部抗压强度提高系数，当有十字交叉的翼墙时取 1.5，没有时取 1.25；

A_l——砌体局部受压面积，取 $A_l = 1.2bh_b$（b 和 h_b 分别为挑梁的截面宽度和高度）。

4. 挑梁的承载力计算

挑梁应根据挑梁的最大弯矩设计值 M_{max} 和剪力设计值 V_{max} 进行正截面受弯承载力及斜截面受剪承载力计算。并取

$$M_{max} = M_{ov} \tag{11-30}$$

$$V_{max} = V_0 \tag{11-31}$$

式中 V_0——挑梁荷载设计值在挑梁墙外边缘处截面产生的剪力。

5. 挑梁的构造

（1）挑梁埋入砌体长度 l_1 与挑出长度 l 之比宜大于 1.2，若挑梁上无砌体时，l_1/l 宜大于 2。

（2）挑梁纵向受力钢筋至少应有 1/2 伸入梁尾端并不少于 $2\phi 2$；其他钢筋伸入支座的长度不应小于 $2l_1/3$。

小　　结

由块体和砂浆砌筑而成的砌体，主要用于承受压力。砌体的抗压强度设计值 f 主要与砂浆强度等级及块体强度等级有关，并可从表格中查出。另外，还应考虑不同因素的影响，乘以不同的强度调整系数 γ_a。对无筋砌体受压构件，最常遇到的调整情况是：当用水泥砂浆砌筑时，$\gamma_a = 0.9$；$A < 0.3m^2$ 时，$\gamma_a = A + 0.7$。

在截面尺寸和砌体材料强度等级一定的条件下，影响砌体受压构件承载力的主要因素是构件的高厚比和轴向力的偏心距。它们对承载力的影响，可统一用受压构件承载力影响系数 φ 考虑。在应用公式进行计算时，按内力设计值计算的轴向力偏心距 e 不应超过一定限值（$e \leqslant 0.6y$）。

砌体的局部受压分为局部均匀受压（如柱下局部受压）和局部非均匀受压（如梁端下砌体局部受压）。由于力的扩散作用和未直接参加受压的砌体的约束作用，局部受压强度高于全截面受压时的强度，其提高系数为 γ。局部受压验算的实质是局部受压面积 A_l 上的最大压应力不应大于局部受压时的砌体强度 γf。梁下有刚性垫块时，刚性垫块的构造应符合有关构造规定，并可改善垫块下砌体的局部受压情形，可按偏心受压短柱计算并考虑垫块外砌体面积的有利影响。

当无筋砖砌体受压构件的偏心距超过截面核心范围（如矩形截面 $e/h > 0.17$）但构件的高厚比 $\beta \leqslant 16$ 时，可采用网状配筋砌体构件；当 $e > 0.6y$ 时，宜采用组合砖砌体构件。此外，还可采用构造柱与墙体形成的组合墙，提高墙体的轴心受压承载力。

混合结构房屋的墙体布置，可分为纵墙承重、横墙承重、纵横墙混合承重、内框架承重四种布置方案。根据房屋的空间受力性能（主要是抗侧移刚度的大小），可分为三种静力

计算方案：刚性方案、刚弹性方案、弹性方案。其划分的依据是刚性横墙的间距 s 及楼盖屋盖的类型。大量的多层民用建筑一般都属于刚性方案。

墙、柱应进行高厚比验算，其目的是保证使用阶段和施工阶段的稳定性。对于带壁柱的墙，除进行整片墙的高厚比验算外，还应进行壁柱间墙的验算。

圈梁、过梁和挑梁是混合结构房屋中经常遇到的构件。圈梁应按规定设置；过梁上的荷载与过梁上的砌体高度有关。当超过一定高度时，由于砌体的拱作用（卸荷作用），上部的荷载可直接传到支座或洞口两侧的墙体上；挑梁的抗倾覆验算，关键在于确定倾覆点位置和抗倾覆力矩，在设计中应予重视。

刚性方案房屋的墙体和柱的计算，实际上是受压构件的计算。在竖向荷载作用下，各层墙体可视为上部为偏心受压（有梁或为山墙时）、下部为轴心受压的构件，荷载由上向下传递。在风荷载作用下，满足一定的条件时可不考虑其影响。

墙体开裂是混合结构房屋中常见的现象，其原因是多方面的。除在结构设计中进行计算外，考虑构造上的要求采取适当的措施是不可缺少的，设计和施工中都应重视。

习　　题

一、思考题

（1）什么是砌体结构？

（2）砌体结构有何优缺点？主要应用范围如何？

（3）砌体中的砂浆起哪些作用？

（4）砌体的种类有哪些？

（5）砖砌体受压破坏分哪三个受力阶段？在轴心受压时，单砖和砂浆各处于何种受力状态？

（6）为什么砌体的受压强度低于块体的受压强度？

（7）影响砌体受压强度的主要因素有哪些？

（8）砌体受压构件承载力计算公式中，系数 φ 的意义是什么？

（9）偏心距如何确定？在受压承载力计算时有何限制？

（10）为什么砌体的局部受压强度有明显提高？其提高系数 γ 如何确定？

（11）什么是梁端有效支承长度 a_0？如何进行梁端下砌体的局部受压计算？

（12）为什么在砖砌体的水平灰缝中设置网状配筋可以提高构件受压承载力？

（13）如何确定混合结构房屋的静力计算方案？

（14）对刚性方案、刚弹性方案房屋的横墙有哪些要求？

（15）为什么要验算墙、柱高厚比？如何进行验算？

（16）如何确定过梁上的荷载？

（17）圈梁有哪些作用？如何进行布置？

（18）如何进行悬挑构件的抗倾覆验算？

二、计算题

（1）一承受轴心压力的砖柱，截面尺寸为 $490\text{mm} \times 490\text{mm}$，采用烧结普通砖 MU10、混合砂浆 M5 砌筑，荷载设计值在柱顶产生的轴心力为 200kN，柱的计算高度为 $H_0 =$

$H=4\text{m}$，试核算柱的承载力。

（2）某住宅外廊砖柱，截面尺寸为 $370\text{mm}\times490\text{mm}$，采用砖 MU10、砂浆 M2.5 砌筑，计算高度 $H_0=3.9\text{m}$，承受轴向力设计值 $N=132\text{kN}$，已知荷载设计值产生的偏心距为 60mm。试核算该柱承载力。

（3）已知一窗间墙，截面尺寸为 $1000\text{mm}\times240\text{mm}$，采用砖 MU10、砂浆 M5 砌筑，墙上支承钢筋混凝土梁，梁端支承长度 240mm，梁截面尺寸为 $200\text{mm}\times500\text{mm}$，梁端荷载设计值产生的支承压力为 52kN，上部荷载设计值产生的轴向力为 125kN。试验算梁端支承处砌体的局部受压承载力。

（4）试验算例 11-3 和例 11-4 的砖柱高厚比是否满足要求？

（5）已知某墙上窗洞净宽为 1.8m，墙厚 240mm、双面粉刷（按每平方米墙面计算的墙体自重设计值为 5.24kN/m^2），采用 MU10 砖、M2.5 混合砂浆砌筑，距洞口顶面 300mm处有楼面荷载，其值为 16.5kN/m（沿过梁分布的荷载设计值）。试设计其钢筋混凝土过梁。

第 12 章
钢结构构件

本章介绍钢结构构件的设计计算方法。通过本章学习，应达到以下目标。

(1) 掌握钢材的力学性能和承重结构用钢材的合格保证。

(2) 熟悉受弯构件、轴心受力构件的强度计算方法。

(3) 理解受压构件、受弯构件的整体稳定和局部稳定概念。

(4) 熟悉焊缝连接方法。

教学要求

知识要点	能力要求	相关知识
钢结构的材料	(1) 了解钢材的品种和级别 (2) 掌握钢材的力学性能和钢材的合格保证 (3) 理解钢材及连接的强度设计值	(1) 低碳钢 (2) 低合金高强度结构钢 (3) 抗拉强度、伸长率 (4) 焊接与螺栓
钢结构受力构件	(1) 了解钢结构构件的截面形状和受力形式 (2) 理解稳定的概念 (3) 掌握受弯、受拉、受压构件计算方法	(1) 受弯构件 (2) 轴心受力构件 (3) 偏心受力构件
钢结构的连接	(1) 了解钢结构构件的不同连接方式 (2) 理解螺栓连接的计算方法 (3) 掌握焊缝连接方法的构造和计算	(1) 手工电弧焊 (2) C 级螺栓 (3) 焊缝质量检测

基本概念

热轧 H 型钢、热轧剖分 T 型钢、钢材的强度设计值、截面塑性发展系数、钢梁的整体稳定性、局部稳定、允许长细比、对接焊缝、角焊缝、普通螺栓、高强度螺栓、钢结构的隔热

引言

钢结构是指用热轧型钢、钢板、钢管或冷加工的薄壁型钢等钢材通过焊接、螺栓连接或铆接等方式制造的结构。设计钢结构时，应从工程实际出发，合理地选用材料、结构方案和构造措施，满足结构构

件在运输、安装和使用过程中的强度、稳定性和刚度要求,并符合防火、防腐蚀要求。宜优先采用通用和标准化的结构和构件,减少制作和安装工作量。

钢结构主要用于大跨度屋盖结构(如钢屋架、钢网架、悬索结构、三铰拱架等,跨度可达60m甚至100m以上)、重型厂房结构(如重型机械制造业、钢铁联合企业许多车间的主要承重结构,重载吊车起重量达百吨以上、作业繁重等)、大跨度桥梁结构、高耸结构(如高压输电塔架、桅杆结构等)和超高层房屋结构等。随着国民经济的发展和钢材价格的下降,钢结构的应用将愈来愈广泛。

在钢结构设计文件中,应注明建筑结构的设计使用年限、钢材牌号、连接材料的型号(或钢号)和对钢材所要求的力学性能、化学成分及其他的附加保证项目。此外,还应注明所要求的焊缝形式、焊缝质量等级、端面刨平顶紧部位及对施工的要求。对有特殊设计要求和在特殊情况下的钢结构设计,尚应符合现行有关国家标准的要求。

钢结构的设计方法与其他结构(如混凝土结构、砌体结构等)的设计方法相同,是以概率理论为基础的极限状态设计方法。在进行承载能力计算时,以截面应力设计值不超过材料强度设计值的方式表达。

12.1 钢结构材料和钢结构的特点

12.1.1 钢结构的材料

钢结构的材料包括钢材和连接材料。

1. 钢材

1) 钢材的品种

用于钢结构的国产钢材主要是碳素结构钢中的低碳钢(含碳量不高于0.2%)Q235钢,以及低合金高强度结构钢中的 Q345 钢、Q390 钢、Q420 钢和 Q460 钢,其质量应分别符合现行国家标准《碳素结构钢》(GB/T 700)和《低合金高强度结构钢》(GB/T 1591)的规定。当采用其他牌号的钢材时,尚应符合相应有关标准的规定和要求。

由于沸腾钢(Q235F)脱氧不充分,含氧量较高,内部组织不够致密,硫、磷的偏析大,氮以固熔氮的形式存在,故冲击韧性较低,冷脆性倾向也大,因此要对其使用范围加以限制。下列情况下的承重结构和构件不应采用 Q235 沸腾钢:直接承受动力荷载或振动荷载且需要验算疲劳强度的焊接结构;工作温度低于−20℃时的直接承受动力荷载或振动荷载但可不验算疲劳强度的焊接结构,以及承受静力荷载的受弯和受拉的重要承重焊接结构;工作温度等于或低于−30℃的所有承重焊接结构;工作温度等于或低于−20℃的直接承受动力荷载且需要验算疲劳强度的非焊接结构。

2) 钢材的合格保证

承重结构采用的钢材应具有抗拉强度、伸长率、屈服强度和硫、磷含量的合格保证,对焊接结构尚应具有碳含量的合格保证。焊接承重结构及重要的非焊接承重结构还应具有冷弯试验的合格保证。某些结构的钢材尚应具有常温或低温下的冲击韧性的保证。

这是因为：钢材的抗拉强度是衡量钢材抵抗拉断的性能指标，并能直接反映钢材内部组织的优劣，并与疲劳强度有比较密切的关系，因此抗拉强度是钢材合格保证的"第一指标"；而钢材的伸长率则是衡量钢材塑性性能的指标，它反映钢材在外力作用下产生永久变形时抵抗断裂的能力，因此承重结构的钢材，应具有足够的伸长率；钢材的屈服强度(屈服点)则是衡量结构承载能力和确定强度设计值的重要指标。因此，对于承重钢结构的钢材，必须具有上述三项合格保证(对于非承重构件，只需抗拉强度、伸长率两项保证)。

钢材的冷弯性能是钢材的塑性指标之一，也是衡量钢材质量的一个综合性指标。通过冷弯试验，可以检验钢材颗粒组织、结晶情况和非金属夹杂物分布等缺陷，在一定程度也是鉴定焊接性能的一个指标。

硫、磷是建筑钢材中的主要杂质，对钢材的力学性能和焊接接头的裂纹敏感性都有较大影响：硫能生成易于熔化的硫化铁，当热加工或焊接温度达到 $800\sim1200℃$ 时，可能出现裂纹，故称为热脆，硫化铁又能形成夹杂物，不仅会促使钢材起层，还会引起应力集中，降低钢材的塑性和冲击韧性；磷则以固溶体的形式溶解于铁素体中，这种固溶体很脆，形成的富磷区促使钢材变脆(冷脆)，降低钢的塑性、韧性及可焊接性。故所有承重结构的钢材，对硫、磷均应有含量限制。

此外，建筑钢的焊接性能主要取决于碳含量，在焊接结构中碳的合适含量宜控制在 $0.12\%\sim0.2\%$，超出该范围的幅度愈多，焊接性能变差的程度愈大。因此对焊接承重结构尚应具有碳含量的合格保证，在焊接结构中不能使用 Q235-A 级钢。

3) 钢材的规格

我国钢结构中常用钢板及型钢有如下规格。

(1) 钢板。

常用的钢板有热轧钢板和带钢，其中钢板厚度为 $0.5\sim200mm$，宽度为 $600\sim2000mm$，相应长度为 $1.2\sim6m$；带钢厚度为 $1.2\sim25mm$，宽度为 $600\sim1900mm$。此外，还有冷轧钢板、带钢和花纹钢板等。

(2) 热轧工字钢。

热轧工字钢翼缘内表面是斜面，斜度为 $1:6$。它的翼缘厚度比腹板厚度大，翼缘宽度比截面高度小很多，因此截面对弱轴(腹板厚度中线)的惯性矩较小。热轧工字钢的规格以代号 I×截面高度(mm)×翼缘宽度(mm)×腹板厚度(mm)表示，也可以用型号表示，即以代号和截面高度的厘米数表示，如 I16。截面高度相同的工字钢，可能有几种不同的腹板厚度和翼缘宽度，需在型号后加 a、b、c 予以区别，如 I32a、I32b、I32c 等。一般按 a、b、c 顺序，腹板厚度及翼缘宽度依次递增 2mm。我国生产的热轧工字钢规格从 I10 号至 I63 号。

(3) 热轧 H 型钢。

热轧 H 型钢分为宽翼缘 H 型钢、中翼缘 H 型钢和窄翼缘 H 型钢，此外还有 H 型钢桩，其代号分别为 HW、HM、HN 和 HP。它们的规格标记采用高度 H(mm)×宽度 B(mm)×腹板厚度 t_1(mm)×翼缘厚度 t_2(mm)表示。如 H340×250×9×14。H 型钢翼缘内外表面平行，内表面无斜度，翼缘端部为直角，与其他构件连接方便，同时截面材料分布合理，力学性能好，是我国目前正在积极推广采用的钢材。

(4) 热轧剖分 T 型钢。

　　剖分 T 型钢是由 H 型钢剖分而成。其代号与 H 型钢相对应，采用 TW、TM、TN 分别表示宽翼缘 T 型钢、中翼缘 T 型钢和窄翼缘 T 型钢，其规格标记也与 H 型钢相同。用剖分 T 型钢代替由双角钢组成的 T 形截面，其截面力学性能更为优越，且制作方便。

　　(5) 热轧槽钢。

　　热轧槽钢翼缘内表面是倾斜的，成 1∶10 的斜度，翼缘厚度比腹板厚度大，翼缘宽度比截面高度小很多，截面对弱轴(平行于腹板的主轴)惯性矩小，且与弱轴不对称。热轧槽钢的规格以代号 ［和截面高度(mm)×翼缘宽度(mm)×腹板厚度(mm)表示。另外也可以用型号表示，即用代号和截面高度的厘米数以及 a、b、c 等表示(a、b、c 意义与工字钢同)，如 ［200×73×7，也可以表示为 ［20a。

　　(6) 热轧角钢。

　　角钢由两个互相垂直的肢组成，两肢长度相等时称为等边角钢，若不等则为不等边角钢。角钢的代号为∟，其规格用代号和长肢宽度(mm)×短肢宽度(mm)×肢厚度(mm)表示，例如∟ 90×90×6、∟ 125×80×8 等。

　　(7) 钢管。

　　钢管以外径和壁厚表示，如 ϕ300×8 表示外径为 300mm、壁厚为 8mm 的钢管。此外，还有冷弯薄壁型钢。

　　2. 连接材料

　　钢结构的连接材料包括：用于手工电弧焊连接的焊条和自动焊或半自动焊的焊丝；用于螺栓连接的普通螺栓和高强度螺栓；还有铆钉连接的铆钉。连接材料应符合下列要求。

　　1) 焊条及焊丝

　　手工焊接采用的焊条，应符合现行国家标准《碳钢焊条》(GB/T 5117)或《低合金钢焊条》(GB/T 5118)的规定。选择的焊条型号应与主体金属力学性能相适应。对直接承受动力荷载或振动荷载且需要验算疲劳强度的结构，宜采用低氢型焊条。

　　自动焊接或半自动焊接采用的焊丝和相应的焊剂应与主体金属力学性能相适应，并应符合现行国家标准的规定。

　　当为手工焊接时，Q235 钢采用 E43 焊条，Q345 钢采用 E50 焊条，Q390 钢及 Q420 钢均采用 E55 焊条。

　　2) 螺栓

　　普通螺栓应符合现行国家标准《六角头螺栓 C 级》(GB/T 5780)和《六角头螺栓》(GB/T 5782)的规定。

　　高强度螺栓应符合现行国家标准《钢结构用高强度大六角头螺栓》(GB/T 1228)、《钢结构用高强度大六角螺母》(GB/T 1229)、《钢结构用高强度垫圈》(GB/T 1230)、《钢结构用高强度大六角头螺栓、大六角螺母、垫圈技术条件》(GB/T 1231)或《钢结构用扭剪型高强度螺栓连接副》(GB/T 3632)及其技术条件 GB/T 3633 的规定。

　　关于焊钉、铆钉和锚栓，此处不赘述。

　　总之，选用合适的钢材牌号和材性，是保证承重结构的承载能力和防止在一定条件下出现脆性破坏的重要措施。

12.1.2　钢结构的特点

组成钢结构的钢材，由于其内部组织均匀、各向同性，是较理想的匀质材料，因而与其他结构材料相比有一系列优点。

（1）钢材的材质均匀，和力学计算的假定较为符合，故材料力学的计算假定和计算公式较适于钢结构的应力分析和有关计算（在钢材屈服前或刚达到屈服时，可以认为它是完全弹性的；在承载能力极限状态下，又可假定它是完全塑性的或部分塑性的）。

（2）钢材的强度高，抗拉和抗压性能都好，因此采用钢结构可以大大减轻自重。例如，与同样跨度、同样受力的钢筋混凝土屋架相比，钢屋架的重量仅为钢筋混凝土屋架的 1/3～1/4。

（3）钢材的塑性好、抗冲击韧性强，适宜于承受动力荷载和对抗震能力要求高的结构。

（4）钢结构加工制造简便、构件精确度高，施工周期短。钢材在冶炼和轧制过程中的质量易于控制，材质的波动范围小。

相对而言，钢材的耐腐蚀性能较差，故钢结构必须注意经常性的维护。此外，钢材虽然耐热（长期经受 100℃ 的辐射热时，强度并无多大变化），但当温度达到 150℃ 以上时，就需要采取隔热措施；而且钢材不耐火，钢结构必须采取防火措施；钢结构的造价目前还较贵。

12.1.3　钢材及连接的强度设计值

1. 钢材的强度设计值

钢材的强度设计值应根据钢材厚度或直径采用。其抗拉、抗压和抗弯强度设计值用 f 表示，抗剪强度设计值用 f_v 表示，端面承压（刨平顶紧）强度设计值用 f_{ce} 表示。钢材的厚度越大，强度设计值愈低。

钢材的强度设计值见附录附表 14。

2. 连接的强度设计值

1）焊缝的强度设计值

根据焊接方法和焊条型号、构件钢材和焊缝形式，焊缝的强度设计值见附录附表 15，其中抗压、抗拉、抗剪强度分别表示为 f_c^w、f_t^w、f_v^w，角焊缝的抗拉、抗压和抗剪强度均表示为 f_f^w。

2）螺栓连接的强度设计值

根据螺栓的性能等级、锚栓和构件钢材的牌号确定的螺栓连接的强度设计值见附录附表 16，其中 f_t^b、f_v^b、f_c^b 分别表示抗拉、抗剪、承压强度。

3. 强度折减系数

计算下列情况的结构构件或连接时，应将上述规定的强度设计值乘以相应的折减系数。

（1）单面连接的单角钢。

① 按轴心受力计算强度和连接时，取 0.85。

② 按轴心受压计算稳定性时：

对等边角钢：$0.6+0.0015\lambda$，但不大于 1.0。

对短边相连的不等边角钢：$0.5+0.0025\lambda$，但不大于 1.0。

对长边相连的不等边角钢：0.70。

λ 为长细比：对中间无联系的单角钢压杆，应按最小回转半径计算，当 $\lambda<20$ 时，取 $\lambda=20$。

（2）无垫板的单面施焊对接焊缝时，取 0.85。

（3）施工条件较差的高空安装焊缝和铆钉连接时，取 0.90。

当几种情况同时存在时，其折减系数应连乘。

12.2 钢结构的构件类型

根据钢结构构件的受力情形，可分为轴心受力构件（轴心受压和轴心受拉）、受弯构件、偏心受力构件（压弯构件或拉弯构件）等。

12.2.1 轴心受力构件

轴心受力构件广泛用于平面桁架、空间桁架和支撑系统中。对支承楼（屋）盖及工作平台的轴心受压构件，也称为轴心受压柱。轴心受压构件的截面分类如表 12-1 和表 12-2 所示。

表 12-1 轴心受压构件的截面分类（板厚 $t<40$mm）

截 面 形 式			对 x 轴	对 y 轴
轧制			a 类	a 类
轧制，$b/h/0.8$			a 类	b 类
轧制，$b/h>0.8$	焊接，翼缘为焰切边	焊接	b 类	b 类
	轧制	轧制，等边角钢		

（续）

截 面 形 式		对 x 轴	对 y 轴
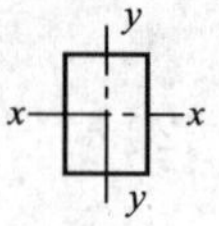 轧制，焊接（板件宽厚比大于20）	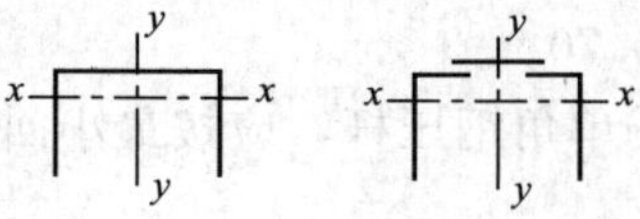 轧制或焊接	b 类	b 类
焊接 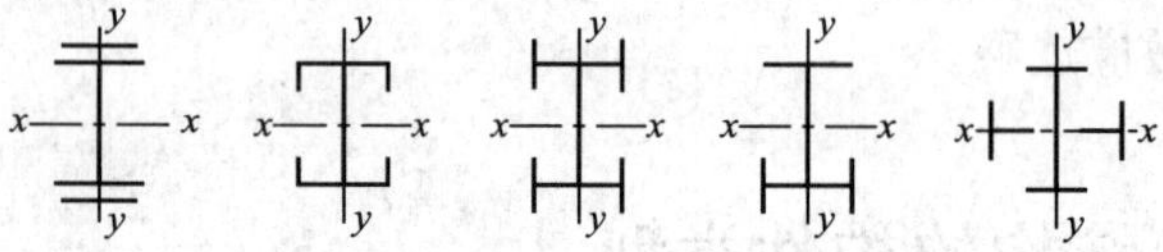	轧制截面和翼缘为焰切边的焊接截面 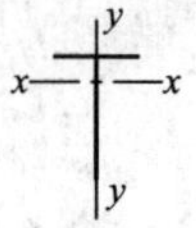		
结构式 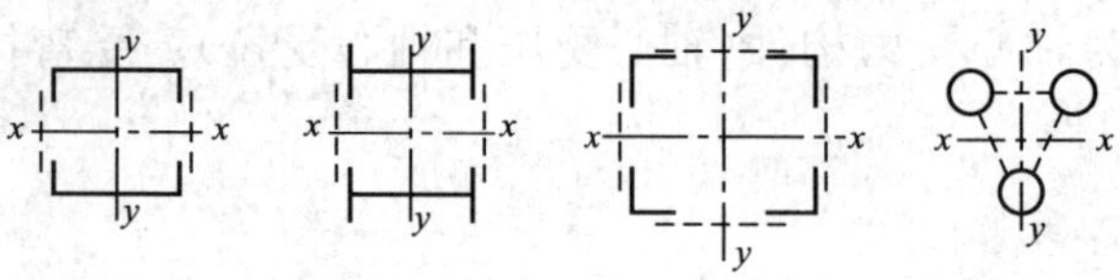	焊接，板件边缘焰切 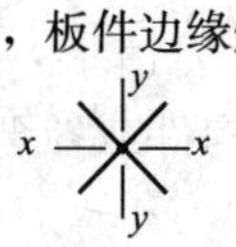		
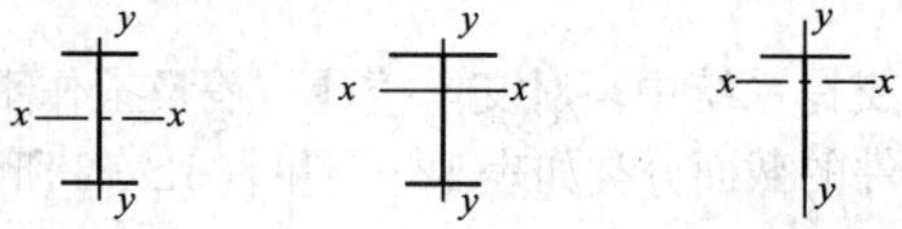	焊接，翼缘为轧制或剪切边	b 类	c 类
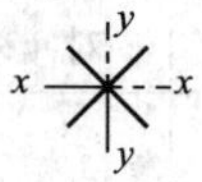 焊接，板件边缘轧制或剪切	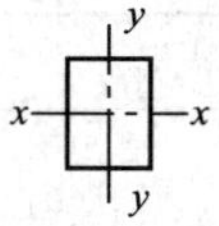 焊接，板件宽厚比≤20	c 类	c 类

表 12 - 2 轴心受压构件的截面分类（板厚 $t \geqslant 40$mm）

截 面 形 式		对 x 轴	对 y 轴
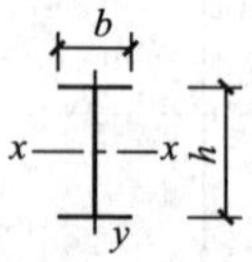 轧制工字形或 H 形截面	$t < 80$mm	b 类	c 类
	$t \geqslant 80$mm	c 类	d 类
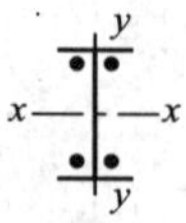 焊接工字形截面	翼缘为焰切边	b 类	d 类
	翼缘为轧制或剪切边	c 类	d 类
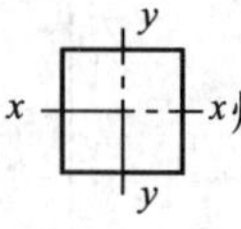 焊接箱形截面	板件宽厚比 > 20	b 类	b 类
	板件宽厚比≤20	c 类	c 类

根据截面形式、对截面哪一个主轴屈曲、钢材边缘加工方法、组成截面板材厚度等几个因素，截面分为 a、b、c、d 四类。

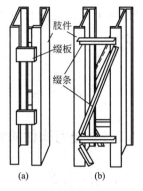

图 12-1 格构式截面

（1）a 类有两种截面，残余应力的影响最小，稳定系数 φ 值最高。

（2）b 类有多种截面，φ 值低于 a 类。

（3）c 类截面，残余应力影响较大，φ 值更低。

（4）d 类截面，为厚板工字形截面绕弱轴（y 轴）屈曲的情形，其残余应力的厚度方向变化影响更显著，φ 值最低。

表 12-1 中的截面包括实腹式截面和格构式截面。格构式截面（图 12-1）由肢件和缀材组成，缀材包括缀板和缀条，其作用是保证连接的肢板能共同工作，防止肢件失稳。与肢件垂直的主形心轴称为实轴，与缀材垂直的主形心轴称为虚轴。

12.2.2 受弯构件

钢梁是钢结构中应用最广泛的受弯构件。有热轧型钢梁［图 12-2(a)、(b)、(c)］、冷弯薄壁型钢梁［图 11-2(d)、(e)、(f)］及采用焊接和栓接的 I 字形和箱形组合梁［图 12-2(g)、(h)、(i)、(j)］，还有钢和混凝土的组合梁［图 12-2(k)］。

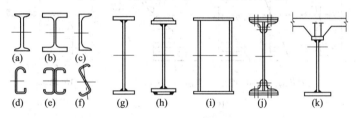

图 12-2 钢梁的截面形式

12.2.3 拉弯构件和压弯构件

拉弯构件和压弯构件即偏心受拉或偏心受压构件。其截面形式可以是实腹式也可以是格构式。当弯矩有正有负且大小接近时，宜采用双轴对称截面［图 12-3(a)］，否则宜采用单轴对称截面以节省钢材。此时截面受力较大的一侧适当加大［图 12-3(b)］。在这两

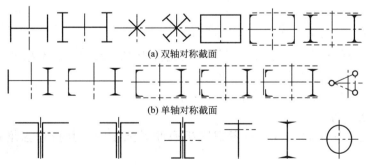

(a) 双轴对称截面

(b) 单轴对称截面

(c) 普通桁架拉弯和压弯杆件的截面形式

图 12-3 拉弯和压弯构件的截面形式

种情形下，都应使弯矩作用在最大刚度平面内。

12.3 受弯构件的计算

12.3.1 受弯构件的强度

1. 拉弯强度计算

1) 钢梁的弯曲正应力

钢梁的弯曲正应力沿截面高度的分布随弯矩的不同而不同：在弹性阶段时，应力呈三角形分布（材料力学的计算公式适用）；完全塑性时，应力为矩形分布；部分塑性时，介于上述两种应力的中间状态（图 12-4）。

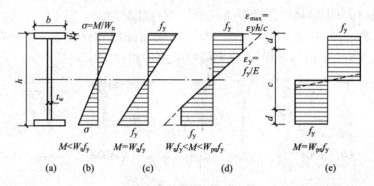

图 12-4 梁的弯曲正应力

因此，在按弹性极限状态［图 12-4(c)］计算时（如直接承受动力荷载的实腹构件），可按材料力学公式计算截面边缘最大应力，此应力不应超过钢材强度设计值。对承受静力荷载或间接承受动力荷载的构件，可考虑截面部分塑性变形［图 12-4(d)］，在材料力学公式基础上，可将净截面模量（也称为抵抗矩）乘以大于 1 的截面塑性发展系数 γ_x（或 γ_y）。

2) 截面塑性发展系数 γ_x 和 γ_y 的取值

对工字形截面：$\gamma_x = 1.05$，$\gamma_y = 1.20$。

对箱形截面：$\gamma_x = \gamma_y = 1.05$。

对需要计算疲劳的梁，宜取：$\gamma_x = \gamma_y = 1.0$。

当梁受压翼缘的自由外伸宽度与其厚度之比大于 $13\sqrt{235/f_y}$ 而不超过 $15\sqrt{235/f_y}$ 时，应取 $\gamma_x = 1.0$，f_y 为钢材牌号所指屈服点。

对其他截面，可按表 12-3 采用。

3) 抗弯强度计算

对主平面受弯的实腹构件，不考虑腹板屈曲后强度时，其抗弯强度可按下列公式计算：

$$\frac{M_x}{\gamma_x W_{nx}} + \frac{M_y}{\gamma_y W_{ny}} \leqslant f \qquad (12-1)$$

式中　M_x、M_y——同一截面处绕 x 轴和 y 轴的弯矩（对工字形截面，x 轴为强轴，y 轴为弱轴）；

　　　W_{nx}、W_{ny}——对 x 轴和 y 轴的净截面模量；

　　　　　f——钢材的抗弯强度设计值，见附录附表 14。

当只有绕 x 轴的弯矩作用时，式（12-1）左侧只有前一项。

2. 抗剪强度计算

弯曲产生的最大剪应力，也可按材料力学公式计算，且不应超过钢材的抗剪强度。即

$$\tau=\frac{VS}{It_w}\leqslant f_v \tag{12-2}$$

式中　V——计算截面沿腹板平面作用的剪力；

　　　S——计算剪应力处以上毛截面对中和轴的面积矩；

　　　I——毛截面惯性矩；

　　　t_w——腹板厚度；

　　　f_v——钢材的抗剪强度设计值，见附录附表 14。

表 12-3　截面塑性发展系数 γ_x、γ_y

项次	截　面　形　式	γ_x	γ_y
1	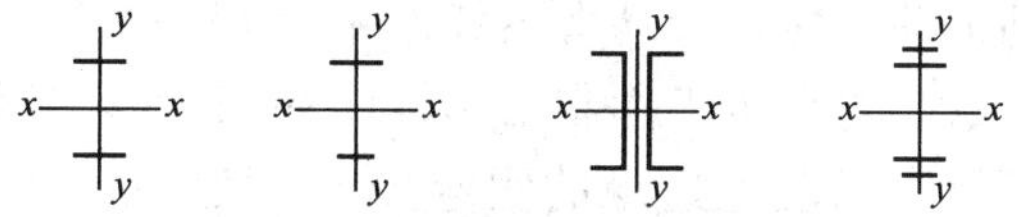	1.05	1.2
2	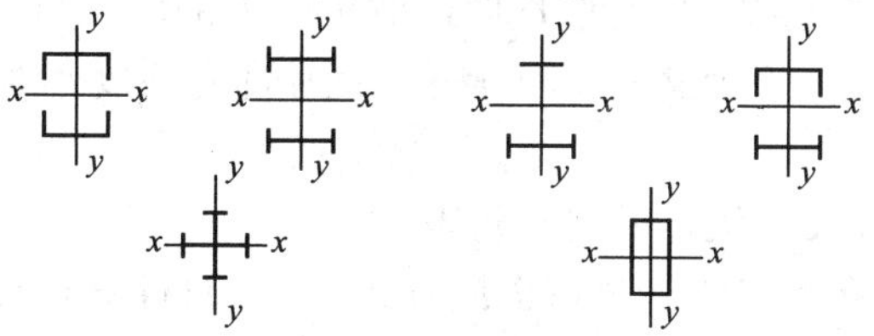	1.05	1.05
3		$\gamma_{x1}=1.05$ $\gamma_{x2}=1.2$	1.2
4			1.05
5	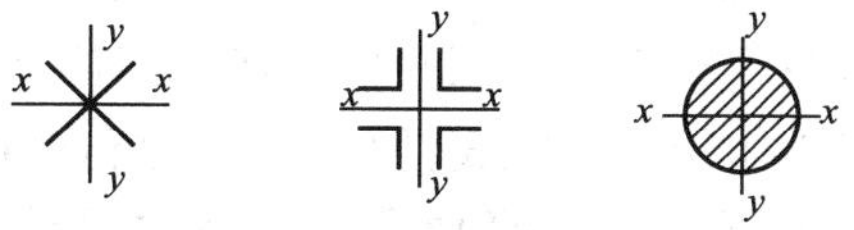	1.2	1.2
6	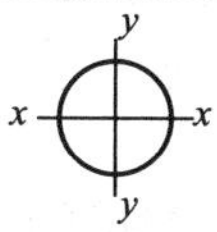	1.15	1.15

（续）

项次	截 面 形 式	γ_x	γ_y
7		1.0	1.05
8		1.0	1.0

3. 局部承压强度计算

当梁的上翼缘受有沿腹板平面作用的集中荷载、且该处又未设置支承加劲肋时，或受有移动的集中荷载如吊车轮压作用时，腹板计算高度上边缘应进行局部承压强度计算，计算公式如下：

$$\sigma = \frac{\phi F}{t_w l_z} \leqslant f \tag{12-3}$$

式中　F——集中荷载，对动力荷载应考虑动力系数；

ϕ——集中荷载增大系数，对重级工作制吊车梁取 $\phi = 1.35$，其他梁取 1.0；

l_z——集中荷载在腹板计算高度上边缘的假定分布长度 $l_z = a + 5h_y + 5h_R$（其中 a 为集中荷载沿梁跨度方向的支承长度，对钢轨上的轮压可取 50mm；h_y 为自梁顶面至腹板计算高度上边缘的距离；h_R 为轨道高度，对梁顶无轨道的梁取 $h_R = 0$）；

f——钢材的抗压强度设计值，见附录附表 14。

在梁支承处，当不设置支承加劲肋时，也应按式（12-3）计算在支承反力作用下的腹板计算高度下边缘的局部压应力，并取 $\phi = 1.0$。

对轧制型钢梁，腹板的计算高度 h_0 取为腹板与上、下翼缘相接处两内弧起点间的距离，对焊接组合梁，为腹板高度。

此外，在梁的腹板计算高度边缘处，若同时受较大的正应力、剪应力和局部压应力，或同时受有较大正应力和剪应力时，尚应计算折算应力，并限制其数值的大小（略）。

12.3.2　钢梁的整体稳定性计算

钢梁的截面高而窄，承受荷载后在弯矩作用平面内产生弯曲变形，侧向保持平直，但当荷载达到某一数值后，梁在扰力作用下可能突然发生侧向弯曲和扭转（图 12-5），由于变形很快增加，导致梁不能继续承载。这种现象称为梁丧失整体稳定性，或称梁的侧向失稳。

影响钢梁整体稳定性的主要因素有：梁侧向支承点的间距 l 或无支撑跨度 l_a（l 或 l_0 越小，稳定性越好）；梁的截面尺寸和惯性矩（增加受压翼缘的宽度，可显著提高整体稳定

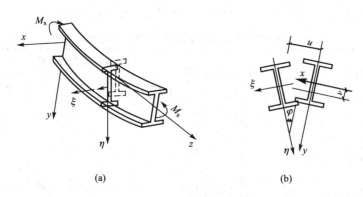

图 12－5　钢梁丧失整体稳定

性）；梁端支承对截面的约束（约束使梁的侧向计算长度减小，从而提高稳定性）；荷载类型和作用位置（跨中点作用一个集中荷载时对稳定有利、纯弯曲对稳定不利；荷载作用于受压翼缘，整体稳定性降低；荷载作用于下翼缘时，整体稳定性提高）。

符合下列情况之一时，可不计算梁的稳定性：①有铺板（各种钢筋混凝土板和钢板）密铺在梁的受压翼缘上并与其牢固相连、能阻止梁受压翼缘的侧向位移时；②H 型钢或等截面工字形简支梁受压翼缘的自由长度 l_1 与其宽度 b_1 之比不超过表 12－4 的数值时。

表 12－4　H 型钢或工字形截面简支梁不需计算整体稳定性的最大 l_1/b_1 值

钢　　号	跨中无侧向支承点的梁		跨中有侧向支承点的梁，不论荷载作用于何处
	荷载作用在上翼缘	荷载作用在下翼缘	
Q235	13.0	20.0	16.0
Q345	10.5	16.5	13.0
Q390	10.0	15.5	12.5
Q420	9.5	15.0	12.0

注：对跨中无侧向支承点的梁，l_1 为梁的跨度；对跨中有侧向支承点的梁，l_1 为受压翼缘侧向支承点间距离（梁的支座处应视为有侧向支承）。

除前述可不计算梁的稳定性情况外，在最大刚度主平面内受弯的构件，其整体稳定性应按下式计算：

$$\frac{M_x}{\varphi_b W_x} \leqslant f \tag{12-4a}$$

式中　M_x——绕强轴作用的最大弯矩；

　　　W_x——按受压纤维确定的梁毛截面模量；

　　　φ_b——梁的整体稳定性系数。

在两个主平面受弯的 H 型钢截面或工字形截面构件，其整体稳定性按下式计算：

$$\frac{M_x}{\varphi_b W_x} + \frac{M_y}{\gamma_y W_y} \leqslant f \tag{12-4b}$$

式中　W_x、W_y——按受压纤维确定的对 x 轴和对 y 轴的毛截面模量；

　　　φ_b——绕强轴弯曲所确定的梁整体稳定系数。

对于轧制普通工字钢简支梁，其整体稳定系数 φ_b 可按表 12-5 采用。

表 12-5　轧制普通工字钢简支梁的 φ_b

项次	荷载情况		工字钢型号	自由长度 l_1 (m)								
				2	3	4	5	6	7	8	9	10
1	跨中无侧向支承点的梁	集中荷载作用于	上翼缘	10~20	2.0	1.30	0.99	0.80	0.68	0.58	0.53	0.48	0.43
				22~32	2.40	1.48	1.09	0.86	0.72	0.62	0.54	0.49	0.45
				36~63	2.80	1.60	1.07	0.83	0.68	0.56	0.50	0.45	0.40
2			下翼缘	10~20	3.10	1.95	1.34	1.01	0.82	0.69	0.63	0.57	0.52
				22~40	5.50	2.80	1.84	1.37	1.07	0.86	0.73	0.64	0.56
				45~63	7.30	3.60	2.30	1.62	1.20	0.96	0.80	0.69	0.60
3		均布荷载作用于	上翼缘	10~20	1.70	1.12	0.84	0.68	0.57	0.50	0.45	0.41	0.37
				22~40	2.10	1.30	0.93	0.73	0.60	0.51	0.45	0.40	0.36
				45~63	2.60	1.45	0.97	0.73	0.59	0.50	0.44	0.38	0.35
4			下翼缘	10~20	2.50	1.55	1.08	0.83	0.68	0.56	0.52	0.47	0.42
				22~40	4.00	2.20	1.45	1.10	0.85	0.70	0.60	0.52	0.46
				45~63	5.60	2.80	1.80	1.25	0.95	0.78	0.65	0.55	0.49
5	跨中有侧向支承点的梁(不论荷载作用点在截面高度上的位置)		10~20	2.20	1.39	1.01	0.79	0.66	0.57	0.52	0.47	0.42
			22~40	3.00	1.80	1.24	0.96	0.76	0.65	0.56	0.49	0.43
			45~63	4.00	2.20	1.38	1.01	0.80	0.66	0.56	0.49	0.43

注：1. 荷载作用于上翼缘系指荷载作用点的翼缘表面，方向指向截面形心；荷载作用于下翼缘系指荷载作用于翼缘表面，方向背向截面形心。

2. 表中集中荷载是指一个或少数几个集中荷载位于跨中央附近的情况。

3. 表中数字适用于 Q235 钢，对其他钢号，表中数值应乘以 $235/f_y$。

4. 当所得的 φ_b 大于 0.6 时，应由 $1.07-(0.282/\varphi_b)$ 代替 φ_b。

对于均匀弯曲的受弯构件，当 $\lambda_y \leqslant 120\sqrt{235/f_y}$ 时，其整体稳定系数可按下列近似公式计算。

双轴对称时的工字形截面(含 H 型钢)：

$$\varphi_b = 1.07 - \frac{\lambda_y^2}{44000} \cdot \frac{f_y}{235} \qquad (12-4c)$$

弯矩作用在对称轴平面(绕 x 轴)的 T 形截面计算如下。

(1) 弯矩使翼缘受压时的双角钢 T 形截面。

$$\varphi_b = 1 - 0.0017\lambda_y\sqrt{f_y/235} \qquad (12-4d)$$

(2) 弯矩使翼缘受拉且腹板宽厚比不大于 $18\sqrt{235/f_y}$ 时。

$$\varphi_b = 1 - 0.0005\lambda_y\sqrt{f_y/235} \qquad (12-4e)$$

对其他情形下的 φ_b 可参见《规范》附录 B 确定。

12.3.3　钢梁的局部稳定

由翼缘和腹板等板件组成的钢梁，在压应力作用下可能发生局部失稳，板件会向其平面外发生波状鼓曲。为了防止局部失稳，通常采用如下办法：①为保证梁受压翼缘的局部稳定，可限制翼缘的宽厚比；②为保证梁腹板的局部稳定，可在腹板两侧成对地设置横向加劲肋，有时还在弯曲应力大的区段的受压区设置纵向加劲肋（图 12-6）。

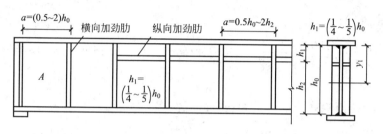

图 12-6　钢梁的加劲肋布置

12.3.4　梁的挠度验算

梁的刚度不足时将导致挠度过大，影响结构构件的正常使用。因此应进行梁的挠度验算：梁在荷载标准组合下产生的挠度值 v_{max} 不应超过《规范》规定的允许挠度值 $[v]$。

《规范》规定的受弯构件、挠度允许值分为永久荷载和可变荷载标准值产生的挠度 $[v_T]$ 和可变荷载标准值产生的挠度 $[v_Q]$ 对楼（屋）盖梁或桁架、工作平台梁和平台板为：①主梁或桁架，$[v_T]=l/400$，$[v_Q]=l/500$；②抹灰顶棚的次梁，$[v_T]=l/250$，$[v_Q]=l/350$；③其他梁（包括楼梯梁），$[v_T]=l/250$，$[v_Q]=l/300$；④平台板，$[v_T]=l/150$。

【例 12-1】　某工作平台由预制的密铺钢筋混凝土楼板和钢梁组成，梁格布置如图 12-7 所示。楼面恒荷载标准值（自重、不含钢梁）为 $g_k=5.0\text{kN/m}^2$，活荷载标准值 $q_k=18.5\text{kN/m}^2$；钢材为 Q235，板与钢梁焊接，试选择次梁截面。

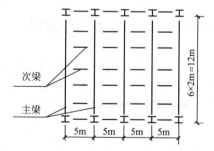

图 12-7　例 12-1 附图

解：次梁采用工字钢。由于梁上铺板可保证整体稳定，故只需考虑梁的强度及刚度。

（1）截面选择。

荷载设计值 $g+q=1.2g_k+1.3q_k=1.2\times5+1.3\times18.5=30.05(\text{kN/m}^2)$

弯矩设计值 $M=\dfrac{1}{8}(g+q)l_0^2=\dfrac{1}{8}\times30.05\times2\times5^2=187.8(\text{kN}\cdot\text{m})$

对工字形截面，$\gamma_x=1.05$，Q235 钢，$f=215\text{N/mm}^2$；则型钢所需净截面模量由式（12-1）得

$$W_{nx} \geq \frac{M_x}{\gamma_x f} = \frac{187.8 \times 10^6}{1.05 \times 215} = 832 \times 10^3 (\text{mm}^3) = 832 \text{cm}^3$$

由附表 20，选用工字钢 I36a，其 $W_x = 878\text{cm}^3$，$I_x = 15800\text{cm}^4$，质量 60.0kg/m，$t_w = 10\text{mm}$。

（2）加上钢梁自重后的弯矩设计值。

$$M_{max} = \frac{1}{8} \times 1.2 \times \frac{60.0 \times 9.8}{1000} \times 5^2 + 187.8 = 190 (\text{kN} \cdot \text{m})$$

（3）验算。

① 抗弯强度验算。

$$\frac{M_{max}}{\gamma_x W_x} = \frac{190 \times 10^6}{1.05 \times 878 \times 10^3} = 206.8 (\text{N/mm}^2) < f = 215\text{N/mm}^2 (\text{满足要求})$$

② 刚度验算。

采用荷载标准值验算，本钢梁为均布荷载作用。

荷载标准值 $g_k + q_k = (5 + 18.5) \times 2 + \frac{60.037}{1000} = 47 (\text{kN/m}) = 47\text{N/mm}$

梁的跨中挠度为

$$v_{max} = \frac{5(g_k + q_k)l_0^4}{384EI} = \frac{5 \times 47 \times 5000^4}{384 \times 206 \times 10^3 \times 15800 \times 10^4} = 11.75 (\text{mm})$$

$$< [v_T] = \frac{5000}{250} = 20 (\text{mm}) (\text{满足要求})$$

12.4 轴心受力构件的计算

12.4.1 轴心受力构件的强度

在轴心力作用下，构件截面应力是均匀分布的，在轴向力设计值作用下，截面应力不超过材料强度设计值时，则强度满足要求

除高强度螺栓摩擦型连接处外，轴心受拉构件和轴心受压构件的强度可按下式计算：

$$\sigma = \frac{N}{A_n} \leq f \tag{12-5}$$

式中　N——轴心拉力或轴心压力；

　　A_n——净截面面积。

高强度螺栓摩擦型连接处的强度应按下列公式计算：

$$\sigma = \left(1 - 0.5\frac{n_1}{n}\right)\frac{N}{A_n} \leq f \tag{12-6a}$$

$$\sigma = \frac{N}{A} \leq f \tag{12-6b}$$

式中　　n——在节点或拼接处，构件一端连接的高强度螺栓数目；

　　　　n_1——所计算截面(最外列螺栓处)上高强度螺栓数目；

　　　　A——构件的毛截面面积。

12.4.2　轴心受压构件的稳定性

轴心受压构件有可能在截面平均应力低于钢材屈服强度之前，由于外力的轻微扰动就可能使构件产生较大的弯曲变形或扭转变形或弯扭变形从而导致丧失承载能力，此即丧失整体稳定性(图 12-8)。轴心受压构件的失效，往往是由于丧失整体稳定性所致。故轴心受压构件必须进行整体稳定计算，这是轴心受压构件的一种重要的承载能力极限状态。

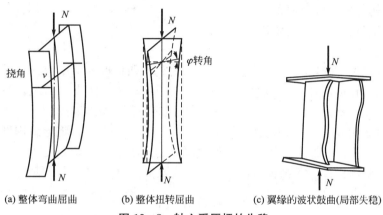

(a) 整体弯曲屈曲　　　(b) 整体扭转屈曲　　　(c) 翼缘的波状鼓曲(局部失稳)

图 12-8　轴心受压杆的失稳

在一根平直的钢板尺的两端，顺着钢板尺的轴心方向施加轴心压力 N，当压力增大到一定数值时，平直的钢板尺会突然离开它本身的平面而发生屈曲，这种现象就是轴心压杆的失稳(图 12-9)。压杆将要丧失稳定时的状态称为临界状态，此时的截面平均应力称为屈曲强度或压屈强度。

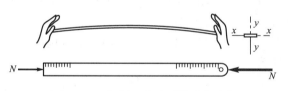

图 12-9　钢板尺失稳时的屈曲现象

杆件的屈曲强度常低于钢材的屈服点，因此轴心受压杆的承载能力往往是由稳定要求控制的。钢结构因压杆失稳造成的工程事故并不少见。

杆件的屈曲强度常低于钢材的屈服点，因此轴心受压杆的承载能力往往是由稳定要求控制的。钢结构因压杆失稳造成的工程事故并不少见。

当截面面积相同时，空心管形截面压杆的屈曲强度比矩形截面压杆的屈曲强度大得多，因为前者的截面惯性矩远比后者的截面惯性矩大，故在钢结构中都将压杆的截面做成扩展开的截面，即尽量使截面积远离中心轴线，如工字形、槽形等，这样既可用较少的钢材做成承载能力较大的压杆，又能使杆件重量减轻。杆件截面的扩展程度，可通过截面的回转半径 i 表不，$i=\sqrt{I/A}$，回转半径越大，截面就扩展得越开。杆件两端的连接情况(如铰接、固定等)及杆件长度即计算长度 l_0 也对杆件屈曲强度产生影响，屈曲强度与计算长度的平方成反比。计算长度 l_0 与回转半径之比称为长细比 λ。显然，长细比越大，屈曲强度越低，因此长细比是反映压杆稳定性的重要指标。

轴心受压构件的稳定性还与构件截面分类(表 12-1 和表 12-2)有关。

1. 实腹式轴心受压构件

1) 整体稳定

引入考虑截面分类和长细比对稳定性影响的系数 φ，则轴心受压构件的屈曲强度可表示为 φf，故其稳定性可按下式计算：

$$\frac{N}{\varphi A} \leqslant f \tag{12-7}$$

式中 φ——轴心受压构件的稳定系数，取截面两主轴稳定系数中的较小值，见附录附表 17；

      A——构件的毛截面面积；

      f——钢材的抗压强度设计值。

2) 局部稳定

对于实腹式轴心受压构件，由于截面大都由翼缘和腹板等矩形板件组成，彼此相互支承，还有加劲肋和顶板及底板相连，因而组合的板件有不同的支承情况。在轴心压力作用下，有可能在丧失整体稳定或达到受压承载力之前，薄板先发生屈曲(板件偏离原来的平面位置而发生波状鼓曲)，称为丧失局部稳定 [图 12-2(c)]，它将导致构件较早丧失承载能力。对于实腹构件，通常采用限制板件宽厚比的办法来防止局部失稳。

对于轴心受压构件，翼缘板自由外伸宽度 b 与其厚度之比，应当满足：

$$\frac{b}{t} \leqslant (10+0.1\lambda)\sqrt{\frac{235}{f_y}} \tag{12-8}$$

式中 λ——构件两方向长细比的较大值；当 $\lambda < 30$ 时，取 $\lambda = 30$；当 $\lambda > 100$ 时，取 $\lambda = 100$。

在工字形和 H 形截面的轴心受压构件中，要求腹板计算高度 h_0 与其厚度 t_w 之比，应当满足：

$$\frac{h_0}{t_w} \leqslant (25+0.5\lambda)\sqrt{\frac{235}{f_y}} \tag{12-9}$$

2. 格构式轴心受压构件

格构式轴心受压构件的稳定性仍按式(12-7)计算，但对虚轴的长细比应取换算长细比(略)。

12.4.3 允许长细比

为了保证构件的刚度，受拉构件和受压构件的长细比不宜超过《规范》规定的容许长细比。

对一般建筑结构的桁架受拉杆件，在承受静力荷载时，其容许长细比 $[\lambda] = 350$；其他拉杆、支撑、系杆等，$[\lambda] = 400$。

对受压构件的长细比，则不宜超过表 12-6 的数值。

表 12-6　钢结构受压构件的容许长细比 $[\lambda]$

项次	构 件 名 称	容许长细比 $[\lambda]$
1	柱、桁架和天窗架中的杆件	150
	柱的缀条、吊车梁或吊车桁架以下的柱间支撑	
2	支撑（吊车梁或吊车桁架以下的柱间支撑除外）	200
	用以减少受压构件长细比的杆件	

注：1. 桁架的受压腹杆，当其内力小于或等于承载能力的 50% 时，容许长细比可取为 200。
2. 跨度大于或等于 60m 的桁架，其受压弦杆和端压杆的容许长细比宜取 100，其他受压腹杆可取 150。
3. 计算单角钢受压构件的长细比时，应采用角钢的最小回转半径，但计算交叉点相互连接的交叉杆件在平面外的长细比时，可采用与角钢肢边平行轴的回转半径。

12.4.4　实腹式轴心受压构件的截面设计

1. 设计原则

实腹式轴心受压构件在设计时应考虑下述原则。

（1）肢宽壁薄。在满足宽厚比限值的条件下尽量使截面面积远离形心轴，以获得大的回转半径。

（2）等稳定性。使构件在两个主轴方向的稳定系数接近，两个主轴方向的稳定承载力基本相等。在一般情况下，可取 $\lambda_x \approx \lambda_y$。

（3）制造省工、构造简单。宜尽量选择热轧型钢和自动焊接截面。

2. 设计步骤

1）初步选择截面

首先假定构件长细比，可在 $50 \sim 100$ 范围内确定；查出稳定系数 φ_x、φ_y，取其中较小值求截面面积 $A(=N/\varphi_{min}f)$，求迴转半径 i_x、i_y，初选截面高度 h 和宽度 b（回转半径和截面高宽的关系见附录附表 18~附表 22）；在上述基础上，确定型钢型号或组合截面各板件尺寸（对焊接工字形截面，宜取 $b \approx h$，h_0 和 b 取 10mm 的倍数，t 和 t_w 取 2mm 倍数，并宜取 $t_w = 0.4t \sim 0.7t$）。

2）进行截面验算

对初选的截面进行强度、刚度、稳定性等验算；不满足时调整截面尺寸直至满足要求为止。

3）满足构造规定

为了提高构件的抗扭刚度，防止构件在施工和运输过程中发生变形，对于实腹式组合截面，当 $h_0/t_w > 80$ 时，应在一定位置设置成对的横向加劲肋（图 12-10）。横向加劲肋的间距不得大于 $3h_0$，其外伸宽度 b_s 不小于 $\left(\dfrac{h_0}{30}+40\right)$mm，厚度 t_s 应不小于 $b_s/15$。

对大型实腹式柱，为了增加其抗扭刚度和传布集中力作用，在受有较大水平力处，以及运输单元的端部，

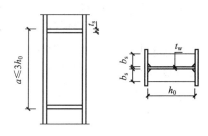

图 12-10　实腹式柱的横向加劲肋

应设置横隔(即加宽的横向加劲肋)。横隔的间距一般不大于柱截面较大宽度的9倍或8m。

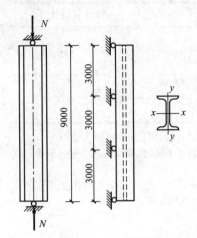

图 12 - 11　例 11 - 2 附图

【例 12 - 2】 某轴心受压柱采用 Q235 热轧工字钢,构件承受的压力设计值 $N = 255\text{kN}$,上下端均为铰支,支柱高度为 9m,在支柱的两个三分点处设有侧向支撑,以阻止柱在弱轴方向过早失稳(图 12 - 11),容许长细比 $[\lambda] = 150$。

解: (1)由于轴压力很小,可假定长细比 $\lambda = 150$,已知 $l_x = 9\text{m}$,$l_y = 3\text{m}$,$f = 215\text{N/mm}^2$,$f_y = 235\text{N/mm}^2$,截面为 b 类,由附录附表 17 - 2,查得 $\varphi = 0.308$,则支柱截面面积

$$A = \frac{N}{\varphi f} = \frac{255 \times 10^3}{0.308 \times 215} = 3851(\text{mm}^2) = 38.5(\text{cm}^2)$$

由附录附表 20,初选 Ⅰ 20b,$A = 39.55\text{cm}^2$,$t_w = 9\text{mm}$,$t = 11.4\text{mm}$,$i_x = 7.95\text{cm}$,$i_y = 2.07\text{cm}$,$h = 200\text{mm}$,$b = 102\text{mm}$。

(2)验算。

① 长细比。

$$\lambda_x = \frac{l_x}{i_x} = \frac{900}{7.95} = 113.1 < [\lambda]$$

$$\lambda_y = \frac{l_y}{i_y} = \frac{300}{2.07} = 145.6 < [\lambda]$$

② 整体稳定性验算。

由 $b/h = 102/200 < 0.8$,故对 x 轴为 a 类,由附录附表 17 - 1,$\varphi_x = 0.540$;对 y 轴为 b 类,由附录附表 17 - 2,$\varphi_y = 0.324$,比较后取 $\varphi_{\min} = 0.324$,则

$$\frac{N}{\varphi A} = \frac{255 \times 10^3}{0.324 \times 39.59 \times 10^2} = 198.9(\text{N/mm}^2) < f = 215\text{N/mm}^2$$

满足要求。

对于轧制型钢,其翼缘和腹板厚度一般较厚,满足局部稳定要求。

▌**12.5** 拉弯构件和压弯构件的计算

轴心拉力和弯矩共同作用下的构件称为拉弯构件,也即偏心受拉构件;轴心压力和弯矩共同作用下的构件称为压弯构件,也即偏心受压构件。钢屋架下弦杆当在节点间有横向荷载时,就是拉弯构件;厂房的钢框架柱、高层建筑的框架柱及海洋平台立柱等,都属于压弯构件。

拉弯构件和压弯构件的截面形式见图 12 - 3。

12.5.1　强度计算

对于拉弯构件,以截面出现塑性铰作为强度极限。而压弯构件的应力分布与受弯构件

类似(图 12-12)，应力状态分别有弹性受力极限状态、弹塑性受力状态和塑性区发展到全截面时的塑性受力极限状态。设计时根据构件承受的荷载性质、截面受力特点等规定的不同截面应力状态作为承载力计算的依据。考虑截面塑性时，与受弯构件计算相仿，引入截面塑性发展系数 γ_x、γ_y(表 12-3)，则对弯矩作用在主平面内的拉弯构件和压弯构件，其强度可按下列公式计算：

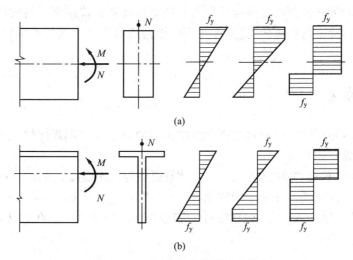

图 12-12 压弯构件截面应力分布

$$\frac{N}{A_n} \pm \frac{M_x}{\gamma_x W_{nx}} \pm \frac{M_y}{\gamma_y W_{ny}} \leqslant f \qquad (12-10a)$$

式(12-10a)的符号同前，其实质是应力的叠加，即弯矩作用下的截面边缘最大应力与轴心受力的轴力作用下截面应力的叠加。当为单向受弯时，公式可简化为

$$\frac{N}{A_n} + \frac{M}{\gamma W_n} \leqslant f \qquad (12-10b)$$

与受弯构件一样，在采用 γ 值时，为了保证受压翼缘在塑性发展时不致发生局部失稳，当压弯构件受压翼缘的自由外伸长度与其厚度之比大于 $13\sqrt{235/f_y}$ 而不超过 $15\sqrt{235/f_y}$ 时，应取 $\gamma_x=1.0$；对需验算疲劳强度的拉弯、压弯构件，宜取 $\gamma_x=\gamma_y=1.0$。

12.5.2 刚度和稳定性

1. 构件的刚度

拉弯构件的刚度和压弯构件的刚度，也以容许长细比进行控制，见表 12-6。

2. 压弯构件的稳定性

轴心受压构件的屈曲可能发生在两主轴方向中长细比较大的方向，而压弯构件由于弯矩通常绕截面的强轴即在截面的最大刚度平面作用，因而构件可能在弯矩作用平面内屈曲，但因为构件在垂直于弯矩作用平面的刚度较小，故也有可能在侧向弯曲和扭转作用下使构件发生弯扭屈曲，即在弯矩作用平面外失稳。因此，压弯构件应分别对其两个方向的稳定性进行计算。

12.6 钢结构的连接

钢结构是由钢板和型钢经过连接装配而成的结构体系。普通钢结构的连接常采用焊缝连接、普通螺栓连接、高强螺栓连接(冷弯薄壁结构还采用自攻螺钉连接),此外还有铆接连接。

12.6.1 焊缝连接

焊缝连接简称为焊接,是通过电弧产生的热量使焊条和局部焊体熔化,经冷却后形成焊缝,便焊件连成一体。

焊接是现代钢结构最主要的连接方法。其优点是:焊缝连接灵活方便、构造简单,且易于采用自动化操作;焊接不削弱截面、节省钢材、密封性好、刚度大。其缺点是:由于焊接易产生残余应力和残余变形,施工质量较难控制;焊接对疲劳和脆断敏感,在低温下更易脆断。

1. 焊接方法

钢结构的焊接方法主要是电弧焊(此外还有电阻焊,是利用电流通过焊件接触点表面的电阻产生的热量熔化金属,再通过压力使其焊合)。电弧焊可分为手工电弧焊(图 12-13)、自动或半自动埋弧电弧焊(图 12-14)以及 CO_2 气体保护焊等。

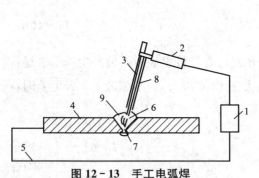

图 12-13　手工电弧焊

1—电焊机;2—焊钳;3—焊条;4—焊件;
5—导线;6—电弧;7—溶池;
8—药皮;9—保护气体

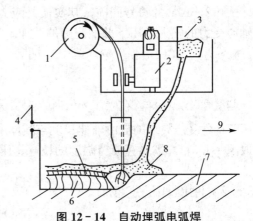

图 12-14　自动埋弧电弧焊

1—焊丝转盘;2—转动焊丝的电动机;
3—焊剂漏斗;4—电源;5—熔渣;6—熔敷
金属;7—焊件;8—焊剂;9—移动方向

手工电弧焊是利用通电后产生的电弧的高温,使焊条和焊件迅速熔化,熔化的焊条金属和焊件金属结合成焊缝金属,由焊条药皮形成的熔渣和气体覆盖熔池,防止空气中的氧、氮等有害气体与熔化的液体金属接触,避免形成脆性易裂的化合物。焊缝金属冷却后把焊件连成整体。

在自动或半自动埋弧焊中，是将光焊条埋在焊剂层下，通电后，由于电弧的作用使焊条和焊剂熔化。熔化后的焊剂浮在熔化的金属表面上保护熔化金属，使之不与外界空气接触，有时焊剂还可供给焊缝必要的合金元素，以改善焊缝质量。自动焊的焊缝质量均匀、塑性好、冲击韧性高。半自动焊除由人工操作进行外，其余过程与自动焊相同，其焊缝质量介于自动焊与手工焊之间。自动焊和半自动焊所采用的焊丝和焊剂要保证其熔敷金属的抗拉强度不低于相应手工焊焊条的数值。

CO_2 气体保护焊是以 CO_2 作为保护气体，使被熔化的金属不与空气接触，其优点是电弧加热集中、焊接速度快、溶化深度大、焊缝强度高、塑性好。CO_2 气体保护焊采用高锰高硅型焊丝，具有较强的抗锈能力，焊缝不易产生气孔，适用于低碳钢、低合金高强度钢及其他合金钢的焊接。

2. 焊缝连接形式及焊缝形式

按被连接构件间的相对位置，焊缝连接形式分为平接、搭接、T形连接和角接四种（图 12 - 15）。

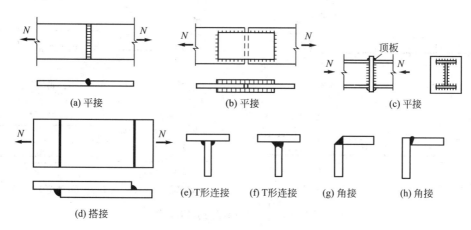

图 12 - 15　焊缝连接形式

这些连接所采用的焊缝形式主要有对接焊缝［图 12 - 15（a）、（b）］和角焊缝［图 12 - 15（b）、（c）、（d）、（e）、（g）］。还有透焊的 T 形连接［图 12 - 15（f）］，其性能与对接焊缝相同。对接焊缝按受力的方向可分为对接正焊缝［图 12 - 15（a）］和对接斜焊缝；角焊缝长度方向垂直于力作用方向时称为正面角焊缝［图 12 - 15（d）］，角焊缝长度方向平行于力作用方向时则称为侧面角焊缝。

在施工图中，焊缝形式、尺寸和辅助要求均要用代号标明，可参见《建筑结构制图标准》。

3. 焊缝的计算和构造

1）焊缝的质量等级

根据结构的重要性、荷载特性、焊缝形式、工作环境及应力状态等情况，焊缝的质量等级分为三级，应按下述原则选用不同的质量等级。

（1）在需要进行疲劳强度验算的构件中，凡对接焊缝均应焊透。其质量等级为：作用力垂直于焊缝长度方向的横向对接焊缝或 T 形对接焊缝及角接组合焊缝，受拉时应为一级，受压时应为二级；作用力平行于焊缝长度方向的纵向对接焊缝应为二级。

（2）不需要计算疲劳强度的构件中，凡要求与母材等强的对接焊缝应当透焊，其质量等级当受拉时应不低于二级，受压时宜为二级。

（3）重级工作制和起重量 $Q \geqslant 50t$ 的中级工作制吊车梁的腹板与上翼缘之间及吊车桁架上顶杆与节点板之间的 T 形接头焊缝均要求焊透，焊缝形式一般为对接与角接的组合焊缝，其质量等级不应低于二级。

（4）对不要求焊透的 T 形接头采用的角焊缝或部分焊透的对接与角接组合焊缝，以及搭接连接采用的角焊缝，除直接承受动力荷载且需要验算疲劳强度的结构和吊车起重量不小于 50t 的中级工作制吊车梁应符合二级外，其他结构焊缝的外观质量标准可为三级。

2）焊缝的强度计算

（1）对接焊缝的强度计算。

对接焊缝一般用于钢板的拼接和 T 形连接，在施焊时，焊件间须具有适合于焊条运转的空间，故一般均将焊件边缘加工成坡口（图 12 - 16）。

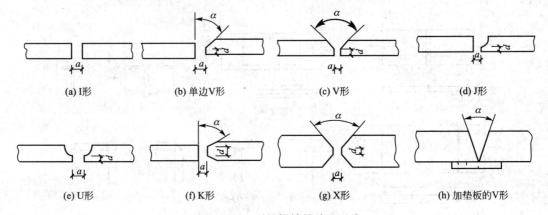

(a) I形　　　　(b) 单边V形　　　　(c) V形　　　　(d) J形

(e) U形　　　　(f) K形　　　　(g) X形　　　　(h) 加垫板的V形

图 12 - 16　对接焊缝的坡口形式

根据焊件的厚度，选择不同的坡口。当焊件宽度不同或厚度相差 4mm 以上时，应分别在宽度或厚度方向从一侧或两侧做成坡度不大于 1/4 的斜角，以减少应力集中。

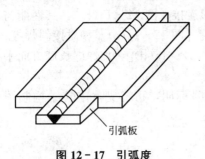

引弧板

图 12 - 17　引弧度

对接焊缝的起弧和落弧点，常因不能熔透而出现焊口，从而引起应力集中并易产生裂纹。为消除焊口影响，焊接时可将焊缝的起点和终点延伸至焊件以外的引弧板上，焊后将引弧板切除（图 12 - 17）。

在对接接头和 T 形接头中，垂直于轴心拉力或轴心压力的对接焊缝或对接与角接组合焊缝，其强度应按下式计算：

$$\sigma = \frac{N}{l_{\mathrm{w}} t} \leqslant f_{\mathrm{t}}^{\mathrm{w}} \text{ 或 } f_{\mathrm{c}}^{\mathrm{w}} \qquad (12 - 11)$$

式中　N——轴心拉力或轴心压力；

　　　l_{w}——焊缝长度；

　　　t——在对接接头中为连接件的较小厚度，在 T 形接头中为腹板的厚度；

　　$f_{\mathrm{t}}^{\mathrm{w}}$、$f_{\mathrm{c}}^{\mathrm{w}}$——对接焊缝的抗拉、抗压强度设计值。

对承受弯矩和剪力共同作用的对接焊缝或对接与角接组合焊缝，其正应力和剪应力应分别进行计算：

$$\sigma_{\max}=\frac{M}{W_{\mathrm{w}}}\leqslant f_{\mathrm{t}}^{\mathrm{w}} \tag{12-12a}$$

$$\tau_{\max}=\frac{VS_{\mathrm{w}}}{I_{\omega}t_{\mathrm{w}}}\leqslant f_{\mathrm{v}}^{\mathrm{w}} \tag{12-12b}$$

式中　W_{w}——焊缝截面抵抗矩；

$\quad\quad S_{\mathrm{w}}$——焊缝截面计算剪应力处以上部分对中和轴的面积矩；

$\quad\quad I_{\omega}$——焊缝截面惯性矩；

$\quad f_{\mathrm{t}}^{\mathrm{w}}$、$f_{\mathrm{v}}^{\mathrm{w}}$——对接焊缝的抗拉、抗剪强度设计值。

此外，在同时受到较大正应力和剪应力处（例如工字形截面梁采用对接焊缝连接时，梁腹板横向对接焊缝的端部），应按下式计算折算应力：

$$\sqrt{\sigma^2+3\tau^2}\leqslant1.1f_{\mathrm{t}}^{\mathrm{w}} \tag{12-13}$$

当承受轴心力的板件用斜焊缝对接、焊缝与作用力间的夹角 θ 符合 $\tan\theta\leqslant1.5$ 时，其强度可不计算。当对角焊缝和 T 形对接与角接组合焊缝无法采用引弧板和引出板施焊时，每条焊缝的长度计算时应各减去 $2t$。

（2）直角角焊缝的强度计算。

角焊缝一般用于搭接和 T 形连接。角焊缝按其截面几何形状分为直角角焊缝（$\alpha=90°$）和斜角角焊缝（$\alpha\neq90°$）直角角焊缝截面的直角边长 h_{f} 称为焊脚尺寸，焊缝的有效长度称为计算长度（计算长度应考虑起落弧的影响，未加引弧板时，每个弧口应扣除 5mm）。角焊缝一般假设在 45°截面内剪切破坏，焊缝有效厚度 h_{e} 取为 $0.7h_{\mathrm{f}}$（图 12-18）。

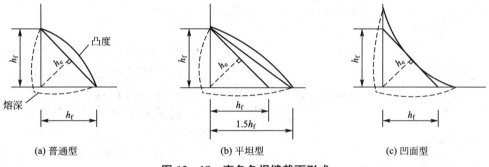

(a) 普通型　　　　　　　　(b) 平坦型　　　　　　　　(c) 凹面型

图 12-18　直角角焊缝截面形式

角焊缝以传递剪力为主，根据不同的受力形式，按作用力与焊缝长度方向间的关系，采用相应公式进行焊缝的强度计算。

① 在通过焊缝形心的拉力、压力或剪力作用下，其正面角焊缝（作用力垂直于焊缝长度方向）的计算公式为

$$\sigma_{\mathrm{f}}=\frac{N}{h_{\mathrm{e}}l_{\mathrm{w}}}\leqslant\beta_{\mathrm{f}}f_{\mathrm{f}}^{\mathrm{w}} \tag{12-14}$$

侧面角焊缝（作用力平行于焊缝长度方向）的计算公式为

$$\tau_{\mathrm{f}}=\frac{N}{h_{\mathrm{e}}l_{\mathrm{w}}}\leqslant f_{\mathrm{f}}^{\mathrm{w}} \tag{12-15}$$

② 在各种力综合作用下，σ_f 和 τ_f 共同作用处，应满足

$$\sqrt{\left(\frac{\sigma_f}{\beta_f}\right)^2 + \tau_f^2} \leqslant f_f^w \tag{12-16}$$

式(12-14)~式(12-16)中：

σ_f——垂直于焊缝长度方向的应力，按焊缝有效截面($h_e l_w$)计算；

τ_f——沿焊缝长度方向的剪应力，按焊缝有效截面计算；

h_e——角焊缝的计算厚度，对直角角焊缝等于 $0.7h_f$(h_f 为焊脚尺寸)(图 12-18)；

l_w——角焊缝的计算长度，对每条焊缝取其实际长度减去 $2h_f$；

f_f^w——角焊缝的强度设计值；

β_f——正面角焊缝的强度设计值增大系数：对承受静力荷载和间接承受动力荷载的结构，$\beta_f = 1.22$；对直接承受动力荷载的结构，$\beta_f = 1.0$。

对两焊脚边夹角 α 为 $60° \leqslant \alpha \leqslant 135°$ 的 T 形接头，其斜角角焊缝也按上述公式计算，但取 $\beta_f = 1.0$，h_e 需加以修改。

3) 焊缝的构造要求

(1) 基本要求。

焊缝金属应与主体金属相适应，当不同强度的钢材连接时，可采用与低强度钢材相适应的焊接材料。

在设计中不得任意加大焊缝，避免焊缝立体交叉和在一处集中大量焊缝，同时焊缝的布置应尽可能对称于构件形心轴。

对焊件厚度大于 20mn 的角接接头焊缝，应采用收缩时不易引起层状撕裂的构造(当钢板的拼接采用对接焊缝时，纵横两方向的对接焊缝可采用十字形交叉或 T 形交叉；当采用 T 形交叉时，交叉点的间距不得小于 200mm)。

(2) 对接焊缝。

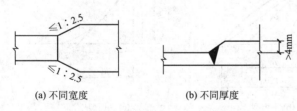

(a) 不同宽度　　(b) 不同厚度

图 12-19　不同宽度或厚度的钢板拼接

注：对需进行疲劳验算的结构，
斜角坡度不应大于 1:4。

① 在对接焊缝的拼接处，当焊件的宽度不同或厚度在一侧相差 4mm 以上时，应分别在宽度方向或厚度方向从一侧或两侧做成坡度不大于 1:2.5 的斜角(图 12-19)。

② 采用部分焊透的对接焊缝时，其计算厚度 h_e(mm)不得小于 $1.5\sqrt{t}$，t(mm)为焊件的较大厚度；在设计图中应注明坡口的形式和尺寸(在直接承受动力荷载的结构中，垂直于受力方向的焊缝不宜采用部分焊透的对接焊缝)。

(3) 角焊缝。

① 角焊缝两焊脚边的夹角 a 一般为 $90°$(直角角焊缝)，夹角 $a > 135°$ 或 $a < 60°$ 的斜角角焊缝，不宜用作受力焊缝(钢管结构除外)。

② 角焊缝的焊脚尺寸应符合下列要求：

焊脚尺寸 h_f(mm)，不得小于 $1.5\sqrt{t}$，t(mm)为较厚焊件厚度；当焊件厚度 $\leqslant$ 4mm 时，最小焊脚尺寸应与焊件厚度相同。

焊脚尺寸不宜大于较薄焊件厚度 $t_{\min}$ 的 1.2 倍(钢管结构除外);但板件(厚度为 t)边缘的角焊缝最大焊脚尺寸尚应满足:

$$h_f \leqslant t(\text{当 } t \leqslant 6\text{mm 时}); \text{或 } h_f \leqslant t-(1\sim 2)\text{mm}(\text{当 } t > 6\text{mm 时})$$

角焊缝的两焊脚尺寸一般相等。当焊件厚度相差较大且等焊脚尺寸不能符合上述要求时,可采用不等焊脚尺寸:与较薄焊件和与较厚焊件接触的焊接边应分别符合上述要求。

③ 侧面角焊缝或正面角焊缝的计算长度不得小于 $8h_f$ 和 40mm。侧面角焊缝的计算长度不宜大于 $60h_f$,当大于上述数值时,其超过部分在计算中不予考虑(但若内力沿侧面角焊缝全长分布时,可不受此限制)。

④ 在次要构件或次要焊缝连接中,可采用断续角焊缝。断续角焊缝焊段的长度不得小于 $10h_f$ 或 50mm,其净距不应大于 $15t$(对受压构件)或 $30t$(对受拉构件),t 为较薄焊件的厚度。

⑤ 板件的端部仅有两侧面角焊缝连接时,每条侧面角焊缝长度不宜小于两侧面角焊缝之间的距离;同时,两侧面角焊缝之间的距离不宜大于 $16t$(当 $t > 12\text{mm}$ 时)或 190mm(当 $t \leqslant 12\text{mm}$ 时),t 为较薄焊件的厚度。

⑥ 杆件与节点板的连接焊缝(图 12-20),宜采用两面侧焊,也可用三面围焊,对角钢杆件可采用 L 形围焊,所有围焊的转角处必须连续施焊。

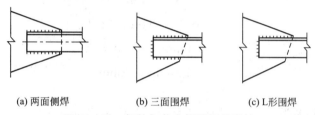

(a) 两面侧焊 (b) 三面围焊 (c) L形围焊

图 12-20 杆件与节点板的焊缝连接

⑦ 在搭接连接时,搭接长度不得小于焊件较小厚度的 5 倍,并不得小于 25mm。

【例 12-3】 已知钢板截面为 250mm 宽×14mm 厚,采用双盖板对焊接头(图 12-21),盖板截面为 200mm×10mm,承受静力荷载产生的轴心拉力设计值 $N = 695$kN,钢材为 Q235

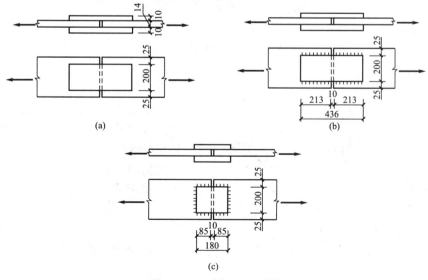

图 12-21 例 12-3 附图

钢，手工焊焊条E43，试设计该接头。

解： （1）确定角焊缝的焊脚尺寸。

取
$$h_f = 8mm \leqslant h_{f,max} = t - (1\sim 2)mm = 10 - (1\sim 2) = 8\sim 9(mm)$$
$$\leqslant 1.2t_{max} = 1.2 \times 10 = 12(mm)$$
$$> h_{f,min} = 1.5\sqrt{t_{max}} = 1.5\sqrt{14} = 5.6(mm)$$

由附录附表15，可查得角焊缝强度设计值

$$f_f^w = 160N/mm^2$$

（2）采用侧面角焊缝时［图12-21（b）］接头一侧共有4条焊缝，每条焊缝所需计算长度为

$$l_w \geqslant \frac{N}{4h_e f_f^w} = \frac{695000}{4 \times 0.7 \times 8 \times 160} = 194(mm)$$

取 $l_w = 200mm$。

则盖板总长 $L = (200 + 2 \times 8) \times 2 + 10 = 442(mm)$，取 $L = 450mm$；

按构造规定：

$$60h_f = 60 \times 8 = 480(mm) > l_w = 200mm$$
$$8h_f = 8 \times 8 = 64(mm) < l_w$$
$$l = 220mm > b = 200mm$$
$$t = 100mm < 12mm$$

满足构造要求。

（3）采用三面围焊时［图12-21（c）］。

正面焊缝所能承受的内力 N_1 为：
$$N_1 = 2 \times 0.7h_f l_w' \beta_f f_f^w = 2 \times 0.7 \times 8 \times 200 \times 1.22 \times 160 = 437284(N)$$

则接头一侧所需侧缝计算长度

$$l_w' = \frac{N - N_1}{4h_e f_f^w} = \frac{695000 - 437284}{4 \times 0.7 \times 8 \times 160} = 71.9(mm)$$

所需盖板总长

$$L = (71.9 + 8) \times 2 + 10 = 169.8(mm)$$

取 $L = 180mm$。

4）角钢角焊缝的内力分配

钢屋架的杆件常采用由双角钢构成的T形截面（图12-22），其截面重心与屋架的轴线重合，由此保证各杆成为轴心受力构件。角钢的焊缝形式见图12-20。由于角钢重心轴线到肢背和肢尖的距离不等，靠近重心轴的肢背焊缝承受较大内力，而肢尖焊缝承受内力较小；按力矩平衡条件，侧面角焊缝可取内力分配系数如表12-7所示；采用围焊时，可先算出端焊缝承受内力。

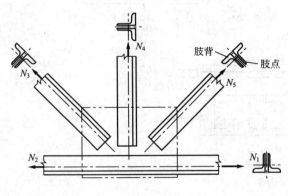

图12-22 钢屋架节点

表 12-7　角钢侧面角焊缝内力分配系数

角 钢 类 型		等边	不等边	不等边
连接情况		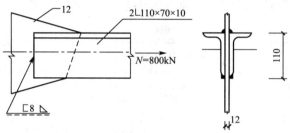		
分配系数	角钢肢背 η_1	0.70	0.75	0.65
	角钢肢尖 η_2	0.30	0.25	0.35

【例 12-4】 对图 12-23 所示的角钢与连接板的三面围焊连接，静荷载产生的轴心拉力设计值 $N=800\text{kN}$，角钢为 2∟110×70×10，长肢相连，连接板厚度为 12mm，钢材 Q235，采用 F43 焊条手工焊，试确定焊脚尺寸和焊缝长度。

图 12-23　例 12-4 附图

解：（1）假定三面围焊的焊脚尺寸相同，并取

$$h_{\text{f}} = 8\text{mm} \leqslant t - (1\sim2)\text{mm} = 10 - (1\sim2) = 8\sim9(\text{mm})$$
$$< 1.2t_{\min} = 1.2 \times 10 = 12(\text{mm})$$
$$> 1.5\sqrt{t_{\max}} = 1.5\sqrt{12} = 5.2(\text{mm})$$

（2）角焊缝强度设计值 $f_{\text{f}}^{\text{w}} = 160\text{N}/\text{mm}^2$，则端缝承受的内力为：

$$N_1 = 2 \times 0.7 h_{\text{f}} b \beta_{\text{f}} f_{\text{f}}^{\text{w}} = 2 \times 0.7 \times 8 \times 110 \times 1.22 \times 160 = 240(\text{kN})$$

肢背焊缝承受内力为

$$N_2 = \eta_1 N - \frac{N_1}{2} = 0.65 \times 800 - \frac{240}{2} = 400(\text{kN})$$

肢尖焊缝承受内力为

$$N_3 = \eta_2 N - \frac{N_1}{2} = 0.35 \times 800 - \frac{240}{2} = 160(\text{kN})$$

（3）求焊缝长度。

肢背：$l_2 = \dfrac{N_2}{2 \times 0.7 h_{\text{f}} f_{\text{f}}^{\text{w}}} + 8 = \dfrac{400000}{2 \times 0.7 \times 8 \times 160} + 8 = 231(\text{mm})$，取 235mm。

肢尖：$l_3 = \dfrac{N_3}{2 \times 0.7 h_{\text{f}} f_{\text{f}}^{\text{w}}} + 8 = \dfrac{160000}{2 \times 0.7 \times 8 \times 160} + 8 = 97(\text{mm})$，取 100mm。

12.6.2　螺栓连接

螺栓连接又简称为栓接，它是通过螺栓产生的紧固力使被连接件成为整体。根据螺栓使用材料的不同，分为普通螺栓连接和高强度螺栓连接。

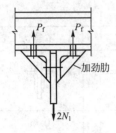

图 12‑24 抗拉螺栓连接

根据螺栓的加工精度，普通螺栓分为 A、B、C 三级，钢结构中一般采用 C 级，其加工精度较低，配用的孔径比螺栓杆径大 1～1.5mm，故宜用于沿杆轴方向受拉的连接(图 12‑24)；由于螺杆与螺孔空隙较大，在用于受剪连接时，在克服连接件间的摩擦力后将出现较大滑移变形，故只宜用于承受静力荷载的次要连接或临时固定构件用的安装连接(此时螺栓仅作定位或夹紧用)。

高强度螺栓采用的材料强度约为普通螺栓的 3～4 倍，故可对螺杆施加很大的紧固预拉力，使连接板受到大的压应力而使连接的板叠压非常紧，从而利用板间摩擦力即可有效传递剪力，这种连接类型称为摩擦型高强度螺栓连接(图 12‑25)；若允许连接板间的摩擦力被克服并产生滑移，然后利用螺栓杆和螺孔孔壁靠紧传递剪力，这种连接称为承压型高强度螺栓连接。高强度螺栓连接可广泛用于钢结构重要部位的安装连接。

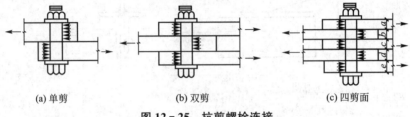

(a) 单剪   (b) 双剪   (c) 四剪面

图 12‑25 抗剪螺栓连接

1. 螺栓的布置和排列

普通螺栓的布置和排列应满足受力、构造和施工的要求。其间距、边距和端距等应满足表 12‑8 的规定，在角钢等型钢上布置螺栓时尚应考虑型钢尺寸的限制。

表 12‑8 螺栓的最大、最小容许距离

名称	位置和方向			最大容许距离 (取两者的较小值)	最小容许距离
中心间距	任意方向	外排		$8d_0$ 或 $12t$	$3d_0$
		中间排	构件受压力	$12d_n$ 或 $18t$	
			构件受拉力	$16d_0$ 或 $24t$	
中心至构件 边缘距离	垂直内力 方向	顺内力方向		$4d_0$ 或 $8t$	$2d_0$
		切割边			$1.5d_0$
		轧制边	高强度螺栓		
			其他螺栓或铆钉		$1.2d_0$

注：d_0 为螺栓或铆钉的孔径，t 为外层较薄板件的厚度。

2. 螺栓的连接计算

1) 普通螺栓

(1) 受拉连接。

在普通螺栓的杆轴方向受拉的连接中。每个普通螺栓的承载力设计按下列公式计算：

$$N_t^b = \frac{\pi d_e^2}{4} f_t^b \qquad (12-17)$$

式中　d_e——螺栓在螺纹处的有效直径；

　　　f_t^b——普通螺栓的抗拉强度设计值。

（2）受剪连接。

普通螺栓的受剪连接，每个螺栓的承载力设计值应取受剪和承压承载力设计值中的较小者：

受剪承载力设计值 N_v^b 为

$$N_v^b = n_v \cdot \frac{\pi d^2}{4} \cdot f_v^b \qquad (12-18)$$

承压承载力设计值 N_c^b 为

$$N_c^b = d \sum t \cdot f_c^b \qquad (12-19)$$

式中　n_v——受剪面数目；

　　　d——螺栓杆直径；

　　$\sum t$——在不同受力方向中一个受力方向承压构件总厚度的较小值；

f_v^b、f_c^b——螺栓的抗剪和承压强度设计值。

（3）同时受剪和受拉。

对同时承受剪力和杆轴方向拉力的普通螺栓，应符合下式的要求：

$$N_v \leqslant N_c^b \qquad (12-20a)$$

$$\sqrt{\left(\frac{N_v}{N_c^b}\right)^2 + \left(\frac{N_t}{N_t^b}\right)^2} \leqslant 1 \qquad (12-20b)$$

式中　N_v、N_t——某个普通螺栓所承受的剪力和拉力；

N_v^b、N_t^b、N_c^b——一个普通螺栓的受剪、受拉和承压承载力设计值。

2）高强度螺栓

（1）高强度螺栓摩擦型连接。

在抗剪连接中，每个高强度螺栓的承载力设计值应按下式计算：

$$N_v^b = 0.9 n_j \mu P \qquad (12-21)$$

式中　n_j——传力摩擦面数目；

　　　μ——摩擦面的抗滑移系数，按表 12-9 采用；

　　　P——一个高强螺栓的预拉力，按表 12-10 采用。

表 12-9　摩擦面抗滑移系数 μ

在连接处构件接触面的处理方法	构件的钢号		
	Q235 钢	Q345 钢，Q390 钢	Q420 钢
喷砂（丸）	0.45	0.50	0.50
喷砂（丸）后涂无机富锌漆	0.35	0.40	0.40
喷砂（丸）后生赤锈	0.45	0.50	0.50
钢丝刷清除浮锈或未经处理的干净轧制表面	0.30	0.35	0.40

表 12 - 10　高强度螺栓的预拉力设计值 P(kN)

螺栓的性能等级	螺栓公称直径(mm)					
	M16	M20	M22	M24	M27	M30
8.8 级	80	125	150	175	230	280
10.9 级	100	155	190	225	290	355

在螺栓杆轴方向受拉的连接中，每个高强螺栓的承载力设计值取 $N_t^b = 0.8P$。

当高强度螺栓摩擦型连接同时承受摩擦面间的剪力和螺栓杆轴方向的外拉力时，其承载力按下式计算：

$$\frac{N_v}{N_v^b} + \frac{N_t}{N_t^b} \leqslant 1 \qquad (12-22)$$

式中　N_v、N_t——某个高强度螺栓所承受的剪力和拉力；

　　　　N_v^b、N_t^b——一个高强度螺栓的受剪、受拉承载力设计值

(2) 高强度螺栓承压型连接。

此时，高强度螺栓的预拉力 P 与摩擦型的相同(表 12 - 10)，连接处构件接触面应清除油污及浮锈；高强度螺栓承压型连接不应用于直接承受动力荷载结构。

抗剪连接的计算及杆轴方向受拉连接的计算方法与普通螺栓相同；同时受剪和受拉时，除应满足式(12 - 20b)外，尚应保证 $N_v = N_c^b / 1.2$。

3. 螺栓的调整

(1) 在构件的节点处或拼接接头的一端，当螺栓沿轴向受力方向的连接长度 $l_1 > 15d_0$ 时，应将螺栓的承载力设计值乘以折减系数 $\left(1.1 - \dfrac{l_1}{150d_0}\right)$；当 $l_1 > 60d_0$ 时，折减系数为 0.7，d_0 为孔径。

(2) 当一个构件借助填板或其他中间板件与另一构件连接时，或采用搭接或拼接板的单面连接传递轴心力，因偏心引起连接部位发生弯曲时，螺栓数目应按计算值增加 10% (摩擦型连接的高强度螺栓除外)。

(3) 在构件的端部连接中，当利用短角钢连接型钢(角钢或槽钢)的外伸肢以缩短连接长度时，在短角钢两肢中的一肢上，所用的螺栓数目应按计算增加 50%。

【例 12 - 5】　图 12 - 26 所示的角钢拼接钢采用 C 级螺栓，角钢型号为∟ 100×10，材料为 Q235 钢，轴心拉力 $N = 300$kN，试设计该拼接($f_v^b = 140$N/mm^2，$f_c^b = 305$N/mm^2，$f = 215$N/mm^2)。

解： (1)确定螺栓数目和排列。

选择 M22 螺栓，孔径 $d_0 = 23.5$mm，采用的拼接角钢型号与构件角钢相同，取一端拼接长 $l_1 = 300$mm，则 $l_1 < 15d_0 = 15 \times 23.5 = 352.5$(mm)，螺栓承载力不必折减。

由式(12 - 8)，每个螺栓的受剪承载力设计值

$$N_v^b = n_v \cdot \frac{\pi d^2}{4} \cdot f_v^b = 1 \times \frac{\pi \times 22^2}{4} \times 140 = 53.2 \text{(kN)}$$

由式(12 - 19)，每个螺栓的承压承载力设计值为：

$$N_c^b = d \sum t \cdot f_c^b = 22 \times 10 \times 305 = 67.1 \text{(kN)}$$

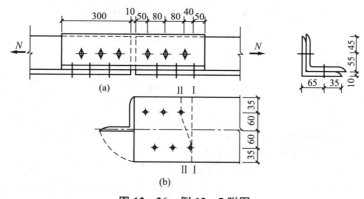

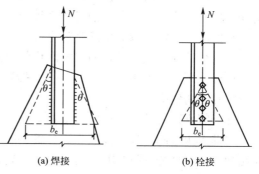

图 12 - 26 例 12 - 5 附图

取较小值计算连接一侧螺栓的数量：

$$n = \frac{300}{53.2} = 5.64$$

取 $n=6$ 个，排列如图 12 - 26 所示，为便于紧固螺栓，宜采用错开布置公式。

（2）验算角钢强度。

由角钢截面特性表，角钢毛截面面积 $A = 19.26 \text{cm}^2$，则近似取

$$A_n = A - ndt = 1926 - 2 \times 23.5 \times 10 = 1456 (\text{mm}^2)$$

$$\sigma = \frac{N}{A_n} = \frac{300000}{1456} = 206 (\text{N/mm}^2) < f = 215 \text{N/mm}^2 (满足要求)$$

12.6.3 连接节点板

连接节点处板件在拉剪作用下的强度应按有关公式进行计算，对于桁架节点板（杆件为轧制 T 形和双板焊接 T 形截面除外），可用有效宽度法按下式计算，当采用螺栓连接时板件的有效宽度 b_e（图 12 - 27）应减去孔径。

$$\sigma = \frac{N}{b_e t} \leqslant f \qquad (12 - 23)$$

采用上述方法计算时，节点板边缘与腹杆轴线间的夹角不应小于 15°；斜腹板与弦杆的夹角应在 30°~60° 之间；节点板的自由边长度 l_f 与厚度 t 之比不得大小 $60\sqrt{235/f_y}$。

桁架节点板在斜腹杆压力作用下的稳

图 12 - 27 板件的有效宽度

注：θ 为应力扩散角，可取 30°。

定性，对有竖腹杆相连的节点板，宜满足 $c/t \leqslant 15\sqrt{235/f_y}$（$c$ 为受压腹杆连接肢端面中点沿腹杆轴线方向至弦杆的净距离），此时可不进行稳定性计算；对无竖腹杆相连的节点板，当 $c/t \leqslant 10\sqrt{235/f_y}$ 时，节点板的稳定承载力可取为 $0.8 b_e t f$，否则应按《规范》附录 F 的规定进行稳定计算。在任何情况下，c/t 不得大于 $22\sqrt{235/f_y}$（有竖腹杆时）或 $17.5\sqrt{235/f_y}$（无竖腹杆时）。

利用式(12-23)，可得桁架节点板厚度选用表(表12-11)。

表12-11 桁架节点板厚度选用表

桁架腹杆内力或三角形屋架弦杆端节间内力 $N(kN)$	≤170	171~290	291~510	511~680	681~910	911~1290	1291~1770	1771~3090
中间节点板厚度 t(mm)	6	8	10	12	14	16	18	20

注：1. 适用于焊接桁架的节点板强度验算，节点板钢材为Q235，焊条为E43。

2. 节点板边缘与腹杆轴线之间夹角应不小于30°。

3. 节点板与腹杆用侧焊缝连接，当采用围焊时，节点板厚度应按计算确定。

4. 对有竖腹杆的节点板，当 $c/t≤15\sqrt{235/f_y}$ 时，可不验算节点板的稳定；对无竖腹杆的节点板，当 $c/t≤10\sqrt{235/f_y}$ 时，可将受压腹杆内力乘以增大系数1.25后查表求节点板厚度，此时也可不验算节点板的稳定。

5. 支座节点板的厚度宜较中间节点板增加2mm。

12.7 钢结构的防护和隔热

12.7.1 钢结构的防护

钢结构防护的关键是在制作时将铁锈清除干净，其次是应根据不同的情况选用高质量的油漆或涂层及妥善的维修制度。钢结构防锈和防腐蚀采用的涂料，钢材表面的除锈等级及防腐蚀对钢结构的构造要求等，应符合现行国家标准《工业建筑防腐蚀设计规范》(GB 50046—2008)和《涂装前钢材表面锈蚀等级和除锈等级》(GB/T 8923—2011)的规定。在设计文件中应注明所要求的钢材除锈等级和所要用的涂料(或镀层)及涂(镀)层厚度。

在构造上，钢结构应尽量避免出现难于检查、难于清刷和难于油漆之处及能积留湿气和大量灰尘的死角或凹槽。闭口截面构件应沿全长和端部焊接封闭。

设计使用年限大于或等于25年的建筑物，对使用期间不能重新油漆的结构部位，应采取特殊的防锈措施。

除有特殊需要外，设计中一般不应因考虑锈蚀而再加大钢材截面的厚度。

对埋入土中的钢柱，其埋入部分的混凝土保护层未伸出地面者或柱脚底面与地面的标高相同时，因柱身(或柱脚)与地面(或土壤)接触部位的四周易积聚水分和尘土等杂物，可导致该部位锈蚀严重。故《规范》规定：柱脚在地面以下的部分应采用保护层厚度不小于50mm的较低强度等级的混凝土包裹，并应使包裹的混凝土高出地面不小于150mm；当柱脚在地面以上时，柱脚底面应高出地面不小于100mm。

12.7.2 钢结构的隔热

对一般钢材，温度在200℃以内时强度基本不变，温度在250℃左右时产生蓝脆现象，超过300℃以后屈服点及抗拉强度开始显著下降，达到600℃时强度基本消失。此外，钢

材长期处于 $150 \sim 200$ ℃时将出现低温回火现象，加剧其时效硬化。故结构表面长期受辐射热达 150℃以上或在短时间内可能受火焰作用时，应采取防护措施（如加隔热层或水套等）。例如，高炉出铁厂和转炉车间的屋架下弦，吊车梁底部，可采用悬吊金属板隔热；对柱子表面可采用红砖砌体隔热层、四角镶以角钢，以保护隔热层不受机械损伤。

钢结构的防火应符合现行国家标准《建筑设计防火规范》和《高层民用建筑设计防火规范》的要求，结构构件的防火保护层应根据建筑物的防火等级对各不同的构件所要求的耐火极限进行设计。防火涂料的性能、涂层厚度及质量要求应符合现行国家标准《钢结构防火涂料》和国家现行标准《钢结构防火涂料应用技术规范》的规定。

小　　结

钢结构的材质均匀、塑性韧性好，且具有强度高、便于加工等优点，因而在工程中得到广泛应用。了解钢结构的材料性能、钢结构构件及其连接的设计计算方法，是本章要达到的主要目的。

（1）承重钢结构的钢材应具有抗拉强度、伸长率、屈服强度和硫、磷含量的合格保证，对焊接结构尚应具有碳含量的合格保证。

（2）用于钢结构的国产钢材主要有低碳钢 Q235 钢及低合金钢 Q345 钢、Q390 钢、Q420 钢及 Q460 钢，用于手工焊接的焊条有 E43、E50、E55 焊条，用于螺栓连接的螺栓有普通螺栓和高强度螺栓。

（3）钢结构构件按受力形式分为轴心受力、偏心受力和受弯等，其设计计算方法是以概率理论为基础的极限状态设计法。在承载力计算中，以截面上的最大应力值不超过相应材料强度为基本表达式，包括强度计算和稳定性计算。由于钢结构构件强度高、截面小，因此应对其长细比进行限制，对受弯构件尚应进行挠度验算。

（4）钢结构构件的焊接是基本的连接方法，螺栓连接在钢结构构件安装连接中也应用较多。按焊缝的截面形状可分为对接焊缝和角焊缝，前者的受力性能好，主要用于工厂的接料和重要部位连接；后者便于加工，是最常见的焊缝形式。焊缝应进行强度计算并应满足有关构造要求。螺栓连接应满足构造要求并应按不同受力形式进行强度计算。

（5）连接节点板应进行强度计算，对常用的桁架节点板可进行有效宽度计算并选择适当厚度。

习　　题

一、思考题

（1）用于钢结构构件的国产钢材主要有哪些？

（2）钢材的合格保证有哪些？其理由如何？

（3）钢结构构件的类型有哪些？

（4）什么是格构式截面？

（5）在受弯构件强度计算中，为什么要引入塑性发展系数？

（6）为什么要进行钢梁的整体稳定性计算？在什么情况下可不计算钢梁的稳定性？

（7）如何进行钢梁的挠度验算？

（8）如何进行实腹式轴心受压构件的稳定性计算？

（9）如何进行实腹式轴心受压构件的截面设计？

（10）焊缝连接形式有哪些？焊缝形式有哪些？

（11）如何进行直角角焊缝强度计算？

（12）杆件与节点板的连接焊缝有哪几种形式？

（13）对埋入土中的钢柱应采取什么措施？

（14）温度对钢材的强度有什么影响？

二、计算题

（1）某钢平台次梁跨度 $l_0 = 4.5\text{m}$，采用普通工字钢，间距 3m（即铺板长度），其铺板与钢梁焊接。铺板和面层自重标准值为 3kN/mm^2，活荷载标准值的 5kN/mm^2，钢材为 Q235，次梁与主梁铰接，试选该次梁截面。

（2）某焊接工字形截面柱（翼缘焰切边），翼缘尺寸—500×20，腹板尺寸—450×12，柱计算长度 $l_{ox} = l_{oy} = 6\text{m}$，钢材为 Q235，截面无削弱，承受轴心压力设计值 $N = 4500\text{kN}$，试对该柱截面进行验算。

（3）试设计 500×14 钢板的对接焊缝拼接，钢材为 Q235，采用 E43 焊条，手工焊，三级质量标准，施焊时未采用引弧板，钢板承受轴心拉力设计值 $N = 1400\text{kN}$。

（4）设计一双盖板的钢板对接接头（图 12—28）。已知钢板截面为 300×14，承受轴心拉力设计值 $N = 800\text{kN}$（静力荷载），钢材为 Q235，焊条用 E43 型，手工焊。

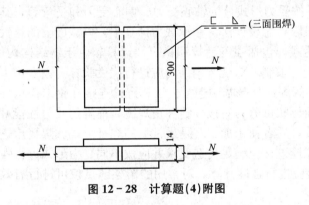

图 12—28　计算题（4）附图

（5）截面为 340×12 的钢板构件的拼接采用双盖板普通螺栓连接，盖板厚度为 8mm，钢材为 Q235，螺栓为 C 级，M20，构件承受轴心拉力设计值 $N = 600\text{kN}$，试设计该拼接接头的普通螺栓连接。

第13章
建筑地基基础

教学目标

本章主要讲述建筑地基基础的基本概念、浅基础的计算原理和方法。通过本章学习，应达到以下目标。

（1）掌握基础设计时的不同荷载效应组合。

（2）熟悉刚性基础的设计内容。

（3）掌握柱下钢筋混凝土基础的设计方法。

教学要求

知识要点	能力要求	相关知识
基本概念	（1）了解地基基础的设计等级 （2）熟悉不同情形下的荷载效应组合 （3）掌握地基基础设计的荷载效应组合	（1）地基土 （2）场地 （3）荷载效应
刚性基础	（1）理解基础台阶的宽高比概念 （2）掌握刚性基础的设计方法	（1）基础埋置深度 （2）混凝土基础、毛石混凝土基础 （3）砖基础 （4）毛石基础 （5）灰土基础、三合土基础
柔性基础	（1）了解柱下钢筋混凝土基础的设计内容 （2）理解基础抗冲切概念 （3）掌握底板配筋计算方法	（1）轴心受压 （2）偏心受压

基本概念

基础、地基、浅基础、深基础、地基承载力特征值、台阶宽高比、荷载效应的标准组合、受冲切承载力、底板弯矩、基础插筋

引言

房屋结构承受的荷载，最终通过基础传到地基上。基础的设计既涉及上部结构，又要考虑地基土和场地条件。

基础按埋深的不同分为浅基础和深基础。浅基础的埋置深度 d 与基础底面宽度 b 之比 d/b 相对较小，荷载通过基础底面扩散分布到浅部地层；深基础埋深较大，往往把所承受的荷载集中传递到下部坚实土层或岩层上。在选择基础方案时，宜优先考虑浅基础。

按照基础变形的差异，浅基础又可分为刚性基础和柔性基础。刚性基础是假定其不发生弯曲变形和剪切变形，因而基础断面较大，通常是不配钢筋的无筋基础；柔性基础的变形则不可忽略，一般用钢筋混凝土制作。

13.1 基本规定

13.1.1 地基基础的设计等级

根据建筑物规模和功能特征、地基复杂程度以及由于地基问题可能造成建筑物破坏或影响正常使用的程度，地基基础设计分为甲级、乙级和丙级三个设计等级，其建筑和地基类型分述如下。

（1）甲级。

包括：①30 层以上的高层建筑；②重要的工业与民用建筑物；③体型复杂、层数相差超过 10 层的高低层连成一体的建筑物；④大面积的多层地下建筑物（如地下车库、商场、运动场等）；⑤对地基变形有特殊要求的建筑物、场地和地基条件复杂的一般建筑物、复杂地质条件下的坡上建筑物（包括高边坡）；⑥对原有工程影响较大的新建建筑物；⑦位于复杂地质条件及软土地区的两层及两层以上地下室的基坑工程。

（2）乙级。

指除甲级、丙级以外的工业与民用建筑物及基坑工程。

（3）丙级。

指场地和地基条件简单、荷载分布均匀的 7 层及 7 层以下的民用建筑及一般工业建筑物；次要的轻型建筑物。非软土地区且场地地质条件简单、基坑周边环境条件简单、环境保护要求不高且开挖深度小于 5.0m 的基坑工程。

13.1.2 地基基础的设计规定

1. 承载力计算

所有建筑物的地基都应满足承载力计算的有关规定。

2. 地基变形验算

设计等级为甲级、乙级的建筑物，应进行地基变形的计算和验算。

设计等级为丙级的建筑物，当满足表 13-1 的规定时，可不进行地基变形验算，表中 f_{ak} 为地基承载力特征值。

表 13-1 可不作地基变形计算的丙级建筑物

地基主要受力层情况		$f_{ak}(kPa)$		$80 \leqslant f_{ak}$ <100	$100 \leqslant f_{ak}$ <130	$130 \leqslant f_{ak}$ <160	$160 \leqslant f_{ak}$ <200	$200 \leqslant f_{ak}$ <300
		各土层坡度(%)		≤5	≤10	≤10	≤10	≤10
建筑类型		框架结构层数		≤5	≤5	≤6	≤6	≤7
	单层排架结构 (6m柱距)	单跨	吊车起重量(t)	10~15	15~20	20~30	30~50	50~100
			厂房跨度(m)	≤18	≤24	≤30	≤30	≤30
		多跨	吊车起重量(t)	5~10	10~15	15~20	20~30	30~75
			厂房跨度(m)	≤18	≤24	≤30	≤30	≤30

丙级建筑物遇有下列情况之一，仍应做变形验算。

(1) f_{ak}<130kPa 且体型复杂的建筑。

(2) 软弱地基上的建筑物存在偏心荷载时。

(3) 相邻建筑距离过近，可能发生倾斜时。

(4) 在基础上及其附近有地面堆载或相邻基础荷载差异较大可能引起地基产生过大的不均匀沉降时。

(5) 地基内有厚度较大或厚薄不均的填土，其自重固结未完成时。

3. 稳定性验算

对经常受水平荷载作用的高层建筑、高耸结构和挡土墙等，以及建造在斜坡上或边坡附近的建筑物和构筑物，应验算其稳定性。对基坑工程，也应进行稳定性验算。

4. 抗浮验算

当地下水埋藏较浅，建筑地下室或地下构筑物存在上浮问题时，尚应进行抗浮验算。

13.1.3 岩土工程勘探

地基基础设计前必须进行岩土工程勘探，并提供岩土工程勘察报告。地基开挖后应进行施工验槽；如地基条件与原勘察报告不符，则应进行施工勘察。

13.1.4 地基基础设计的荷载效应组合

1. 确定基础底面积时

按地基承载力确定基础底面积及埋深(或按单桩承载力确定桩数)时，传至基础(或承台)底面上的荷载效应按正常使用极限状态下荷载效应的标准组合 S_k。相应的抗力应采用地基承载力特征值(或单桩承载力特征值)。

2. 计算地基变形时

传至基础底面上的荷载效应采用正常使用极限状态下荷载效应的准永久组合 S_{Qk}，且不应计入风荷载和地震作用。相应的限值应为地基变形允许值。

3. 确定基础高度、基础内力和配筋时

上部结构传来的荷载效应组合和相应的基底反力，应按承载能力极限状态下荷载效应的基本组合，采用相应分项系数。当需要验算基础裂缝宽度时，应按正常使用极限状态的标准组合。

基础设计安全等级、结构设计使用年限、结构重要性系数等，均与上部结构相同，但 γ_0 不应小于 1.0。

荷载效应的标准组合、准永久组合及基本组合公式，见第 2 章。

13.2 地 基 计 算

地基计算包括基础埋置深度的确定、承载力计算、变形计算、稳定性计算等，本节只介绍基础埋置深度和承载力计算。

13.2.1 基础埋置深度的确定

基础的埋置深度，应按以下条件综合考虑后确定。

1. 建筑物的用途，有无地下室、设备基础和地下设施，基础的形式和构造

建筑物的用途不同，作用在地基上的荷载大小和性质也不相同，因此，对地基土的承载力和变形要求有很大差别。有地下室时，基础取决于地下室的做法和地下室的高度。设备基础和地下设施与基础的相对关系影响基础的深度。基础的形式、高度等也是影响基础埋深的因素(基础一般不露出地面)。

2. 工程地质和水文地质条件

这是决定基础埋深的关键因素之一，应进行多方面比较后才确定。

(1) 尽量浅埋。

在满足地基稳定和变形要求的前提下，基础应尽量浅埋。当上层地基的承载力大于下层土时，宜利用上层土作持力层。但基础埋深不宜小于 0.5m(岩石地基除外)。

(2) 宜埋置在地下水位之上。

当必须埋在地下水位以下时，应采取措施使地基土在施工时不受扰动。

(3) 满足稳定要求或抗滑要求。

位于土质地基上的高层建筑，基础埋深应满足稳定要求；位于岩石地基上的高层建筑，基础埋深应满足抗滑移要求。

3. 与原有相邻建筑的关系

当存在相邻建筑物时，新建建筑物的基础埋深不宜大于原有建筑基础。当埋深大于原

有建筑基础时，两基础间应保持一定净距 l（图 13-1），其数值取相邻两基础底面高差 z 的 1～2 倍（根据土质情况和荷载大小确定）。

4. 考虑地基土冻胀和融陷的影响

对于埋置在非冻胀土中的基础，其埋深可不考虑冻深的影响。对于埋置在弱冻张、冻胀和强冻胀土中的基础，应按计算确定基底下允许残留冻土层的厚度。

5. 高层建筑基础

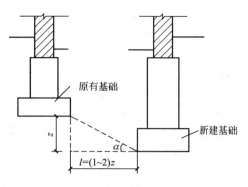

图 13-1 相邻建筑物和基础埋深

高层建筑筏形基础和箱形基础的埋置深度应满足地基承载力、变形和稳定性的要求。在抗震设防区，除岩石地基外，天然地基上的箱形和筏形基础的埋置深度不宜小于建筑物高度的 $\frac{1}{15}$（桩箱或桩筏基础的埋置深度不宜小于建筑物高度的 $\frac{1}{18}\sim\frac{1}{20}$，此深度不包括桩长）。位于岩石地基上的高层建筑，其基础埋深应满足抗滑要求。

13.2.2 地基承载力计算

1. 基础底面的压力要求

基础底面的压力是地基土的反作用力，与上部结构传至基础顶面的轴力、弯矩和剪力，以及基础自重（包括覆盖土重）和直接作用于基础顶面的荷载（如基础梁的反力）相平衡。基础底面的压力可按材料力学公式计算。对轴心受压荷载

$$p_k = \frac{F_k + G_k}{A} \tag{13-1a}$$

$$p_k \leqslant f_a \tag{13-1b}$$

式中　F_k——相应于荷载效应标准组合时，上部结构传至基础顶面的竖向力值；

　　G_k——基础自重和基础上的土重，可取 $20\mathrm{kN/m^3}$；

　　A——基础底面面积；

　　f_a——修正后的地基承载力特征值（kPa）。

当为偏心荷载作用时，可利用材料力学公式计算 p_{kmax} 和 p_{kmin}：

$$p_{kmax} = \frac{F_k + G_k}{A} + \frac{M_k}{W} \tag{13-2a}$$

$$p_{kmin} = \frac{F_k + G_k}{A} + \frac{M_k}{W} \tag{13-2b}$$

$$p_{kmax} \leqslant 1.2 f_a \tag{13-2c}$$

式中　M_k——相应于荷载效应标准组合时，作用于基础底面的力矩值；$M_k = (F_k + G_k)e + V_k h$［其中 e 为合力 $(F_k + G_k)$ 对基础底面形心的偏心距；h 为基础顶面至基础底面距离；V_k 为上部荷载传至基础顶面的剪力标准值］；

　　W——基础底面的抵抗矩；

　　p_{kmin}——相应于荷载效应标准组合时，基础底面边缘的最小压力值。

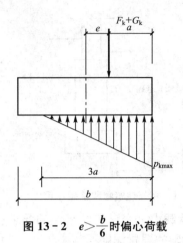

图 13-2 $e > \dfrac{b}{6}$ 时偏心荷载下的基底压力

当偏心距 $e > b/6$ 时（图 13-2），基础部分脱离地基，此时 $p_{kmin} = 0$，p_{kmax} 应按下式计算：

$$p_{kmax} = \frac{2(F_k + G_k)}{3al} \qquad (13-3)$$

式中 　l——垂直于力矩作用方向的基础底边长，取 $l = 1\text{m}$；

　　　a——合力作用点至基础底面最大压力边缘的距离。

当地基受力层范围内有软弱下卧层时，需另按地基基础设计规范进行验算。

2. 关于地基承载力特征值

在岩土工程勘察报告中，要根据钻探取样、室内土工试验、触探，并结合其他原位测试方法进行地基评价，提供的地基承载力特征值 f_{ak} 是由荷载试验测定的地基土压力变形曲线线性变形段内规定的变形所对应的压力值（其最大值为比例界限值）。当基础宽度大于 3m 或埋置深度大于 0.5m 时，还应按规定进行修正（略），修正后的地基承载力特征值为 f_a，且有 $f_a \geqslant f_{ak}$。

13.3 无筋扩展基础

混合结构房屋最常用的基础形式是无筋扩展基础。无筋扩展基础也称为刚性基础，可用于单层或多层的民用建筑房屋及墙体承重的轻型厂房。

13.3.1 基础的材料和台阶宽高比

无筋扩展基础的组成材料有砖、毛石、混凝土或毛石混凝土、灰土和三合土等，它们具有较好的受压性能，但抗拉、抗剪性能都很差。在设计时必须保证发生在基础内的拉应力和剪应力不超过材料的相应强度设计值，其方法是限制基础台阶的宽高比（表 13-2）。在这种情况下，基础的相对高度都很大，几乎不发生弯曲变形，"刚性"即由此得名。

根据无筋扩展基础的材料不同，可分为混凝土基础、毛石混凝土基础、砖基础、毛石基础、灰土基础、三合土基础等，其质量要求详见表 13-2。

表 13-2 无筋扩展基础的质量要求及台阶宽高比的允许值

基础材料	质量要求	台阶宽高比的允许值（$\tan\alpha$）		
		$p_k \leqslant 100$	$100 < p_k \leqslant 200$	$200 < p_k \leqslant 300$
混凝土基础	C15 混凝土	1:1	1:1	1:1.25
毛石混凝土基础	C15 混凝土	1:1	1:1.25	1:1.5
砖基础	砖不低于 MU10，砂浆不低于 M5	1:1.5	1:1.5	1:1.5
毛石基础	砂浆不低于 M5	1:1.25	1:1.5	

（续）

基础材料	质量要求	台阶宽高比的允许值（tanα）		
		$p_k \leqslant 100$	$100 < p_k \leqslant 200$	$200 < p_k \leqslant 300$
灰土基础	体积比为 3：7 或 2：8 的灰土，每层虚铺 220mm，夯实至 150mm，其最小干密度：粉土，1.55t/m³；粉质黏土，1.50t/m³；黏土，1.45t/m³	1：1.25	1：1.5	
三合土基础	石灰：砂：骨料的体积比 1：2：4～1：3：6 每层虚铺 220mm，夯实至 150mm	1：1.5	1：2	

注：1. p_k 为荷载效应标准组合时基础底面处的平均压力（kPa）。

2. 阶梯形毛石基础的每阶伸出宽度不宜大于 200mm。

3. 当基础由不同材料叠合组成时，应对接触部分做局部受压承载力计算。

4. 对混凝土基础，当基础底面处的平均压应力值超过 300kPa 时，尚应按下式进行抗剪计算：$V \leqslant 0.07 f_c A$，A 为台阶高度变化处的剪切断面面积，V 为剪力设计值，f_c 为混凝土轴心抗压强度设计值。

1. 混凝土基础

混凝土基础外形一般为锥形或台阶形（图 13-3）。混凝土强度等级通常为 C15。混凝土基础适用于地下水位较高、土质条件较差、基底宽度不大于 1100mm 的浅基础。

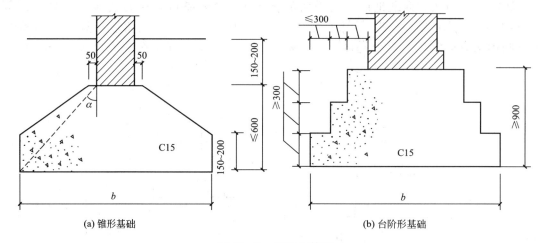

(a) 锥形基础　　　　　　　　　　　(b) 台阶形基础

图 13-3　混凝土基础

2. 毛石混凝土基础

当混凝土基础体积较大时，在混凝土中掺入 30%～40% 的毛石，即为毛石混凝土基础。混凝土基础需要埋置较深时，可采用毛石混凝土基础。

3. 砖基础

一般混合结构房屋的墙、柱基础广泛采用砖基础。砖基础通常沿墙的两边（或柱的四边)按两皮砖高(120mm)挑1/4砖宽(60mm)向下逐级放大形成；当基础较深时，也可做成不等高台阶的放脚(图13-4)。基础底面以下一般宜设20mm厚砂垫层或100mm厚碎石垫层或碎砖三合土垫层，以便使基础与地基接触良好。更通常的做法是与灰土基础或三合土基础等组成复合基础，以节省砌砖量和降低造价。

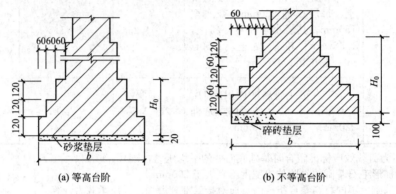

(a) 等高台阶 (b) 不等高台阶

图 13-4 砖基础

4. 毛石基础

毛石基础做成阶梯形(图13-5)，每阶高度和毛石墙厚度不宜小于400mm，每阶伸出宽度不宜大于200mm。

5. 灰土基础和三合土基础

我国华北地区和西北地区广泛采用灰土基础。这种基础是用石灰和土拌制经夯实而成的，石灰用块状生石灰经消化1～2天后立即使用；土料用塑性指数较低的黏性土。我国南方则常用三合土基础。灰土基础和三合土基础都是在基槽内分层夯实而成的(图13-6)。

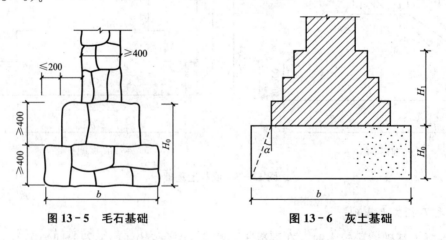

图 13-5 毛石基础   图 13-6 灰土基础

13.3.2 基础底面宽度的确定

保证基础台阶宽度和高度的比值不超过《建筑地基基础设计规范》(GB 50007—2011)

规定的允许值（表 13-2），是保证基础"刚性"的主要措施，
设计和施工时必须满足。

因此，基础底面的宽度应满足下式要求（图 13-7）：

$$b \leqslant b_0 + 2H_0 \tan\alpha \qquad (13-4)$$

式中　b——基础底面宽度（mm）；

b_0——基础顶面的砌体宽度（mm）；

H_0——基础高度（mm）；

$\tan\alpha$——基础台阶宽高比允许值，见表 13-2。

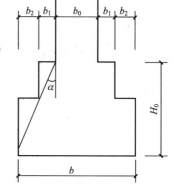

图 13-7　刚性基础构造示意图

1. 计算单元的选择

1）横墙基础

计算单元取单位墙长（1m），按条形基础计算。

2）纵墙基础

计算单元取一个开间的距离，一般为窗洞中心至中心间的距离或壁柱与壁柱间中心的
距离，并应将上部荷载折算为沿墙长的均布荷载，按条形基础计算。

3）壁柱基础

忽略相邻墙体条形基础的影响，近似按矩形柱基础进行计算，将条形基础的单位长度
1m 改为壁柱基础的宽度即可。

2. 基础底面压力的确定

取 1m 长条形基础为计算单元，当基础底面宽度为 b 时，要求基础底面压力满足下式
要求。

当为轴心荷载作用时

$$p_k \leqslant f_a \qquad (13-5a)$$

式中　p_k——相应于荷载效应标准组合时基础底面处的平均压力值；

f_a——修正后的地基承载力特征值。

当偏心荷载作用时，除符合式（13-5a）要求外，尚应符合下式要求：

$$p_{kmax} \leqslant 1.2f_a \qquad (13-5b)$$

式中　p_{kmax}——相应于荷载标准组合时基础底面边缘的最大压力值。

基础底面的压力值的计算，按上部结构传至基础顶面的竖向力标准值 F_k 及基础自重
标准值和土重标准值确定。

【例 13-1】　某承重横墙厚 $h = 240$mm，由上部结构传至基础顶面的轴压力标准值
$F_k = 162$kN/m²，设计值 $N = 210$kN/m²，基础埋置深度 $d = 1.6$m，地基承载力特征值
$f_{ak} = 180$kPa。试设计该墙体下条形基础（采用砖基础和 3:7 灰土的叠合基础，其中灰土
的抗压承载力设计值 $f_l = 250$kPa）。

解：按轴心受压基础设计，取 1m 墙长，并取 $f_a = f_{ak} = 180$kPa。

（1）求基础底面宽度 b。

取基础自重和土自重平均值 $\gamma = 20$kN/m³，由 $G_k = \gamma d A$，有

$$b \geqslant \frac{F_k}{f_a - \gamma d} = \frac{162}{180 - 20 \times 1.6} = 1.10 \text{(m)}$$

（2）进行灰土基础设计。

采用 $3:7$ 灰土基础 2 步，$H_0 = 300\text{mm}$，按宽高比要求 $b_2/H_0 \leqslant 1/1.5$，故

$$b_2 \leqslant 200\text{mm}$$

（3）验算砖砌大放脚处与灰土接触面的受压承载力。

砖基础大放脚处底部尺寸 b_0 为

$$b_0 \geqslant b - 2b_2 = 1100 - 2 \times 200 = 700(\text{mm})$$

由砖的规格，选择 $b_0 = 740\text{mm}$，则在砖基础与灰土接触面处，$A_l = 0.74\text{m}^2$，$A_0 = 1.1\text{m}^2$；$\gamma = 1 - 0.35\sqrt{\dfrac{A_0}{A_l} - 1} = 1.7 < 2.5$，取 $\gamma = 1.7$，则

$$N_l = 210 + 1.2 \times 1.3 \times 20 = 241.2(\text{kN})$$

$$\gamma f_l A_l = 1.7 \times 250 \times 0.74 = 314.5(\text{kN})$$

$N_l < \gamma f_l A_l$，满足要求。

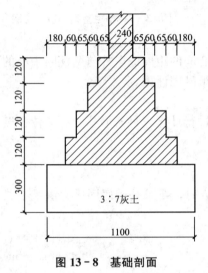

图 13-8　基础剖面

（4）确定砖大放脚尺寸。

按砖基础允许宽高比 $1/1.5$，并由 $b_0 = 740\text{mm}$，则可算得大放脚高度 H_1 为

$$H_1 \geqslant \frac{740 - 240}{2} \times 1.5 = 375(\text{mm})$$

可得基础剖面图如图 13-8 所示。

（5）确定砖和砂浆强度等级。

防潮层下选用 MU10 烧结普通砖、M5 水泥砂浆（$f = 1.5\text{MPa}$，$\gamma_a = 0.9$），则在砖基础顶部（假定底层 $H_0 = 3.84\text{m}$，则 $\varphi = 0.72$；且 $A = 0.24\text{m}^2/\text{m}$），则

$$\varphi A f = 0.72 \times 0.24 \times 0.9 \times (0.7 + 0.24) \times 1.5 \times 10^3$$
$$= 219(\text{kN})$$
$$> N = 210\text{kN}，满足要求。$$

13.4 柱下钢筋混凝土独立基础

13.4.1 设计的一般要求

柱下钢筋混凝土独立基础属于扩展基础，常用于多层框架和单层工业厂房柱。设计时，需确定基础底面积、基础高度及基础配筋，并应注意如下问题。

1. 材料选择

1）混凝土

混凝土强度等级不应低于 C20；基础垫层采用厚度为 $70 \sim 100\text{mm}$ 的 C10 混凝土；预制柱与杯口之间的缝隙，用不低于 C20 的细石混凝土充填密实。

2）钢筋

基础钢筋一般采用 HPB300 级或 HRB335 级钢筋；基础与上部结构连接的插筋应与上部结构的钢筋规格完全一致。

2. 混凝土保护层

当有混凝土垫层时，底板钢筋的混凝土保护层厚度≥40mm；无混凝土垫层时，底板钢筋的混凝土保护层厚度≥70mm。

3. 基础或基础梁的顶面标高

在任何情况下，基础或基础梁的顶面标高不得高于室内设计地坪(内柱)或室外设计地面(外柱)，一般应低于设计地面50～100mm。

4. 基础的形状和尺寸

1) 底板

基础底板尺寸为100mm的倍数。

轴心受压基础底板一般采用正方形；偏心受压基础的底板为矩形，其长边和短边之比一般为1.5～2.0，最大不超过3。

2) 基础高度

当基础高度 $h \leqslant 500$mm 时，可采用锥形基础［图13-9(a)］；当基础高度 $h \geqslant 600$mm 时，宜采用阶梯形基础［图13-9(b)］，每阶高度宜为300～500mm，阶高和水平宽度(阶宽)均采用100mm的倍数，且最下一个阶宽 $b_1 \leqslant 1.75h_1$，其余阶宽不大于相应阶高。

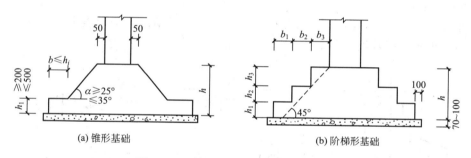

(a) 锥形基础　　　　　　　　　　(b) 阶梯形基础

图13-9　柱下独立基础的形状和尺寸

基础高度按抗冲切承载力计算确定。对现浇柱基础，其有效高度 h_0 尚应满足柱的纵向受力钢筋在基础内的锚固要求(对轴心受压柱基础取 $h_0 \geqslant 0.7l_a$，对偏心受压柱基础取 $h_0 \geqslant l_a$，有抗震要求时取 $h_0 \geqslant l_{aE}$)。

13.4.2　基础底板尺寸的确定

对于不需要做变形验算的丙级建筑物，同样可用式(13-1)～式(13-3)计算基础底面的压力、并满足式(13-5)的要求，从而确定基础底板尺寸。

1. 轴心受压基础

上部荷载和基础自重作用于基础截面形心上(图13-10)，则由式(13-1)可得：

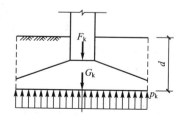

图13-10　轴心受压基底压力

$$A \geqslant \frac{F_k}{f_a - 20d} \tag{13-6}$$

式中　d——基础埋置深度(m)；

　　　A——基础底面面积(m^2)。

当为方形基础时，$a=b=\sqrt{A}$；当为矩形基础时，若柱的长边为 a_c，短边为 b_c 时，则可取：

$$a = \sqrt{\frac{a_c - b_c}{2} + A} + \sqrt{\frac{a_c - b_c}{2}}$$

$$b = \sqrt{\frac{a_c - b_c}{2} + A} + \sqrt{\frac{a_c - b_c}{2}}$$

式中　a、b——基础长边、短边尺寸。

2. 偏心受压基础

上部结构传至基础顶面的荷载效应标准组合值为 N_k、M_k 和 V_k，则基础底面的压力状态分别如图 13-11(a)、(b)、(c)所示。N_{bot} 为上述荷载及 G_k 在基底合成的偏心压力，偏心距 e 为：

$$e = \frac{M_k + V_k h}{N_k + G_k} \tag{13-7}$$

式中　h——基础高度。

对于有吊车的厂房，不应出现如图 13-11(c)所示的情况，即应满足 $e < b/6$；对于无吊车厂房，也不应使基础脱离土层太多，应满足 $e < b/4$。

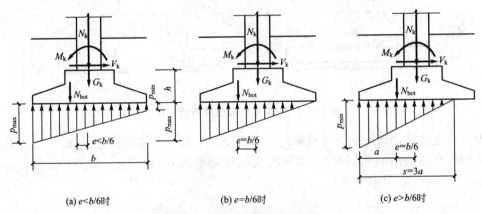

图 13-11　偏心受压基底压力

按式(13-1)~式(13-3)确定基础底面尺寸时，一般采用试算法：假定基础长边(一般为力矩作用方向)和短边之比为 1.5~2.0，将竖向力值扩大 1.2~1.4 倍，先按轴心受压式(13-6)求出 A，再算出两方向边长并模数化，然后用式(13-2)或式(13-3)计算 p_{max}，满足式(13-5)的要求。

13.4.3　基础的抗冲切承载力

在基底土净反力(即不考虑 G_k 的作用)作用下，基础可能发生冲切破坏；破坏面为大致沿柱边45°方向的锥形斜面(图13-12)。破坏的原因是由于混凝土斜截面上的主拉应力超过混凝土抗拉强度,从而引起斜拉破坏。

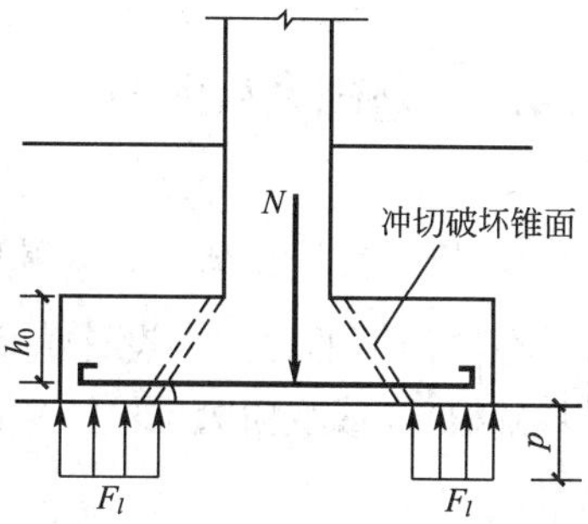

为了防止冲切破坏的发生,对矩形截面柱的阶形基础,在柱与基础交接处及基础变阶处的受冲切承载力应进行计算,并满足如下要求(图13-13):

$$F_l \leqslant 0.7\beta_h f_1 b_m h_0 \qquad (13-8)$$

其中

$$F_l = p_s A_l$$

$$b_m = (b_t + b_b)/2$$

图13-12 基础的冲切破坏

式中 p_s——按荷载效应基本组合计算并考虑结构重要性系数的基础底面地基反力设计值(可扣除基础自重及其上的土重),当基础偏心受力时,可取用最大的地基反力设计值。

h_0——验算冲切面的有效高度,取两个配筋方向的截面有效高度的平均值。

b_t——冲切破坏锥体最不利一侧斜截面的上边长:当计算柱与基础交接处的受冲切承载力时[图13-13(a)],取柱宽;当计算基础变阶处的受冲切承载力时[图13-13(b)],取上阶宽。

b_b——冲切破坏锥体最不利一侧斜截面的下边长,$b_b = b_t + 2h_0$。

β_h——截面高度影响系数,当 $h \leqslant 800$mm 时,取 β_h 等于1.0;当 $h \geqslant 2000$mm 时,取 β_h 等于0.9,其间按线性内插法取用。

f_t——混凝土抗拉强度设计值。

A_l——考虑冲切荷载时取用的多边形面积(图13-13中的阴影面积 $ABCDEF$)。

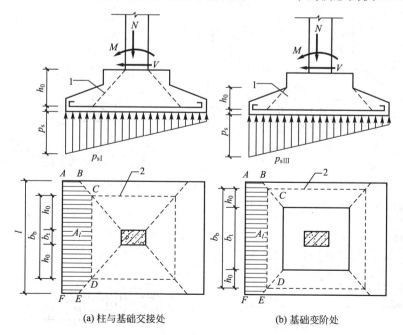

图13-13 计算基础受冲切承载力截面位置

(a) 柱与基础交接处　　(b) 基础变阶处

1—冲切破坏锥体最不利一侧的斜截面;2—冲切破坏锥体底面线

13.4.4 基础底板配筋

1. 轴心受压基础的底板弯矩

在柱传下的轴向力设计值 N 的作用下，基底反力设计值 $p_s=N/(ab)$（图 13-14），则在基础根部（或变阶处）的 Ⅰ—Ⅰ、Ⅱ—Ⅱ 截面，其弯矩 M_I 及 M_{II} 为：

$$M_I = \frac{p_s}{24}(a-h_c)^2(2b+b_c) \tag{13-9a}$$

$$M_{II} = \frac{p_s}{24}(b-b_c)^2(2a+h_c) \tag{13-9b}$$

式中 a、b——基础底板的长边和短边尺寸；

h_c、b_c——相应的柱截尺寸或变阶处截面尺寸。

2. 偏心受压基础的底板弯矩

地基反力设计值 p_s 不是均匀分布的，在利用底板弯矩式（13-9）时，需将 p_s 做适当修改（图 13-15）；在求 M_I 时，取 p_s 为基础根部及边缘应力平均值，求 M_{II} 时，取基底土反力平均值，即：

求 M_I 时：

$$p_s = \frac{p_{smax} + p_{sI}}{2}$$

求 M_{II} 时：

$$p_s = \frac{p_{smax} + p_{smin}}{2}$$

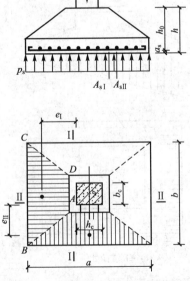

图 13-14 轴心受压基础底板配筋

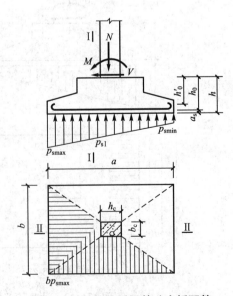

图 13-15 偏心受压基础底板配筋

3. 底板配筋计算及构造

在求出 M_I 和 M_{II} 后，即可按下列近似公式计算配筋：

$$A_{sI} = \frac{M_I}{0.9 f_y h_0} \tag{13-10}$$

$$A_{sII} = \frac{M_{II}}{0.9 f_y (h_0 - 10)} \tag{13-11}$$

根据计算的配筋量选择钢筋，其直径不小于 10mm，间距不应大于 200mm，也不宜小于 100mm。沿长边方向的钢筋 A_{sI} 置于板的外侧，沿短边方向的钢筋 A_{sII} 与 A_{sI} 垂直，置于 A_{sI} 的内侧。当板的边长大于或等于 2.5m 时，钢筋的长度可取板长的 0.9 倍，并交错排列（图 13-16）。有垫层时钢筋保护层厚度不应小于 40mm，无垫层时不应小于 70mm。

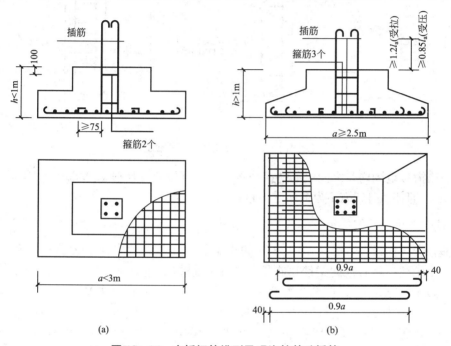

图 13-16 底板钢筋排列及现浇柱基础插筋

13.4.5 现浇柱基础的插筋

由于柱和基础一般不同时浇筑，故应从基础内伸插筋与柱的钢筋连接，插筋的数量、直径、规格及位置等，都应与柱内纵向钢筋相同。

1. 插筋的固定

在基础内，插筋与适当的箍筋（一般为 2～3 个）组成钢筋骨架，竖立于底板的钢筋网上（图 13-16）。当基础高度较小时，全部插筋均伸至底板钢筋网上；当基础高度较大时，可仅将四角的插筋伸至底板钢筋网上，其余插筋可按受拉锚固长度 l_a 锚固在基础内。

2. 基础中的插筋搭接位置

插筋与柱钢筋连接方式优先采用等强度对焊连接。当钢筋直径较小时，也可采用搭接。其位置应考虑施工方便，由地面与基础顶面的距离 H_1 决定。

当 $H_1 < 1.5\text{m}$ 时，搭接位置可在基础顶面处，施工缝设在基础顶面［图 13 - 17(a)］；当 $1.5\text{m} \leqslant H_1 \leqslant 3\text{m}$ 时，搭接位置取地面标高以下 150mm 处，施工缝也在该处设置［图 13 - 17(b)］；当 $H_1 > 3\text{m}$ 时，搭接位置分别在基础顶面处及地面标高以下 150mm 处［图 13 - 17(c)］。

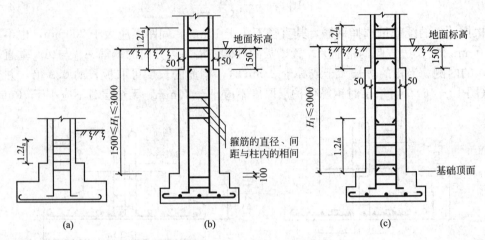

图 13 - 17　基础插筋的搭接位置

在插筋搭接范围内，纵向钢筋搭接长度取 $1.2l_s$（轴心受压时取 $0.85l_s$）；箍筋间距 s 不大于 100mm 且不大于 $5d$（d 为纵向受力钢筋的最小直径）。

3. 同一平面内的钢筋搭接根数

对轴心受压柱或偏心距 $e_0 < 0.225h$ 的小偏心受压柱，或每侧受力钢筋不多于 3 根的一般偏心受压柱，所有纵向钢筋可在同一平面内搭接。当 $e_0 \geqslant 0.225h$ 时，若柱截面一侧受力钢筋为 4～8 根，应在两个平面搭接；多于 8 根时，应在三个平面搭接。搭接长度各为 $1.2l_a$。同一平面指一个搭接长度范围的平面。

【例 13 - 2】　已知某框架外柱为矩形截面，$b \times h = 400\text{mm} \times 500\text{mm}$，两侧纵向受力钢筋 $A_s = A'_s = 1256\text{mm}^2$（4 Φ 20HRB335 级钢）。柱传至基础顶面的内力设计值为：$N = 1680\text{kN}$，$M = 176\text{kN} \cdot \text{m}$，$V = 49\text{kN}$，内力标准值为：$N_k = 1295\text{kN}$，$M_k = 130\text{kN} \cdot \text{m}$，$V_k = 36.5\text{kN}$。已知室外地坪为 -0.60m（室内地坪为 ± 0.00），基础顶面高度为 -1.40m，地基承载力特征值 $f_a = 150\text{kN/m}$（黏土层，无地下水）。试设计该柱的钢筋混凝土基础。

解：（1）选择设计参数。

基础采用 C20 混凝土（$f_c = 9.6\text{N/mm}^2$，$f_t = 1.1\text{N/mm}^2$），HPB235 级钢筋（$f_y = 210\text{N/mm}^2$）；基础垫层采用 100mm 厚 C10 混凝土；基础高度按柱钢筋受拉锚固要求初定 $h = 900\text{mm}$（$l_a = 40d = 800\text{mm}$），采用阶梯形基础（共二阶），埋深 $d = 1.4 + 0.9 = 2.3(\text{m})$。

（2）基础底面尺寸的确定。

本基础为偏心受压基础。初取 $N_k = 1.2 \times 1295 = 1554(\text{kN})$，则由式（13 - 9）$A \geqslant 14.9\text{m}^2$，由式（13 - 10），得 $a = 4000\text{mm}$，$b = 3600\text{mm}$，$A = 14.4\text{m}^2$。

根据基础底面尺寸及阶梯形基础构造规定（图 13 - 5），取 $b_2 = b_3 = 450\text{mm}$，$b_1 = 850\text{mm}$；$h_2 = h_3 = 450\text{mm}$，$h_1 = 500\text{mm}$，即改为三阶基础，埋深 $d = 2.8\text{m}$，基础总高度

$h=1400\text{mm}$。则有 $\beta_h=0.95$。

$$W=\frac{1}{6}ba^2=\frac{1}{6}\times3.6\times4^2=9.6(\text{m}^3)$$

$$M_{kd}=M_k+V_kh=130+36.5\times1.4=181.1(\text{kN}\cdot\text{m})$$

$$G_k=3.6\times4\times2.8\times20=806.4(\text{kN})$$

$$p_{kmax}=\frac{N_k+G_k}{A}+\frac{M_{kd}}{W}=\frac{1295+806.4}{14.4}+\frac{181.1}{9.6}=164.8(\text{kN/m}^2)$$

$$p_{kmin}=\frac{N_k+G_k}{A}-\frac{M_{kd}}{W}=127.1(\text{kN/m}^2)$$

$$p_k=\frac{164.8+127.1}{2}=146(\text{kN/m}^2)<f_a=150\text{kN/m}^2$$

$$p_{kmax}<1.2f=1.2\times150=180(\text{kN/m}^2)$$

满足要求。

（3）基础高度验算。

因上两个台阶高宽相同，故抗冲切承载力是由最下一个台阶的高度控制（$h_0=450\text{mm}$）。则：

$$p_s=\frac{N}{A}+\frac{M_d}{W}=\frac{1680}{14.4}+\frac{176+49\times1.4}{9.6}=142.1(\text{kN/m}^2)$$

$$\frac{b-b_c}{2}=\frac{3600-2200}{2}=700(\text{mm})>h_0=450\text{mm}$$

$$A_l=\left(\frac{a-h_c}{2}-h_0\right)b-\left(\frac{b-b_c}{2}-h_0\right)^2$$

$$=\left(\frac{4.0-2.3}{2}-0.45\right)\times3.6-(0.7-0.45)^2=1.38(\text{m}^2)$$

$$b_m=\frac{b_t+b_b}{2}=\frac{2.2+2.2+2\times0.45}{2}=2.65(\text{m})$$

$$F_l=p_sA_l=142.1\times1.38=196.1(\text{kN})<0.7\beta_bf_tb_mh_0$$

$$=0.7\times0.95\times1.1\times2650\times450/1000=872.3(\text{kN})$$

满足要求。

（4）基础底板配筋。

① 基础长向。

$$p_{smax}=142.1\text{kN/m}^2,\quad p_{smin}=91.2\text{kN/m}^2;\quad p_{sⅠ}=119.8\text{kN/m}^2,\text{ 则}$$

$$p_s=\frac{p_{smax}+p_{sⅠ}}{2}=116.65\text{kN/m}^2$$

$$M_Ⅰ=\frac{p_s}{24}(a-h_c)^2(2b+b_c)=\frac{116.65}{24}\times(4-0.5)^2\times(2\times3.6+0.4)=452.5(\text{kN}\cdot\text{m})$$

$$A_{sI} = \frac{M_I}{0.9 f_y h_0} = \frac{452.5 \times 10^6}{0.9 \times 210 \times 1350} = 1773 \text{(mm}^2)$$

选用$\phi 10@150$($A_s = 1963\text{mm}^2$)。

② 基础短向。

$$p_s = \frac{p_{smax} + p_{smin}}{2} = \frac{142.1 + 91.2}{2} = 116.7 \text{(kN/m}^2)$$

$$M_{II} = \frac{p_s}{24}(b - b_c)^2(2a + h_c) = \frac{116.7}{24} \times (3.6 - 0.4)^2 \times (2 \times 4 + 0.5) = 423.2 \text{(kN} \cdot \text{m)}$$

$$A_{sII} = \frac{M_{II}}{0.9 f_y (h_0 - 10)} = \frac{423.2 \times 10^6}{0.9 \times 210 \times (1350 - 10)} = 1671 \text{(mm}^2)$$

选$\phi 10@200$($A_s = 1649\text{mm}^2$)，基础详图如图13-18所示。

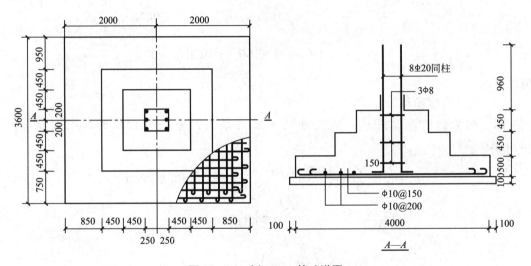

图 13-18　例 13-2 基础详图

小　结

一般低层和多层(层数≤7)房屋结构的基础都采用浅基础。其中混合结构房屋采用无筋扩展基础即刚性基础，多层框架结构房屋或独立柱往往采用钢筋混凝土独立基础。

在满足地基稳定和变形要求的前提下，基础应尽量浅埋。

刚性基础的设计主要满足两个要求：一是满足地基承载力要求，即满足保证基础底面应有一定的宽度；二是满足基础是"刚性"的要求，即保证基础有一定的刚性角(台阶的宽高比)。此外，基础材料应满足有关要求。

钢筋混凝土柱下独立基础的设计主要是确定基础面积、基础高度和底板配筋。基础底面积取决于地基承载力要求及变形要求；基础高度应满足基础抗冲切承载力的要求和上部钢筋伸入基础内的锚固长度要求；基础底板配筋则取决于基础底板的抗弯承载力。基础垫层、基础底板钢筋的混凝土保护层、基础的台阶(或坡度)、基础插筋及搭接、施工缝的留设位置，均应满足有关构造要求。

习 题

一、思考题

(1) 什么叫浅基础？什么叫深基础？

(2) 如何确定基础的埋置深度？

(3) 什么叫刚性基础？其应用范围如何？

(4) 什么叫刚性角？

(5) 如何确定刚性基础的基础底面宽度？

(6) 如何确定钢筋混凝土基础底板钢筋的混凝土保护层厚度？

(7) 偏心受压钢筋混凝土基础的基底压应力是如何计算的？偏心距 e 应满足什么要求？

(8) 基础的冲切破坏是如何发生的？如何保证基础的抗冲切承载力？

(9) 如何计算独立基础底板弯矩和配筋？

(10) 基础的插筋应满足哪些要求？

二、计算题

(1) 某承重砖墙厚 $h=240\text{mm}$，由上部墙体传至基础顶面的轴心压力标准值 $N_k=185\text{kN/m}$，基础埋置深度 $d=1.50\text{m}$，地基承载力特征值 $f_a=180\text{kN/m}^2$。试设计该墙下条形基础(要求采用毛石混凝土基础)。

(2) 某钢筋混凝土柱截面尺寸 $b\times h=400\text{mm}\times400\text{mm}$，传至基础顶面的内力设计值为：$N=1965\text{kN}$，$M=55\text{kN·m}$，$V=17\text{kN}$，相应标准值 $N_k=1570\text{kN}$，$M_k=41\text{kN·m}$，$V_k=12.6\text{kN}$，柱配筋为每侧 $4\Phi25(A_s=A_s'=1964\text{mm}^2)$ HRB335 级钢筋，室外地坪 -0.6m，基础顶面高度 -1.4m，地基承载力标准值 $f_a=155\text{kN/m}^2$。试设计该基础。

三、选择题

(1) 下面关于基础埋置深度的叙述中，其中不恰当的是( )。

A. 任何情况下埋深不能小于 2.5m B. 应根据工程地质和水文地质条件确定

C. 埋深应满足地基稳定和变形的要求 D. 应考虑地基土冻胀的影响

(2) 要使基础底面不出现拉应力，则偏心距 $e=M/N$ 必须满足( )。

A. $e\leqslant b/3$ B. $e\leqslant b/4$

C. $e\leqslant b/5$ D. $e\leqslant b/6$

(3) 砌体结构采用砖基础作为刚性基础时，基础台阶宽高比的允许值为( )。

A. 不作限制 B. 1∶1.00

C. 1∶1.25 D. 1∶1.50

(4) 按地基承载力确定基础底面积及埋深时，传至基础底面处的荷载效应应按( )。

A. 正常使用极限状态下荷载效应的标准组合值

B. 正常使用极限状态下荷载效应的准永久组合值

C. 承载能力极限状态下荷载效应的基本组合值

D. 承载能力极限状态下的恒荷载设计值

(5) 下面关于钢筋混凝土柱下独立基础(扩展基础)的构造叙述中，其中不正确的是( )。

A. 当为阶梯形基础时，每阶高度宜为 $300\sim500\text{mm}$

B. 每台阶的高宽比不应大于 1.0

C. 混凝土强度等级不应低于 C20

D. 无垫层时，底板钢筋的混凝土保护层厚度不宜小于 70mm；有垫层时，混凝土保护层厚度不宜小于 40mm

（6）无筋扩展基础（刚性基础）适用于（ 　　 ）。

A. 多层民用建筑和轻型厂房　　　　　　B. 五至六层房屋的三合土基础

c. 五层及五层以下的工业建筑　　　　　D. 单层钢筋混凝土结构厂房

第14章
地震作用和结构抗震验算

本章主要讲述地震作用原理和结构抗震验算方法。通过本章学习，应达到以下目标。

(1) 理解地震作用的基本概念和抗震设计原理。

(2) 掌握多层建筑的底部剪力法的计算内容。

教学要求

知识要点	能力要求	相关知识
地震作用的基本概念	(1) 理解地震波的类型和传递特点 (2) 熟悉震级和烈度的概念 (3) 掌握建筑抗震设防分类和设防标准	(1) 地震 (2) 地震灾害 (3) 地震带
地震作用的计算	(1) 理解抗震设防目标 (2) 熟悉单质点弹性体系的地震作用计算 (3) 掌握底部剪力法的计算内容和方法	(1) 地震烈度的概率分布 (2) 地震影响曲线 (3) 重力荷载代表值 (4) 振型
结构的抗震验算	(1) 理解荷载效应的基本组合 (2) 掌握抗震验算的设计表达式	(1) 水平地震作用 (2) 多遇地震 (3) 罕遇地震

 基本概念

地震、地震波、地震震级、地震烈度、基本振型、设计地震分组、抗震设防烈度、抗震设防目标、抗震验算、承载力抗震调整系数、层间弹性位移

引言

地震，是由于地面运动而引起的振动。振动的原因则是由于地壳板块的构造运动，造成局部岩层变形不断增加、局部应力过大，当应力超过岩石强度时，岩层会突然断裂错动，释放出巨大的能量。这种能量除一小部分转化为热能外，大部分则以地震波的形式传到地面，引起地面振动。这种地震称为构造地震，简称为地震。此外，火山爆发、水库蓄水、溶洞塌陷、核爆炸等也可能引起局部地面振动，但这些情况与构造地震相比，其释放能量较小，不属于抗震设计研究的范围。

地球上有两大地震带：环太平洋地震带和地中海—南亚地震带。环太平洋地震带从南美洲西部海岸起，经北美洲西部海岸、阿拉斯加南岸、阿留申群岛，转向西南至日本列岛，然后分为两支：一支向南经马里亚纳群岛至伊里安岛，另一支向西南经琉球群岛、我国台湾、菲律宾、印度尼西亚至伊里安岛会合，再经所罗广、汤加至新西兰。这条地震带上所发生的地震占全世界地震的 80%～90%，活动性最强。地中海—南亚地震带则西起大西洋的亚速岛，经地中海、希腊、土耳其、伊朗、印度北部、我国西部和西南地区，再经缅甸、印度尼西亚的苏门答腊和爪哇，与环太平洋地震带相遇。

我国地处上述两大地震带之间（我国台湾和西藏南部尚在上述地震带上），东邻环太平洋地震带、南接地中海—南亚地震带，地震的分布相当广泛，是个多地震国家。我国主要地震带有南北地震带（北起贺兰山，向南经六盘山，穿越秦岭，沿川西至云南省东北，宽度不一；由一系列规模很大的断裂带和断陷盆地组成）和东西地震带（东西地震带共两条：一条沿陕西、山西、河北延伸至辽宁省北部的千山；另一条自帕米尔起，经昆仑山、秦岭，直至大别山区）。

据统计，我国从 1900—1971 年间就发生过四百多次破坏性地震（如宁夏海源地震、河北邢台地震、辽宁海城地震……）。1976 年 7 月 28 日凌晨 3 时 42 分在唐山发生的 7.8 级地震、同日 18 时 45 分在唐山滦县发生的 7.1 级地震、同年 11 月 15 日 21 时 53 分在天津市宁河发生的 6.9 级地震所造成的地震灾害，仅死亡人数就高达二十余万人。时隔 32 年后的 2008 年 5 月 12 日 14 点 28 分，发生在四川省的汶川地震达到 8.0 级、极震区烈度超过 11 度，山河变色，仅死亡和失踪人数就超过 8.5 万人。2010 年 4 月 14 日青海省玉树地区发生 7.1 级地震、2013 年 4 月 20 日四川省的芦山又发生 7 级地震，也造成了很大的生命和财产损失。

为了减轻建筑的地震破坏，避免人员伤亡，减少经济损失，我国《建筑抗震设计规范》(GB 50011—2010)规定：★抗震设防烈度为 6 度及以上地区的建筑，必须进行抗震设计。而我国 6 度及以上地区，约占全国总面积的 60%，因此掌握抗震设计的基本知识和设计方法，对于土木工程相关专业的人员是必要的。

14.1 地震简介

14.1.1 地震波

地震波在地球内部传播时称为体波，在地球表面传播时称为面波。体波包括纵波和横波：纵波是一种压缩波，也称为 P 波，介质的振动方向与波的传播方向一致；纵波的周期短、振幅小、波速快（为 200～1400m/s），它引起地面的竖向振动。横波是一种剪切波，也称为 S 波，介质的振动方向与波的传播方向垂直；横波的周期长、振幅大、波速较慢（约为纵波波速的一半），它引起地面水平方向的振动。面波是体波经地层界面的多次反射和折射后形成的次生波，也称为 L 波；它的波速最慢（约为横波的 0.9 倍），振幅比体波大，振动方向复杂，其能量也比体波大。

14.1.2 震级和烈度

1. 地震震级

地震震级是地震大小的等级，是衡量一次地震释放能量大小的尺度。地震震级通常用里氏震级表示：

$$M = \lg A \tag{14-1}$$

式中　M——里氏震级；

　　　A——采用标准地震仪(周期 0.8s、阻尼系数 0.8、放大倍数 2800 倍)在距离震中 100km 处的坚硬地面上记录到的地面水平振幅(采用两个方向水平分量平均值，单位为 μm，$1\mu m = 10^{-3} mm$)；当地震仪距震中不是 100km 或非标准时，应按规定修正。

由式(14-1)可见，震级相差 1 级时，地面振幅相差 10 倍。

震级与地震释放的能量 E(单位：10^{-7}J)的关系可用经验公式(14-2)表示：

$$\lg E = 1.5M + 11.8 \tag{14-2}$$

震级增加 1 级时，能量增加约 32 倍。

通常将 $M<2$ 的地震称为微震，$M=2\sim4$ 的地震称为有感地震，$M>5$ 的地震称为破坏性地震(将引起建筑物不同程度的破坏)，$M=7\sim8$ 的地震称为强烈地震，$M>8$ 的地震称为特大地震。地震释放的能量相当惊人：例如，一次 6 级地震相当于爆炸一颗 2 万吨级的原子弹所释放的能量。1960 年 5 月 22 日在智利发生的 8.7 级地震，其能量相当于一个一百万千瓦的电厂在十多年间发出的总电量。

2. 地震烈度

1) 地震烈度的概念

地震烈度是指地震发生时在一定地点振动的强烈程度，它表示该地点地面和建筑物受破坏的程度(宏观烈度)，也反映该地面运动速度和加速度峰值的大小(定值烈度)。★地震烈度与建筑所在场地、建筑物特征、地面运动加速度等有关。显然，一次地震只有一个震级，而不同地点则会有不同的地震烈度。

2) 地震烈度的统计分布

根据统计分析，一般认为我国地震烈度的概率密度(可以理解为统计时段内发生某一烈度的可能性大小)函数符合极值Ⅲ型分布(图 14-1)。

在图 14-1 中，有几个烈度值具有特别意义：①多遇烈度(也叫众值烈度)I_m：是曲线峰值点所对应的烈度，即发生机会最多的地震烈度，称为多遇地震烈度，其 50 年内的超越概率为 63.2%。②基本烈度 I_0：其 50 年内的超越概率为 10%，该烈度是抗震设防烈度的依据。③罕遇烈度 I_s：

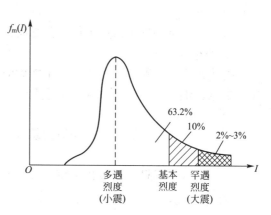

图 14-1　地震烈度的概率密度分布函数

超越概率为 2%～3%，即发生这种烈度的地震的可能性很小，是一种小概率事件。

多遇烈度比基本烈度低 1.55 度，罕遇烈度比基本烈度高 1 度左右。

3) 设计地震分组

上述地震波的发生位置，即在地球内部产生岩层断裂、错动的地方称为震源，震源至地面的距离称为震源深度。根据震源深度的不同，地震分为浅源地震(震源深度 <60km)、

中源地震(震源深度在 60~300km 之间)和深源地震(震源深度＞300km)。震源正上方的地面称为震中，地面上某一点距震中的距离称为震中距。当某一地区遭遇不同震级、不同震源地震而地震烈度相同时，对该地区不同动力特性的建筑物的震害并不相同。一般而言，震中距较大、震级较大的地震对自振周期长的高柔结构的震害比同样宏观烈度但震中距较近、震级较小的破坏要严重。考虑到这种差别，在确定地震影响参数时，用"设计地震分组"来表示。

设计地震分组分为第一组、第二组、第三组，《建筑抗震设计规范》附录 A 列出了我国抗震设防区各县级及县级以上城镇中心地区的分组。

4) 抗震设防烈度

抗震设防烈度是按国家规定的权限批准作为一个地区抗震设防依据的地震烈度。一般情况下，抗震设防烈度与地震基本烈度相同，但两者不尽一致，必须按国家规定的权限审批，按颁发的文件(图件)确定。★《建筑抗震设计规范》中的"烈度"都是指抗震设防烈度。

14.2 抗震设计的基本要求

14.2.1 建筑抗震设防分类和设防标准

1. 抗震设防类别

根据建筑的使用功能的重要性，分为甲类、乙类、丙类、丁类四个抗震设防类别。

1) 甲类建筑

甲类建筑应属于重大建筑工程和地震时可能发生严重次生灾害的建筑。

2) 乙类建筑

乙类建筑应属于地震时使用功能不能中断或需尽快恢复的建筑。如医疗、广播、通讯、交通、供电、供水、消防和粮食等工程及设备所使用的建筑。

3) 丙类建筑

属于除甲、乙、丁类以外的一般建筑。

4) 丁类建筑

属于抗震次要建筑，一般指地震破坏不易造成人员伤亡和较大经济损失的建筑。

2. 抗震设防标准

1) 甲类建筑

地震作用应高于本地区抗震设防烈度的要求，其值应按批准的地震安全性评价结果确定。

抗震措施：当抗震设防烈度为 6~8 度时，应符合本地区抗震设防烈度提高一度的要求；当为 9 度时，应符合比 9 度抗震设防更高的要求。

2) 乙类建筑

地震作用应符合本地区抗震设防烈度的要求。

抗震措施：一般情况下，当抗震设防烈度为 6～8 度时，应符合本地区抗震设防烈度提高一度的要求；当为 9 度时，应符合比 9 度抗震设防更高的要求；地基基础的抗震措施，应符合有关规定。

对较小的乙类建筑，当其结构改用抗震性能较好的结构类型时，允许仍按本地区抗震设防烈度的要求采取抗震措施。

3）丙类建筑

地震作用和抗震措施均应符合本地区抗震设防烈度的要求。

4）丁类建筑

一般情况下，地震作用仍应符合本地区抗震设防烈度的要求。

抗震措施允许比本地区抗震设防烈度的要求适当降低，但抗震设防烈度为 6 度时不应降低。

抗震设防烈度为 6 度时，除规范有具体规定外，对乙、丙、丁类建筑可不进行地震作用计算。

* 14.2.2 抗震设防目标

按《建筑抗震设计规范》进行抗震设计的建筑，其抗震设防目标是：当遭受低于本地区抗震设防烈度的多遇地震影响时，一般不受损坏或不需修理可继续使用（简称"小震不坏"，俗称第一水准）；当遭受相当于本地区抗震设防烈度的地震影响时，可能损坏，经一般修理或不需修理仍可继续使用（简称"中震可修"，俗称第二水准）；当遭受高于本地区抗震设防烈度预估的罕遇地震影响时，不致倒塌或发生危及生命的严重破坏（简称"大震不倒"，俗称第三水准）。

14.2.3 建筑抗震概念设计

由于地震作用的不确定性及计算模式与实际情况的差异，故除进行地震作用的设计计算外，还应从抗震设计的基本原则出发，把握主要的抗震概念进行设计，使计算分析结果更能反映实际情况。

1. 场地、地基和基础

抗震设计的场地，是指工程群体所在地，具有相似的地震反应特征。其范围相当于厂区、居民小区和自然村或不小于一平方千米的平面面积。

1）场地的类别

场地由场地土组成。根据土层剪切波速 v_s 的大小，场地土分为岩石（指坚硬、较硬且完整的岩石，$v_s > 800 \text{m/s}$）、坚硬土或软质岩石（指破碎和较破碎的岩石或软和较软的岩石，密实的碎石，$800 \text{m/s} \geqslant v_s > 500 \text{m/s}$）、中硬土（指中密、稍密的碎石土，密实、中密的砾石，粗砂、中砂，$f_{ak} > 150 \text{kPa}$ 的黏性土、粉土和坚硬黄土，$500 \text{m/s} \geqslant v_s > 250 \text{m/s}$）、中软土（指稍密的砾石、粗砂、中砂，除松散外的细、粉砂，$f_{ak} \leqslant 150 \text{kPa}$ 的黏性土和粉土，$f_{ak} > 150 \text{kPa}$ 的填土，可塑新黄土，$250 \text{m/s} \geqslant v_s > 140 \text{m/s}$）、软弱土（指淤泥和淤泥质土，松散的砂，新近沉积的黏性土和粉土，$v_s \leqslant 140 \text{m/s}$）五种类型。其中，$f_{ak}$ 为地基承载力特征值(见第 15 章)。

根据各层场地土的剪切波速和计算深度,则可求得土层的等效剪切波速 v_{se}。

$$v_{se} = \frac{d_0}{\sum_{i=1}^{n} \frac{d_i}{v_{si}}} \tag{14-3}$$

式中　d_0——计算深度(m),取 20m 和覆盖层厚度两者的较小值(覆盖层厚度是从地面算至剪切波速大于 500m/s 的土层顶面);

　　　d_i——计算深度范围内第 i 层场地土的厚度;

　　　v_{si}——第 i 层土的剪切波速;

　　　n——计算深度范围内土层的分层数。

按照等效剪切波速和场地覆盖层厚度,建筑场地划分为四类(表 14-1)。其中 I 类分为 I_0、I_1 两个亚类。当有可靠的剪切波速和覆盖层厚度且其值处于表 14-1 所列场地类别的分界线附近时,应允许按插值方法确定地震作用计算所用的特征周期。

表 14-1　各类建筑场地的覆盖层厚度(m)

岩石的剪切波速或土的等效剪切波速(m/s)	场 地 类 别				
	I_0	I_1	II	III	IV
$v_s > 800$	0				
$800 \geqslant v_s > 500$		0			
$500 \geqslant v_s > 250$		<5	≥5		
$250 \geqslant v_s > 150$		<3	3~50	>50	
$v_s \leqslant 150$		<3	3~15	15~50	>80

注:表中 v_s 系岩石的剪切波速。

不同的场地对地震波有不同的放大作用。场地的自振周期 T_g 也称为场地的特征周期。在抗震设计时,建筑物的自振周期应尽量避开场地的特征周期(避免共振现象)。

按照设计地震分组和场地类别,可确定特征周期值 T_g(表 14-2)。

表 14-2　特征周期值 $T_g(s)$

设计地震分组	场 地 类 别				
	I_0	I_1	II	III	IV
第一组	0.20	0.25	0.35	0.45	0.65
第二组	0.25	0.30	0.40	0.55	0.75
第三组	0.30	0.35	0.45	0.65	0.90

注:计算 8 度和 9 度罕遇地震作用时,特征周期值应相应加 0.05。

2)场地选择

选择建筑场地时,应根据工程需要,掌握地震活动情况、工程地质资料,对抗震有利、不利和危险地段做出综合评价。对不利地段(指软弱土、液化土、非岩质的陡坡、河岸和边坡边缘明显不均匀土层等地段),应提出避开要求;无法避开时应采取有效措施;

严禁在危险地段(指地震时可能发生滑坡、崩塌、地裂、地陷、泥石流等地段)建造甲、乙、丙类建筑。

3)地基和基础选择

在地基和基础设计时,同一结构单元的基础不宜设置在性质截然不同的地基上;同一结构单元不宜部分采用天然地基部分采用桩基;对饱和砂土和饱和粉土(不含黄土)的地基,除6度设防外,应进行液化判别(土的液化是指地下水位以下的上述土层在地震作用下,土颗粒处于悬浮状态、土体抗剪强度为零,从而造成地基失效的现象);存在液化土层的地基,应采取消除或减轻液化影响的措施。当地基主要受力范围内为软弱黏性土层与湿陷性黄土时,应结合具体情况进行处理。

2. 结构的平面和立面布置

不应采用严重不规则的设计方案。建筑及其抗侧力结构的平面布置宜规则、对称,并具有良好的整体性;建筑的立面和竖向剖面宜规则,结构的侧向刚度宜均匀变化,避免其突变和承载力的突变。

3. 结构体系的选择

结构体系应符合下列要求:①应具有明确的计算简图和合理的地震作用传递途径;②应避免因部分结构或构件的破坏而导致整个结构丧失抗震能力或对重力荷载的承载能力;③应具备必要的抗震承载力、良好的变形能力和消耗地震能量的能力;④对可能出现的薄弱部位,应采取措施提高抗震能力。

此外,结构体系宜有多道抗震防线,在两个主轴方向的动力特性宜相近,刚度和承载力的分布宜合理,避免局部削弱或突变造成过大的应力集中或塑性变形集中。

4. 抗震结构构件及其连接

抗震结构构件应尽量避免脆性破坏的发生,并应采取措施改善其变形能力。如砌体结构设钢筋混凝土圈梁和构造柱、钢筋混凝土结构构件应有合理截面尺寸、避免剪切破坏先于受弯破坏、锚固破坏先于构件破坏,等等。具体设计时,计算和构造都应体现有关要求。

结构构件的连接应强于相应连接的构件,如节点破坏、预埋件的锚固破坏,均不应先于构件和连接件的破坏;装配式结构构件连接、支撑系统等应能保证结构整体性和稳定性。

5. 非结构构件的连接和锚固

非结构构件包括建筑非结构构件如围护墙、隔墙、装饰贴面、幕墙等,也包括安装在建筑上的附属机械、电气设备系统等。总的要求是非结构构件与主体结构构件有可靠的连接或锚固,避免不合理设置而导致主体结构的破坏。

6. 材料选择和施工

抗震结构对材料和施工质量的特别要求,应在设计文件中注明。

1)钢筋

钢筋混凝土主要受力构件如梁、柱等,纵向受力钢筋宜选用 HRB400 级和 HRB500 级热轧钢筋,箍筋宜选用 HRB335、HPB300 级热轧钢筋。

当需要以强度等级较高钢筋代替原设计的纵向受力钢筋时,应按钢筋受拉承载力设计值相等原则换算,并应满足正常使用极限状态要求和抗震构造要求。

2）混凝土及砌体材料

混凝土的强度等级、砌体材料强度等级等，均应满足有关的最低要求（详见有关章节），填充墙墙体应尽量选择轻质材料。

14.3 地震作用的计算

如前所述，地震时释放的能量主要以地震波的形式向外传递，会引起地面运动，使原来处于静止状态的建筑受到动力作用而产生振动。建筑结构振动时的速度、加速度及位移等，称为结构的地震反应。在振动过程中作用于建筑结构上的惯性力就是地震作用（俗称地震荷载）。

地震作用不同于一般的荷载，它是一种间接作用；地震作用不仅与地面运动的情况有关，而且与结构本身的动力特性（如结构的自振周期、阻尼等）有关。

地面运动有 6 个分量（包括 2 个水平分量、1 个竖向分量、3 个扭转分量），因此地震作用可分为水平地震作用、竖向地震作用和地震扭转作用。其中水平地震作用对结构的影响最大。

在一般情况下，应对 7～9 度区的建筑结构进行水平地震作用计算和抗震验算。在计算时，可对建筑结构的两个主轴方向分别进行，各方向的水平地震作用由该方向抗侧力构件承担。对质量和刚度分布明显不对称的结构，尚应计入扭转影响；对 8、9 度时的大跨度和长悬臂结构及 9 度时的高层建筑，则应计算竖向地震作用。本章只介绍水平地震作用的计算。

14.3.1 重力荷载代表值

地震作用的计算，实际上就是利用牛顿第二定律进行惯性力的计算（$\sum F = ma^t$，m 为质点质量，a 为加速度）。质点的重力 G（$G = mg$，g 为重力加速度，$g = 9.81\text{m/s}^2$）在抗震设计中用重力荷载代表值表示。建筑的重力荷载代表值应取结构和构配件自重标准值和各可变荷载组合值之和。各可变荷载的组合值系数，应按表 14 - 3 采用。

表 14 - 3　组合值系数

可变荷载种类		组合值系数
雪荷载		0.5
屋面积灰荷载		0.5
屋面活荷载		不计入
按实际情况计算的楼面活荷载		1.0
按等效均布荷载计算的楼面活荷载	藏书库、档案库	0.8
	其他民用建筑	0.5
起重机悬吊物重力	硬钩吊车	0.3
	软钩吊车	不计入

注：硬钩吊车的吊重较大时，组合值系数应按实际情况采用。

14.3.2 单质点弹性体系的地震作用

所谓单质点弹性体系，是指参与振动的结构体系的全部质量 m 可以集中于结构顶部成为一个质点，并用一根无重量且具有侧向刚度系数 k 的弹性直杆（k 表示顶部质点发生单位水平位移时所需水平力的大小，其倒数 $1/k$ 则称为柔度系数 δ）支承于地面上的体系。水塔、单层厂房等都可以简化为单质点弹性体系（图 14-2）。

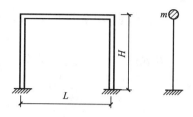

图 14-2 单质点弹性体系计算简图

1. 水平地震作用标准值 F_{EK}

根据牛顿第二定律，单质点弹性体系的水平地震作用标准值 F_{EK} 可写为：

$$F_{EK} = m \cdot S_a \qquad (14-4)$$

式中 S_a——质点的最大反应加速度。

质点的振动是由于地面运动而发生的，因此 S_a 与地面运动加速度有关；同时，振动又与结构本身特性有关。若地面运动加速度最大值为。$|\ddot{x}_g|_{max}$，则称 $|\ddot{x}_g|_{max}/g$ 为地震系数（即以重力加速度 g 为单位的地面运动最大加速度，可以通过地震仪器量测）；令 $\beta = S_a/|\ddot{x}_g|_{max}$，称为动力系数，是质点最大反应加速度与地面运动加速度之比，反映了结构本身的动力特性；再令 α=地震系数×动力系数，即

$$\alpha = \frac{|\ddot{x}_g|_{max}}{g} \cdot \frac{S_a}{|\ddot{x}_g|_{max}} = \frac{S_s}{g} \qquad (14-5)$$

显然，α 是以 g 为单位的质点最大反应加速度，称为地震影响系数。《建筑抗震设计规范》根据烈度、场地类别、结构自振周期及阻尼比等，绘出了地震影响系数曲线（图 14-3）。

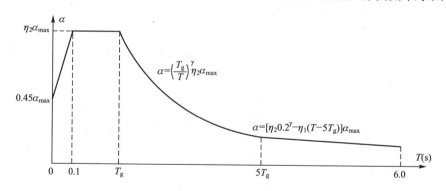

图 14-3 地震影响系数曲线

地震影响系数曲线也称为抗震设计反应谱。在该图中：T 为结构自振周期，T_g 为特征周期（已于前述，见表 14-2），γ 为曲线下降段的衰减指数，η_1 为下降直线段斜率调整系数，η_2 为阻尼调整系数。一般情形下的建筑结构阻尼比取 0.05，γ 按 0.9，η_1 按 0.02，η_2 按 1.0 取用。当阻尼比不等于 0.05 时，需按《建筑抗震设计规范》公式调整，包括 γ、η_1、η_2 的调整（相关公式略），则在结构阻尼比为 0.05 的一般情况下，地震影响曲线的四个区段分别为：

（1）周期小于 0.1s 的直线上升段，α 从 $0.45\alpha_{max} \sim \alpha_{max}$。

（2）周期自 $0.1s \sim T_g$ 区段为水平段，$\alpha = \alpha_{max}$。

（3）周期自 $T_g \sim 5T_g$ 区段，为曲线下降段，曲线方程中 $\gamma = 0.9$。

$$\alpha = \left(\frac{T_g}{T}\right)^{0.9} \alpha_{max} \qquad (14-6)$$

（4）周期自 $5T_g \sim 6s$ 区段，为直线下降段，

$$\alpha = [0.2^{0.9} - 0.02(T - 5T_g)] \alpha_{max} \qquad (14-7)$$

在式（14-6）和式（14-7）中，α_{max} 为水平地震影响系数最大值，见表 14-4；特征周期值 T_g 已列于表 14-2 中。

表 14-4　水平地震影响系数最大值（α_{max}）

地震影响	6 度	7 度	8 度	9 度
多遇地震	0.04	0.08(0.12)	0.16(0.24)	0.32
罕遇地震	—	0.50(0.72)	0.90(1.20)	1.40

注：1. 括号中分别用于设计基本地震加速度为 $0.15g$ 和 $0.3g$ 的地区。
　　2. 对已编制抗震设防区划的城市，允许按批准的设计地震动参数采用相应地震影响系数。

由式（14-4）和式（14-5）可得，单质点水平地震作用标准值为：

$$F_{Ex} = \alpha G_{EK} \qquad (14-8)$$

2. 自振周期的计算

利用质点的振动方程（与中学物理的简谐振动方程相似）可求得质量为 m（或重力荷载代表值为 G_{EK}，$G_{EK} = mg$）的单质点自振周期

$$T = \frac{2\pi}{\omega} = 2\pi\sqrt{\frac{m}{k}} = 2\pi\sqrt{\frac{G_{EK}}{g}\delta} \qquad (14-9)$$

式中　ω——质点自振的圆频率，简称频率；

　　　k——单质点弹性体系的刚度系数；

　　　δ——单质点弹性体系的柔度系数（即单位水平力作用于体系顶点时质点产生的侧移值），$\delta = \frac{1}{k}$。

【**例 14-1**】　某单层单跨厂房，简化为单质点弹性体系后的刚度系数 $k = 6500kN/m$，集中于屋盖处的重力荷载代表值 $G_{EK} = 1100kN$。该厂房位于Ⅱ类场地，抗震设计分组为一组（$T_g = 0.35s$），抗震设防烈度为 7 度。求多遇地震影响下该厂房顶部水平位移 Δ（$\alpha_{max} = 0.08s$）。

解：（1）结构自振周期。

$$T = 2\pi\sqrt{\frac{m}{k}} = 2\pi\sqrt{\frac{G_{EK}}{gk}} = 2\pi\sqrt{\frac{1100}{9.81 \times 6500}} = 0.825(s)$$

（2）计算 α，因

$$T_g < T < 5T_g = 5 \times 0.35 = 1.75(s)$$

则

$$\alpha = \left(\frac{T_g}{T}\right)^{0.9} \alpha_{max} = \left(\frac{0.35}{0.825}\right)^{0.9} \times 0.08 = 0.037$$

（3）求 F_{EK}。

$$F_{EK} = \alpha G_{EK} = 0.037 \times 1100 = 40.7(kN)$$

（4）求顶点水平位移 Δ。

由刚度系数定义，有

$$\Delta = \frac{F_{EK}}{k} = \frac{40.7}{6500} = 6.26 \times 10^{-3} (\text{m})$$

14.3.3 多质点弹性体系的地震作用

实际工程中的多层建筑和高层建筑，不能简化为单质点体系，而是将连续的结构离散为有限个质点，质点的重力荷载代表值集中到楼盖和屋盖标高处，各质点由无质量的弹性直杆联系并支承于地面上，即多质点弹性体系。

1. 多质点体系的振型和自振周期

对于 n 个质点的弹性体系，具有 n 个自振频率和相对应的 n 个自振周期。其中最低的自振频率称为基本自振频率，对应的自振周期 T_1 称为基本自振周期。与 n 个自振周期相对应的是 n 个振动形式，称为 n 个主振型。T_1 对应的振型称为第一主振型或基本振型（也即基本振型的振动周期最长、自振频率最低），其他的振型依次为第二、第三、……、第 n 振型，并统称为高振型。

振型描述的是振动过程中各质点的相对位置。当按某一振型振动时，各质点的相对位移保持一定的比值，各质点的速度比保持同一比值（图 14-4）。

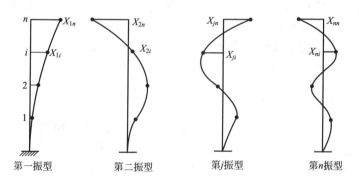

图 14-4 多质点体系的振型（$n=4$ 时）

在一般初始条件下，任一质点的振动都是由各主振型叠加而成的复合振动。而振型越高时，由于阻尼造成的振动衰减得越快，因此通常只需考虑较低的几个振型。

2. 多质点弹性体系的地震作用

多质点弹性体系的地震作用计算方法有：时程分析法、振型分解反应谱法和底部剪力法。

1）时程分析法简介

时程分析法也称为直接动力法。采用该法时，按建筑场地类别和地震设计分组选用不少于两组的实际强震记录（加速度记录）和一组人工模拟的加速度时程曲线，将其对质点体系的运动方程积分，从初始状态一步步积分至地震波终止，从而得到对应于相应地震波的结构地震反应时程曲线。全部计算必须由电算完成，这种方法也称为逐步积分法。

对于特别不规则的建筑、甲类建筑及某些高层建筑（9度时房屋高度超过60m，8度

Ⅲ、Ⅳ类场地时超过 80m，8 度Ⅰ、Ⅱ类场地和 7 度时超过 100m)需采用时程分析法进行多遇地震下的补充计算。

2) 振型分解反应谱法

如前所述，n 层的多层或高层建筑，将每层的质量集中到楼盖和屋盖标高处，用无重力的弹性直杆相连，形成了 n 个质点的多质点体系，具有 n 个主振型。在计算时，假定每个质点只能平动而不能在竖向平面内转动(这种计算模型称为剪切型层模型)。任一质点的振动虽然都是由各主振型叠加而成的复合振动，但可以分解为 n 个主振型，进而可列出 n 个运动微分方程所组成的微分方程组。

利用主振型的正交性(正交性是指任意两个不同主振型的对应位置上的位移相乘，再乘以该质点质量，求出的各质点的上述乘积的代数和为零，即 $\sum_{i=1}^{n} m_i x_{ji} x_{ki} = 0$，式中 m_i 为 i 质点的质量、x_{ji} 和 x_{ki} 分别为 j 振型和 k 振型的 i 质点的相对位移，$k \neq j$)可将该微分方程组转换为对应每一主振型的 n 个独立的、可与单质点体系相类比的运动微分方程，利用单质点体系的运动微分方程的解，则可求得每个主振型情形下的各质点的水平地震作用标准值：

$$F_{ji} = \alpha_j \gamma_j x_{ji} G_i \quad (i = 1, 2, \cdots, n; \ j = 1, 2, \cdots, m) \tag{14-10}$$

式中　α_j——相应于 j 振型自振周期的地震影响系数，由图 14-3 确定；

　　F_{ji}——j 振型 i 质点的水平地震作用标准值；

　　x_{ji}——j 振型 i 质点的水平相对位移；

　　G_i——集中于质点 i 的重力荷载代表值；

　　γ_j——j 振型的参与系数，按下式计算：

$$\gamma_j = \sum_{i=1}^{n} x_{ji} G_i / \sum_{i=1}^{n} x_{ji}^2 G_i \tag{14-11}$$

求得每一主振型下($i = 1, 2, \cdots$)每一质点上的水平地震作用标准值后，就可利用力学方法求得该振型下水平地震作用标准值的效应 S_j(可以是内力，也可以是变形)。正如前面所述，质点的振动是一种复合振动，需要把各个振型下的地震作用效应进行组合。《建筑抗震设计规范》采用如下"平方和开平方"的方法：

$$S_{EK} = \sqrt{\sum S_j^2} \tag{14-12}$$

式中　S_{EK}——水平地震作用标准值的效应；

　　S_j——j 振型水平地震作用标准值的效应，可只取前 2~3 个振型(即 $j = 1, 2, 3$)；当基本自振周期大于 1.5s 或房屋高宽比大于 5 时，振型个数应适当增加。

【例 14-2】 某二层单跨钢筋混凝土框架结构，重力荷载代表值 $G_1 = 600\text{kN}$，$G_2 = 540\text{kN}$，建造在抗震设防烈度为 8 度的Ⅱ类场地上，设计地震分组为第一组(特征周期 $T_g = 0.35\text{s}$)。已知在第一主振型时，$T_1 = 0.36\text{s}$，$x_{21} = 1.000$，$x_{11} = 0.488$；在第二主振型时，$T_2 = 0.156\text{s}$，$x_{22} = 1.000$，$x_{21} = -1.710$(图 14-5)。试用振型分解反应谱法计算该框架在多遇地震影响下的层间地震剪力标准值($\alpha_{\max} = 0.16$)。

解：(1) 当为第一振型时($T_g < T_1 < 5T_g$)。

$$\alpha_1 = \left(\frac{T_g}{T_1}\right)^{0.9} \alpha_{\max} = \left(\frac{0.35}{0.36}\right)^{0.9} \times 0.16 = 0.156$$

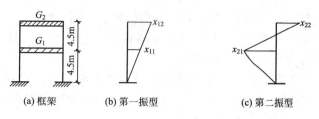

图 14－5　例 14－2 附图

$$\gamma_1 = \frac{\sum\limits_{i=1}^{2} G_i x_{1i}}{\sum\limits_{i=1}^{2} G_i x_{1i}^2} = \frac{600 \times 0.488 + 540 \times 1.00}{600 \times 0.488^2 + 540 \times 1.00^2} = 1.22$$

$$F_{11} = \alpha_1 \gamma_1 x_{11} G_1 = 0.156 \times 1.22 \times 0.488 \times 600 = 55.73(\text{kN})$$

$$F_{12} = \alpha_1 \gamma_1 x_{12} G_2 = 0.156 \times 1.22 \times 1.00 \times 540 = 102.77(\text{kN})$$

相应剪力值：$V_{12} = F_{12} = 102.77 \text{kN}$

$$V_{11} = F_{12} + F_{11} = 102.77 + 55.73 = 158.5(\text{kN})$$

（2）当为第二振型时（$0.1 < T_2 < T_g$）。

$$\alpha_2 = \alpha_{\max} = 0.16$$

$$\gamma_2 = \frac{\sum\limits_{i=1}^{2} G_j x_{2i}}{\sum\limits_{i=1}^{2} G_i x_{2i}^2} = \frac{600 \times (-1.71) + 540 \times 1.00}{600 \times (-1.71)^2 + 540 \times 1.00^2} = -0.212$$

$$F_{21} = \alpha_2 \gamma_2 x_{21} G_1 = 0.16 \times (-0.212) \times (-1.71) \times 600 = 34.80(\text{kN})$$

$$F_{22} = \alpha_2 \gamma_2 x_{22} G_2 = 0.16 \times (-0.212) \times 1.00 \times 540 = -18.32(\text{kN})$$

相应剪力值：$V_{22} = F_{22} = -18.32 \text{kN}$

$$V_{21} = F_{22} + F_{21} = -18.32 + 34.80 = 16.48(\text{kN})$$

（3）层间地震剪力标准值。

$$V_2 = \sqrt{V_{12}^2 + V_{22}^2} = \sqrt{102.77^2 + (-18.32)^2} = 104.39(\text{kN})$$

$$V_1 = \sqrt{V_{11}^2 + V_{21}^2} = \sqrt{158.5^2 + 16.48^2} = 159.65(\text{kN})$$

计算结果如图 14－6 所示。

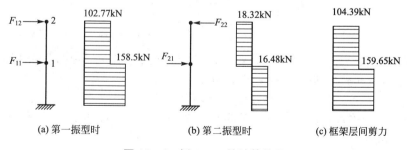

图 14－6　例 14－2 的计算结果

3）底部剪力法

振型分解反应谱法是建筑结构抗震计算的一般方法，但计算比较烦琐。对于大量一般的多层房屋结构，当满足如下条件时，可采用底部剪力法进行简化计算。这些条件是：建筑结构高度不超过 40m，以剪切变形为主（房屋高宽比不超过 4），质量和刚度沿高度分布比较均匀，以及近似于单质点体系的结构。

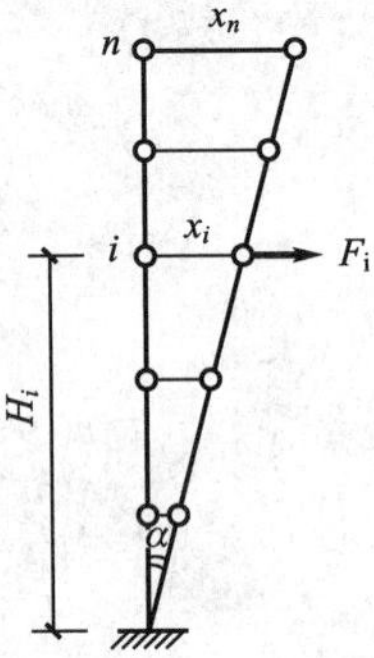

在上述条件下，结构的振动具有如下特点：①位移反应以基本振型（第一振型）为主；②基本振型的各质点位移接近直线。

（1）基本计算公式。

根据上述结构的振动特点，在计算各质点的地震作用时，只考虑基本振型，并假定基本振型为直线，则利用振型分解反应谱法的计算公式（取 $j=1$），由于水平位移 x_j 此时与质点 i 的高度 H_j 成正比，有

$$F_i = \alpha_1 \gamma_1 x_i G_i = \alpha_1 \gamma_1 H_i G_i \tan\alpha \tag{a}$$

图 14-7 底部剪力法的基本振型

结构底部总剪力：

$$F_{EK} = \sum F_i = \alpha_1 \gamma_1 \tan\alpha \sum_{i=1}^{n} H_i G_i \tag{b}$$

而

$$\gamma_1 = \frac{\sum_{i=1}^{n} G_i x_i}{\sum_{i=1}^{n} G_i x_i^2} = \frac{\tan\alpha \sum_{i=1}^{n} G_i H_i}{\tan^2\alpha \sum_{i=1}^{n} G_i H_i^2} \tag{c}$$

将式（c）代入式（b），有

$$F_{EK} = \alpha_1 \frac{\left(\sum_{i=1}^{n} G_i H_i\right)^2}{\sum_{i=1}^{n} G_i H_i^2} \tag{d}$$

结构的总重力荷载代表值 $G = \sum_{i=1}^{n} G_i$，将式（d）乘以 $\dfrac{G}{\sum_{i=1}^{n} G_i}$，有

$$F_{EK} = \alpha_1 \frac{\left(\sum_{i=1}^{n} G_i H_i\right)^2}{\sum_{i=1}^{n} G_i H_i^2} \times \frac{G}{\sum_{i=1}^{n} G_i} = \alpha_1 \cdot \xi \cdot G \tag{e}$$

$$\xi = \frac{\left(\sum_{i=1}^{n} G_i H_i\right)^2}{\left(\sum_{i=1}^{n} G_i H_i^2\right)\left(\sum_{i=1}^{n} G_i\right)} \tag{f}$$

系数 ξ 仅取决于 G_i、H_i，结构及其荷载一旦确定，则 ξ 值即可求出。考虑结构可靠度要求，采用数学方法对式（f）进行最优处理，可得 $\xi = 0.85$，则

$$F_{EK} = 0.85\alpha_1 G = \alpha_1 G_{eq} \tag{g}$$

式中 G_{eq}——结构等效总重力荷载，多质点体系 $G_{eq} = 0.85G$；单质点体系应取总重力荷载代表值。

则由式（a）除以式（b），可有

$$F_i = \frac{G_i H_i}{\sum_{j=1}^{n} G_j H_j} F_{EK} \tag{14-13a}$$

式中 $F_{EK} = \alpha_1 G_{eq}$。

（2）公式误差的修正。

由于式（14-13a）在推导过程中只考虑基本振型，忽略了高振型影响，对自振周期较长的钢筋混凝土房屋及多层内框架砖房，按式（14-13a）计算时，顶部地震剪力偏小，为减少误差，《建筑抗震设计规范》采取调整地震作用的方法，使顶层地震剪力有所增加（图14-8）。式（14-13a）修改为

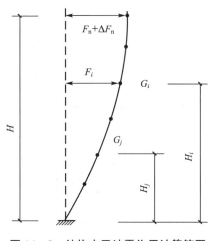

$$\begin{cases} F_i = \dfrac{G_i H_i}{\sum\limits_{j=1}^{n} G_j H_j} F_{EK}(1-\delta_n) \\ \Delta F_n = \delta_n F_{EK} \end{cases} \quad (14-3b)$$

图14-8 结构水平地震作用计算简图

式中 ΔF_n——顶部附加水平地震作用；

δ_n——顶部附加地震作用系数，见表14-5。

表14-5 顶部附加水平地震作用系数

$T_g(s)$	$T_1 > 1.4T_g$	$T \leqslant 1.4T_g$
$\leqslant 0.35$	$0.08T_1 + 0.07$	
$< 0.35 \sim 0.55$	$0.08T_1 + 0.01$	0.0
> 0.55	$0.08T_1 - 0.02$	

注：1. 多层内框架砖房采用0.2；钢结构采用的δ_n同表14-5；其他房屋采用0.0。

2. T_1为结构基本自振周期。

由底部剪力法的计算过程可以看出：结构的底部总剪力F_{EK}是在各质点水平地震作用计算前就需求出的，底部剪力法即由此得名。对于突出屋面的屋顶间、女儿墙、烟囱等，其地震作用效应宜乘以增大系数3；此增大部分不应往下传递，但与该突出部分相连的构件应予计入（采用振型分解法时，屋面突出部分可作为一个质点）。

【例14-3】 采用底部剪力法计算例14-2的结构，求多遇地震作用下的框架层间剪力值。

解： 由例14-2，$G_1 = 600\text{kN}$，$G_2 = 540\text{kN}$；$H_1 = 4.5\text{m}$，$H_2 = 9.0\text{m}$；$\alpha_1 = 0.156$，则

$$G_{eq} = 0.85 \sum_{i=1}^{2} G_i = 0.85 \times (600 + 540) = 969(\text{kN})$$

$$F_{EK} = \alpha_1 G_{eq} = 0.156 \times 969 = 151.16(\text{kN})$$

因 $\qquad\qquad T_1 < 1.4T_g = 1.4 \times 0.35 = 0.49(\text{s})$

故 $\qquad\qquad\qquad\qquad \delta_n = 0$

则 $\quad V_2 = F_2 = \dfrac{G_2 H_2}{G_1 H_1 + G_2 H_2} F_{EK} = \dfrac{540 \times 9}{600 \times 4.5 + 540 \times 9} \times 151.16 = 97.17(\text{kN})$

$$V_1 = F_{EK} = 151.16\text{kN}$$

比较例14-2，用底部剪力法计算的结果略偏小，但已可满足工程设计要求。

14.4 结构的自振周期

在进行水平地震作用计算时，需要确定结构的自振周期。在采用底部剪力法计算时，常采用近似方法或经验公式计算结构的自振周期 T_1。

经验公式参见第 10 章 10.3.3 节。

14.5 结构的抗震验算

为实现"小震小坏、中震可修、大震不倒"的抗震设防目标，应对结构进行抗震验算和采取抗震措施。抗震验算的具体规定如下。

6 度时的建筑(建造于Ⅳ类场地上较高的高层建筑除外)及木结构房屋、生土房屋，应允许不进行截面抗震验算(但应符合有关措施要求)；对 7 度和 7 度以上的建筑结构，以及 6 度时建造于Ⅳ类场地上较高的高层建筑，应进行多遇地震作用下的截面抗震验算。

对钢筋混凝土框架、钢筋混凝土抗震墙、钢筋混凝土框架-抗震墙、板柱-抗震墙、框架-核心筒、筒中筒、钢筋混凝土框支层，多、高层钢结构等，应进行多遇地震作用下的抗震变形验算；对某些结构，尚应进行罕遇地震作用下薄弱层的弹塑性变形验算。

14.5.1 荷载效应的基本组合

在进行截面抗震验算时，应采用荷载效应的基本组合。

结构构件的地震作用效应和其他荷载效应的基本组合，按下式计算：

$$S = \gamma_G S_{GE} + \gamma_{Eh} S_{EhK} + \gamma_{Ev} S_{EvK} + \phi_w \gamma_w S_{wK} \tag{14-14}$$

式中　　S——结构构件内力组合的设计值，包括组合的弯矩、轴向力和剪力设计值。

　　　　γ_G——重力荷载分项系数，一般情况下取 1.2，当重力荷载效应对构件承载能力有利时，不应大于 1.0。

　　　　S_{GE}——重力荷载代表值的效应(有吊车时，应包括悬吊物重力标准值的效应)。

　　γ_{Eh}、γ_{Ev}——分别为水平、竖向地震作用分项系数，当仅计算水平地震作用或仅计算竖向地震作用时，对该作用取 1.3；同时计算水平与竖向地震作用时，$\gamma_{Eh} = 1.3$，$\gamma_{Ev} = 0.5$。

　　　　γ_w——风荷载分项系数，应采用 1.4。

S_{EhK}、S_{EvK}——分别为水平、竖向地震作用标准值的效应，尚应乘以相应的增大系数或调整系数。

　　　　S_{wK}——风荷载标准值的效应。

　　　　ϕ_w——风荷载组合值系数，一般结构取 0.0；风荷载起控制作用的高层建设应采用 0.2。

14.5.2 抗震验算的设计表达式

$$S \leqslant R / \gamma_{RE} \qquad (14-15)$$

式中 R——结构构件承载力设计值；

γ_{RE}——承载力抗震调整系数，除另有规定外，按表 14-6 采用。

表 14-6 承载力抗震调整系数

材料	结构构件	受力状态	γ_{RE}
钢	柱、梁、支撑、节点板件、螺栓、焊缝柱、支撑	强度 稳定	0.75 0.80
砌体	两端均有构造柱、芯柱的抗震墙	受剪	0.9
	其他抗震墙	受剪	1.0
混凝土	梁	受弯	0.75
	轴压比小于 0.15 的柱	偏压	0.75
	轴压比不小于 0.15 的柱	偏压	0.80
	抗震墙	偏压	0.85
	各类构件	受剪、偏拉	0.85

注：仅计算竖向地震作用时，各类结构构件承载力调整系数取 1.0。

14.5.3 抗震变形验算

对需要验算的结构，其楼层内最大的层间弹性位移应符合下式要求：

$$\Delta u_e \leqslant [\theta_e] h \qquad (14-16)$$

式中 Δu_e——多遇地震作用标准值产生的楼层内最大的弹性层间位移；计算时，钢筋混凝土结构构件的截面刚度可采用弹性刚度；

h——计算层楼层层高；

$[\theta_e]$——弹性层间位移角限值，对钢筋混凝土框架，取 1/550(其余略)。

小 结

由于地壳运动造成局部岩层变形积累、应力过大，而使其薄弱部位断裂错动引起的地震称为构造地震，是抗震研究的重点。地震释放的能量以波的形式传播，地震波分为体波和面波，体波又分为纵波和横波，各有其特点并引起地面不同的振动。

地震震级是衡量一次地震本身强弱程度的等级，通常用里氏震级表示。同一震级对不同地点的建筑物的影响是不相同的，地震烈度反映某一地区地面和建筑物遭受一次地震影响的强弱程度。多遇烈度、基本烈度、罕遇烈度在抗震设计中各有不同的意义。

根据建筑物的使用功能的重要性，建筑分为甲类、乙类、丙类、丁类四个抗震设防类别，分别采用不同的设防标准。进行抗震设计的建筑，应满足"小震不坏，中震可修，大震不倒"的抗震设防目标，按照不同的烈度、不同的房屋建筑分别采取相应的抗震措施，并按规定进行抗震承载力验算、弹性变形验算或弹塑性变形验算。在进行抗震计算前，应先进行抗震的概念设计。

地震作用不是一般的荷载，既取决于地面运动状况（如地面运动加速度、特征周期），还取决于结构本身的动力特性（如阻尼、自振周期）。进行地震作用计算的思路是：将质点的质量集中于楼盖和屋顶处（质点的重力即重力荷载代表值），利用牛顿第二定律建立运动微分方程（单质点体系）或微分方程组（多质点体系）并进行求解，得出解答，并进行简化。作用于质点上的水平地震最大作用即地震作用标准值，单质点可表达为 $F_{EK}=\alpha G$，α 为地震影响系数，是地震系数（以 g 为单位的地面运动最大加速度）和动力系数（质点最大反应加速度和地面运动最大加速度之比）的乘积，是地震作用的重要参数。

水平地震作用的计算是进行抗震计算的重要内容。其基本方法是振型分解反应谱法，满足一定条件时，可采用底部剪力法。时程分析法仅用于某些结构的补充计算。

习 题

一、思考题

(1) 什么是构造地震？

(2) 为什么我国是个多地震国家？

(3) 什么是地震波？地震波包含哪几种？各有何特点？

(4) 什么是地震震级？震级与地面振幅、释放的能量有什么关系？

(5) 什么是地震烈度？什么是抗震设防烈度？

(6) 何谓多遇地震和罕遇地震？

(7) 建筑抗震设防类别是如何分类的？

(8) 对于乙类和丙类建筑，其抗震设防标准是什么？

(9) 抗震设防的目标是什么？

(10) 什么是场地？分为哪几类？

(11) 什么是场地土的液化？

(12) 如何进行抗震设计中的钢筋代换？

(13) 什么是重力荷载代表值？什么是地震系数、动力系数、地震影响系数？

(14) n 个质点的多质点体系有多少个主振型？质点按某一振型振动时，其位移、速度有何特征？

(15) 什么情况下，多质点体系可采用底部剪力法进行水平地震作用的计算？

(16) 在采用底部剪力法计算时，为什么在有的情况下要对顶部水平地震作用进行修正？

(17) 什么情况下可不进行结构的抗震验算但要采取抗震措施？

(18) 对于一般多层房屋结构，当只考虑水平地震作用效应和其他荷载效应组合时，其组合公式如何表达？

二、计算题

(1) 某单质点体系，结构自振周期 $T=0.48s$，质点重量 $G=250kN$，位于设防烈度为

8度的Ⅱ类场地上，地震设计分组为一组，试计算结构在多遇地震下的水平地震作用。

（2）条件同（1）题，若质点高度 $H=5\text{m}$，求质点在上述地震作用下的水平位移。

（3）某三层框架结构，层高 $H_1=H_2=H_3=4\text{m}$，各层重力荷载代表值分别为 $G_1=G_2=200\text{kN}, G_3=150\text{kN}$，结构的自振频率分别为 $\omega_1=9.6\text{rad/s}$，$\omega_2=26.5\text{rad/s}$，$\omega_3=39.5\text{rad/s}$，其振型位移分别为：$j=1$ 时，$x_{13}=1.00$，$x_{12}=0.84$，$x_{11}=0.52$；$j=2$ 时，$x_{23}=-1.00$，$x_{22}=0.31$，$x_{21}=0.99$；$j=3$ 时，$x_{33}=1.00$，$x_{32}=-1.78$，$x_{31}=1.46$。框架横梁刚度为无限大，位于设防烈度为8度的Ⅱ类场地上，地震设计分组为一组，试用振型分解反应谱法求该框架各层层间地震剪力。

（4）试用底部剪力法求（3）题中的各层层间地震剪力。若已知结构各层层间侧移刚度 $k_1=7.5\times10^5\text{kN/m}$，$k_2=9.5\times10^5\text{kN/m}$，$k_3=8.8\times10^5\text{kN/m}$，试求各层层间相对侧移及顶点侧移。

第15章
建筑结构的抗震设计

教学目标

通过本章学习，应达到以下目标。

（1）理解建筑结构抗震设计的重要性。

（2）熟悉多层砌体房屋结构与混凝土框架结构的抗震构造要求。

（3）掌握多层砌体房屋和混凝土框架结构的抗震计算方法。

教学要求

知识要点	能力要求	相关知识
多层砌体房屋抗震设计	（1）了解砌体结构的震害 （2）掌握砌体结构抗震设计的一般规定 （3）理解多层砌体房屋结构体系的布置要求 （4）了解多层砌体房屋的抗震计算方法	（1）主拉应力 （2）鞭端作用 （3）房屋的高宽比 （4）底部框架-抗震墙房屋
混凝土框架结构抗震设计	（1）了解混凝土框架结构水平地震作用的计算方法 （2）理解"强柱弱梁"和"强剪弱弯"的设计原则 （3）掌握钢筋在梁柱节点区的锚固和连接要求 （4）熟悉抗震框架的一般构造要求	（1）重力荷载代表值 （2）底部剪力法 （3）锚固长度 （4）节点核心区 （5）箍筋加密区 （6）配箍特征值

基本概念

构造柱、圈梁、过梁、承重墙、非承重隔墙、水平地震剪力的分配、抗震等级、防震缝、强柱弱梁、强剪弱弯、钢筋锚固、箍筋加密

引言

以砌体结构构件为竖向承重体系、以钢筋混凝土结构构件或木结构等为楼（屋）盖的混合结构房屋，其抗震能力差，在地震时易造成震害。

未经抗震设防的钢筋混凝土框架结构房屋遭遇地震作用时，其柱、梁、节点和填充墙都可能出现不同程度的震害。柱的震害主要表现为：柱顶部纵向钢筋压屈、混凝土压碎，柱底出现水平裂缝，柱顶的震害比柱底严重；柱上出现斜裂缝或交叉的斜裂缝；短柱（柱净高 H_n/柱宽 $b \leqslant 4$）易发生剪切破坏；角柱的震害比其他部位的柱严重。梁的震害主要表现为：梁端可能出现交叉斜裂缝和贯通的垂直裂缝，梁的纵向钢筋因锚固长度不够而从节点内拔出；节点可能发生剪切破坏。框架填充墙的震害主要表现为：出现交叉斜裂缝甚至倒塌，下层填充墙的震害一般比上部各层严重。

我国《建筑抗震设计规范》(GB 50011—2010)规定：抗震设防烈度为 6 度及以上地区的建筑，必须进行抗震设计，而我国 6 度及以上地区，约占全国总面积的 60%。

对于混合结构房屋，其抗震设计的要点是加强房屋的整体性和空间刚度，提高房屋墙体的抗震受剪承载能力，加强构件间的连接构造。对于建造在抗震设防区的框架建筑，应按规定进行抗震设计。本章主要对上述两类建筑的抗震设计进行介绍。

15.1 多层砌体房屋抗震设计的一般规定

15.1.1 砌体结构的震害

由于砌体材料的脆性性质，其抗剪、抗拉、抗弯强度都很低，因此砌体房屋的抗震能力较差，在地震时易出现震害。在我国发生的多次强烈地震中，以砌体结构的震害尤为严重。以多层砖房为例，其主要震害有以下几方面。

1. 墙体

1) 墙体的开裂、破坏

在水平地震的反复作用下，墙体上产生的主拉应力很大，当它超过砌体的抗拉强度时，墙体将出现不同形式的裂缝：如窗间墙的交叉斜裂缝，墙片平面受弯时的水平裂缝，纵横墙交接处的竖向裂缝等。裂缝的出现导致砌体构件的整体性下降、承载能力不足，可造成墙体的局部倒塌或整体倒塌(图 15-1)。

2) 墙体转角处破坏

墙体转角处于房屋尽端，是纵横墙的交叉点，该处应力集中、扭转影响大，使墙角处的位移反应加大，容易造成受剪斜裂缝，甚至墙体脱落。

图 15-1　2008 年 5 月 12 日在四川汶川
8 级地震中毁坏的房屋

3) 内外墙连接破坏

砌体房屋的施工一般采用内脚手架，先砌外墙，后砌内墙，当内外墙没有很好咬槎造成连接薄弱时，容易出现连接处拉开，甚至造成纵墙或山墙外闪、倒塌的情况。

2. 楼梯间的破坏

楼梯间的破坏主要是墙体的破坏。顶层墙体的计算高度大、稳定性差，容易造成破坏；其他层墙体由于楼梯本身刚度大，因而分配到的地震剪力也大，往往造成因墙体的抗剪承载力不足而破坏。

3. 楼盖及屋面的破坏

当预制板的支承长度不足或无可靠拉接时，易造成楼板的坍落。

由于地震的鞭端作用，以及突出屋面部分的女儿墙、屋顶间、附属烟囱等与建筑物本身连接差等原因，可导致这些附属构件的破坏比下部结构的破坏更严重。

15.1.2 砌体结构抗震设计的一般规定

针对砌体结构的震害情形，加强房屋的整体性和空间刚度、提高墙体的抗震受剪承载力、加强构件的相互连接，是砌体结构抗震设计的重要内容。在具体设计时，应遵循以下各项规定。

1. 房屋的层数和高度

1）限制房屋的层数和总高度

房屋的层数愈多、高度愈大，地震作用愈大、震害就愈严重。因此，限制房屋的层数和总高度，是一项既经济又有效的抗震措施。

在一般情况下，房屋的层数和总高度不应超过表 15-1 的规定。对医院、教学楼等横墙较少的多层砌体房屋（横墙较少，是指同一楼层内开间大于 4.20m 的房间占该层总面积的 40% 以上），总高度应比表 15-1 的规定降低 3m，层数相应减少一层；各层横墙很少的多层砌体房屋，还应根据具体情况再适当降低总高度和减少层数。

表 15-1　房屋的层数和总高度限值(m)

房屋类型		最小抗震墙厚度(mm)	烈度和设计基本地震加速度									
			6		7				8			9
			0.05g		0.10g		0.15g		0.20g		0.30g		0.40g
			高度	层数	高度	层数	高度	层数	高度	层数	高度	层数	高度	层数
多层砌体房屋	普通砖	240	21	7	21	7	21	7	18	6	15	5	12	4
	多孔砖	240	21	7	21	7	18	6	18	6	15	5	9	3
	多孔砖	190	21	7	18	6	15	5	15	5	12	4	—	—
	小砌块	190	21	7	21	7	18	6	18	6	15	5	9	3
底部框架-抗震墙房屋	普通砖、多孔砖	240	22	7	22	7	19	6	16	5	—	—	—	—
	多孔砖	190	22	7	19	6	16	5	13	4	—	—	—	—
	小砌块	190	22	7	22	7	19	6	16	5	—	—	—	—

注：1. 房屋的总高度指室外地面到主要屋面板板顶或檐口的高度，半地下室从地下室室内地面算起，全地下室和嵌固条件好的半地下室应允许从室外地面算起；对带阁楼的坡屋面应算到山尖墙的 1/2 高度处。

2. 室内外高差大于 0.6m 时，房屋总高度应允许比表中的数据适当增加，但增加量应小于 1.0m。

3. 乙类的多层砌体房屋仍按本地区设防烈度查表，其层数应减少一层且总高度应降低 3m；不应采用底部框架-抗震墙砌体房屋。

4. 本表小砌块砌体房屋不包括配筋混凝土小型空心砌块砌体房屋。

2) 限制房屋最大高宽比

限制房屋的高宽比，是为了保证房屋的刚度和房屋整体的抗弯承载力。多层砌体房屋总高度与总宽度的最大比值，宜符合表 15-2 的要求。

表 15-2 房屋最大高宽比

烈度	6	7	8	9
最大高宽比	2.5	2.5	2	1.5

注：1. 单面走廊房屋的总宽度不包括走廊宽度。
2. 建筑平面接近正方形时，其高宽比宜适当减小。

2. 墙体间距和尺寸

1) 对房屋局部尺寸的限制

砌体房屋的窗间墙、外墙尽端、女儿墙等，是房屋的薄弱环节，容易发生震害。这些墙段的尺寸不应太小。其局部尺寸限值应符合表 15-3 的要求。

表 15-3 房屋的局部尺寸限值(m)

部 位	6 度	7 度	8 度	9 度
承重窗间墙最小宽度	1.0	1.0	1.2	1.5
承重外墙尽端至门窗洞边的最小距离	1.0	1.0	1.2	1.5
非承重外墙尽端至门窗洞边的最小距离	1.0	1.0	1.0	1.0
内墙阳角至门窗洞边的最小距离	1.0	1.0	1.5	2.0
无锚固女儿墙(非出入口处)的最大高度	0.5	0.5	0.5	0.0

注：1. 局部尺寸不足时，应采取局部加强措施弥补，且最小宽度不宜小于 1/4 层高和表列数据的 80%。
2. 出入口处的女儿墙应有锚固。

2) 对横墙间距的要求

限制抗震横墙的间距，目的是保证楼盖传递水平地震作用所需的刚度。房屋抗震横墙的间距，不应超过表 15-4 的规定。

表 15-4 房屋抗震横墙的间距(m)

房屋类型		烈 度			
		6	7	8	9
多层砌体房屋	现浇或装配整体式钢筋混凝土楼、屋盖	15	15	11	7
	装配式钢筋混凝土楼、屋盖	11	11	9	4
	木屋盖	9	9	4	—
底部框架-抗震墙房屋	上部各层	同多层砌体房屋			—
	底层或底部两层	18	15	11	

注：1. 多层砌体房屋的顶层，除木屋盖外的最大横墙间距应允许适当放宽，但应采取相应加强措施。
2. 多孔砖抗震横墙厚度为 190mm 时，最大横墙间距应比表中数值减小 3m。

15.1.3 对结构体系的要求

多层砌体房屋的结构体系，应符合下列要求：①应优先采用横墙承重或纵横墙共同承重的结构体系。②纵横墙的布置宜均匀对称，沿平面内宜对齐，沿竖向应上下连续；同一轴线上的窗间墙宽度宜均匀。③楼梯间不宜设置在房屋的尽端和转角处。④当房屋立面高差在 6m 以上，或房屋有错层且楼板高差较大，或各部分结构刚度、质量截然不同时，宜设置防震缝。缝的两侧均应设置墙体，缝宽应根据烈度和房屋高度确定，可采用 50～100mm。⑤烟道、风道、垃圾道等不应削弱墙体；当墙体被削弱时，应对墙体采取加强措施；不宜采用无竖向配筋的附墙烟囱及出屋面的烟囱。不应采用无锚固的钢筋混凝土预制挑檐。

15.2 多层黏土砖房的抗震构造

15.2.1 现浇钢筋混凝土构造柱的设置

1. 构造柱的设置部位

各类多层砖砌体房屋，应按下列要求设置现浇钢筋混凝土构造柱（以下简称构造柱）：①构造柱设置部位，一般情况下应符合表 15-5 的要求。②外廊式和单面走廊式的多层房屋，应根据房屋增加一层的层数，按表 15-5 的要求设置构造柱，且单面走廊两侧的纵墙均应按外墙处理。③横墙较少的房屋，应根据房屋增加一层的层数，按表 15-5 的要求设置构造柱。当横墙较少的房屋为外廊式或单面走廊式时，应按本条②款要求设置构造柱；但 6 度不超过四层、7 度不超过三层和 8 度不超过两层时，应按增加两层的层数对待。④各层横墙很少的房屋，应按增加两层的层数设置构造柱。⑤采用蒸压灰砂砖和蒸压粉煤灰砖的砌体房屋，当砌体的抗剪强度仅达到普通黏土砖砌体的 70％时，应根据增加一层的层数按本条①～④款的要求设置构造柱；但 6 度不超过四层、7 度不超过三层和 8 度不超过两层时，应按增加两层的层数对待。

2. 构造柱的构造要求（图 15-2）

1）截面尺寸及配筋

构造柱最小截面可采用 180mm×240mm（墙厚 190mm 时为 180mm×190mm），纵向钢筋宜采用 4Φ12，箍筋间距不宜大于 250mm，且在柱上下端应适当加密；6、7 度时超过六层、8 度时超过五层和 9 度时，构造柱纵向钢筋宜采用 4Φ14，箍筋间距不应大于 200mm；房屋四角的构造柱应适当加大截面及配筋。

2）与墙体连接

构造柱与墙连接处应砌成马牙槎，沿墙高每隔 500mm 设 2Φ6 水平钢筋和 φ4 分布短筋平面内点焊组成的拉结网片或 φ4 点焊钢筋网片，每边伸入墙内不宜小于 1m。6、7 度时底部 1/3 楼层，8 度时底部 1/2 楼层，9 度时全部楼层，上述拉结钢筋网片应沿墙体水平通长设置。施工时，应先绑扎构造柱钢筋再砌墙(同时设置拉结钢筋)，最后浇筑混凝土。

表 15-5　多层砖砌体房屋构造柱设置要求

房屋层数				设置部位	
6 度	7 度	8 度	9 度		
四、五	三、四	二、三		楼、电梯间四角、楼梯斜梯段上下端对应的墙体处；外墙四角和对应转角；错层部位横墙与外纵墙交接处；较大洞口两侧	隔 12m 或单元横墙与外纵墙交接处；楼梯间对应的另一侧内横墙与外纵墙交接处
六	五	四	二		隔开间横墙(轴线)与外墙交接处；山墙与内纵墙交接处
七	≥六	≥五	≥三		内墙(轴线)与外墙交接处；内横墙的局部较小墙垛处；内纵墙与横墙(轴线)交接处

注：较大洞口，内墙指不小于 2.1m 的洞口；外墙在内外墙交接处已设置构造柱时应允许适当放宽，但洞侧墙体应加强。

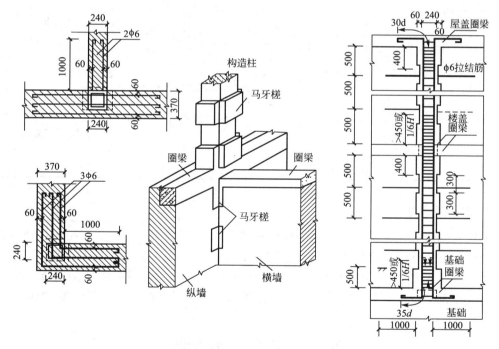

图 15-2　钢筋混凝土构造柱

3）与圈梁连接

构造柱与圈梁连接处，构造柱的纵筋应在圈梁纵筋内侧穿过，保证构造柱纵筋上下贯通。

4）构造柱基础

构造柱可不单独设置基础，但应伸入室外地面下 500mm，或与埋深小于 500mm 的基础圈梁相连。

5）构造柱间距

房屋高度和层数接近表 15-1 的限值时，纵、横墙内构造柱间距尚应符合下列要求：①横墙内的构造柱间距不宜大于层高的两倍；下部 1/3 楼层的构造柱间距适当减小。②当外纵墙开间大于 3.9m 时，应另设加强措施。内纵墙的构造柱间距不宜大于 4.2m。

15.2.2 现浇钢筋混凝土圈梁

1. 设置部位

多层砖砌体房屋的现浇钢筋混凝土圈梁设置应符合下列要求：①装配式钢筋混凝土楼、屋盖或木屋盖的砖房，应按表 15-6 的要求设置圈梁；纵墙承重时，抗震横墙上的圈梁间距应比表内要求适当加密。②现浇或装配整体式钢筋混凝土楼盖、屋盖与墙体有可靠连接的房屋，应允许不另设圈梁，但楼板沿抗震墙体周边均应加强配筋并应与相应的构造柱钢筋可靠连接。

表 15-6 多层砖砌体房屋现浇钢筋混凝土圈梁设置要求

墙类	烈 度		
	6、7	8	9
外墙和内纵墙	屋盖处及每层楼盖处	屋盖处及每层楼盖处	屋盖处及每层楼盖处
内横墙	屋盖处及每层楼盖处；屋盖处间距不应大于 4.5m；楼盖处间距不应大于 7.2m；构造柱对应部位	屋盖处及每层楼盖处；各层所有横墙，且间距不应大于 4.5m；构造柱对应部位	屋盖处及每层楼盖处；各层所有横墙

2. 圈梁的构造

多层砖砌体房屋现浇混凝土圈梁的构造应符合下列要求：①圈梁应闭合，遇有洞口时，圈梁应上下搭接。圈梁宜与预制板设在同一标高处或紧靠板底。②圈梁在表 15-6 要求的间距内无横墙时，应利用梁或板缝中配筋替代圈梁。③圈梁的截面高度不应小于 120mm，配筋应符合表 15-7 的要求；基础圈梁截面高度不应小于 180mm，配筋不应少于 4φ12。

表 15-7 多层砖砌体房屋圈梁配筋要求

配筋	烈 度		
	6、7	8	9
最小纵筋	4φ10	4φ12	4φ14
箍筋最大间距(mm)	250	200	150

对现浇或装配整体式钢筋混凝土楼（屋）盖与墙体有可靠连接的房屋，允许不另设圈梁。但楼板沿墙体周边应加强配筋并应与相应构造柱钢筋有可靠连接。

15.2.3 对楼、屋盖的要求

1. 楼板的支承和拉结

装配式钢筋混凝土楼板或屋面板，当圈梁未设在板的同一标高时（即设在板底时），板端伸入外墙的长度不应小于 120mm，伸入内墙长度不应小于 100mm，在梁上不应小于 80mm。

现浇钢筋混凝土楼板或屋面板伸入纵、横墙内的长度均不应小于 120mm。

当板的跨度大于 4.8m 并与外墙平行时，靠外墙的预制板侧边应与墙或圈梁拉结；房屋端部大房间的楼、6 度时房屋的屋盖和 7～9 度时的楼、屋盖，当圈梁设在板底时，预制板应相互拉结，并应与梁、墙或圈梁拉结。

2. 梁或屋架的连接

楼盖和屋盖处的钢筋混凝土梁或屋架，应与墙、柱、构造柱或圈梁等可靠连接；不得采用独立砖柱。跨度不小于 6m 大梁的支承构件应采用组合砌体等加强措施，并满足承载力要求。

梁与砖柱的连接不应削弱柱截面，各层独立砖柱顶部应在两个方向均有可靠连接。

坡屋顶房屋的屋架应与顶层圈梁可靠连接，檩条或屋面板应与墙、屋架可靠连接，房屋出入口处的檐口瓦应与屋面构件锚固。采用硬山搁檩时，顶层内纵墙顶宜增砌支承山墙的踏步式墙垛，并设置构造柱。

预制阳台应与圈梁和楼板的现浇板带可靠连接。

15.2.4 墙体的拉结钢筋

1. 外墙转角及内外墙交接处

对 6、7 度时长度大于 7.2m 的大房间，以及 8 度和 9 度时，在外墙转角及内外墙交接处，应沿墙高每隔 500mm 配置 2φ6 的通长钢筋和 φ4 分布短钢筋平面内点焊组成的拉结网片或 φ4 点焊网片。

2. 后砌非承重隔墙

后砌的非承重隔墙应沿墙高每隔 500mm 配置 2φ6 拉结钢筋与承重墙或柱拉结，每边伸入墙内不应少于 500mm（图 15 - 3）；8 度和 9 度时，长度大于 5m 的后砌隔墙，墙顶尚应与楼板或梁拉结。

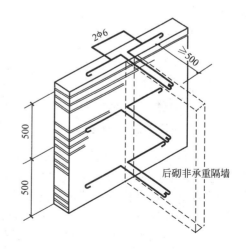

图 15 - 3 后砌非承重墙与承重墙的拉结

15.2.5 对楼梯间的要求

1. 顶层楼梯间

顶层楼梯间墙体应沿墙高每隔 500mm 设 2φ6 通长钢筋和 φ4 分布短钢筋平面内点焊组成的拉结网片或 φ4 点焊网片。

2. 其他各层楼梯间

7～9 度时，其他各层楼梯间墙体应在休息平台或楼层半高处设置 60mm 厚、纵向钢筋不应少于 2φ10 的钢筋混凝土带或配筋砖带，配筋砖带不少于 3 皮，每皮的配筋不少于 2φ6，砂浆强度等级不应低于 M7.5 且不低于同层墙体的砂浆强度等级。

3. 内墙阳角处

楼梯间及门厅内墙阳角处的大梁支承长度不应小于 500mm，并应与圈梁连接。

4. 突出屋顶的楼、电梯间

突出屋顶的楼、电梯间，构造柱应伸到顶部，并与顶部圈梁连接，所有墙体应沿墙高每隔 500mm 设 2φ6 通长钢筋和 φ4 分布短筋平面内点焊组成的拉结网片或 φ4 点焊网片。

5. 装配式楼梯段

装配式楼梯段应与平台板的梁可靠连接，8、9 度时不应采用装配式楼梯段；不应采用墙中悬挑式踏步或踏步竖肋插入墙体的楼梯，不应采用无筋砖砌栏板。

15.2.6 其他构造要求

1. 对过梁的要求

门窗洞口处不应采用无筋砖过梁；过梁支承长度不应小于 240mm（6～8 度时）或 360mm（9 度时）。

2. 对基础的要求

同一结构单元的基础宜采用同一类型。底面宜埋置在同一标高上（否则应增设基础圈梁并应按 1：2 台阶逐步放坡）。同一结构单元的基础（或桩承台），宜采用同一类型的基础，底面宜埋置在同一标高上，否则应增设基础圈梁并应按 1：2 的台阶逐步放坡。

3. 对横墙较少的住宅楼的要求

对横墙较少的多层普通砖、多孔砖住宅楼，当其总高度和层数接近或达到规定限值（即前述的 6 度时 24m、8 层，7 度时 21m、7 层，8 度时 18m、6 层，9 度时 12m、4 层）时，应采取如下加强措施：①房屋的最大开间尺寸不宜大于 6.6m。②横墙和内纵墙上洞口宽度不宜大于 1.5m，外纵墙上洞口宽度不宜大于 2.1m 或开间尺寸的一半；内外墙上的洞口位置不应影响内外纵墙与横墙的整体连接。③同一结构单元内横墙错位数量不宜超过横墙总数的 1/3，且连续错位不宜多于两道；错位的墙体交接处均应增设构造柱，且楼、屋面板均应采用现浇钢筋混凝土板。④所有纵横墙均应在楼、屋盖标高处设置加强的现浇钢筋混凝土圈梁(截面高度不小于 150mm,上下纵筋各不少于 3Φ10,箍筋直径不小于Φ6,间距不大于 250mm)。⑤所有纵横墙交接处及横墙中部,均应增设满足下列要求的构造柱:在横墙内的柱距不大于层高,在纵墙内的柱距不大于 4.2m;构造柱截面尺寸不小于 240mm×240mm,配筋宜符合表 15-8 的要求。⑥房屋底层和顶层的窗台标高处,宜设置沿纵横墙通长的水平现浇钢筋混凝土带,其截面高度不小于 60mm,宽度不小于 240mm,纵向钢筋不小于 3Φ6。⑦同一结构单元的楼、屋面板应设置在同一标高处。

表 15-8　增设构造柱的配筋要求

位置	纵向钢筋			箍筋		
	最大配筋率(%)	最小配筋率(%)	最小直径(mm)	加密区范围(mm)	加密区间距(mm)	最小直径(mm)
角柱 边柱	1.8	0.8	14	全高	100	6
			14	上端 700 下端 500		
中柱	1.4	0.6	12			

15.3 底部框架-抗震墙房屋

本节主要介绍底部框架-抗震墙房屋(图 15-4)的抗震构造。

图 15-4　底部框架-抗震墙房屋

15.3.1　构造柱设置要求

对底部框架-抗震墙房屋的上部应设置钢筋混凝土构造柱。设置位置仍是根据房屋的总层数,按照表 15-5 的规定;过渡层尚应在底层框架柱的对应部位设置构造性。

构造柱的截面不宜小于 240mm×240mm。构造柱的纵向钢筋,不宜少于 4Φ14,箍筋间距不宜大于 200mm;过渡层构造柱的纵向钢筋,在 7 度时不宜少于 4Φ16、8 度时不宜少于 6Φ16。一般情况下,过渡层构造柱纵向钢筋应锚入下部的框架柱内;当纵向钢筋锚固在框架梁内时,框架梁的相应位置应加强。

构造柱与墙体的连接同图 15-2，构造柱应与每层圈梁连接，或与现浇楼板可靠拉接；构造柱宜与框架柱上下贯通。

15.3.2　抗震墙位置

上部抗震墙(指满足刚性横墙要求的砌体墙)的中心线宜与底部的框架梁、抗震墙的轴线重合。

底部的钢筋混凝土抗震墙，其截面和构造应符合下列要求：①抗震墙的墙板厚度不宜小于 160mm，且不应小于墙板净高的 1/20；抗震墙宜开设洞口形成若干墙段，各墙段的高宽比不宜小于 2。②抗震墙周边应设置边框梁(或暗梁)和边框柱(或框架柱)组成边框。边框梁的截面宽度不宜小于墙板厚度的 1.5 倍，截面高度不宜小于墙板厚度的 2.5 倍；边框柱的截面高度不宜小于墙板厚度的 2 倍。③抗震墙的竖向分布钢筋和横向分布钢筋的配筋率均不应小于 0.25%，并应用双排布置；双排分布钢筋间的拉筋间距不应大于 600mm、拉筋直径不应小于 6mm。④抗震墙的边缘构件(暗柱、端柱、翼墙)按一般部位的钢筋混凝土抗震墙要求设置(略)。

当底层框架-抗震墙房屋的底层采用普通砖抗震墙时，其构造应符合下列要求：①应先砌墙后浇框架，墙厚不应小于 240mm，砌筑砂浆强度等级不应低于 M10。②沿框架柱每隔 500mm 配置 2φ6 拉结钢筋，并沿砖墙全长设置；在墙体半高处尚应设置与框架柱相连的钢筋混凝土水平系梁。③墙长大于 5m 时，应在墙内增设钢筋混凝土构造柱。

15.3.3　对楼盖的要求

过渡层的底板应采用厚度不小于 120mm 的现浇钢筋混凝土板，并应少开洞、开小洞。当洞口尺寸大于 800mm 时，洞口周边应设置边梁。

对其他楼层，当采用装配式钢筋混凝土楼板时均应设现浇圈梁；采用现浇钢筋混凝土楼板时允许不另设圈梁，但楼板沿墙体周边应有加强配筋并应与相应的构造柱可靠连接。

15.3.4　钢筋混凝土托梁

对底部框架-抗震墙房屋的钢筋混凝土托梁，其截面宽度不应小于 300mm，截面高度不应小于跨度的 1/10。

梁截面配筋应按计算确定，且箍筋直径不应小于 8mm、间距不应大于 200mm；梁端在 1.5 倍梁高且不小于 1/5 梁净跨范围内，以及上部墙体的洞口处和洞口两侧 500mm 且不小于梁高的范围内，箍筋间距不应大于 100mm。沿梁高度的腹部应设构造钢筋(腰筋)。数量不应少于 2φ14，间距不应大于 200mm。

梁的主筋和腰筋应按受拉钢筋的锚固要求锚固在柱内，且支座上部的纵向钢筋在柱内的锚固长度应符合钢筋混凝土框架梁的有关要求。

*15.4 多层砌体房屋的抗震计算

15.4.1 水平地震作用计算

多层砌体房屋的特点是：房屋层数不多，刚度沿高度分布一般比较均匀，并以剪切变形为主。因此水平地震作用的计算可采用底部剪力法。且由于房屋刚度大，基本周期短，还可采用水平地震影响系数 $\alpha_1 = \alpha_{max}$（表 15-9），且可取 $\delta_n = 0$，故底部剪力法公式可简化为：

$$F_i = \frac{G_i H_i}{\sum_{j=1}^{n} G_j H_j} F_{EK} \tag{15-1}$$

式中　F_i——第 i 层水平地震作用标准值。

　　F_{EK}——砌体房屋总水平地震剪力标准值，$F_{EK} = \alpha_{max} G_{eq}$（$G_{eq}$ 为结构等效总重力荷载，

　　$G_{eq} = 0.85 \sum_{i=1}^{n} G_i$，$G_i$ 为第 i 层的重力荷载代表值）；

　　H_i、H_j——第 i 层、第 j 层楼盖的计算高度。

表 15-9　水平地震影响系数最大值 α_{max}

地震影响	6 度	7 度	8 度	9 度
多遇地震	0.04	0.08(0.12)	0.16(0.24)	0.32
罕遇地震		0.50(0.72)	0.90(1.20)	1.40

注：括号中数值分别用于设计基本地震加速度为 $0.15g$ 和 $0.30g$ 的地区。

对于突出屋面的屋顶间、女儿墙、烟囱等的地震作用效应，宜乘以增大系数 3，此增大部分不往下传递，但与该突出部分相连的构件应予计入。

15.4.2 抗震验算位置和水平地震剪力的分配

1. 验算位置

根据抗震设计的一般概念，抗震设计时只需分别验算房屋在横向和纵向水平地震作用下的不利墙段。而不利墙段是指：承担地震作用较大的墙段，竖向压应力较小的墙段，局部截面较小的墙段。

2. 横向地震剪力的分配

在满足横墙间距限值的条件下（即横墙间距不能太大），横向地震剪力全部由横墙承受，并按各墙段的层间等效侧向刚度 k 的比例分配。而刚度 k 的计算，与楼盖的刚度有关；楼盖分为刚性楼盖（现浇和装配整体式楼盖）、柔性楼盖（木楼盖、木屋盖等）和中等刚度楼盖（装配式钢筋混凝土预制楼盖）三种。

3. 纵向地震剪力的分配

水平地震作用，同样作用于纵向墙体上，所产生的水平纵向地震剪力单独由纵墙承

受。由于房屋纵向长度一般远较横墙的长，该方向的楼盖、屋盖刚度大，可视为刚性楼盖。故其水平地震剪力的分配可按计算横墙剪力分配时的"刚性楼盖"对待。

15.4.3　截面抗震受剪承载力验算

对于普通砖、多孔砖墙体的截面抗震受剪承载力，在一般情况下，按下式验算：

$$V \leqslant \frac{f_{VE}A}{\gamma_{RE}} \tag{15-2}$$

式中　V——墙体抗震剪力设计值。

A——墙体横截面面积，多孔砖取毛截面面积。

γ_{RE}——承载力抗震调整系数，对两端均有构造柱、芯柱的抗震墙，取 0.9；其他抗震墙，取 1.0；对自承重墙，取 0.75。

f_{VE}——砌体沿阶梯形截面破坏时的抗震抗剪强度设计值，$f_{VE} = \xi_N f_v$（其中 f_v 为非抗震设计的砌体抗剪强度设计值，ξ_N 为砌体抗震抗剪强度的正应力影响系数，见表 15-10）。

表 15-10　砌体抗震抗剪强度的正应力影响系数 ξ_N

砌体类别	σ_0/f_y							
	0.0	1.0	3.0	5.0	7.0	10.0	15.0	20.0
普通砖、多孔砖	0.8	1.00	1.28	1.50	1.70	1.95	2.32	
小砌块	—	1.25	1.75	2.25	2.60	3.10	3.95	4.80

注：σ_0 为对应于重力荷载代表值的砌体截面平均压应力。

当不满足式(15-2)的要求时，可计入设置于墙段中部、截面不小于 240mm×240mm 且间距不大于 4m 的构造柱对受剪承载力的提高作用(略)。

15.5　混凝土框架结构抗震设计的一般规定

15.5.1　结构构件的抗震等级

钢筋混凝土房屋应根据烈度、房屋高度和结构类型，采用不同的抗震等级。抗震等级分为一、二、三、四共 4 级。对丙类建筑的框架结构，其抗震等级规定见表 15-11。

表 15-11　现浇钢筋混凝土框架的抗震等级

烈度	6		7		8		9
高度(m)	≤30	>30	≤30	>30	≤30	>30	≤25
一般框架	四	三	三	二	二	一	一
剧场、体育馆等大跨度公共建筑	三		二		一		一

注：1. 建筑场地为Ⅰ类时，除 6 度外可按表内降低一度对应的抗震等级采取抗震构造措施，但相应的计算要求不应降低。

2. 接近或等于高度分界时，允许结合场地、房屋不规则程度、地基条件确定抗震等级。

对于甲、乙、丁类建筑，按相应的抗震设防标准和表 15-11 确定抗震等级。

裙房与主楼相连时，除应按裙房本身确定抗震等级外，尚不应低于主楼的抗震等级；主楼结构在裙房顶层及相邻上下各一层应适当加强抗震构造措施。裙房与主楼分离时，按裙房本身确定抗震等级。

当地下室顶板作为上部结构的嵌固部位时，地下一层的抗震等级应与上部结构相同，地下一层以下则可根据具体情况采用三级或更低抗震等级。

15.5.2 防震缝设置

钢筋混凝土框架结构应避免采用不规则的建筑结构方案，不设防震缝。当需要设置防震缝时，框架结构房屋的防震缝宽度与高度有关。当高度不超过 15m 时，可采用 70mm；超过 15m 时，6 度、7 度、8 度、9 度相应每增加高度 5m、4m、3m 和 2m 时加宽 20mm。

对于 8、9 度的框架结构房屋，当防震缝两侧结构高度、刚度或层高相差较大时，可在缝两侧房屋的尽端沿全高设置垂直于防震缝的抗撞墙（每一侧抗撞墙的数量不少于两道，并宜分别对称布置，墙肢长度可不大于一个柱距）。

15.5.3 结构布置原则

框架结构的平面布置和沿高度方向的布置原则应符合"规则结构"的规定。框架应双向设置，梁中线与柱中线之间的偏心距不宜大于柱宽的 1/4。

框架单独柱基有下列情况之一时，宜沿两个主轴方向设置基础系梁：①一级框架和Ⅳ类场地的二级框架；②各柱基承受的重力荷载代表值差别较大；③基础埋置较深或埋深差别较大；④桩基承台之间；⑤地基主要受力层范围内有液化土层、软弱黏性土层和严重不均匀土层。

框架结构中的填充墙在平面和竖向的布置宜均匀对称，砌体填充墙宜与柱脱开或采用柔性连接。砌体砂浆强度不低于 M5，墙顶与框架梁密切结合；沿框架柱全高每隔 500mm 设 2φ6 拉筋，其伸入墙内的长度不小于墙长的 1/5 且不小于 700mm(6、7 度时)或沿墙全长贯通(8、9 度时)。墙长大于 5m 时，墙顶宜与梁有拉结；墙长超过层高 2 倍时，宜设钢筋混凝土构造柱；墙高超过 4m 时，墙体半高宜设置与柱连接且沿墙全长贯通的钢筋混凝土水平系梁。

15.5.4 截面尺寸选择

1. 梁的截面尺寸

梁的截面宽度不宜小于 200mm，截面高宽比不宜大于 4，净跨与截面高度之比不宜小于 4。

2. 柱的截面尺寸

柱的截面宽度和高度均不宜小于 300mm，圆柱直径不宜小于 350mm；截面长边与短边的边长比不宜大于 3；剪跨比宜大于 2。

在选择柱截面尺寸时，应使柱的轴压比不超过如下数值，以保证柱的变形能力：抗震等级一级时，不超过 0.7；抗震等级二级时，不超过 0.8；抗震等级三级时，不超过 0.9。轴压比是指柱组合的轴压力设计值 N 与柱的全截面面积 A 和混凝土轴心抗压强度设计值

f_c 乘积的比值 $N/(f_c A)$。对可不进行地震作用计算的结构，取无地震组合的轴力设计值。

15.6 框架截面的抗震设计

钢筋混凝土框架结构的截面抗震设计，是在进行地震作用计算、荷载效应(内力)计算、荷载效应基本组合后进行的。由于抗震设计一般是在进行非抗震设计、确定截面配筋后进行的，因而往往以验算的形式出现。

15.6.1 抗震框架设计的一般原则

根据框架结构的震害情形及大震作用下对框架延性的要求，抗震框架设计时应遵循以下基本原则。

1. 强柱弱梁原则

塑性铰首先在框架梁端出现，避免在框架柱上首先出现塑性铰。也即要求梁端受拉钢筋的屈服先于柱端受拉钢筋的屈服(图 15-5)。

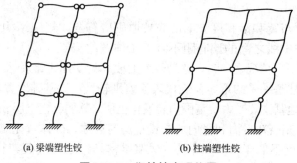

(a) 梁端塑性铰   (b) 柱端塑性铰

图 15-5　塑性铰出现位置

2. 强剪弱弯原则

剪切破坏都是脆性破坏，而配筋适当的弯曲破坏是延性破坏；要保证塑性铰的转动能力，应当防止剪切破坏的发生。因此在设计框架结构构件时，构件的抗剪承载力应高于该构件的抗弯承载能力。

3. 强节点、强锚固原则

节点是框架梁、柱的公共部分，受力复杂，一旦发生破坏则难以修复。因此在抗震设计时，即使节点的相邻构件发生破坏，节点也应处于正常使用状态。框架梁柱的整体连接，是通过纵向受力钢筋在节点的锚固实现的，因此抗震设计的纵向受力钢筋的锚固应强于非抗震设计的锚固要求。

15.6.2 地震作用的计算

多层框架结构在一般情况下应沿两个主轴方向分别考虑水平地震作用，各方向的水平地震作用应全部由该方向的抗侧力构件承担。

对高度不超过 40m、以剪切变形为主的框架结构，水平地震作用标准值的计算可采用底部剪力法。

15.6.3 水平地震作用下的框架内力和侧移

在水平地震作用下，可采用 D 值法计算框架内力和侧移。在求标准反弯点高度比 γ_0 时，应当查倒三角形节点荷载的表格（见附录附表 29-2）。其余计算步骤过程和内容同第 13 章框架结构。

根据 D 值的定义，利用 D 值法求得水平地震作用在框架各层产生的层间剪力标准值，即可求出框架的相对层间侧移，此时框架的整体刚度宜在弹性刚度基础上乘以小于 1 的修正系数（见第 13 章）。

15.6.4 荷载效应基本组合

需进行抗震设防的框架结构，除已于第十三章所述的非抗震设计的荷载效应基本组合外，还应按式(14-14)考虑地震作用效应和其他荷载效应的基本组合。对于只考虑水平地震作用的多层框架结构，其组合式可表述为

$$S_E = \gamma_G S_{GE} + \gamma_{Eh} S_{EhK} \tag{15-3}$$

式中　γ_G——重力荷载分项系数，一般取 1.2，当重力荷载对构件承载力有利时，则取 $\gamma_G \leqslant 1.0$；

　　γ_{Eh}——水平地震作用分项系数，取 1.3；

　　S_{GE}——重力荷载代表值的效应；

　　S_{EhK}——水平地震作用标准值的效应。

重力荷载代表值的效应可利用分层法或弯矩分配法计算，不必考虑活荷载的最不利布置。由于内力计算是采用弹性分析方法，故若能找到重力荷载代表值和恒荷载的比例关系，则可利用恒荷载作用下的框架内力结果乘以该比例的比值。

15.6.5 框架截面抗震验算

根据式(15-3)的计算结果，利用抗震验算的设计表达式(14-15)，有

$$S_E \leqslant R/\gamma_{RE} \tag{15-4}$$

公式中的符号读者已经熟悉，关键是构件截面承载力 R 的计算。

1. 框架梁

框架梁应进行正截面受弯承载力计算和斜截面受剪承载力计算，计算公式体现了"强剪弱弯"的原则和在梁上出现塑性铰的原则。

1）正截面受弯承载力

框架梁的正截面受弯承载力计算公式与非抗震设计时并无不同。例如，对混凝土强度等级≤C50 的矩形截面或倒 T 形截面受弯构件，有

$$\begin{cases} M \leqslant M_u = \xi(1-0.5\xi)f_c b h_0^2 + f_y' A_s' (h_0 - a_s') \\ f_y A_s = \xi f_c b h_0 + f_y' A_s' \end{cases}$$

为了保证梁端出现塑性铰后的转动能力，梁端截面要求 $\xi \leqslant 0.25$（抗震等级一级）或 $\xi \leqslant 0.35$（抗震等级二、三级）；ξ 的计算宜计入受压钢筋。同时，梁端纵向受拉钢筋配筋率不应大于 2.5%；底面和顶面纵向钢筋配筋量的比值不应小于 0.5（抗震等级一级）和 0.3（抗震等级二、三级）。

2）斜截面受剪承载力

（1）剪力设计值 V_b。

对于一、二、三级框架梁，梁端截面组合的剪力设计值按下式调整：

$$V_b = \eta_{Vb}(M_b^l + M_b^r)/l_n + V_{Gb} \qquad (15-5a)$$

一级框架结构及 9 度时还应符合

$$V_b = 1.1(M_{bua}^l + M_{bua}^r)/l_n + V_{GB} \qquad (15-5b)$$

式中　l_n——梁的净跨；

　　V_{Gb}——梁在重力荷载代表值作用下，按简支梁分析的梁端截面剪力设计值；

　M_b^l、M_b^r——分别为梁左右两端截面逆时针或顺时针方向组合的弯矩设计值（一级框架两端弯矩均为负弯矩时，绝对值较小的弯矩应取为零）；

　M_{bua}^l、M_{bua}^r——分别为梁左右两端截面逆时针或顺时针方向按实配钢筋面积（计入受压钢筋）和材料强度标准值确定的正截面抗震受弯承载力所对应的弯矩值；

　　η_{Vb}——梁端剪力增大系数，一级取 1.3，二级取 1.2，三级取 1.1。

（2）剪力设计值应符合的要求（剪压比限值），当梁的跨高比大于 2.5 时（一般情形），有

$$V_b \leqslant \frac{1}{\gamma_{RE}}(0.20\beta_c f_c b h_0) \qquad (15-6a)$$

（3）抗剪承载力计算公式。

与非抗震设计相类似，但应考虑混凝土可承受剪力的降低及承载力抗震调整系数，即

$$V_b \leqslant \frac{1}{\gamma_{RE}}\left(0.42 f_t b h_0 + f_{yv}\frac{A_{sv}}{S}h_0\right) \qquad (15-6b)$$

或

$$V_b \leqslant \frac{1}{\gamma_{RE}}\left(\frac{1.05}{\lambda+1} f_t b h_0 + f_{yv}\frac{A_{sv}}{S}h_0\right) \qquad (15-6c)$$

2. 框架柱

1）强柱弱梁原则的保证

（1）一、二、三级框架的梁柱节点处，除框架顶层和柱轴压比小于 0.15 者，柱端组合的弯矩设计值应符合下式要求：

$$\sum M_c = \eta_c \sum M_b \qquad (15-7a)$$

对一级框架结构及 9 度时还应符合

$$\sum M_c = 1.2 \sum M_{bua} \qquad (15-7b)$$

式中　$\sum M_c$——节点上下端柱截面顺时针或逆时针方向组合的弯矩设计值之和，上、下柱端的弯矩设计值，可按弹性分析分配；

　　$\sum M_b$——节点左右梁端逆时针或顺时针方向组合的弯矩设计值之和（一级框架节点左右梁端均为负弯矩时，绝对值较小的弯矩应取零）；

$\sum M_{\text{bua}}$——符号意义同式(15-5b)，但为节点梁端；

η_c——柱端弯矩增大系数，一级取1.4，二级取1.2，三级取1.1。

当反弯点不在柱的层高范围内时，表明该若干层的框架梁相对较弱，可能造成在竖向荷载和地震共同作用下柱的变形集中、压屈失稳，此时柱端截面组合的弯矩设计值也可乘以上述柱端弯矩增大系数。

(2) 对一、二、三级框架结构的底层(底层指无地下室的基础以上或地下室以上的首层)，柱下端截面组合的弯矩设计值，应分别乘以增大系数1.5、1.25和1.15，底层柱纵向钢筋宜按上下端的不利情况配置。

2) 框架柱的抗剪

(1) 柱的剪力设计值调整。

对一、二、三级的框架柱，荷载效应基本组合的剪力设计值应按下式调整：

$$V_c = \eta_{\text{vc}}(M_c^b + M_c^t)/H_n \tag{15-8}$$

一级框架结构及9度时还应符合

$$V_c = 1.2(M_{\text{cua}}^b + M_{\text{cua}}^t)/H_n \tag{15-9}$$

式中　H_n——柱的净高；

η_{vc}——柱剪力增大系数，一、二、三级分别取1.4、1.2和1.1；

M_c^t、M_c^b——分别为柱的上、下端顺时针或逆时针方向截面组合的弯矩设计值(应符合本节"强柱弱梁的保证"中的有关规定)；

M_{cua}^t、M_{cua}^b——分别为偏心受压柱的上下端顺时针或逆时针方向按实配钢筋面积、材料强度标准值和轴压力等确定的正截面抗震受弯承载力所对应的弯矩值。

(2) 按抗剪要求的截面尺寸保证(剪压比限值)。

对于剪跨比 $\lambda > 2$ 的柱，应满足

$$V_c \leq \frac{1}{\gamma_{\text{RE}}}(0.20 f_c b h_0) \tag{15-10a}$$

对于剪跨比 $\lambda \leq 2$ 的柱，应满足

$$V_c \leq \frac{1}{\gamma_{\text{RE}}}(0.15 f_c b h_0) \tag{15-10b}$$

其中，剪跨比 λ 按下式计算：

$$\lambda = M_c/(V_c h_0) \tag{15-11}$$

式中　M_c——柱端截面弯矩的组合计算值；

V_c——对应的截面组合的剪力计算值。

λ 取上下端计算结果的较大值，反弯点位于柱高中部的框架柱，可取 $\lambda = H_n/2h_0$。

3) 框架柱的受压承载力

框架柱的受压承载力的计算与非抗震设计时相同。例如，对于对称配筋的矩形截面柱，当混凝土强度等级≤C50时：

大偏心受压有

$$\begin{cases} N = \xi f_c b h_0 \\ Ne \leq \xi(1-0.5\xi)f_c b h_0^2 + f_y' A_s'(h_0 - \alpha_s') \end{cases}$$

小偏心受压有

$$\begin{cases} N=\xi f_c bh_0+\left(1-\dfrac{0.8-\xi}{0.8-\xi_b}\right)f'_y A'_s \\ Ne=\xi(1-0.5\xi)f_c bh_0^2+f'_y A'_s(h_0-\alpha'_s) \end{cases}$$

上述公式的应用，读者可查阅有关章节，承载力验算应满足式(15-4)的要求。

3. 框架节点核心区

对三、四级框架的节点核心区，可不进行抗震验算，但应符合抗震构造的要求。

一、二级框架的节点核心区，应进行抗剪承载力计算(略)。

15.7 纵向受力钢筋的锚固和连接

15.7.1 纵向受拉钢筋的抗震锚固长度

纵向受拉钢筋的抗震锚固长度 l_{aE} 按下列要求：

对一、二级抗震等级

$$l_{aE}=1.15l_a \qquad\qquad (15-12a)$$

三级抗震等级

$$l_{aE}=1.05l_a \qquad\qquad (15-12b)$$

四级抗震等级

$$l_{aE}=l_a \qquad\qquad (15-12c)$$

式中 l_n——纵向受拉钢筋的锚固长度。

15.7.2 纵向受拉钢筋的连接

1. 搭接接头

当采用搭接接头时，纵向受拉钢筋的抗震搭接长度 l_{lE} 等于 l_{aE} 乘以搭接长度修正系数 ξ，当纵向钢筋搭接接头面积百分率小于 25%、50%、100% 时，ξ 分别为 1.2、1.4、1.6。

2. 连接接头分类

纵向受力钢筋的连接分为两类：绑扎搭接，机械连接或焊接。

纵向受力钢筋的连接接头位置宜避开梁端箍筋加密区和柱端箍筋加密区。当无法避开时，应采用满足等强度要求的高质量机械连接接头，且钢筋接头面积不应超过 50%。

15.7.3 钢筋在梁柱节点区的锚固和连接

1. 框架中间层节点处

1) 中间节点

框架梁的上部纵向钢筋应贯穿中间节点，柱纵向钢筋不应在节点内截断。梁的下部纵向钢筋伸入中间节点的锚固长度不应小于 l_{aE} 且伸过中心线不应小于 $5d$ ［图 15-6(a)］。对一、二级抗震等级，梁内贯穿中柱的每根纵向钢筋直径，不宜大于柱在该方向截面尺寸的 1/20。

2）端节点

当框架梁上部纵向钢筋用直线锚固方式锚入时，其锚固长度除不应小于 l_{aE} 外，尚应伸过柱中心线不小于 $5d$（d 为纵向钢筋直径）［图 15-6(b)］。当水平直线段锚固长度不足时，梁上部纵向钢筋应伸至柱外边并向下弯折，弯折前水平长度不小于 $0.4l_{aE}$，弯折后的竖直投影长度取 $15d$。

梁下部纵向钢筋在中间端节点处的锚固措施与梁上部纵向钢筋相同，但竖直段应向上弯入节点［图 15-6(c)］。

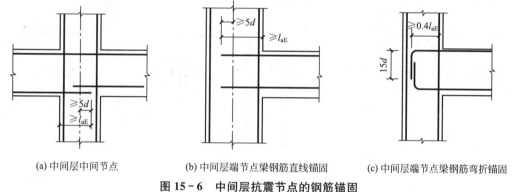

(a) 中间层中间节点　　(b) 中间层端节点梁钢筋直线锚固　　(c) 中间层端节点梁钢筋弯折锚固

图 15-6　中间层抗震节点的钢筋锚固

2. 框架顶层

1）中间节点

在框架顶层中间节点处，柱纵向钢筋应伸至柱顶。当采用直线锚固时，其自梁底边算起的锚固长度不应小于 l_{aE}；若直线段锚固长度不足，则该纵向钢筋伸至柱顶后可向内弯折，弯折前的锚固段竖向投影长度不应小于 $0.5l_{aE}$，弯折后的水平投影长度取 $12d$；当屋盖为现浇混凝土且板厚不小于 90mm、板混凝土强度等级不低于 C20 时，也可向外弯折［图 15-7(a) 虚线示］。对于一、二级抗震等级，贯穿顶层中间节点的梁上部钢筋直径，不宜大于柱在该方向截面尺寸的 1/25。梁下部纵向钢筋在顶层中间节点的锚固措施同中间层中间节点。

2）顶层端节点

方式一：柱外侧钢筋沿节点外边和梁上边与梁上部纵向钢筋搭接连接［图 15-7(b)］，且伸入梁内的柱外侧纵向钢筋截面面积不宜少于柱外侧全部纵向钢筋面积的 65%。对不能伸入梁内的外侧柱纵向钢筋，宜沿柱顶伸至柱内边。当该柱筋位于顶部第一层时，伸至柱内边后宜向下弯折 $8d$ 后截断；当该柱筋位于顶部第二层时，可伸至柱内边后截断。当有现浇板且条件与顶层中间节点处相同时，梁宽范围外的纵筋可伸入板内，其伸入长度与伸入梁内的柱纵筋相同。

梁的上部纵筋应伸至柱外边并向下弯折至梁底标高。当柱外侧纵向钢筋配筋率大于 1.2% 时，伸入梁内的柱纵筋除满足以上规定外，且宜分两批截断，截断点之间的距离不宜小于 $20d$（d 为梁上部纵向钢筋直径）。

方式二：当梁、柱配筋率较高时，梁上部纵向钢筋与柱外侧纵向钢筋的搭接连接也可沿柱外边设置［图 15-7(c)］，搭接长度不应小于 $1.7l_{aE}$。其中柱外侧钢筋应伸至柱顶并向内弯折，弯折段水平投影长度不小于 $12d$。当梁上部纵向钢筋配筋率大于 1.2% 时，弯入柱外侧的梁上部纵向钢筋除应满足以上搭接长度外，且宜分两批截断，其截断点间距离不小于 $20d(d$ 为梁上部纵筋直径)。

柱内侧纵向钢筋在顶层端节点中的锚固措施与顶层中间节点处柱纵向钢筋的锚固措施相同。当柱为对称配筋时，柱内侧纵向钢筋在顶层端节点中的锚固要求可适当放宽，但应伸至柱顶。

梁上部纵向钢筋及柱外侧纵向钢筋在顶层端节点上角处的弯弧内半径，不宜小于 $6d$（当钢筋直径 $d \leqslant 25\text{mm}$ 时）或 $8d$（当钢筋直径 $d > 25\text{mm}$ 时）。

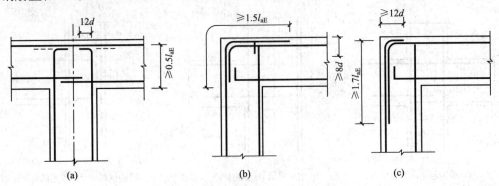

图 15-7 顶层框架节点的钢筋锚固

3. 节点核心区的箍筋

节点核心区的抗剪是抗震设计的重要内容，其关键是箍筋的配置。除核心区的抗剪计算（对一、二级框架）外，尚应满足箍筋体积配筋率和配箍特征值的要求。

1）箍筋体积配筋率

箍筋体积配筋率 ρ_v，简称体积配箍率，其计算公式为

$$\rho_v = \frac{\sum n_i A_{si1} l_i}{s A_{cor}} \qquad (15-13)$$

式中　s——箍筋间距；

A_{cor}——箍筋所包围的混凝土核心面积，算至箍筋内表面；

A_{si1}——i 方向单肢箍筋面积；

n_i——i 方向箍筋的肢数；

l_i——i 方向箍筋的长度。

在计算时，不计箍筋的重叠部分体积。

对一、二、三级抗震等级的框架节点核心区，箍筋的体积配箍率分别不宜小于 0.6%、0.5% 和 0.4%。

2）配箍特征值 λ_v

配箍特征值的计算公式为

$$\lambda_v = \rho_v \frac{f_{yv}}{f_c} \qquad (15-14)$$

对一、二、三级的框架节点核心区，配箍特征值分别不宜小于 0.12、0.10 和 0.08。

框架节点核心区的箍筋间距、直径要求，不低于节点上下柱端箍筋加密区的相应要求。

15.8 抗震框架的一般构造要求

15.8.1 材料选用

1. 混凝土强度等级

混凝土强度等级不应低于 C20；对于一级抗震等级的框架梁、柱、节点，不应低于 C30。

设防烈度为 8 度时，混凝土强度等级不宜超过 C70；设防烈度为 9 度时，不宜超过 C60。

2. 钢筋

普通纵向受力钢筋宜选用 HRB400 级、HRB335 级钢筋；箍筋宜选用 HRB335 级、HPB300 级、HRB400 级钢筋。

对一、二级抗震等级设计的各类框架中的纵向受力钢筋，在采用上述普通钢筋时，要求：钢筋的抗拉强度实测值对屈服强度实测值的比不应小于 1.25；屈服强度实测值对强度标准值的比不应大于 1.3。

15.8.2 框架梁的配筋

1. 纵向钢筋的配置

1）纵向受拉钢筋最小配筋百分率

框架梁的纵向受拉钢筋配筋率不应小于表 15-12 规定的数值。

表 15-12 框架梁纵向受拉钢筋最小配筋百分率(%)

抗震等级	梁支座处	梁跨中处
一级	0.4 和 $80f_t/f_y$ 中较大值	0.3 和 $65f_t/f_y$ 中较大值
二级	0.3 和 $65f_t/f_y$ 中较大值	0.25 和 $55f_t/f_y$ 中较大值
三、四级	0.25 和 $55f_t/f_y$ 中较大值	同非抗震设计

2）梁端钢筋

除按计算确定外，要求梁端截面的底部和顶部纵向受力钢筋截面面积的比值对一级抗震不小于 0.5；二、三级抗震不小于 0.3。

3）通长钢筋

沿梁全长顶面和底面至少应各配置两根通长的纵向钢筋。

对一、二级抗震等级，钢筋直径不应小于 14mm，且分别不少于梁两端顶面和底面纵向受力钢筋中较大截面面积的 1/4；对三、四级抗震等级，钢筋直径不应小于 12mm。

2. 箍筋

1）梁端箍筋加密区

在框架梁梁端应设置箍筋加密区。加密区长度、箍筋间距、直径应满足表 15 - 13 的要求。当梁端纵向受拉钢筋配筋率超过 2% 时，表中箍筋直径应增大 2mm。

表 15 - 13 框架梁梁端箍筋加密区构造要求 (mm)

抗震等级	加密区长度	箍筋最大间距	最小直径
一级	2h 和 500 中较大值	6d、h/4 及 100 中的最小值	10
二级	1.5h 和 500 中较大值	8d、h/4 和 100 中最小值	8
三级（四级）		8d、h/4 和 150 中最小值	8(6)

注：表中 h 为梁截面高度，d 为梁纵向钢筋直径。

第一个箍筋距框架节点边缘不应大于 50mm。加密区长度内的箍筋肢距：对一级抗震，不宜大于 200mm 和箍筋直径 20 倍中较大值；对二、三级抗震，不宜大于 250mm 和箍筋直径 20 倍的较大值；对四级抗震，不宜大于 300mm。

2）非加密区

非加密区的箍筋间距不宜大于加密区箍筋间距的 2 倍。沿梁全长箍筋的配筋率 ρ_w 应不小于 $0.3f_t/f_{yv}$（一级抗震）、$0.28f_t/f_{yv}$（二、三级抗震）和 $0.26f_t/f_{yv}$（四级抗震）。

15.8.3 框架柱的配筋

1. 纵向钢筋

（1）框架柱的纵向钢筋宜对称配置。全部纵向受力钢筋配筋率不应大于 5%；当按一级抗震等级设计且柱的剪跨比 $\lambda \leqslant 2$ 时，柱每侧纵向钢筋的配筋率不宜大于 1.2%。

截面尺寸大于 400mm 的柱，纵向钢筋的间距不宜大于 200mm。

（2）框架柱中纵向受力钢筋，每一侧的配筋率不应小于 0.2%；全部纵向受力钢筋配筋百分率不应小于表 15 - 14 中的规定数值（对Ⅳ类场地上较高的高层建筑，按表中数值增加 0.1）。

表 15 - 14 框架柱全部纵向受力钢筋最小配筋百分率 (%)

柱类型	抗震等级			
	一级	二级	三级	四级
中柱、边柱	1.0	0.8	0.7	0.6
角柱	1.2	1.0	0.9	0.8

注：1. 采用 HRB400 级钢筋时，可按表中数值减小 0.1。
　　2. 当混凝土强度等级≥C60 时，应按表中数值增加 0.1。

2. 箍筋

1）箍筋加密区

框架柱上、下两端箍筋应加密。箍筋加密区长度应取柱截面长边尺寸（或截面直径）、柱净高的 1/6 和 500mm 中三者的最大值。一、二级抗震等级的角柱应沿柱全高加密箍筋。加密区的箍筋间距和直径应符合表 15-15 的要求。

表 15-15　柱端箍筋加密区构造要求(mm)

抗震等级	箍筋最大间距	箍筋最小直径
一级	6d 和 100 中的较小值	10
二级	8d 和 100 中的较小值	8
三级	8d 和 150(柱根 100)中较小值	8
四级		6(柱根 8)

注:1. d 为纵向钢筋直径。

2. 底层柱的柱根指地下室顶面和无地下室时的基础顶面;柱根加密区长度应取不小于该层柱净高的 1/3;当有刚性地坪时,除柱端箍筋加密区外尚应在刚性地坪上、下各 500mm 的高度范围内加密箍筋。

3. 剪跨比 λ≤2 的框架柱应在柱全高范围内加密,且箍筋间距≤100mm。

4. 二级抗震框架柱,当箍筋直径≥10mm、肢距≤200mm 时,除柱根外,箍筋间距允许采用 150mm;三级抗震框架柱,柱截面尺寸≤400mm 时,箍筋最小直径允许采用 6mm;四级抗震框架柱,剪跨比≤2 时,箍筋直径不应小于 8mm。

2) 箍筋肢距

加密区内箍筋肢距,对一级抗震不宜大于 200mm;二、三级抗震不宜大于 250mm;四级抗震不宜大于 300mm。同时,每隔一根纵筋宜在两个方向有箍筋或拉筋约束(采用拉筋时,拉筋宜紧靠纵向钢筋并勾住封闭箍筋)。

3) 体积配筋率

柱箍筋加密区内的体积配箍率 ρ_v 应符合下式要求:

$$\rho_v \geq \lambda_v \frac{f_c}{f_{yv}} \tag{15-15}$$

式中　f_c——混凝土轴心抗压强度设计值,当混凝土强度等级低于 C35 时,按 C35 取值;

f_{yv}——箍筋及拉筋的抗拉强度设计值;

ρ_v——柱箍筋加密区的体积配箍率,对一、二、三、四级抗震等级的柱,分别不应小于 0.8%、0.6%、0.4%、0.4%;

λ_v——箍筋最小配箍特征值,按表 15-16 采用。

表 15-16　柱箍筋加密区的箍筋最小配箍特征值

抗震等级	箍筋形式	轴压比								
		≤0.3	0.4	0.5	0.6	0.7	0.8	0.9	1.0	1.05
一级	形式1	0.10	0.11	0.13	0.15	0.17	0.20	0.23	—	—
	形式2	0.08	0.09	0.11	0.13	0.15	0.18	0.21	—	—
二级	形式1	0.08	0.09	0.11	0.13	0.15	0.17	0.19	0.22	0.24
	形式2	0.06	0.07	0.09	0.11	0.13	0.15	0.17	0.20	0.22

（续）

抗震等级	箍筋形式	轴压比								
		≤0.3	0.4	0.5	0.6	0.7	0.8	0.9	1.0	1.05
三级	形式1	0.06	0.07	0.09	0.11	0.13	0.15	0.17	0.20	0.22
	形式2	0.05	0.06	0.07	0.09	0.11	0.13	0.15	0.18	0.20

注：1. 箍筋形式 1 指普通箍、复合箍，其中普通箍指单个矩形箍筋或单个圆形箍筋；复合箍指由矩形、多边形、圆形箍筋或拉筋组成的箍筋。形式 2 指螺旋箍、复合或连续复合矩形螺旋箍，其中螺旋箍指单个螺旋箍筋；复合螺旋箍指出螺旋箍与矩形、多边形、圆形箍筋或拉筋组成的箍筋；连续复合矩形螺旋箍指全部螺旋箍为同一根钢筋加工的箍筋。

2. 当混凝土强度等级大于 C60 时，宜采用复合箍及形式 2 的箍筋；轴压比≤0.6 时，λ_v 宜按表中数值再增加 0.02，轴压比＞0.6 时，λ_v 宜按表中数值再增加 0.03。

剪跨比 $\lambda \leqslant 2$，一、二、三级抗震等级的柱宜采用复合螺旋箍或井字复合箍筋（图 15 - 8），体积配箍率不应小于 1.2%（9 度时不应小于 1.5%）。

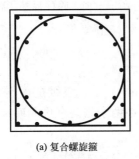
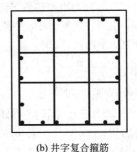

(a) 复合螺旋箍　　　　　　　　(b) 井字复合箍筋

图 15 - 8　复合螺旋箍及井字复合箍筋

在柱箍筋加密区之外，箍筋的体积配箍率不宜小于加密区的一半。对一、二级抗震等级，箍筋间距不应大于 10d；对三、四级抗震等级，箍筋间距不应大于 15d（d 为纵向钢筋直径）。

小　　结

多层混合结构房屋是民用建筑中应用很广泛的建筑，由于砌体材料的脆性，其抗震能力很差，地震时易造成墙体开裂甚至倒塌，因此在抗震设计时应注意结构布置、满足抗震构造要求并进行必要的抗震计算（7 度及以上时）。

砌体结构的构造要求包括：房屋层数和高度的限制；房屋最大高宽比限值；抗震横墙间距；保证房屋的局部尺寸；优先考虑横墙承重体系；构造柱和圈梁设置；楼梯间的构造要求等。在进行抗震计算时，一般只需考虑水平地震作用，并利用底部剪力法计算（计算时可取 $\alpha_1 = \alpha_{\max}$，$\delta_n = 0$）；抗震验算时，可分别对两个主轴方向进行，选择承受水平地震剪力较大、竖向压应力较小的墙段或截面较小的墙段进行验算。

未经抗震设防的钢筋混凝土框架结构房屋遭遇地震作用时，其柱、梁、节点和填充墙都可能出现不同程度的震害。因此位于抗震设防区的混凝土框架结构，应当根据设防烈度、框架的抗震等级进行抗震设计，并满足抗震构造要求。

习　　题

思考题

(1) 为什么多层砌体房屋容易发生震害？主要发生在哪些部位？

(2) 对多层砌体房屋结构体系有哪些要求？

(3) 多层砌体房屋的局部尺寸有哪些要求？

(4) 为什么要控制房屋高宽比？为什么要限制多层砌体房屋总高度和层数？

(5) 钢筋混凝土构造柱起哪些作用？

(6) 多层黏土砖房的钢筋混凝土构造柱应符合哪些要求？如何选择截面尺寸和配筋？

(7) 钢筋混凝土圈梁起哪些作用？

(8) 在多层黏土砖房中如何设置钢筋混凝土圈梁？

(9) 多层砌体房屋的水平地震作用如何计算？如何进行纵向地震剪力的分配？

(10) 钢筋混凝土框架结构的主要震害有哪些？

(11) 框架的抗震等级有哪几级？如何划分？

(12) 防震缝的宽度如何确定？

(13) 框架结构的填充墙有哪些要求？

(14) 框架梁、柱截面有哪些要求？

(15) 什么是柱的轴压比？

(16) 什么是"强柱弱梁"原则？

(17) 什么是"强剪弱弯"原则？

(18) 为什么多层框架一般均可用底部剪力法进行水平地震作用计算？

(19) 采用 D 值法时，如何确定框架柱的反弯点高度？

(20) 梁端钢筋如何在节点内锚固？

(21) 柱纵向钢筋在中间层和顶层节点处如何锚固？

(22) 如何计算柱箍筋的体积配箍率？

(23) 梁端截面的纵向钢筋配置有哪些要求？

(24) 梁端箍筋加密区如何设计？

(25) 框架柱纵筋配置有哪些要求？

(26) 框架柱端箍筋加密区有哪些要求？

(27) 框架柱箍筋加密区之外的箍筋有哪些要求？

附　　录

附表 1　结构混凝土材料的耐久性基本要求

环境等级	最大水胶比	最低强度等级	最大氯离子含量（%）	最大碱含量（kg/m³）
一	0.60	C20	0.30	不限制
二 a	0.55	C25	0.20	
二 b	0.50（0.55）	C30（C25）	0.15	
三 a	0.45（0.50）	C35（C30）	0.15	3.0
三 b	0.40	C40	0.10	

注：1. 本表适用于设计使用年限为 50 年的混凝土结构：①预应力构件混凝土中的最大氯离子含量为 0.06%，最小水泥用量为 300kg/m³，最低混凝土强度等级应按表的规定提高两个等级；②素混凝土构件的水胶比及最低强度等级的要求可适当放松；③有可靠工程经验时，二类环境中的最低混凝土强度等级可降低一个等级；④处于严寒和寒冷地区二 b、三 a 类环境中的混凝土应使用引气剂，并可采用括号中的有关参数；⑤当使用非碱活性骨料时，对混凝土中的碱含量可不作限制。

2. 一类环境中，设计使用年限为 100 年的混凝土结构，应符合下列规定：①钢筋混凝土结构的最低强度等级为 C30，预应力混凝土结构的最低强度等级为 C40；②混凝土中的最大氯离子含量为 0.06%；③宜使用非碱活性骨料，当使用碱活性骨料时，混凝土中的最大碱含量为 3.0kg/m³；④混凝土保护层厚度应按《规范》第 8.2.1 条的规定增加 40%，当采取有效的表面防护措施时，混凝土保护层厚度可适当减少；⑤在使用过程中，应定期维护。

3. 二类和三类环境中，设计使用年限为 100 年的混凝土结构，应采取专门的有效措施。

4. 对下列混凝土结构及构件，尚应采取相应的措施：①预应力混凝土结构中的预应力筋应根据具体情况采取表面防护、管道灌浆、加大混凝土保护层厚度等措施，外露的锚固端应采取封锚和混凝土表面处理等有效措施；②有抗渗要求的混凝土结构，混凝土的抗渗等级应符合有关标准的要求；③严寒及寒冷地区的潮湿环境中，结构混凝土应满足抗冻要求，混凝土抗冻等级应符合有关标准的要求；④处在三类环境中的混凝土结构，钢筋可采用环氧涂层钢筋或其他具有耐腐蚀性能的钢筋，也可采取阴极保护处理等防锈措施；⑤处于二、三类环境中的悬臂构件宜采用悬臂梁-板的结构形式，或在其上表面增设防护层；⑥处于二、三环境中的结构，其表面的预埋件、吊钩、连接件等金属部件应采取可靠的防锈措施。

附表 2　混凝土轴心抗压、轴心抗拉强度标准值（N/mm²）

强度种类	混凝土强度等级													
	C15	C20	C25	C30	C35	C40	C45	C50	C55	C60	C65	C70	C75	C80
f_{ck}	10.0	13.4	16.7	20.1	23.4	26.8	29.6	32.4	35.5	38.5	41.5	44.5	47.5	50.2
f_{tk}	1.27	1.54	1.78	2.01	2.20	2.39	2.61	2.64	2.74	2.85	2.93	2.99	3.05	3.11

附表 3　混凝土轴心抗压、轴心抗拉强度设计值（N/mm²）

强度种类	混凝土强度等级													
	C15	C20	C25	C30	C35	C40	C45	C50	C55	C60	C65	C70	C75	C80
f_c	7.2	9.6	11.9	14.3	16.7	19.1	21.1	23.1	25.3	27.5	29.7	31.8	33.8	35.9
f_t	0.91	1.10	1.27	1.43	1.57	1.71	1.80	1.89	1.96	2.04	2.09	2.14	2.18	2.22

附表 4　混凝土受压和受拉的弹性模量 E_c（$\times 10^4 \text{N/mm}^2$）

C20	C25	C30	C35	C40	C45	C50	C55	C60	C65	C70	C75	C80
2.55	2.80	3.00	3.15	3.25	3.35	3.45	3.55	3.60	3.65	3.70	3.75	3.80

附表 5　普通钢筋强度标准值及极限应变

牌号	公称直径 d（mm）	屈服强度 f_{yk}（N/mm²）	抗拉强度 f_{stk}（N/mm²）	最大力下总伸长率 δ_{gt}（%）
HPB235 HPB300	6～20 6～22	300	420	不小于 10.0
HRB335	6～50	335	455	不小于 7.5
HRB400 HRBF400 RRB400		400	540	
HRB500 HRBF500		500	630	

注：当采用直径大于 40mm 的钢筋时，应有可靠的工程经验。

附表 6　普通钢筋强度设计值（N/mm²）

	牌　号	f_y	f_y'
光圆钢筋	HPB235	210	210
	HPB300	270	270
带肋钢筋	HRB335、HRBF335	300	300
	HRB400、HRBF400、RRB400	360	360
	HRB500、HRBF500	435	410

注：1. 横向钢筋的抗拉强度设计值 f_{yy} 应按表中 f_y 的数值取用，但用作受剪、受扭、受冲切承载力计算时，其数值大于 360N/mm² 时应取 360N/mm²。
　　2. HPB235 级钢筋将逐渐淘汰，RRB400 级钢筋不得用于重要结构构件。

附表 7　钢筋的弹性模量 E_s（$\times 10^5 \text{N/mm}^2$）

牌号或种类	弹性模量 E_s
HPB235、HPB300	2.10
HRB335、HRB400、HRB500 钢筋 HRBF335、HRBF400、HRBF500 钢筋 RRB400 钢筋 预应力螺纹钢筋	2.00
消除应力钢丝、中强度预应力钢丝	2.05
钢绞线	1.95

注：必要时可通过试验采用实测的弹性模量。

附表 8　预应力筋强度标准值(N/mm²)及最大力下总伸长率

种　类		符号	直径 (mm)	抗拉强度 f_{ptk}	最大力下总长率 δ_{gt} (%)
中强度预 应力钢丝	光面 螺旋肋	ϕ^{PM} ϕ^{HM}	5、7、9	800	
				970	
				1270	
消除应力 钢丝	光面 螺旋肋	ϕ^{P} ϕ^{H}	5	1570	
				1860	
			7	1570	
			9	1470	
				1570	
钢绞线	1×3 (三股)	ϕ^{S}	8.6、10.8、 12.9	1570	不小于 3.5
				1860	
				1960	
	1×7 (七股)		9.5、12.7、 15.2、17.8	1720	
				1860	
				1960	
			21.6	1770	
				1860	
预应力 螺纹钢筋		ϕ^{r}	18、25、32、 40、50	980	
				1080	
				1230	

注：1. 中强度预应力钢丝、消除应力钢丝和钢绞线的条件屈服强度取为抗拉强度的 0.85。

2. 预应力螺纹钢筋的条件屈服强度根据现行国家标准《预应力混凝土用螺纹钢筋》(GB/T 20065—2006)确定。

附表 9　预应力筋强度设计值(N/mm²)

种　类	f_{ptk}	f_{py}	f_{py}'
中强度预应力钢丝	800	560	410
	970	680	
	1270	900	
消除应力钢丝	1470	1040	410
	1570	1110	
	1860	1320	
钢绞线	1570	1110	390
	1720	1220	
	1860	1320	
	1980	1390	

（续）

种　类	f_{ptk}	f_{py}	f'_{py}
预应力螺纹钢筋	980 1080 1230	650 770 900	435

注：当预应力筋的强度标准值不符合附表 8 的规定时，其强度设计值应进行相应的比例换算。

附表 10　最外层钢筋的混凝土保护层最小厚度 c(mm)

环境等级	板墙壳	梁柱
一	15	20
二 a	20	25
二 b	25	35
三 a	30	40
三 b	40	50

注：1. 混凝土强度等级不大于 C25 时，表中保护层厚度数值应增加 5mm。
　　2. 钢筋混凝土基础应设置混凝土垫层，其纵向受力钢筋的混凝土保护层厚度应从垫层顶面算起，且不小于 40mm。
　　3. 设计使用年限为 100 年的混凝土结构，不应小于表中数值的 1.4 倍。
　　4. 当有充分依据并采取下列有效措施时，可适当减小混凝土保护层的厚度。
　　　①构件表面有可靠的防护层；②采用工厂化生产的预制构件，并能保证预制构件混凝土的质量；③在混凝土中掺加阻锈剂或采用阴极保护处理等防锈措施；④当对地下室墙体采取可靠的建筑防水做法时，与土壤接触一侧钢筋的保护层厚度可适当减少，但不应小于 25mm。
　　5. 当梁、柱、墙中纵向受力钢筋的保护层厚度大于 50mm 时，宜对保护层采取有效的防裂、防剥落构造措施。
　　6. 有防火要求的建筑物，其混凝土保护层厚度尚应符合国家现行有关标准的规定。

附表 11　纵向受力钢筋的最小配筋百分率(%)

受力类型		最小配筋百分率
受压构件	全部纵向钢筋	0.50(500MPa 级钢筋) 0.55(400MPa 级钢筋) 0.60(300、335MPa 级钢筋)
	一侧纵向钢筋	0.20
受弯构件、偏心受拉、轴心受拉构件一侧的受拉钢筋		0.20 和 $45f_t/f_y$ 中的较大值

注：1. 受压构件全部纵向钢筋最小配筋百分率，当采用 C60 及以上强度等级的混凝土时应按表中规定增加 0.10。
　　2. 偏心受拉构件中的受压钢筋，应按受压构件一侧纵向钢筋考虑。
　　3. 受弯构件、大偏心受拉构件一侧受拉钢筋的配筋率应按全截面面积扣除受压翼缘面积 $(b'_f-b)h'_f$ 后的截面面积计算。
　　4. 当钢筋沿构件截面周边布置时，"一侧纵向钢筋"系指沿受力方向两个对边中的一边布置的纵向钢筋。
　　5. 卧置于地基上的混凝土板，板中受拉钢筋的最小配筋率可适当降低，但不应小于 0.15%。

附表 12　每米板宽在不同间距下的钢筋截面面积(mm²)

钢筋间距 (mm)	钢筋直径(mm)										
	6	6/8	8	8/10	10	10/12	12	12/14	14	14/16	16
70	404	561	719	920	1121	1369	1616	1908	2199	2536	2872
75	377	524	671	859	1047	1277	1508	1780	2053	2367	2681
80	354	491	629	805	981	1198	1414	1669	1924	2218	2513
85	333	462	592	758	924	1127	1331	1571	1811	2088	2365
90	314	437	229	716	872	1064	1257	1484	1710	1972	2234
95	298	414	529	678	826	1008	1190	1405	1620	1868	2116
100	283	393	503	644	785	958	1131	1335	1539	1775	2011
110	257	357	457	585	714	871	1028	1214	1399	1614	1828
120	236	327	419	537	654	798	942	1112	1283	1480	1676
125	226	314	402	515	628	766	905	1068	1232	1420	1608
130	218	302	387	495	604	737	870	1027	1184	1366	1547
140	202	281	359	460	561	684	808	954	1100	1268*	1436
150	189	262	335	429	523	639	754	890	1026	1183	1340
160	177	246	314	403	491	599	707	834	962	1110	1257
170	166	231	296	379	462	564	665	785	906	1044	1183
180	157	218	279	358	436	532	628	742	855	985	1117
190	149	207	265	339	413	504	595	702	510	934	1058
200	141	196	251	322	393	479	565	668	770	888	1005

注：1. 表中钢筋直径 6/8、8/10、10/12…是指两种直径的钢筋间隔放置。

2. 在求得每米板宽的钢筋面积 A_s 后，也可用试算法确定钢筋间距 s，公式为：

$$s = \frac{(28.01d)^2}{A_s}$$

附表 13　钢筋排成一排时梁的最小宽度(mm)

钢筋直径(mm)	2 根	3 根	4 根	5 根	6 根	7 根
12	180/180	200/200				
14	180/180	220/200				
16	200/200	220/200	250/200			
18	200/200	220/200	250/220	300/250		
20	200/200	220/200	300/250	350/300	350/300	400/350
22	200/200	250/200	300/250	350/300	400/350	400/350
25	250/250	250/250	300/250	350/300	400/350	500/400

附表 14　钢材的强度设计值(N/mm²)

牌号	厚度或直径 (mm)	抗拉、抗压 和抗弯 f	抗剪 f_v	端面承压 (刨平顶紧)f_{ce}	钢材名义屈服 强度 f_y	极限抗拉强度 最小值 f_u
Q235	≤16	215	125		235	
	>16～40	205	120		225	
	>16～60	200	115	325	215	370
	>60～100	200	115		205	

（续）

牌号	厚度或直径 （mm）	抗拉、抗压 和抗弯 f	抗剪 f_v	端面承压 （刨平顶紧）f_{ce}	钢材名义屈服 强度 f_y	极限抗拉强度 最小值 f_u
Q345	≤16	300	175	400	345	470
	>16～40	295	170		335	
	>40～63	290	165		325	
	>63～80	280	160		315	
	>80～100	270	155		305	
Q390	≤16	345	200	415	390	490
	>16～40	330	190		370	
	>40～63	310	180		350	
	>63～100	295	170		330	
Q420	≤16	375	215	440	420	520
	>16～40	355	205		400	
	>40～63	320	185		380	
	>63～100	305	175		360	
Q460	≤16	410	235	470	460	550
	>16～40	390	225		440	
	>40～63	355	205		420	
	>63～100	340	195		400	

附表 15　焊缝的强度设计值（N/mm²）

焊接方法和 焊条型号	构件钢材		对接焊缝				角焊缝
	牌　号	厚度或 直径（mm）	抗压 f_c^w	焊缝质量为下列等 级时，抗拉 f_t^w		抗剪 f_v^w	抗拉、抗压和 抗剪 f_f^w
				一级、二级	三级		
自动焊、半自 动焊和 E43 型焊 条的手工焊	Q235 钢	≤16	215	215	185	125	160
		>16～40	205	205	175	120	
		>40～60	200	200	170	115	
		>60～100	190	190	160	110	
自动焊、半自 动焊和 E50 焊条 的手工焊	Q345 钢	≤16	310	310	265	180	200
		>16～35	295	295	250	170	
		>35～50	265	265	225	155	
		>50～100	250	250	210	145	

（续）

焊接方法和焊条型号	构件钢材		对接焊缝				角焊缝
	牌　号	厚度或直径(mm)	抗压 f_c^w	焊缝质量为下列等级时，抗拉 f_t^w		抗剪 f_v^w	抗拉、抗压和抗剪 f_f^w
				一级、二级	三级		
自动焊、半自动焊和 E55 条的手工焊	Q390 钢	≤16	350	350	300	205	220
		>16～35	335	335	285	190	
		>35～50	315	315	270	180	
		>50～100	295	295	250	170	
自动焊、半自动焊和 E55 条的手工焊	Q420 钢	≤16	380	380	320	220	220
		>16～35	360	360	305	210	
		>35～50	340	340	290	195	
		>50～100	325	325	275	185	

注：1. 自动焊和半自动焊所采用的焊丝和焊剂，应保证其熔敷金属抗拉强度不低于相应手工焊焊条的数值。

2. 焊缝质量等级应符合现行国家标准《钢结构工程施工质量验收规范》(GB 50205—2001)的规定。

3. 对接焊缝抗弯受压区强度设计值取 f_c^w，抗弯受拉区强度设计值取 f_t^w。

附表 16　螺栓连接的强度设计值(N/mm²)

螺栓的钢材牌号(或性能等级)和构件的钢材牌号		普通螺栓						锚栓	承压型连接高强度螺栓		
		C 级螺栓			A 级、B 级螺栓						
		抗拉 f_t^b	抗剪 f_v^b	承压 f_c^b	抗拉 f_t^b	抗剪 f_v^b	承压 f_c^b	抗拉	抗拉 f_t^b	抗剪 f_v^b	承压 f_c^b
普通螺栓	4.6级、4.8级	170	140	—	—	—	—	—	—	—	—
	5.6级	—	—	—	210	190	—	—	—	—	—
	8.8级	—	—	—	400	320	—	—	—	—	—
锚栓	Q235 钢	—	—	—	—	—	—	140	—	—	—
	Q345 钢	—	—	—	—	—	—	180	—	—	—
承压型连接高强度螺栓	8.8级	—	—	—	—	—	—	—	400	250	—
	10.9级	—	—	—	—	—	—	—	500	310	—
构件	Q235 钢	—	—	305	—	—	405	—	—	—	470
	Q345 钢	—	—	385	—	—	510	—	—	—	590
	Q390 钢	—	—	400	—	—	530	—	—	—	615
	Q420 钢	—	—	425	—	—	560	—	—	—	655

注：1. A 级螺栓用于 $d \leq 24$mm 和 $l \leq 10d$ 或 $l \leq 150d$(按较小值)的螺栓；B 级螺栓用于 $d > 24$mm 和 $l > 10d$ 或 $l > 150d$(按较小值)的螺栓。d 为公称直径，l 为螺杆公称长度。

2. A、B 级螺栓孔的精度和孔壁表面粗糙度、C 级螺栓孔的允许偏差和孔壁表面粗糙度，均应符合现行国家标准《钢结构工程施工质量验收规范》(GB 50205—2001)的要求。

附表 17　轴心受压构件的稳定系数

附表 17-1　a 类截面轴心受压构件的稳定系数 φ

$\lambda\sqrt{\dfrac{f_y}{235}}$	0	1	2	3	4	5	6	7	8	9
0	1.000	1.000	1.000	1.000	0.999	0.999	0.998	0.998	0.997	0996
10	0.995	0.994	0.993	0.992	0.991	0.989	0.988	0.986	0.985	0.983
20	0.981	0.979	0.977	0.976	0.974	0.972	0.970	0.968	0.966	0.964
30	0.963	0.961	0.959	0.957	0.955	0.952	0.950	0.948	0.946	0.944
40	0.941	0.939	0.937	0.934	0.932	0.929	0.927	0.924	0.921	0.919
50	0.916	0.913	0.910	0.907	0.904	0.900	0.897	0.894	0.890	0.886
60	0.883	0.879	0.875	0.871	0.867	0.863	0.858	0.854	0.849	0.844
70	0.839	0.831	0.829	0.824	0.818	0.813	0.807	0.801	0.795	0.789
80	0.783	0.776	0.770	0.763	0.757	0.750	0.743	0.736	0.728	0.721
90	0.714	0.706	0.699	0.691	0.684	0.676	0.668	0.661	0.653	0.645
100	0.638	0.630	0.622	0.615	0.607	0.600	0.592	0.585	0.577	0.570
110	0.563	0.555	0.548	0.541	0.534	0.527	0.520	0.514	0.507	0.500
120	0.494	0.488	0.481	0.475	0.469	0.463	0.457	0.451	0.445	0.440
130	0.134	0.429	0.423	0.418	0.412	0.407	0.402	0.397	0.392	0.387
140	0.383	0.378	0.373	0.369	0.364	0.360	0.356	0.351	0.347	0.343
150	0.339	0.335	0.331	0.327	0.323	0.320	0.316	0.312	0.309	0.305
160	0.302	0.298	0.295	0.292	0.289	0.285	0.282	0.279	0.276	0.273
170	0.270	0.267	0.264	0.262	0.259	0.256	0.253	0.251	0.248	0.246
180	0.243	0.241	0.238	0.236	0.233	0.231	0.229	0.226	0.224	0.222
190	0.220	0.218	0.215	0.213	0.211	0.209	0.207	0.205	0.203	0.201
200	0.199	0.198	0.196	0.194	0.192	0.190	0.189	0.187	0.185	0.183
210	0.182	0.180	0.179	0.177	0.175	0.174	0.172	0.171	0.169	0.168
220	0.166	0.165	0.164	0.162	0.161	0.159	0.158	0.157	0.155	0.154
230	0.153	0.152	0.150	0.149	0.148	0.147	0.146	0.144	0.143	0.142
240	0.141	0.140	0.139	0.138	0.136	0.135	0.134	0.133	0.132	0.131
250	0.130	—	—	—	—	—	—	—	—	—

附表 17-2　b 类截面轴心受压构件的稳定系数 φ

$\lambda\sqrt{\dfrac{f_y}{235}}$	0	1	2	3	4	5	6	7	8	9
0	1.000	1.000	1.000	0.999	0.999	0.998	0.997	0.996	0.995	0.994
10	0.992	0.991	0.989	0.987	0.985	0.983	0.981	0.978	0.976	0.973
20	0.970	0.967	0.963	0.960	0.957	0.953	0.950	0.946	0.943	0.939
30	0.936	0.932	0.929	0.925	0.922	0.918	0.914	0.910	0.906	0.903
40	0.899	0.895	0.891	0.887	0.882	0.878	0.874	0.870	0.865	0.861
50	0.856	0.852	0.847	0.842	0.838	0.833	0.828	0.823	0.818	0.813

$\lambda\sqrt{\dfrac{f_y}{235}}$	0	1	2	3	4	5	6	7	8	9
60	0.807	0.802	0.797	0.791	0.786	0.780	0.774	0.769	0.763	0.757
70	0.751	0.745	0.739	0.732	0.726	0.720	0.714	0.707	0.701	0.694
80	0.688	0.681	0.675	0.668	0.661	0.655	0.648	0.641	0.635	0.628
90	0.621	0.614	0.608	0.601	0.594	0.588	0.581	0.575	0.568	0.561
100	0.555	0.549	0.542	0.536	0.529	0.523	0.517	0.511	0.505	0.499
110	0.493	0.487	0.481	0.475	0.470	0.464	0.458	0.453	0.447	0.442
120	0.437	0.432	0.426	0.421	0.416	0.411	0.406	0.402	0.397	0.392
130	0.387	0.383	0.378	0.374	0.370	0.365	0.361	0.357	0.353	0.349
140	0.345	0.341	0.337	0.333	0.329	0.326	0.322	0.318	0.315	0.311
150	0.308	0.304	0.301	0.298	0.295	0.291	0.288	0.285	0.282	0.279
160	0.276	0.273	0.270	0.267	0.265	0.262	0.259	0.256	0.254	0.251
170	0.249	0.246	0.244	0.241	0.239	0.236	0.234	0.232	0.229	0.227
180	0.225	0.223	0.220	0.218	0.216	0.214	0.212	0.210	0.208	0.206
190	0.204	0.202	0.200	0.198	0.197	0.195	0.193	0.191	0.190	0.188
200	0.186	0.184	0.183	0.181	0.180	0.178	0.176	0.175	0.173	0.172
210	0.170	0.169	0.167	0.166	0.165	0.163	0.162	0.160	0.159	0.158
220	0.156	0.155	0.154	0.153	0.151	0.150	0.149	0.148	0.146	0.145
230	0.144	0.143	0.142	0.141	0.140	0.138	0.137	0.136	0.135	0.134
240	0.133	0.132	0.131	0.130	0.129	0.128	0.127	0.126	0.125	0.124
250	0.123	—	—	—	—	—	—	—	—	—

附表 17-3　c 类截面轴心受压构件的稳定系数 φ

$\lambda\sqrt{\dfrac{f_y}{235}}$	0	1	2	3	4	5	6	7	8	9
0	1.000	1.000	1.000	0.999	0.999	0.998	0.997	0.996	0.995	0.993
10	0.992	0.990	0.988	0.986	0.983	0.981	0.978	0.976	0.973	0.970
20	0.966	0.959	0.953	0.947	0.940	0.934	0.928	0.921	0.915	0.909
30	0.902	0.896	0.890	0.884	0.877	0.871	0.865	0.858	0.852	0.846
40	0.839	0.833	0.826	0.820	0.814	0.807	0.801	0.794	0.788	0.781
50	0.775	0.768	0.762	0.755	0.748	0.742	0.735	0.729	0.722	0.715
60	0.709	0.702	0.695	0.689	0.682	0.676	0.669	0.662	0.656	0.649
70	0.643	0.636	0.629	0.623	0.616	0.610	0.604	0.597	0.591	0.584
80	0.578	0.572	0.566	0.559	0.553	0.547	0.541	0.535	0.529	0.523
90	0.517	0.511	0.505	0.500	0.494	0.488	0.483	0.477	0.472	0.467
100	0.463	0.458	0.454	0.449	0.445	0.441	0.436	0.432	0.428	0.423
110	0.419	0.415	0.411	0.407	0.403	0.399	0.395	0.391	0.387	0.383
120	0.379	0.375	0.371	0.367	0.364	0.360	0.356	0.353	0.349	0.346
130	0.342	0.339	0.335	0.332	0.328	0.325	0.322	0.319	0.315	0.312
140	0.309	0.306	0.303	0.300	0.2997	0.294	0.291	0.288	0.285	0.282
150	0.280	0.277	0.274	0.271	0.269	0.266	0.264	0.261	0.258	0.256

（续）

$\lambda\sqrt{\dfrac{f_y}{235}}$	0	1	2	3	4	5	6	7	8	9
160	0.254	0.251	0.249	0.246	0.244	0.242	0.239	0.237	0.235	0.233
170	0.230	0.228	0.226	0.224	0.222	0.220	0.218	0.216	0.214	0.212
180	0.210	0.208	0.206	0.205	0.203	0.201	0.199	0.197	0.196	0.194
190	0.192	0.190	0.189	0.187	0.186	0.184	0.182	0.181	0.179	0.175
200	0.176	0.175	0.173	0.172	0.170	0.169	0.168	0.166	0.165	0.163
210	0.162	0.161	0.159	0.158	0.157	0.156	0.154	0.153	0.152	0.151
220	0.150	0.148	0.147	0.146	0.145	0.144	0.143	0.142	0.140	0.139
230	0.138	0.137	0.136	0.135	0.134	0.133	0.132	0.131	0.130	0.129
240	0.128	0.127	0.126	0.125	0.124	0.124	0.123	0.122	0.121	0.120
250	0.119	—	—	—	—	—	—	—	—	—

附表 17-4　d 类截面轴心受压构件的稳定系数 φ

$\lambda\sqrt{\dfrac{f_y}{235}}$	0	1	2	3	4	5	6	7	8	9
0	1.000	1.000	0.999	0.999	0.998	0.996	0.994	0.992	0.990	0.987
10	0.984	0.981	0.978	0.974	0.969	0.965	0.960	0.955	0.949	0.944
20	0.937	0.927	0.918	0.9019	0.900	0.891	0.883	0.874	0.865	0.857
30	0.848	0.840	0.831	0.823	0.815	0.807	0.799	0.790	0.782	0.774
40	0.766	0.759	0.751	0.763	0.735	0.728	0.720	0.712	0.705	0.697
50	0.690	0.683	0.675	0.668	0.661	0.654	0.646	0.639	0.632	0.625
60	0.618	0.612	0.605	0.598	0.591	0.585	0.578	0.572	0.565	0.559
70	0.552	0.546	0.540	0.534	0.528	0.522	0.516	0.510	0.504	0.498
80	0.493	0.487	0.481	0.476	0.470	0.465	0.460	0.454	0.449	0.444
90	0.439	0.434	0.429	0.424	0.419	0.414	0.410	0.405	0.401	0.397
100	0.394	0.390	0.387	0.383	0.380	0.376	0.373	0.370	0.366	0.363
110	0.359	0.356	0.353	0.350	0.346	0.343	0.340	0.337	0.334	0.331
120	0.328	0.325	0.322	0.319	0.316	0.313	0.310	0.307	0.304	0.301
130	0.299	0.296	0.293	0.290	0.288	0.285	0.282	0.280	0.277	0.275
140	0.272	0.270	0.267	0.265	0.262	0.260	0.258	0.255	0.253	0.251
150	0.248	0.246	0.244	0.242	0.240	0.237	0.235	0.233	0.231	0.229
160	0.227	0.225	0.223	0.221	0.219	0.217	0.215	0.213	0.212	0.210
170	0.208	0.206	0.204	0.203	0.201	0.199	0.197	0.196	0.194	0.192
180	0.191	0.189	0.188	0.186	0.184	0.183	0.181	0.180	0.178	0.177
190	0.176	0.174	0.173	0.171	0.170	0.168	0.167	0.166	0.164	0.163
200	0.162	—	—	—	—	—	—	—	—	—

附表 18　热轧等边角钢截面特性表（按 GB 9787—1988 计算）

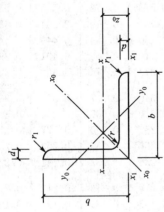

b—肢宽; I—截面惯性矩; z_0—形心距离;
d—肢厚; W—截面抵抗矩; $r_1=d/3$（肢端圆弧半径）;
r—内圆弧半径; i—回转半径。

| 尺寸(mm) | | | 截面面积 A (cm²) | 重量 (kg/m) | 表面积 (m²/m) | x—x | | | | x₀—x₀ | | | y₀—y₀ | | | | x₁—x₁ | z₀ (cm) |
b	d	r				I_x (cm⁴)	i_x (cm)	$W_{x\min}$ (cm³)	$W_{x\max}$ (cm³)	I_{x0} (cm⁴)	i_{x0} (cm)	W_{x0} (cm³)	I_{y0} (cm⁴)	i_{y0} (cm)	$W_{y0\min}$ (cm³)	$W_{y0\max}$ (cm³)	I_{x1} (cm⁴)	
20	3	3.5	1.132	0.889	0.078	0.40	0.59	0.29	0.66	0.63	0.746	0.445	0.17	0.388	0.20	0.23	0.81	0.60
20	4	3.5	1.459	1.145	0.077	0.50	0.59	0.36	0.78	0.78	0.731	0.552	0.22	0.388	0.24	0.29	1.09	0.64
25	3	3.5	1.432	1.124	0.098	0.82	0.76	0.46	1.12	1.29	0.949	0.730	0.34	0.487	0.33	0.37	1.57	0.73
25	4	3.5	1.859	1.459	0.097	1.03	0.74	0.59	1.34	1.62	0.934	0.916	0.43	0.481	0.40	0.47	2.11	0.76
30	3	4.5	1.749	1.373	0.117	1.46	0.91	0.68	1.72	2.31	1.149	1.089	0.61	0.591	0.51	0.56	2.71	0.85
30	4	4.5	2.276	1.786	0.117	1.84	0.90	0.87	2.08	2.92	1.133	1.376	0.77	0.582	0.62	0.71	3.63	0.89
36	3	4.5	2.109	1.656	0.141	2.58	1.11	0.99	2.59	4.09	1.393	1.607	1.07	0.712	0.76	0.82	4.67	1.00
36	4	4.5	2.756	2.163	0.141	3.29	1.09	1.28	3.18	5.22	1.376	2.051	1.37	0.705	0.93	1.05	6.25	1.04
36	5	4.5	3.382	2.654	0.141	3.95	1.08	1.56	3.68	6.24	1.358	2.451	1.65	0.698	1.09	1.26	7.84	1.07

附表 19　热轧不等边角钢截面及组合截面特性

附表 19 - 1　热轧不等边角钢截面特性表（按 GB 9788—1988 计算）

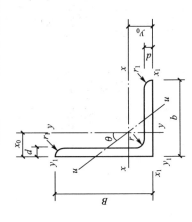

B—长肢宽；l—截面惯性矩；x_0、y_0—形心距离；
b—短肢宽；W—截面抵抗矩；r—内圆弧半径；
d—肢厚；i—回转半径；$r_1 = d/3$（肢端圆弧半径）。

尺寸(mm)				截面面积 A(cm²)	重量 (kg/m)	表面积 (m²/m)	$x-x$				$y-y$				x_1-x_1		y_1-y_1		$u-u$			
B	b	d	r				I_x (cm⁴)	i_x (cm)	$W_{x\min}$ (cm³)	$W_{x\max}$ (cm³)	I_y (cm⁴)	i_y (cm)	$W_{y\min}$ (cm³)	$W_{y\max}$ (cm³)	I_{x1} (cm⁴)	y_0 (cm)	I_{y1} (cm⁴)	x_0 (cm)	I_n (cm⁴)	i_n (cm)	W_n (cm³)	$\tan\theta$
25	16	3	3.5	1.162	0.912	0.080	0.70	0.78	0.43	0.82	0.22	0.435	0.19	0.53	1.56	0.86	0.43	0.42	0.13	0.34	0.16	0.392
25	16	4		1.499	1.176	0.079	0.88	0.77	0.55	0.98	0.27	0.424	0.24	0.60	2.09	0.90	0.59	0.46	0.17	0.34	0.20	0.381
32	20	3	3.5	1.492	1.171	0.102	1.53	1.01	0.72	1.41	0.46	0.555	0.30	0.93	3.27	1.08	0.82	0.49	0.28	0.43	0.25	0.382
32	20	4		1.939	1.522	0.101	1.93	1.00	0.93	1.72	0.57	0.542	0.39	1.08	4.37	1.12	1.12	0.53	0.35	0.42	0.32	0.374
40	25	3	4	1.890	1.484	0.127	3.08	1.28	1.15	3.32	0.93	0.701	0.49	1.59	6.39	1.32	1.59	0.59	0.56	0.54	0.40	0.386
40	25	4		2.467	1.936	0.127	3.93	1.26	1.49	2.88	1.18	0.692	0.63	1.88	8.53	1.37	2.14	0.63	0.71	0.54	0.52	0.381
45	28	3	5	2.149	1.687	0.143	4.45	1.44	1.47	3.02	1.34	0.790	0.62	2.08	9.10	1.47	2.23	0.64	0.80	0.61	0.51	0.383
45	28	4		2.806	2.203	0.143	5.69	1.42	1.91	3.76	1.70	0.778	0.80	2.49	12.14	1.51	3.00	0.68	1.02	0.60	0.66	0.380
50	32	3	5.5	2.431	1.908	0.161	6.24	1.60	1.84	3.89	2.02	0.912	0.82	2.78	12.49	1.60	3.31	0.73	1.20	0.70	0.68	0.404
50	32	4		3.177	2.494	0.160	8.02	1.59	2.39	4.86	2.58	0.901	1.06	3.36	16.65	1.65	4.45	0.77	1.53	0.69	0.87	0.402

附表 19—2　热轧不等边角钢组合截面特性表（按 GB 9788—1988 计算）

角钢型号	两角钢的截面面积 (cm²)	两角钢的重量 (kg/m)	长肢相连时绕 $y—y$ 轴回转半径 i_y (cm)								短肢相连时绕 $y—y$ 轴回转半径 i_y (cm)							
			$a=$ 0mm	$a=$ 4mm	$a=$ 6mm	$a=$ 8mm	$a=$ 10mm	$a=$ 12mm	$a=$ 14mm	$a=$ 16mm	$a=$ 0mm	$a=$ 4mm	$a=$ 6mm	$a=$ 8mm	$a=$ 10mm	$a=$ 12mm	$a=$ 14mm	$a=$ 16mm
2L 25×16×3	2.32	1.82	0.61	0.76	0.84	0.93	1.02	1.11	1.20	1.30	1.16	1.32	1.40	1.48	1.57	1.66	1.74	1.83
4	3.00	2.35	0.63	0.78	0.87	0.96	1.05	1.14	1.23	1.33	1.18	1.34	1.42	1.51	1.60	1.68	1.77	1.86
2L 32×20×3	2.98	2.24	0.74	0.89	0.97	1.05	1.14	1.23	1.32	1.41	1.48	1.63	1.71	1.79	1.88	1.96	2.05	2.14
4	3.88	3.04	0.76	0.91	0.99	1.08	1.16	1.25	1.34	1.44	1.50	1.66	1.74	1.82	1.90	1.99	2.08	2.17
2L 40×25×3	3.78	2.97	0.92	1.06	1.13	1.21	1.30	1.38	1.47	1.56	1.84	1.99	2.07	2.14	2.23	2.31	2.39	2.48
4	4.93	3.87	0.93	1.08	1.16	1.24	1.32	1.41	1.50	1.58	1.86	2.01	2.09	2.17	2.25	2.34	2.42	2.51
2L 45×28×3	4.30	3.37	1.02	1.15	1.23	1.31	1.39	1.47	1.56	1.64	2.06	2.21	2.28	2.36	2.44	2.52	2.60	2.69
4	5.61	4.41	1.03	1.18	1.25	1.33	1.41	1.50	1.59	1.67	2.08	2.23	2.31	2.39	2.47	2.55	2.63	2.72
2L 50×32×3	4.86	3.82	1.17	1.30	1.37	1.45	1.53	1.61	1.69	1.78	2.27	2.41	2.49	2.56	2.64	2.72	2.81	2.89
4	6.35	4.99	1.18	1.32	1.40	1.47	1.55	1.64	1.72	1.81	2.29	2.44	2.51	2.59	2.67	2.75	2.84	2.92
2L 56×36×3	5.49	4.31	1.31	1.44	1.51	1.59	1.66	1.74	1.83	1.91	2.53	2.67	2.75	2.82	2.90	2.98	3.06	3.14
4	7.18	5.64	1.33	1.46	1.53	1.61	1.69	1.77	1.85	1.94	2.55	2.70	2.77	2.85	2.93	3.01	3.09	3.17
5	8.83	6.93	1.34	1.48	1.56	1.63	1.71	1.79	1.88	1.96	2.57	2.72	2.80	2.88	2.96	3.04	3.12	3.20
2L 63×40×4	8.12	6.37	1.46	1.59	1.66	1.74	1.81	1.89	1.97	2.06	2.86	3.01	3.09	3.16	3.24	3.32	3.40	3.48
5	9.99	7.84	1.47	1.61	1.68	1.76	1.84	1.92	2.00	2.08	2.89	3.03	3.11	3.19	3.27	3.35	3.43	3.51
6	11.82	9.28	1.49	1.63	1.71	1.78	1.86	1.94	2.03	2.11	2.91	3.06	3.13	3.21	3.29	3.37	3.45	3.53
7	13.60	10.68	1.51	1.65	1.73	1.81	1.89	1.97	2.05	2.14	2.93	3.08	3.16	3.24	3.32	3.40	3.48	3.56
2L 70×45×4	9.11	7.15	1.64	1.77	1.84	1.91	1.99	2.07	2.15	2.23	3.17	3.31	3.39	3.46	3.54	3.62	3.69	3.77
5	11.22	8.81	1.66	1.79	1.86	1.94	2.01	2.09	2.17	2.25	3.19	3.34	3.41	3.49	3.57	3.64	3.72	3.80
6	13.29	10.43	1.67	1.81	1.88	1.96	2.04	2.11	2.20	2.28	3.21	3.36	3.44	3.51	3.59	3.67	3.75	3.83
7	15.31	12.02	1.69	1.83	1.90	1.98	2.06	2.14	2.22	2.30	3.23	3.38	3.46	3.54	3.61	3.69	3.77	3.86

附表 20　热轧普通工字钢规格及截面特性(按 GB 706—2008 计算)

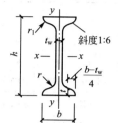

I—截面惯性矩；
W—截面抵抗矩；
S—半截面面积矩；
i—截面回转半径。

型号	尺寸(mm)						截面面积 A (cm^2)	每米重量 (kg/m)	截面特性						
									x—x 轴				y—y 轴		
	h	b	t_w	t	r	r_1			I_x (cm^4)	W_x (cm^3)	S_x (cm^3)	i_x (cm)	I_y (cm^4)	W_y (cm^3)	i_y (cm)
Ⅰ10	100	68	4.5	7.6	6.5	3.3	14.33	11.25	245	49.0	28.2	4.14	32.8	9.6	1.51
Ⅰ12.6	126	74	5.0	8.4	7.0	3.5	18.10	14.21	488	77.4	44.2	5.19	46.9	12.7	1.61
Ⅰ14	140	80	5.5	9.1	7.5	3.8	21.50	16.88	712	101.7	58.4	5.75	64.3	16.1	1.73
Ⅰ16	160	88	6.0	9.9	8.0	4.0	26.11	20.50	1127	140.9	80.8	6.57	93.1	21.1	1.89
Ⅰ18	180	94	6.5	10.7	8.5	4.3	30.74	24.13	1699	185.4	106.5	7.37	122.9	26.2	2.00
Ⅰ20a	200	100	7.0	11.4	9.0	4.5	35.55	27.91	2369	236.9	136.1	8.16	157.9	31.6	2.11
Ⅰ20b	200	102	9.0	11.4	9.0	4.5	39.55	31.05	2502	250.2	146.1	7.95	169.0	33.1	2.07
Ⅰ22a	220	110	7.5	12.3	9.5	4.8	42.10	33.05	3406	309.6	177.7	8.99	225.9	41.1	2.32
Ⅰ22b	220	112	9.5	12.3	9.5	4.8	46.50	36.50	3583	325.8	189.8	8.78	240.2	42.9	2.27
Ⅰ25a	250	116	8.0	13.0	10.0	5.0	48.51	38.08	5017	401.4	230.7	10.17	280.4	48.4	2.40
Ⅰ25b	250	118	10.0	13.0	10.0	5.0	53.51	42.01	5278	422.2	246.3	9.93	297.3	50.4	2.36
Ⅰ28a	280	122	8.5	13.7	10.5	5.3	55.37	43.47	7.115	508.2	292.7	11.34	344.1	56.4	2.49
Ⅰ28b	280	124	10.5	13.7	10.5	5.3	60.97	47.86	7481	534.4	312.3	11.08	363.8	58.7	2.44
Ⅰ32a	320	130	9.5	15.0	11.5	5.8	67.12	52.69	11080	692.5	400.5	12.85	459.0	70.6	2.62
Ⅰ32b	320	132	11.5	15.0	11.5	5.8	73.52	57.7	11626	726.7	426.1	12.58	483.8	73.3	2.57
Ⅰ32c	320	134	13.5	15.0	11.5	5.8	79.92	62.74	12173	760.8	451.7	12.34	510.1	76.1	2.53
Ⅰ36a	360	136	10.0	15.8	12.0	6.0	76.44	60.00	15796	877.6	508.8	12.38	554.9	81.6	2.69
Ⅰ36b	360	138	12.0	15.8	12.0	6.0	83.64	65.66	16574	920.8	541.2	14.08	583.6	84.6	2.64
Ⅰ36c	360	140	14.0	15.8	12.0	6.0	90.84	71.31	17351	964.0	573.6	13.82	614.0	87.7	2.60
Ⅰ40a	400	142	10.5	16.5	12.5	6.3	86.07	67.56	21714	1085.7	631.2	15.88	659.9	92.9	2.77
Ⅰ40b	400	144	12.5	16.5	12.5	6.3	94.07	73.84	22781	1139.0	671.2	15.56	692.8	96.2	2.71
Ⅰ40c	400	146	14.5	16.5	12.5	6.3	102.07	80.12	23847	1192.4	711.2	15.29	727.5	99.7	2.67

(续)

型号	尺寸(mm)						截面面积 A (cm²)	每米重量 (kg/m)	截面特性						
									$x-x$ 轴				$y-y$ 轴		
	h	b	t_w	t	r	r_1			I_x (cm⁴)	W_x (cm³)	S_x (cm³)	i_x (cm)	I_y (cm⁴)	W_y (cm³)	i_y (cm)
Ⅰ45a	450	150	11.5	18.0	13.5	6.8	102.40	80.38	32241	1432.9	836.4	17.74	855.0	114.0	2.89
Ⅰ45b	450	152	13.5	18.0	13.5	6.8	111.40	87.45	33759	1500.4	887.1	17.41	895.4	117.8	2.84
Ⅰ45c	450	154	15.5	18.0	13.5	6.8	120.40	94.51	35278	1567.9	937.7	17.12	938.0	121.8	2.79
Ⅰ50a	500	158	12.0	20.0	14.0	7.0	119.25	93.61	46.472	1858.9	1084.1	19.74	1121.5	142.0	3.07
Ⅰ50b	500	160	14.0	20.0	14.0	7.0	129.25	101.46	48556	1942.2	1146.6	19.38	1171.4	146.4	3.01
Ⅰ50c	500	162	16.0	20.0	14.0	7.0	139.25	109.31	50639	2025.6	1209.1	19.07	1223.9	151.1	2.96
Ⅰ56a	560	166	12.5	21.0	14.5	7.3	135.38	106.27	65576	2342.0	1368.8	22.01	1365.8	164.6	3.18
Ⅰ56b	560	168	14.5	21.0	14.5	7.3	146.58	115.06	68503	2446.5	1447.2	21.62	1423.8	169.5	3.12
Ⅰ56c	560	170	16.5	21.0	14.5	7.3	157.78	123.85	71430	2551.1	1525.6	21.28	1484.8	174.7	3.07
Ⅰ63a	630	176	13.0	22.0	15.0	7.5	154.59	121.36	94004	2984.3	1747.4	24.66	1702.4	193.5	3.32
Ⅰ63b	630	178	15.0	22.0	15.0	7.5	167.19	131.35	98171	3116.6	1846.6	24.23	1770.7	199.0	3.25
Ⅰ63c	630	180	17.0	22.0	15.0	7.5	179.79	141.14	102339	3248.9	1945.9	2386	1842.4	204.7	3.20

注：普通工字钢的通常长度：Ⅰ10～Ⅰ18，为5～19m；Ⅰ20～Ⅰ63，为6～19m。

附表 21　热轧普通槽钢的规格及截面特性(按 GB 707—1988 计算)

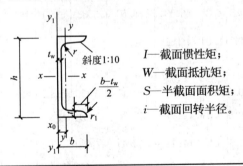

I—截面惯性矩；
W—截面抵抗矩；
S—半截面面积矩；
i—截面回转半径。

型号	尺寸(mm)						截面面积 A (cm²)	每米重量 (kg/m)	x_0 (cm)	截面特性								y_1-y_1 轴
										$x-x$ 轴				$y-y$ 轴				
	h	b	t_w	t	r	r_1				I_x (cm⁴)	W_x (cm³)	S_x (cm³)	i_x (cm)	I_y (cm⁴)	W_{ymax} (cm³)	W_{ymin} (cm³)	i_y (cm)	l_{y1} (cm⁴)
⊏5	50	37	4.5	7.0	7.0	3.50	6.92	5.44	1.33	26.0	10.4	6.4	1.94	8.3	6.2	3.5	1.10	20.9
⊏6.3	63	40	4.8	7.5	7.5	3.75	8.45	6.63	1.39	51.2	16.3	9.8	2.46	11.9	8.5	4.6	1.19	28.3
⊏8	80	43	5.0	8.0	8.0	4.00	10.24	8.04	1.42	101.3	25.3	15.1	3.14	16.6	11.7	5.8	1.27	37.4
⊏10	100	48	5.3	8.5	8.5	4.25	12.74	10.00	1.52	198.3	39.7	23.5	3.94	25.6	16.9	7.8	1.42	54.9

（续）

型号	尺寸(mm)						截面面积 A (cm²)	每米重量 (kg/m)	截面特性									
									x_0 (cm)	x—x 轴				y—y 轴				y_1—y_1 轴
	h	b	t_w	t	r	r_1				I_x (cm⁴)	W_x (cm³)	S_x (cm³)	i_x (cm)	I_y (cm⁴)	W_{ymax} (cm³)	W_{ymin} (cm³)	i_y (cm)	I_{y1} (cm⁴)
⌷12.6	126	53	5.5	9.0	9.0	4.50	15.69	12.31	1.59	388.5	61.7	36.4	4.98	38.0	23.9	10.3	1.56	77.8
⌷14a	140	58	6.0	9.5	9.5	4.75	18.51	14.53	1.71	563.7	80.5	47.5	5.52	53.2	31.2	13.0	1.70	107.2
⌷14b	140	60	8.0	9.5	9.5	4.75	21.31	16.73	1.67	609.4	87.1	52.4	5.35	61.2	36.6	14.1	1.69	120.6
⌷16a	160	63	6.5	10.0	10.0	5.00	21.95	17.23	1.79	866.2	108.3	63.9	6.28	73.4	40.9	16.3	1.83	144.1
⌷16b	160	65	8.5	10.0	10.0	5.00	25.15	19.75	1.75	934.5	116.8	70.3	6.10	83.4	47.6	17.6	1.82	160.8
⌷18a	180	68	7.0	10.5	10.5	5.25	25.69	20.17	1.88	1272.7	141.4	83.5	7.04	98.6	52.3	20.0	1.96	189.7
⌷18b	180	70	9.0	10.5	10.5	5.25	29.29	22.99	1.84	1369.9	152.2	91.6	6.84	111.0	60.4	21.5	1.95	210.1
⌷20a	200	73	7.0	11.0	11.0	5.50	28.83	22.63	2.01	1780.4	178.0	104.7	7.86	128.0	63.8	24.2	2.11	244.0
⌷20b	200	75	9.0	11.0	11.0	5.50	32.83	25.77	1.95	1913.7	191.4	114.7	7.64	143.6	73.7	25.9	2.09	268.4
⌷22a	220	77	7.0	11.5	11.5	5.75	31.84	24.99	2.10	2393.9	217.6	127.6	8.67	157.8	75.1	28.2	2.23	298.2
⌷22b	220	79	9.0	11.5	11.5	5.75	36.24	28.45	2.03	2571.3	233.8	139.7	8.42	176.5	86.8	30.1	2.21	326.3
⌷25a	250	78	7.0	12.0	12.0	6.00	34.91	27.40	2.07	3359.1	268.7	157.8	9.81	175.9	85.1	30.7	2.24	324.8
⌷25b	250	80	9.0	12.0	12.0	6.00	39.91	31.33	1.99	3619.5	289.6	173.5	9.52	196.4	98.5	32.7	2.22	355.1
⌷25c	250	82	11.0	12.0	12.0	6.00	44.91	35.25	1.96	3880.0	310.4	189.1	9.30	215.9	110.1	34.6	2.19	288.6
⌷28a	280	82	7.5	12.5	12.5	6.25	40.02	31.42	2.09	4752.5	339.5	200.2	10.90	217.9	104.1	35.7	2.33	393.3
⌷28b	280	84	9.5	12.5	12.5	6.25	45.62	35.81	2.02	5118.4	365.6	219.8	10.59	241.5	119.3	37.9	2.30	428.5
⌷28c	280	86	11.5	12.5	12.5	6.25	51.22	40.21	1.99	5484.3	391.7	239.4	10.35	264.1	132.6	40.0	2.27	467.3
⌷32a	320	88	8.0	14.0	14.0	7.00	48.50	38.07	2.24	7510.6	469.4	276.9	12.44	304.7	136.2	46.4	2.51	547.5
⌷32b	320	90	10.0	14.0	14.0	7.00	54.90	43.10	2.16	8056.8	503.5	302.5	12.11	335.6	155.0	49.1	2.47	592.9
⌷32c	320	92	12.0	14.0	14.0	7.00	61.30	48.12	2.13	8602.9	537.7	328.1	11.85	365.0	171.5	51.6	2.44	642.7
⌷36a	360	96	9.0	16.0	16.0	8.00	60.89	47.80	2.44	11874.1	659.7	389.9	13.96	455.0	186.2	63.6	2.73	818.5
⌷36b	360	98	11.0	16.0	16.0	8.00	68.09	53.45	2.37	12651.7	702.9	422.3	13.63	496.7	209.2	66.9	2.70	880.5
⌷36c	360	100	13.0	16.0	16.0	8.00	75.29	59.10	2.34	13429.3	746.1	454.7	13.36	536.6	229.5	70.0	2.67	948.0
⌷40a	400	100	10.5	18.0	18.0	9.00	75.04	58.91	2.49	17577.7	878.9	524.4	15.30	592.0	237.6	78.8	2.81	1057.9
⌷40b	400	102	12.5	18.0	18.0	9.00	83.04	65.19	2.44	18644.4	932.2	564.4	14.98	640.6	262.4	82.6	2.78	1135.8
⌷40c	400	104	14.5	18.0	18.0	9.00	91.04	71.47	2.42	19711.0	985.6	604.4	14.71	687.8	284.4	86.2	2.75	1220.3

注：普通槽钢的通常长度：⌷5～⌷8，为5～12m；⌷10～⌷18，为5～19m；⌷20～⌷40，为6～19m。

附表 22　宽、中、窄翼缘 H 型钢的规格及截面特性(按 GB/T 11263—2005 计算)

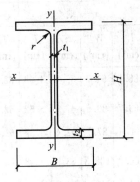

H—高度；

B—宽度；

t_1—腹板厚度；

t_2—翼缘厚度；

r—圆角半径

类型	型号 (高度×宽度)	截面尺寸(mm)				截面面积 (cm²)	理论重量 (kg/m)	截面特性参数					
								惯性矩(cm⁴)		惯性半径(cm)		截面模量(cm³)	
		$H \times B$	t_1	t_2	r			I_x	I_y	i_x	i_y	W_x	W_y
HW	100×100	100×100	6	8	10	21.90	17.2	383	134	4.18	2.47	76.5	26.7
	125×125	125×125	6.5	9	10	30.31	23.8	847	294	5.29	3.11	136	47.0
	150×150	150×150	7	10	13	40.55	31.9	1660	564	6.39	3.73	221	75.1
	175×175	175×175	7.5	11	13	51.43	40.3	2900	984	7.50	4.37	331	112
	200×200	200×200	8	12	16	64.28	50.5	4770	1600	8.61	4.99	477	160
		♯200×204	12	12	16	72.28	56.7	5030	1700	8.35	4.85	503	167
	250×250	250×250	9	14	16	92.18	72.4	10800	3650	10.8	6.29	867	292
		♯250×255	14	14	16	104.7	82.2	11500	3880	10.5	6.09	919	304
	300×300	♯294×302	12	12	20	108.3	85.0	17000	5520	12.5	7.14	1160	365
		300×300	10	15	20	120.4	94.5	20500	6760	13.1	7.49	1370	450
		300×305	15	15	20	135.4	106	21600	7100	12.6	7.24	1440	466
	350×350	♯344×348	10	16	20	146.0	115	33300	11200	15.1	8.78	1940	646
		350×350	12	19	20	173.9	137	40300	13600	15.2	8.84	2300	776
	400×400	♯388×402	15	15	24	179.2	141	49200	16300	16.6	9.52	2540	809
		♯394×398	11	18	24	187.6	147	56400	18900	17.3	10.0	2860	951
		400×400	13	21	24	219.5	172	66900	22400	17.5	10.1	3340	1120
		♯400×408	21	21	24	251.5	197	71100	23800	16.8	9.73	3560	1170
		♯414×405	18	28	24	296.2	233	93000	31000	17.7	10.2	4490	1530
		♯428×407	20	35	24	361.4	284	119000	39400	18.2	10.4	5580	1930
		*458×417	30	50	24	529.3	415	187000	60500	18.8	10.7	8180	2900
		*498×432	45	70	24	770.8	605	298000	94400	19.7	11.1	12000	4370

（续）

类型	型号（高度×宽度）	截面尺寸（mm）					截面面积（cm²）	理论重量（kg/m）	截面特性参数					
		$H \times B$	t_1	t_2	r				惯性矩（cm⁴）		惯性半径（cm）		截面模量（cm³）	
									I_x	I_y	i_x	i_y	W_x	W_y
HM	150×100	148×100	6	9	13	27.25	21.4		1040	151	6.17	2.35	140	30.2
	200×150	194×150	6	9	16	39.76	31.2		2740	508	8.30	3.57	283	67.7
	250×175	244×175	7	11	16	56.24	44.1		6120	985	10.4	4.18	502	113
	300×200	294×200	8	12	20	73.03	57.3		11400	1600	12.5	4.69	779	160
	350×250	340×250	9	14	20	101.5	79.7		21700	3650	14.6	6.00	1280	292
	400×300	390×300	10	16	24	136.7	107		38900	7210	16.9	7.26	2000	481
	450×300	440×300	11	18	24	157.4	124		56100	8110	18.9	7.18	2550	541
	500×300	482×300	11	15	28	146.4	115		60800	6770	20.4	6.80	2520	451
		488×300	11	18	28	164.4	129		71400	8120	20.4	7.03	2930	541
	600×300	582×300	12	17	28	174.5	137		103000	7670	24.3	6.63	3530	511
		588×300	12	20	28	192.5	151		118000	9020	24.8	6.85	4020	601
		♯594×302	14	23	28	222.4	175		137000	10600	24.9	6.90	4620	701
HN	100×50	100×50	5	7	10	12.16	9.54		192	14.9	3.98	1.11	38.5	5.96
	125×60	125×60	6	8	10	17.01	13.3		417	29.3	4.95	1.31	66.8	9.75
	150×75	150×75	5	7	10	18.16	14.3		679	49.6	6.12	1.65	90.6	13.2
	175×90	175×90	5	8	10	23.21	18.2		1220	97.6	7.26	2.05	140	21.7
	200×100	198×99	4.5	7	13	23.59	18.5		1610	114	8.27	2.20	163	23.0
		200×100	5.5	8	13	27.57	21.7		1880	134	8.25	2.21	188	26.8
	250×125	248×124	5	8	13	32.89	25.8		3560	255	10.4	2.78	287	41.1
		250×125	6	9	13	37.87	29.7		4080	294	10.4	2.79	326	47.0
	300×150	298×149	5.5	8	16	41.55	32.6		6460	443	12.4	3.26	433	59.4
		300×150	6.5	9	16	47.53	37.3		7350	508	12.4	3.27	490	67.7
	350×175	346×174	6	9	16	53.19	41.8		11200	792	14.5	3.86	649	91.0
		350×175	7	11	16	63.66	50.0		13700	985	14.7	3.93	782	113
	♯400×150	♯400×150	8	13	16	71.12	55.8		18800	734	16.3	3.21	942	97.9
	400×200	396×199	7	11	16	72.16	56.7		20000	1450	16.7	4.48	1010	145
		400×200	8	13	16	84.12	66.0		23700	1740	16.8	4.54	1190	174
	♯450×150	♯450×150	9	14	20	83.41	65.5		27100	793	18.0	3.08	1200	106
	450×200	446×199	8	12	20	84.95	66.7		29000	1580	18.5	4.31	1300	159
		450×200	9	14	20	97.41	76.5		33700	1870	18.6	4.38	1500	187
	♯500×150	♯500×150	10	16	20	98.23	77.1		38500	907	19.8	3.04	1540	121

(续)

类型	型号 (高度×宽度)	截面尺寸(mm)				截面面积 (cm²)	理论重量 (kg/m)	截面特性参数					
		H×B	t_1	t_2	r			惯性矩(cm⁴)		惯性半径(cm)		截面模量(cm³)	
								I_x	I_y	i_x	i_y	W_x	W_y
HN	500×200	496×199	9	14	20	101.3	79.5	41900	1840	20.3	4.27	1690	185
		500×200	10	16	20	114.2	89.6	47800	2140	20.5	4.33	1910	214
		♯506×201	11	19	20	131.3	103	56500	2580	20.8	4.43	2230	257
	600×200	595×199	10	15	24	121.2	95.1	69300	1980	23.9	4.04	2330	199
		600×200	11	17	24	135.2	106	78200	2280	24.1	4.11	2610	228
		♯606×201	12	20	24	153.3	120	91000	2720	24.4	4.21	3000	271
	700×300	♯692×300	13	20	28	211.5	166	172000	9020	28.6	6.53	4980	602
		700×300	13	24	28	235.5	185	201000	10800	29.3	6.78	5760	722
	＊800×300	＊792×300	14	22	28	243.4	191	254000	9930	32.3	6.39	6400	662
		＊800×300	14	26	28	267.4	210	292000	11700	33.0	6.62	7290	782
	＊900×300	＊890×299	15	23	28	270.9	213	345000	10300	35.7	6.16	7760	688
		＊900×300	16	28	28	309.8	243	411000	12600	36.4	6.39	9140	843
		＊912×302	18	34	38	364.0	286	498000	15700	37.0	6.56	10900	1040

注：1. "♯"表示的规格为非常用规格。

2. "＊"表示的规格，目前国内尚未生产。

3. 型号属同一范围的产品，其内侧尺寸高度是一致的。

4. 截面面积计算公式为：$t_1(H-2t_2)+2Bt_2+0.858t^2$。

附表23 连续梁板的计算跨度

（续）

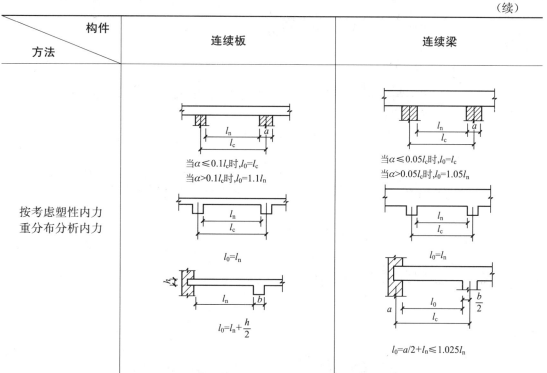

方法　　　构件	连续板	连续梁
按考虑塑性内力重分布分析内力	当$\alpha\leqslant0.1l_c$时，$l_0=l_c$ 当$\alpha>0.1l_c$时，$l_0=1.1l_n$ $l_0=l_n$ $l_0=l_n+\dfrac{h}{2}$	当$\alpha\leqslant0.05l_c$时，$l_0=l_c$ 当$\alpha>0.05l_c$时，$l_0=1.05l_n$ $l_0=l_n$ $l_0=a/2+l_n\leqslant1.025l_n$

附表 24　梁的等效均布荷载 q_1

序号	荷载草图	q_1	序号	荷载草图	q_1
1	$l/2$ ｜ $l/2$，F	$\dfrac{3F}{2l}$	5	$l/5$ ｜ $l/5$ ｜ $l/5$ ｜ $l/5$ ｜ $l/5$，$F\,F\,F\,F$	$\dfrac{24F}{5l}$
2	$l/3$ ｜ $l/3$ ｜ $l/3$，$F\,F$	$\dfrac{8F}{3l}$	6	$l/4$ ｜ $l/2$ ｜ $l/4$，$F\,F$	$\dfrac{9F}{4l}$
3	$l/4$ ｜ $l/4$ ｜ $l/4$ ｜ $l/4$，$F\,F\,F$	$\dfrac{15F}{4l}$	7	$l/6$ ｜ $l/3$ ｜ $l/3$ ｜ $l/6$，$F\,F\,F$	$\dfrac{19F}{6l}$
4	$\dfrac{a}{2}$ ｜ a ｜ a ｜ a ｜ $\dfrac{a}{2}$，$F\,F\,F\,F$，$tl=na$	$\dfrac{(n^2-1)F}{nl}$	8	$l/8$ ｜ $l/4$ ｜ $l/4$ ｜ $l/4$ ｜ $l/8$，$F\,F\,F\,F$	$\dfrac{33F}{8l}$

（续）

序号	荷载草图	q_1	序号	荷载草图	q_1
9	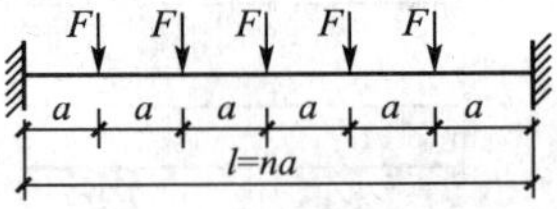	$\frac{(2n^2+1)F}{2nl}$	14	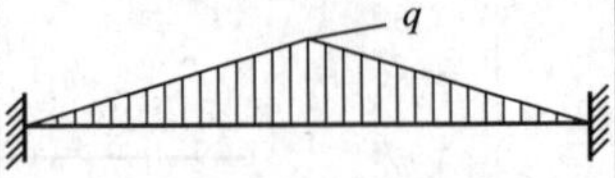	$\frac{5}{8}q$
10	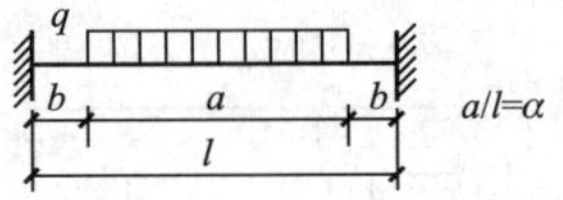	$\frac{a(3-a^2)}{2}q$	15	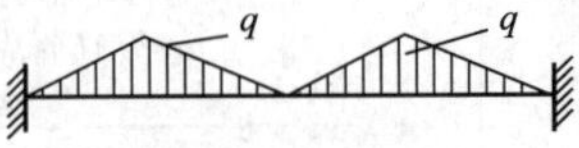	$\frac{17}{32}q$
11	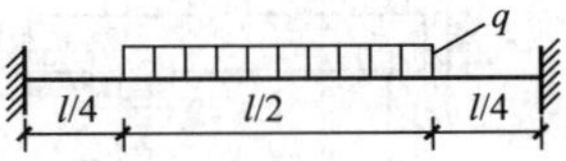	$\frac{11}{16}q$	16	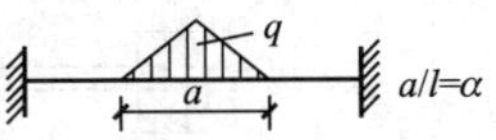	$\frac{n}{4}\left(3-\frac{n^3}{2}\right)q$
12	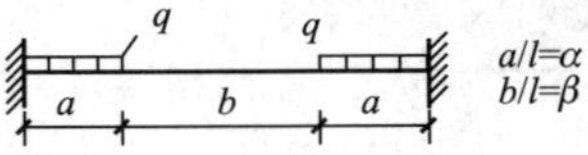	$\frac{2(2+\beta)\alpha^3}{l^2}q$	17	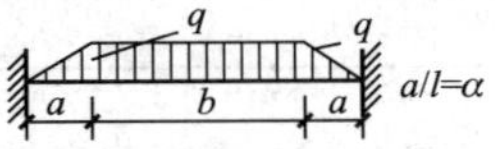	$(1-2a^2+a^3)q$
13	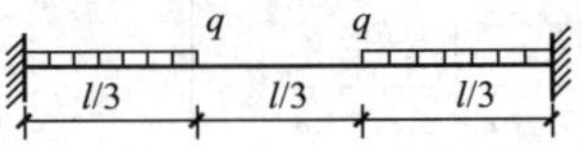	$\frac{14}{27}q$	18	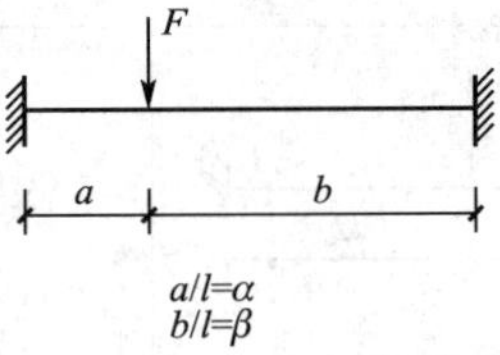	$q_{1E}=4\beta(1-\beta^2)\frac{p}{l}$ $q_{1E}=4\alpha(1-\alpha^2)\frac{p}{l}$

附表 25　等截面等跨连续梁在常用荷载作用下按弹性分析的内力系数

1. 在均布及三角形荷载作用下：

$$M=\text{表中系数}\times ql_0^2$$
$$V=\text{表中系数}\times ql_0$$

2. 在集中荷载作用下：

$$M=\text{表中系数}\times Fl_0^2$$
$$V=\text{表中系数}\times F$$

3. 内力正负号规定：

M：使截面上部受压、下部受拉为正；

V：对邻近截面所产生的力矩沿顺时针方向者为正。

附表 25-1　两跨梁

荷载图	跨中最大弯矩		支座变矩	剪力		
	M_1	M_2	M_B	V_A	V_{B1} V_{B2}	V_e
	0.070	0.070	−0.125	0.375	−0.625 0.625	−0.375
	0.096	0.025	−0.063	0.437	−0.563 0.063	0.063
	0.048	0.048	−0.078	0.172	−0.328 0.328	0.172
	0.064	—	−0.039	0.211	−0.289 0.039	0.039
	0.156	0.156	−0.188	0.312	−0.688 0.688	0.312
	0.203	−0.047	−0.094	0.406	−0.594 0.094	0.094
	0.222	0.222	−0.333	0.667	−1.333 1.333	−0.667
	0.278	−0.056	−0.167	0.833	−1.167 0.167	0.167

附表 25-2 三跨梁

荷载图	跨内最大弯矩		支座弯矩		剪力			
	M_1	M_2	M_B	M_C	V_A	V_{B1} / V_{B2}	V_{C1} / V_{C2}	V_D
满跨均布荷载 ($A\ B\ C\ D$, $l_0\ l_0\ l_0$)	0.080	0.025	−0.100	−0.100	0.400	−0.600 / 0.500	−0.500 / 0.600	−0.400
边跨均布荷载	0.101	—	−0.050	−0.050	0.450	−0.550 / 0	0 / 0.550	−0.450
中跨均布荷载	—	0.075	−0.050	−0.050	0.050	−0.050 / 0.500	−0.500 / 0.050	0.05
均布荷载	0.073	0.054	−0.117	−0.033	0.383	−0.617 / 0.583	−0.417 / 0.033	0.033
三角形荷载	0.054	0.021	−0.063	−0.063	0.188	−0.313 / 0.250	−0.250 / 0.313	−0.188
三角形荷载	0.068	—	−0.031	−0.031	0.219	−0.281 / 0	0 / 0.281	−0.219
三角形荷载	—	0.052	−0.031	−0.031	0.031	−0.031 / 0.250	−0.250 / 0.031	0.031
三角形荷载	0.050	0.038	−0.073	−0.021	0.177	−0.323 / 0.302	−0.198 / 0.021	0.021
集中荷载 F	0.175	0.100	−0.150	−0.150	0.350	−0.650 / 0.500	−0.500 / 0.650	−0.350
集中荷载 F	0.213	—	−0.075	−0.075	0.425	−0.575 / 0	0 / 0.575	−0.425
集中荷载 F	—	0.175	−0.075	−0.075	−0.075	−0.075 / 0.500	−0.500 / 0.075	0.075
集中荷载 F	0.162	0.137	−0.175	−0.050	0.325	−0.675 / 0.625	−0.375 / 0.050	0.050
集中荷载 FF	0.244	0.067	−0.267	−0.267	0.733	−1.267 / 1.000	−1.000 / 1.267	−0.733
集中荷载 FF	0.289	—	−0.133	−0.133	0.866	−1.134 / 0	0 / 1.134	−0.866

（续）

荷载图	跨内最大弯矩		支座弯矩		剪力			
	M_1	M_2	M_B	M_C	V_A	V_{B1} V_{B2}	V_{C1} V_{C2}	V_D
	—	0.200	−0.133	−0.133	−0.133	−0.133 1.000	−1.000 0.133	0.133
	0.229	0.170	−0.311	−0.089	0.689	−1.311 1.222	−0.778 0.089	0.089

附表 25-3　四跨梁

荷载图	跨内最大弯矩				支座弯矩			剪力				
	M_1	M_2	M_3	M_4	M_B	M_C	M_D	V_A	V_{B1} V_{B2}	V_{C1} V_{C2}	V_{D1} V_{D2}	V_E
	0.077	0.036	0.036	0.077	−0.107	−0.071	−0.107	0.393	−0.607 0.536	−0.464 0.464	−0.536 0.607	−0.393
	0.100	—	0.081	—	−0.054	−0.036	−0.054	0.446	−0.554 0.018	0.018 0.482	−0.518 0.054	0.054
	0.072	0.061	—	−0.098	−0.121	−0.018	−0.058	0.380	−0.620 0.603	0.397 0.040	−0.040 0.558	−0.442
	—	0.056	0.056	—	−0.036	−0.107	0.036	−0.036	−0.036 0.429	−0.571 0.571	−0.429 0.036	0.036
	0.052	0.028	0.028	0.052	−0.067	−0.045	0.067	0.183	−0.317 0.272	−0.228 0.223	−0.272 0.317	−0.183
	0.067	0.055	—	—	−0.034	−0.022	−0.034	0.217	−0.284 0.011	0.011 0.239	−0.261 0.034	0.034
	0.049	0.042	—	0.066	−0.075	−0.011	−0.036	0.175	−0.325 0.314	−0.186 0.025	−0.025 0.286	−0.214
	—	0.040	0.040	—	−0.022	0.067	−0.022	−0.022	−0.022 0.205	−0.295 0.295	−0.205 0.022	0.022
	0.169	0.116	0.116	0.169	−0.161	−0.107	−0.161	0.339	−0.661 0.554	−0.446 0.446	−0.554 0.661	−0.339
	0.210	—	0.183	—	−0.080	−0.054	−0.080	0.420	−0.580 0.027	0.027 0.473	−0.527 0.080	0.080

荷载图	跨内最大弯矩				支座弯矩			剪力				
	M_1	M_2	M_3	M_4	M_B	M_C	M_D	V_A	V_{B1} V_{B2}	V_{C1} V_{C2}	V_{D1} V_{D2}	V_E
	0.159	0.146	—	0.206	−0.181	−0.027	−0.087	0.319	−0.681 0.654	−0.346 −0.060	−0.060 0.587	−0.413
	—	0.142	0.142	—	−0.054	−0.161	−0.054	0.054	−0.054 0.393	−0.607 0.607	−0.393 0.054	0.054
	0.238	0.111	0.111	0.238	−0.286	−0.191	−0.286	0.714	1.286 1.095	−0.905 0.905	−1.095 1.286	−0.714
	0.286	—	0.222	—	−0.143	−0.095	−0.143	0.857	−0.143 0.048	0.048 0.952	1.048 0.143	0.143
	0.226	0.194	—	0.282	−0.321	−0.043	−0.155	0.679	−1.321 1.274	−0.726 −0.107	−0.107 1.155	−0.845
	—	0.175	0.175	—	−0.095	−0.286	−0.095	−0.095	−0.095 0.810	−1.190 1.190	−0.810 0.095	0.095

附表 26 双向板按弹性分析的计算系数表

符号说明

$$B_s = \frac{Eh^3}{12(1-\nu^2)}$$

式中　　E——弹性模量；

　　　　h——板厚；

　　　　ν——泊松比；

a_f，a_{imax}——分别为板中心点的挠度和最大挠度；

a_{fat}，a_{max}——分别为平行于 l_x 和 l_y 方向自由边的中心挠度；

m_x，m_{imax}——分别为平行于 l_x 方向板中心点单位板宽内的弯矩和板跨内最大弯矩；

m_y，m_{imax}——分别为平行于 l_y 方向板中心点单位板宽内的弯矩和板跨内最大弯矩；

　　　　m_x'——固定边中点沿 l_x 方向单位板宽内的弯矩；

　　　　m_y'——固定边中点沿 l_y 方向单位板宽内的弯矩；

　　　　m_{ma}——平行于 l_x 方向自由边上固定端单位板宽内的支座弯矩；

————代表简支边；　╫╫╫╫╫代表固定边。

正负号的规定：

弯矩：使板的受荷面受压者为正；

挠度：变位方向与荷载方向相同者为正。

附表 26 - 1　四边简支

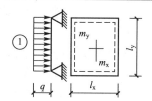

挠度 = 表中系数 $\times \dfrac{ql^4}{B_c}$；

$\nu = 0$，弯矩 = 表中系数 $\times ql^2$。

式中 l 取用 l_x 和 l_y 中的较小者。

l_x/l_y	a_f	m_x	m_y	l_x/l_y	a_f	m_x	m_y
0.50	0.01013	0.0965	0.0174	0.80	0.00603	0.0561	0.0334
0.55	0.00940	0.0892	0.0210	0.85	0.00547	0.0506	0.0348
0.60	0.00867	0.0820	0.0242	0.90	0.00496	0.0456	0.0358
0.65	0.00797	0.0750	0.0271	0.95	0.00449	0.0410	0.0364
0.70	0.00727	0.0683	0.0296	1.00	0.00406	0.0368	0.0368
0.75	0.00663	0.0620	0.0317				

附表 26 - 2　三边简支一边固定

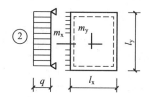

挠度 = 表中系数 $\times \dfrac{ql^4}{B_c}$；

$\nu = 0$，弯矩 = 表中系数 $\times ql^2$。

式中 l 取用 l_x 和 l_y 中的较小者。

l_x/l_y	l_y/l_x	c	a_{fmax}	m_x	m_{xmax}	m_y	m_{ymax}	m_x'
0.50		0.00488	0.00504	0.0583	0.0646	0.0060	0.0063	−0.1212
0.55		0.00471	0.00492	0.0563	0.0618	0.0084	0.0087	−0.1187
0.60		0.00453	0.00472	0.0539	0.0589	0.0104	0.0111	−0.1158
0.65		0.00432	0.00448	0.0513	0.0559	0.0126	0.0133	−0.01124
0.70		0.00410	0.00422	0.0485	0.0529	0.0148	0.0154	−0.1087
0.75		0.00388	0.00399	0.0457	0.0496	0.0168	0.0174	−0.1048
0.80		0.00365	0.00376	0.0428	0.0463	0.0187	0.0193	−0.1007
0.85		0.00343	0.00352	0.0400	0.0431	0.0204	0.0211	−0.0965
0.90		0.00321	0.00329	0.0372	0.0400	0.0219	0.0226	−0.0922
0.95		0.00299	0.00306	0.0345	0.0369	0.0232	0.0239	−0.0880
1.00	1.00	0.00279	0.00285	0.0319	0.0340	0.0243	0.0249	−0.0839
	0.95	0.00316	0.00324	0.0324	0.0345	0.0280	0.0287	−0.0882
	0.90	0.00360	0.00368	0.0328	0.0347	0.0322	0.0330	−0.0925
	0.85	0.00409	0.00417	0.0329	0.0345	0.0370	0.0373	−0.0970
	0.80	0.00464	0.00473	0.0326	0.0343	0.0424	0.0433	−0.1014
	0.75	0.00526	0.00536	0.0319	0.0335	0.0485	0.0494	−0.1056
	0.70	0.00595	0.00605	0.0308	0.0323	0.0553	0.0562	−0.1096
	0.65	0.00670	0.00680	0.0291	0.0306	0.0627	0.0637	−0.1133
	0.60	0.00752	0.00762	0.0263	0.0289	0.0707	0.0717	−0.1166
	0.55	0.00838	0.00848	0.0239	0.0271	0.0792	0.0801	−0.1193
	0.50	0.00927	0.00935	0.0205	0.0249	0.0880	0.0888	−0.1215

附表 26-3　两对边简支、两对边固定

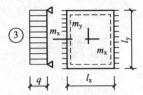

挠度＝表中系数×$\dfrac{ql^4}{B_c}$；

$v=0$，弯矩＝表中系数×ql^2。

式中 l 取用 l_x 和 l_y 中的较小者。

l_x/l_y	l_y/l_x	a_f	m_s	m_y	m_x'
0.50		0.00261	0.0416	0.0017	−0.0843
0.55		0.00259	0.0410	0.0028	−0.0840
0.60		0.00255	0.0402	0.0042	−0.0834
0.65		0.00250	0.0392	0.0057	−0.0826
0.70		0.00243	0.0379	0.0072	−0.0814
0.75		0.00236	0.0366	0.0088	−0.0799
0.80		0.00228	0.0351	0.0103	−0.0782
0.85		0.00220	0.0335	0.0118	−0.0763
0.90		0.00211	0.0319	0.0133	−0.0743
0.95		0.00201	0.00302	0.0146	−0.0721
1.00	1.00	0.00192	0.0285	0.0158	−0.0698
	0.95	0.00223	0.0296	0.0189	−0.0746
	0.90	0.00260	0.0306	0.0224	−0.0797
	0.85	0.00303	0.0314	0.0266	−0.0850
	0.80	0.00354	0.0319	0.0316	−0.0904
	0.75	0.00413	0.0321	0.0374	−0.0959
	0.70	0.00482	0.0318	0.0441	−0.1013
	0.65	0.00560	0.0308	0.0518	−0.1066
	0.60	0.00647	0.0292	0.0604	−0.1114
	0.55	0.00743	0.0267	0.0698	−0.1156
	0.50	0.00844	0.0234	0.0789	−0.1191

附表 26-4　四边固定

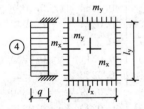

挠度＝表中系数×$\dfrac{ql^4}{B_c}$；

$v=0$，弯矩＝表中系数×ql^2。

式中 l 取用 l_x 和 l_y 中的较小者。

l_x/l_y	a_f	m_x	m_y	m_x'	m_y'
0.50	0.00253	0.0400	0.0038	−0.0829	−0.0570
0.55	0.00246	0.0385	0.0056	−0.0814	−0.0571
0.60	0.00236	0.0367	0.0076	−0.0793	−0.0571
0.65	0.00224	0.0345	0.0095	−0.0766	−0.0571
0.70	0.00211	0.0321	0.0113	−0.0735	−0.0569
0.75	0.00197	0.0296	0.0130	−0.0701	−0.0565
0.80	0.00182	0.0271	0.0144	−0.0664	−0.0559
0.85	0.00168	0.0246	0.0156	−0.0626	−0.0551
0.90	0.00153	0.0221	0.0165	−0.0588	−0.0541
0.95	0.00140	0.0198	0.0172	−0.0550	−0.0528
1.00	0.00127	0.0176	0.0176	−0.0513	−0.0513

附表 26-5　两邻边简支、两邻边固定

⑤
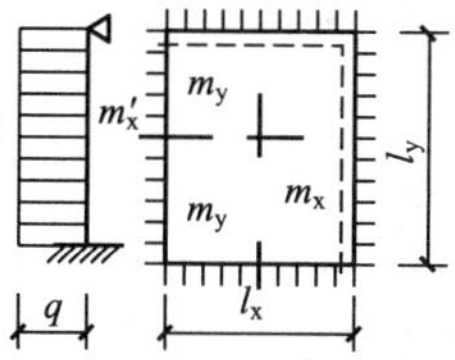

挠度＝表中系数×$\frac{ql^4}{B_c}$；

ν=0，弯矩＝表中系数×ql^2。

l_x/l_y	a_f	a_{fmax}	m_x	m_{xmax}	m_y	m_{ymax}	m'_x	m'_y
0.50	0.00468	0.00471	0.0559	0.0562	0.0079	0.0135	−0.1179	−0.0786
0.55	0.00445	0.00454	0.0529	0.0530	0.0104	0.0153	−0.1140	−0.0785
0.60	0.00419	0.00429	0.0496	0.0498	0.0129	0.0169	−0.1095	−0.0782
0.65	0.00391	0.00399	0.0461	0.0465	0.0151	0.0183	−0.1045	−0.0777
0.70	0.00636	0.00368	0.0426	0.0432	0.0172	0.0195	−0.0992	−0.0770
0.75	0.00335	0.00340	0.0390	0.0369	0.0189	0.0206	−0.0938	−0.0760
0.80	0.00308	0.00313	0.0356	0.0361	0.0204	0.0218	−0.0883	−0.0748
0.85	0.00281	0.00286	0.0322	0.0328	0.0215	0.0229	−0.0829	−0.0733
0.90	0.00256	0.00261	0.0291	0.0297	0.0224	0.0238	−0.0776	−0.0716
0.95	0.00232	0.00237	0.0261	0.0267	0.0230	0.0244	−0.0726	−0.0698
1.00	0.00210	0.00215	0.0234	0.0240	0.0234	0.0249	−0.0677	−0.0677

附表 26-6　三边固定、一边简支

⑥
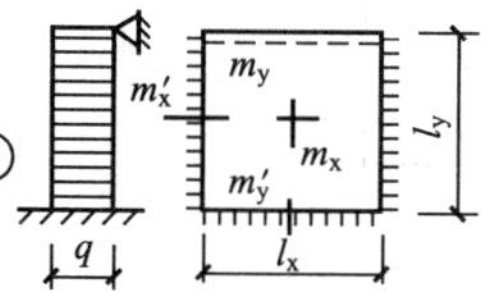

挠度＝表中系数×$\frac{ql^4}{B_c}$；

ν=0，弯矩＝表中系数×ql^2。

式中 l 取用 l_x 和 l_y 中的较小者。

l_x/l_y	l_y/l_x	a_f	a_{fmax}	m_x	m_{xmax}	m_y	m_{ymax}	m'_x	m'_y
0.50		0.00257	0.00258	0.0408	0.0409	0.0028	0.0089	−0.0836	−0.0569
0.55		0.00252	0.00255	0.0398	0.0399	0.0042	0.0093	−0.0827	−0.0570
0.60		0.00245	0.00249	0.0384	0.0386	0.0059	0.0105	−0.0814	−0.0571
0.65		0.00237	0.00240	0.0368	0.0371	0.0076	0.0116	−0.0796	−0.0572
0.70		0.00227	0.00229	0.0350	0.0354	0.0093	0.0127	−0.0774	−0.0572
0.75		0.00216	0.00219	0.0331	0.0335	0.0109	0.0137	−0.0750	−0.0572
0.80		0.00205	0.00208	0.0310	0.0314	0.0124	0.0147	−0.0722	−0.0570
0.85		0.00193	0.00196	0.0289	0.0293	0.0138	0.0155	−0.0693	−0.0567
0.90		0.00181	0.00184	0.0268	0.0273	0.0159	0.0163	−0.0663	−0.0563
0.95		0.00169	0.00172	0.0247	0.0252	0.0160	0.0172	−0.0631	−0.0558
1.00	1.00	0.00157	0.00160	0.0227	0.0231	0.0168	0.0180	−0.0600	−0.0550
	0.95	0.00178	0.00182	0.0229	0.0234	0.0194	0.0207	−0.0629	−0.0599
	0.90	0.00201	0.00206	0.0228	0.0234	0.0223	0.0238	−0.0656	−0.0653
	0.85	0.00227	0.00233	0.0225	0.0231	0.0255	0.0273	−0.0683	−0.0711
	0.80	0.00256	0.00262	0.0219	0.0224	0.0290	0.0311	−0.0707	−0.0772
	0.75	0.00286	0.00294	0.0208	0.0214	0.0329	0.0354	−0.0729	−0.0837
	0.70	0.00319	0.00327	0.0194	0.0200	0.0370	0.0400	−0.0748	−0.0903
	0.65	0.00352	0.00365	0.0175	0.0182	0.0412	0.0446	−0.0762	−0.0970
	0.60	0.00386	0.00403	0.0153	0.0160	0.0454	0.0493	−0.0773	−0.1033
	0.55	0.00419	0.00437	0.0127	0.0133	0.0496	0.0541	−0.0780	−0.1093
	0.50	0.00449	0.00463	0.0099	0.0103	0.0534	0.0588	−0.0784	−0.1146

附表 27　部分风荷载体型系数 μ_s

序号	名称	建筑体型及体型系数 μ_s
1	封闭式落地双坡屋面	 α 与 μ_s： 0 / 0；30° / +0.2；≥60° / +0.8 中间值按插入法计算
2	封闭式双坡屋面	 α 与 μ_s： ≤15° / −0.6；30° / 0；≥60° / +0.8 中间值按插入法计算

附表 28　部分风压高度变化系数 μ_z

离地面(或海面)高度(m)	地面粗糙变化类别			
	A	B	C	D
5	1.17	1.00	0.74	0.62
10	1.38	1.00	0.74	0.62
15	1.52	1.14	0.74	0.62
20	1.63	1.25	0.84	0.62
30	1.80	1.42	1.00	0.62
40	1.92	1.56	1.13	0.73
50	2.03	1.67	1.25	0.84

注：地面粗糙度分类：A类指近海海面和海岛、海岸、湖岸及沙漠地区；B类指田野、乡村、丛林、丘陵及房屋比较稀疏的乡镇和城市郊区；C类指有密集建筑群的城市市区；D类指有密集建筑群且房屋较高的城市市区。

附表 29　规则框架承受荷载作用时标准反弯点高度比 γ_0

附表 29－1　规则框架承受水平荷载作用时的标准反弯点高度比 γ_0

m	n＼$\bar{k}$	0.1	0.2	0.3	0.4	0.5	0.6	0.7	0.8	0.9	1.0	2.0	3.0	4.0	5.0
1	1	0.80	0.75	0.70	0.65	0.65	0.60	0.60	0.60	0.60	0.55	0.55	0.55	0.55	0.55
2	2	0.45	0.40	0.35	0.35	0.35	0.35	0.40	0.40	0.40	0.40	0.45	0.45	0.45	0.45
	1	0.95	0.80	0.75	0.70	0.65	0.65	0.65	0.60	0.60	0.60	0.55	0.55	0.55	0.50
3	3	0.15	0.20	0.20	0.25	0.30	0.30	0.30	0.35	0.35	0.35	0.40	0.45	0.45	0.45
	2	0.55	0.50	0.45	0.45	0.45	0.45	0.45	0.45	0.45	0.45	0.50	0.50	0.50	0.50
	1	1.00	0.85	0.80	0.75	0.70	0.70	0.65	0.65	0.65	0.60	0.55	0.55	0.55	0.55
4	4	−0.05	0.05	0.15	0.20	0.25	0.30	0.30	0.35	0.35	0.35	0.40	0.45	0.45	0.45
	3	0.25	0.30	0.30	0.35	0.35	0.40	0.40	0.40	0.40	0.45	0.45	0.50	0.50	0.50
	2	0.65	0.55	0.50	0.50	0.45	0.45	0.45	0.45	0.45	0.45	0.50	0.50	0.50	0.50
	1	1.10	0.90	0.80	0.75	0.70	0.70	0.60	0.65	0.65	0.60	0.55	0.55	0.55	0.55
5	5	−0.20	0.00	0.15	0.20	0.25	0.30	0.30	0.30	0.35	0.35	0.40	0.45	0.45	0.45
	4	0.10	0.20	0.25	0.30	0.35	0.35	0.40	0.40	0.40	0.40	0.45	0.45	0.50	0.50
	3	0.40	0.40	0.40	0.40	0.40	0.45	0.45	0.45	0.45	0.45	0.50	0.50	0.50	0.50
	2	0.65	0.55	0.50	0.50	0.50	0.50	0.50	0.50	0.50	0.50	0.50	0.50	0.50	0.50
	1	1.20	0.95	0.80	0.75	0.75	0.70	0.70	0.65	0.65	0.65	0.55	0.55	0.55	0.55
6	6	−0.30	0.00	0.10	0.20	0.25	0.25	0.30	0.30	0.35	0.35	0.40	0.45	0.45	0.45
	5	0.00	0.20	0.25	0.30	0.35	0.35	0.40	0.40	0.40	0.40	0.45	0.45	0.50	0.50
	4	0.20	0.30	0.35	0.35	0.40	0.40	0.40	0.45	0.45	0.45	0.45	0.50	0.50	0.50
	3	0.40	0.40	0.40	0.45	0.45	0.45	0.45	0.45	0.45	0.45	0.50	0.50	0.50	0.50
	2	0.70	0.60	0.55	0.50	0.50	0.50	0.50	0.50	0.50	0.50	0.50	0.50	0.50	0.50
	1	1.20	0.95	0.85	0.80	0.75	0.70	0.70	0.65	0.65	0.60	0.55	0.55	0.55	0.55
7	7	−0.35	−0.05	0.10	0.20	0.20	0.25	0.30	0.30	0.35	0.35	0.40	0.45	0.45	0.45
	6	−0.10	0.15	0.25	0.30	0.35	0.35	0.35	0.40	0.40	0.40	0.45	0.45	0.50	0.50
	5	0.10	0.25	0.30	0.35	0.40	0.40	0.40	0.45	0.45	0.45	0.45	0.50	0.50	0.50
	4	0.30	0.35	0.40	0.40	0.40	0.45	0.45	0.45	0.45	0.45	0.50	0.50	0.50	0.50
	3	0.50	0.45	0.45	0.45	0.45	0.45	0.45	0.45	0.45	0.50	0.50	0.50	0.50	0.50
	2	0.75	0.60	0.55	0.50	0.50	0.50	0.50	0.50	0.50	0.50	0.50	0.50	0.50	0.50
	1	1.20	0.95	0.85	0.80	0.75	0.70	0.70	0.65	0.65	0.65	0.55	0.55	0.55	0.55
8	8	−0.35	−0.15	0.10	0.15	0.25	0.25	0.30	0.30	0.35	0.35	0.40	0.45	0.45	0.45
	7	−0.10	0.15	0.25	0.30	0.35	0.35	0.40	0.40	0.40	0.40	0.45	0.50	0.50	0.50
	6	0.05	0.25	0.30	0.35	0.40	0.40	0.40	0.45	0.45	0.45	0.45	0.50	0.50	0.50
	5	0.20	0.30	0.35	0.40	0.40	0.45	0.45	0.45	0.45	0.45	0.50	0.50	0.50	0.50
	4	0.35	0.40	0.40	0.45	0.45	0.45	0.45	0.45	0.45	0.45	0.50	0.50	0.50	0.50
	3	0.50	0.45	0.45	0.45	0.45	0.45	0.45	0.50	0.50	0.50	0.50	0.50	0.50	0.50
	2	0.75	0.60	0.55	0.55	0.50	0.50	0.50	0.50	0.50	0.50	0.50	0.50	0.50	0.50
	1	1.20	1.00	0.85	0.80	0.75	0.70	0.70	0.65	0.65	0.65	0.55	0.55	0.55	

附表 29－2　规则框架承受侧三角形节点荷载作用时标准反弯点高度比 y_0

m	$\bar{k}$ n	0.1	0.2	0.3	0.4	0.5	0.6	0.7	0.8	0.9	1.0	2.0	3.0	4.0	5.0
1	1	0.80	0.75	0.70	0.65	0.65	0.60	0.60	0.60	0.60	0.55	0.55	0.55	0.55	0.55
2	2	0.50	0.45	0.40	0.40	0.40	0.40	0.40	0.40	0.40	0.45	0.45	0.45	0.45	0.50
	1	1.00	0.85	0.25	0.70	0.65	0.65	0.65	0.65	0.60	0.60	0.55	0.55	0.55	0.55
3	3	0.25	0.25	0.25	0.30	0.30	0.35	0.35	0.35	0.40	0.40	0.45	0.45	0.45	0.50
	2	0.60	0.50	0.50	0.50	0.50	0.45	0.45	0.45	0.45	0.45	0.50	0.50	0.55	0.50
	1	1.15	0.90	0.80	0.75	0.75	0.70	0.70	0.65	0.65	0.65	0.55	0.55	0.55	0.55
4	4	0.10	0.15	0.20	0.25	0.30	0.35	0.35	0.35	0.35	0.40	0.45	0.45	0.45	0.45
	3	0.35	0.35	0.35	0.40	0.40	0.40	0.40	0.45	0.45	0.45	0.55	0.50	0.50	0.50
	2	0.70	0.60	0.55	0.50	0.50	0.50	0.50	0.50	0.50	0.50	0.50	0.50	0.50	0.50
	1	1.20	0.95	0.85	0.80	0.75	0.70	0.70	0.65	0.65	0.55	0.55	0.55	0.55	0.55
5	5	−0.05	0.10	0.20	0.25	0.30	0.30	0.35	0.35	0.35	0.35	0.40	0.45	0.45	0.45
	4	0.20	0.25	0.35	0.35	0.40	0.40	0.40	0.40	0.45	0.45	0.45	0.50	0.50	0.50
	3	0.45	0.40	0.45	0.45	0.45	0.45	0.45	0.45	0.45	0.50	0.50	0.50	0.50	0.50
	2	0.75	0.60	0.55	0.55	0.55	0.50	0.50	0.50	0.50	0.50	0.50	0.50	0.50	0.50
	1	1.30	1.00	0.85	0.80	0.75	0.70	0.70	0.65	0.65	0.65	0.60	0.55	0.55	0.55
6	6	−0.15	0.05	0.15	0.20	0.25	0.30	0.30	0.35	0.35	0.35	0.40	0.45	0.45	0.45
	5	0.10	0.25	0.30	0.35	0.35	0.40	0.40	0.40	0.45	0.45	0.45	0.50	0.50	0.50
	4	0.30	0.35	0.40	0.40	0.45	0.45	0.45	0.45	0.45	0.45	0.50	0.50	0.50	0.50
	3	0.50	0.45	0.45	0.45	0.45	0.45	0.45	0.45	0.45	0.50	0.50	0.50	0.50	0.50
	2	0.80	0.65	0.55	0.55	0.55	0.55	0.50	0.50	0.50	0.50	0.50	0.50	0.50	0.50
	1	1.30	1.00	0.85	0.80	0.75	0.70	0.70	0.65	0.65	0.65	0.60	0.55	0.55	0.55
7	7	−0.20	0.05	0.15	0.20	0.25	0.30	0.30	0.35	0.35	0.35	0.45	0.45	0.45	0.45
	6	0.05	0.20	0.30	0.35	0.35	0.40	0.40	0.40	0.40	0.45	0.45	0.50	0.50	0.50
	5	0.20	0.30	0.35	0.40	0.40	0.45	0.45	0.45	0.45	0.45	0.50	0.50	0.50	0.50
	4	0.35	0.40	0.40	0.45	0.45	0.45	0.45	0.45	0.45	0.45	0.50	0.50	0.50	0.50
	3	0.55	0.50	0.50	0.50	0.50	0.50	0.50	0.50	0.50	0.50	0.50	0.50	0.50	0.50
	2	0.80	0.65	0.60	0.55	0.55	0.55	0.50	0.50	0.50	0.50	0.50	0.50	0.50	0.50
	1	1.30	1.00	0.90	0.80	0.75	0.70	0.70	0.70	0.65	0.65	0.60	0.55	0.55	0.55
8	8	−0.20	0.05	0.15	0.20	0.25	0.30	0.30	0.35	0.35	0.35	0.45	0.45	0.45	0.45
	7	0.00	0.20	0.30	0.35	0.35	0.40	0.40	0.40	0.40	0.45	0.45	0.50	0.50	0.50
	6	0.15	0.30	0.35	0.40	0.40	0.45	0.45	0.45	0.45	0.45	0.50	0.50	0.50	0.50
	5	0.30	0.35	0.40	0.45	0.45	0.45	0.45	0.45	0.45	0.45	0.50	0.50	0.50	0.50
	4	0.40	0.45	0.45	0.45	0.45	0.45	0.45	0.50	0.50	0.50	0.50	0.50	0.50	0.50
	3	0.60	0.50	0.50	0.50	0.50	0.50	0.50	0.50	0.50	0.50	0.50	0.50	0.50	0.50
	2	0.85	0.65	0.60	0.55	0.55	0.55	0.50	0.50	0.50	0.50	0.50	0.50	0.50	0.50
	1	1.30	1.00	0.90	0.80	0.75	0.70	0.70	0.70	0.65	0.65	0.60	0.55	0.55	0.55
9	9	−0.25	0.00	0.15	0.20	0.25	0.30	0.30	0.35	0.35	0.40	0.45	0.45	0.45	0.45
	8	−0.00	0.20	0.30	0.35	0.35	0.40	0.40	0.40	0.40	0.45	0.45	0.50	0.50	0.50
	7	0.15	0.30	0.35	0.40	0.40	0.45	0.45	0.45	0.45	0.45	0.50	0.50	0.50	0.50
	6	0.25	0.35	0.40	0.40	0.45	0.45	0.45	0.45	0.45	0.50	0.50	0.50	0.50	0.50
	5	0.35	0.40	0.45	0.45	0.45	0.45	0.45	0.45	0.50	0.50	0.50	0.50	0.50	0.50
	4	0.45	0.45	0.45	0.45	0.45	0.50	0.50	0.50	0.50	0.50	0.50	0.50	0.50	0.50
	3	0.60	0.50	0.50	0.50	0.50	0.50	0.50	0.50	0.50	0.50	0.50	0.50	0.50	0.50
	2	0.85	0.65	0.60	0.55	0.55	0.55	0.55	0.50	0.50	0.50	0.50	0.50	0.50	0.50
	1	1.35	1.00	0.90	0.80	0.75	0.75	0.70	0.70	0.65	0.65	0.60	0.55	0.55	0.55

（续）

m	$\bar{k}$ / n	0.1	0.2	0.3	0.4	0.5	0.6	0.7	0.8	0.9	1.0	2.0	3.0	4.0	5.0
10	10	-0.25	0.00	0.15	0.20	0.25	0.30	0.30	0.35	0.35	0.40	0.45	0.45	0.45	0.45
	9	-0.05	0.20	0.30	0.35	0.35	0.40	0.40	0.40	0.40	0.45	0.45	0.50	0.50	0.50
	8	-0.10	0.30	0.35	0.40	0.40	0.40	0.45	0.45	0.45	0.45	0.50	0.50	0.50	0.50
	7	0.20	0.35	0.40	0.40	0.45	0.45	0.45	0.45	0.45	0.50	0.50	0.50	0.50	0.50
	6	0.30	0.40	0.40	0.45	0.45	0.45	0.45	0.45	0.45	0.50	0.50	0.50	0.50	0.50
	5	0.40	0.45	0.45	0.45	0.45	0.45	0.45	0.50	0.50	0.50	0.50	0.50	0.50	0.50
	4	0.50	0.45	0.45	0.45	0.50	0.50	0.50	0.50	0.50	0.50	0.50	0.50	0.50	0.50
	3	0.60	0.55	0.50	0.50	0.50	0.50	0.50	0.50	0.50	0.50	0.50	0.50	0.50	0.50
	2	0.85	0.65	0.60	0.55	0.55	0.55	0.55	0.50	0.50	0.50	0.50	0.50	0.50	0.50
	1	1.35	1.00	0.90	0.80	0.75	0.75	0.70	0.70	0.65	0.65	0.60	0.55	0.55	0.55

附表 30　上下层横梁线刚度比变化时的修正系数 γ_1

$\bar{k}$ / a	0.1	0.2	0.3	0.4	0.5	0.6	0.7	0.8	0.9	1.0	2.0	3.0	4.0	5.0
0.4	0.55	0.40	0.30	0.25	0.20	0.20	0.20	0.20	0.15	0.15	0.15	0.05	0.05	0.05
0.5	0.45	0.30	0.20	0.20	0.15	0.15	0.15	0.10	0.10	0.10	0.05	0.05	0.05	0.05
0.6	0.30	0.20	0.15	0.15	0.10	0.10	0.10	0.10	0.05	0.05	0.05	0.05	0	0
0.7	0.20	0.15	0.10	0.10	0.10	0.10	0.05	0.05	0.05	0.05	0.05	0	0	0
0.8	0.15	0.10	0.05	0.05	0.05	0.05	0.05	0.05	0.05	0	0	0	0	0
0.9	0.05	0.05	0.05	0.05	0	0	0	0	0	0	0	0	0	0

注：1. $\bar{k}$的计算见表 13-3。

2. $a_1=\dfrac{i_1+i_2}{i_3+i_4}$，当 $i_1+i_2>i_3+i_4$ 时，则 a_1 取倒数，即 $a_1=\dfrac{i_3+i_4}{i_1+i_2}$，并且 γ_1 值取负号“－”。

3. 底层柱不做此项修正。

附表 31　上下层柱高度变化时的修正系数 γ_2 和 γ_3

a_2	$\bar{k}$ / a_3	0.1	0.2	0.3	0.4	0.5	0.6	0.7	0.8	0.9	1.0	2.0	3.0	4.0	5.0
2.0		0.25	0.15	0.15	0.10	0.10	0.10	0.10	0.10	0.05	0.05	0.05	0.05	0	0
1.8		0.20	0.15	0.10	0.10	0.10	0.05	0.05	0.05	0.05	0.05	0.05	0	0	0
1.6	0.4	0.15	0.10	0.10	0.05	0.05	0.05	0.05	0.05	0.05	0.05	0	0	0	0
1.4	0.6	0.10	0.05	0.05	0.05	0.05	0.05	0.05	0.05	0.05	0	0	0	0	0
1.2	0.8	0.05	0.05	0.05	0	0	0	0	0	0	0	0	0	0	0
1.0	1.0	0	0	0	0	0	0	0	0	0	0	0	0	0	0
0.8	1.2	-0.05	-0.05	-0.05	0	0	0	0	0	0	0	0	0	0	0
0.6	1.4	-0.10	-0.05	-0.05	-0.05	-0.05	-0.05	-0.05	-0.05	-0.05	0	0	0	0	0
0.4	1.6	-0.15	-0.10	-0.10	-0.05	-0.05	-0.05	-0.05	-0.05	-0.05	0.05	0	0	0	0
	1.8	-0.20	-0.15	-0.10	-0.10	-0.10	-0.15	-0.05	-0.05	-0.05	0.05	0.05	0	0	0
	2.0	-0.25	-0.15	-0.15	-0.10	-0.10	-0.10	-0.10	-0.10	-0.05	-0.05	-0.05	-0.05	0	0

注：1. γ_2 按 a_2 查表求得，上层较高时为正值，最上层不考虑 γ_2。

2. γ_3 按 α_3 查表求得，对于底层柱不考虑 γ_3。

附表 32　常用钢筋的计算截面面积及理论质量

直径 d (mm)	计算截面面积(mm²)，当根数为									理论质量 (kg/m)
	1	2	3	4	5	6	7	8	9	
6	28.3	56.6	84.9	113	142	170	198	226	255	0.222
8	50.3	101	151	201	251	302	352	402	452	0.395
10	78.5	157	236	314	383	471	550	628	707	0.617
12	113.1	226	339	452	565	679	792	905	1018	0.888
14	153.9	308	462	616	770	924	1078	1232	1385	1.208
16	201.1	402	603	804	1005	1206	1407	1608	1810	1.578
18	254.5	509	763	1018	1272	1527	1781	2036	2290	1.998
20	314.2	628	942	1257	1571	1885	2199	2513	2827	2.466
22	380.1	760	1140	1521	1901	2281	2661	3041	3421	2.984
25	490.9	982	1473	1963	2454	2945	3436	3927	4418	3.853
28	615.8	1232	1847	2463	3097	3695	4310	4926	5542	4.833
30	706.9	1414	2121	2827	3534	4241	4948	5655	6362	5.549

参 考 文 献

[1] 中华人民共和国国家标准. 建筑结构可靠度设计统一标准(GB 50068—2001)[S]. 北京：中国建筑工业出版社，2001.

[2] 中华人民共和国国家标准. 建筑结构荷载规范(GB 50009—2012)[S]. 北京：中国建筑工业出版社，2012.

[3] 中华人民共和国国家标准. 混凝土结构设计规范(GB 50010—2010)[S]. 北京：中国建筑工业出版社，2011.

[4] 中华人民共和国国家标准. 砌体结构设计规范(GB 50003—2011)[S]. 北京：中国建筑工业出版社，2012.

[5] 中华人民共和国国家标准. 建筑地基基础设计规范(GB 50007—2011)[S]. 北京：中国建筑工业出版社，2012.

[6] 中华人民共和国国家标准. 钢结构设计规范(GB 50017—2003)[S]. 北京：中国建筑工业出版社，2003.

[7] 中华人民共和国国家标准. 建筑抗震设计规范(GB 50011—2010)[S]. 北京：中国建筑工业出版社，2010.

[8] 熊丹安. 建筑结构[M]. 广州：华南理工大学出版社，2011.

[9] 熊丹安. 混合结构房屋设计[M]. 武汉：武汉理工大学出版社，2005.

[10] 熊丹安，吴建林. 混凝土结构设计原理[M]. 北京：北京大学出版社，2012.

[11] 熊丹安，吴建林. 混凝土结构设计[M]. 北京：北京大学出版社，2012.

[12] 胡习兵，张再华. 钢结构设计原理[M]. 北京：北京大学出版社，2012.

北京大学出版社土木建筑系列教材(已出版)

序号	书名	主编	定价	序号	书名	主编	定价
1	建筑设备(第2版)	刘源全 张国军	46.00	50	土木工程施工	石海均 马哲	40.00
2	土木工程测量(第2版)	陈久强 刘文生	40.00	51	土木工程制图(第2版)	张会平	45.00
3	土木工程材料(第2版)	柯国军	45.00	52	土木工程制图习题集(第2版)	张会平	28.00
4	土木工程计算机绘图	袁果 张渝生	28.00	53	土木工程材料(第2版)	王春阳	50.00
5	工程地质(第2版)	何培玲 张婷	26.00	54	结构抗震设计(第2版)	祝英杰	37.00
6	建设工程监理概论(第3版)	巩天真 张泽平	40.00	55	土木工程专业英语	霍俊芳 姜丽云	35.00
7	工程经济学(第2版)	冯为民 付晓灵	42.00	56	混凝土结构设计原理(第2版)	邵永健	52.00
8	工程项目管理(第2版)	仲景冰 王红兵	45.00	57	土木工程计量与计价	王翠琴 李春燕	35.00
9	工程造价管理	车春鹏 杜春艳	24.00	58	房地产开发与管理	刘薇	38.00
10	工程招标投标管理(第2版)	刘昌明	30.00	59	土力学	高向阳	32.00
11	工程合同管理	方俊 胡向真	23.00	60	建筑表现技法	冯柯	42.00
12	建筑工程施工组织与管理(第2版)	余群舟 宋会莲	31.00	61	工程招投标与合同管理(第2版)	吴芳 冯宁	43.00
13	建设法规(第2版)	肖铭 潘安平	32.00	62	工程施工组织	周国恩	28.00
14	建设项目评估	王华	35.00	63	建筑力学	邹建奇	34.00
15	工程量清单的编制与投标报价	刘富勤 陈德方	25.00	64	土力学学习指导与考题精解	高向阳	26.00
16	土木工程概预算与投标报价(第2版)	刘薇 叶良	37.00	65	建筑概论	钱坤	28.00
17	室内装饰工程预算	陈祖建	30.00	66	岩石力学	高玮	35.00
18	力学与结构	徐吉恩 唐小弟	42.00	67	交通工程学	李杰 王富	39.00
19	理论力学(第2版)	张俊彦 赵荣国	40.00	68	房地产策划	王直民	42.00
20	材料力学	金康宁 谢群丹	27.00	69	中国传统建筑构造	李合群	35.00
21	结构力学简明教程	张系斌	20.00	70	房地产开发	石海均 王宏	34.00
22	流体力学(第2版)	章宝华	25.00	71	室内设计原理	冯柯	28.00
23	弹性力学	薛强	22.00	72	建筑结构优化及应用	朱杰江	30.00
24	工程力学(第2版)	罗迎社 喻小明	39.00	73	高层与大跨建筑结构施工	王绍君	45.00
25	土力学(第2版)	肖仁成 俞晓	25.00	74	工程造价管理	周国恩	42.00
26	基础工程	王协群 章宝华	32.00	75	土建工程制图	张黎骅	29.00
27	有限单元法(第2版)	丁科 殷水平	30.00	76	土建工程制图习题集	张黎骅	26.00
28	土木工程施工	邓寿昌 李晓目	42.00	77	材料力学	章宝华	36.00
29	房屋建筑学(第2版)	聂洪达 郜恩田	48.00	78	土力学教程(第2版)	孟祥波	34.00
30	混凝土结构设计原理	许成祥 何培玲	28.00	79	土力学	曹卫平	34.00
31	混凝土结构设计	彭刚 蔡江勇	28.00	80	土木工程项目管理	郑文新	41.00
32	钢结构设计原理	石建军 姜袁	32.00	81	工程力学	王明斌 庞永平	37.00
33	结构抗震设计	马成松 苏原	25.00	82	建筑工程造价	郑文新	39.00
34	高层建筑施工	张厚先 陈德方	32.00	83	土力学(中英双语)	郎煜华	38.00
35	高层建筑结构设计	张仲先 王海波	23.00	84	土木建筑CAD实用教程	王文达	30.00
36	工程事故分析与工程安全(第2版)	谢征勋 罗章	38.00	85	工程管理概论	郑文新 李献涛	26.00
37	砌体结构(第2版)	何培玲 尹维新	26.00	86	景观设计	陈玲玲	49.00
38	荷载与结构设计方法(第2版)	许成祥 何培玲	30.00	87	色彩景观基础教程	阮正仪	42.00
39	工程结构检测	周详 刘益虹	20.00	88	工程力学	杨云芳	42.00
40	土木工程课程设计指南	许明 孟苗超	25.00	89	工程设计软件应用	孙香红	39.00
41	桥梁工程(第2版)	周先雁 王解军	37.00	90	城市轨道交通工程建设风险与保险	吴宏建 刘宽亮	75.00
42	房屋建筑学(上:民用建筑)	钱坤 王若竹	32.00	91	混凝土结构设计原理	熊丹安	32.00
43	房屋建筑学(下:工业建筑)	钱坤 吴歌	26.00	92	城市详细规划原理与设计方法	姜云	36.00
44	工程管理专业英语	王竹芳	24.00	93	工程经济学	都沁军	42.00
45	建筑结构CAD教程	崔钦淑	36.00	94	结构力学	边亚东	42.00
46	建设工程招投标与合同管理实务(第2版)	崔东红	49.00	95	房地产估价	沈良峰	45.00
47	工程地质(第2版)	倪宏革 周建波	30.00	96	土木工程结构试验	叶成杰	39.00
48	工程经济学	张厚钧	36.00	97	土木工程概论	邓友生	34.00
49	工程财务管理	张学英	38.00	98	工程项目管理	邓铁军 杨亚频	48.00

序号	书名	主编	定价	序号	书名	主编	定价
99	误差理论与测量平差基础	胡圣武　肖本林	37.00	127	土木工程地质	陈文昭	32.00
100	房地产估价理论与实务	李　龙	36.00	128	暖通空调节能运行	余晓平	30.00
101	混凝土结构设计	熊丹安	37.00	129	土工试验原理与操作	高向阳	25.00
102	钢结构设计原理	胡习兵	30.00	130	理论力学	欧阳辉	48.00
103	钢结构设计	胡习兵　张再华	42.00	131	土木工程材料习题与学习指导	鄢朝勇	35.00
104	土木工程材料	赵志曼	39.00	132	建筑构造原理与设计(上册)	陈玲玲	34.00
105	工程项目投资控制	曲　娜　陈顺良	32.00	133	城市生态与城市环境保护	梁彦兰　阎　利	36.00
106	建设项目评估	黄明知　尚华艳	38.00	134	房地产法规	潘安平	45.00
107	结构力学实用教程	常伏德	47.00	135	水泵与水泵站	张　伟　周书葵	35.00
108	道路勘测设计	刘文生	43.00	136	建筑工程施工	叶　良	55.00
109	大跨桥梁	王解军　周先雁	30.00	137	建筑学导论	裘　鞠　常　悦	32.00
110	工程爆破	段宝福	42.00	138	工程项目管理	王　华	42.00
111	地基处理	刘起霞	45.00	139	园林工程计量与计价	温日琨　舒美英	45.00
112	水分析化学	宋吉娜	42.00	140	城市与区域规划实用模型	郭志恭	45.00
113	基础工程	曹　云	43.00	141	特殊土地基处理	刘起霞	50.00
114	建筑结构抗震分析与设计	裴星洙	35.00	142	建筑节能概论	余晓平	34.00
115	建筑工程安全管理与技术	高向阳	40.00	143	中国文物建筑保护及修复工程学	郭志恭	45.00
116	土木工程施工与管理	李华锋　徐　芸	65.00	144	建筑电气	李　云	45.00
117	土木工程试验	王吉民	34.00	145	建筑美学	邓友生	36.00
118	土质学与土力学	刘红军	36.00	146	空调工程	战乃岩　王建辉	45.00
119	建筑工程施工组织与概预算	钟吉湘	52.00	147	建筑构造	宿晓萍　隋艳娥	36.00
120	房地产测量	魏德宏	28.00	148	城市与区域认知实习教程	邹　君	30.00
121	土力学	贾彩虹	38.00	149	幼儿园建筑设计	龚兆先	37.00
122	交通工程基础	王富	24.00	150	房屋建筑学	董海荣	47.00
123	房屋建筑学	宿晓萍　隋艳娥	43.00	151	园林与环境景观设计	董　智　曾　伟	46.00
124	建筑工程计量与计价	张叶田	50.00	152	中外建筑史	吴　薇	36.00
125	工程力学	杨民献	50.00	153	建筑构造原理与设计(下册)	梁晓慧　陈玲玲	38.00
126	建筑工程管理专业英语	杨云会	36.00	154	建筑结构	苏明会　赵　亮	50.00

相关教学资源如电子课件、电子教材、习题答案等可以登录 www.pup6.cn 下载或在线阅读。

扑六知识网(www.pup6.com)有海量的相关教学资源和电子教材供阅读及下载(包括北京大学出版社第六事业部的相关资源)，同时欢迎您将教学课件、视频、教案、素材、习题、试卷、辅导材料、课改成果、设计作品、论文等教学资源上传到 pup6.com，与全国高校师生分享您的教学成就与经验，并可自由设定价格，知识也能创造财富。具体情况请登录网站查询。

如您需要免费纸质样书用于教学，欢迎登录第六事业部门户网(www.pup6.cn)填表申请，并欢迎在线登记选题以到北京大学出版社来出版您的大作，也可下载相关表格填写后发到我们的邮箱，我们将及时与您取得联系并做好全方位的服务。

扑六知识网将打造成全国最大的教育资源共享平台，欢迎您的加入——让知识有价值，让教学无界限，让学习更轻松。

联系方式：010-62750667，donglu2004@163.com，pup_6@163.com，欢迎来电来信咨询。